植物機能のポテンシャルを活かした環境保全・浄化技術
—地球を救う超環境適合・自然調和型システム—

Environmental Conservation and Remediation Technologies Utilizing Great Potential of Plants
—Extremely Ecological and Nature-Friendly Systems for Saving the Earth—

《普及版／Popular Edition》

監修 池　道彦，平田收正

シーエムシー出版

はじめに―環境保全・浄化装置としての植物―

1　今後の環境保全・浄化技術

循環型社会の構築を課題として掲げる今世紀における環境問題としては，バイオエネルギーなどの再生エネルギーや廃棄物・廃製品のリサイクルなどに注目が集まりがちであるが，人類の生存を根源的に支えているのは，健全な水・大気・土壌環境，すなわち“環境資源”であることを忘れてはならない。我々が，安全な水を飲み続けないと生きていけないのは当然のことであるが，食糧となる農作物を育てるためには水に加えて，有害物質を含まず栄養に富んだ土壌が必要である。空気や土が汚れていると，生活していく中で，食物を含めた様々な経路で有害物質に曝露され続けることとなり，長年の健康を保つことができなくなってしまう。工業生産も清浄な水や空気の供給に大いに依存している。

我々の生命あるいは生活の根源基盤である水圏・気圏・土壌圏の環境保全は，我が国を含めた先進国ではある程度十分なレベルで達成されてきている。それは，家庭や工場などからの排水，排ガスや廃棄物を環境中に放出する前に適正に処理し，環境負荷を予め低減する処理技術と，過去の汚染物質の放出や事故，不法投棄などにより汚れてしまった環境を現場で清浄化する修復・浄化技術によって行われている。これらの技術は，先進国が，いわゆる典型公害を克服してきた長い歴史の中で洗練され，素晴らしい性能を有するものとなっているが，循環型・低炭素型の共生社会を目指す今世紀においては，ある種の問題を露呈するようになってきた。現在の技術は環境保全・浄化の性能向上を第一義的な目的としてデザインされてきたことから，一般には，高度な処理を行えば行うほど，資源やエネルギーをより多く消費する傾向を有しているのである。言い換えれば，“環境質の向上”と“資源・エネルギー消費”あるいは“二酸化炭素排出”にトレードオフの関係があり，今後途上国を含めた全世界に普及させていくことになると，環境は良好な状態に保全され得るが，逆に地球温暖化や資源枯渇を促進させることに繋がりかねないということが問題として顕在化しつつある。また，環境保全・浄化技術は，いわゆる静脈技術として，低コストでないといけないという宿命を負わされており，先進国で開発された技術も経済性を考慮して開発・実用化されてきたものではあるが，それでも現状の途上国には高コストであり，環境保全を急務とする各国において普及が進まない原因となっている。今後は，エネルギー・資源の消費と二酸化炭素の排出を極力抑えつつ，しかも現在の途上国においても適用可能な経済性をも供えもち，さらに，これまでにも増してよりよい環境を維持・回復していくための保全・浄化技術の登場が熱望されているのである。本書は，そのような理想的な環境保全・浄化技術の一つのオプションとなり得る，植物利用環境技術のさまざまなポテンシャルに焦点を当てて解説するものである。

2　環境保全・浄化装置としての植物のポテンシャル

植物はいうまでもなく光合成・独立栄養生物であり，外部から特別にエネルギーや資源を付加的に与えなくても，無尽蔵に降り注ぐ太陽光のエネルギーを利用して，大気中の二酸化炭素を固定して自らの体（バイオマス）を構成する有機物を作り出すことができる。もちろん，この生合成のプロセスにおいては，水とそこに溶け込んでいる窒素，リンやミネラルなどの無機栄養素を取り入れて，バイオマスの構成成分を得ている。農業生産では，灌漑により水を供給し，施肥によって栄養塩を補うことによって，植物バイオマスの生産性を高めているが，自然界においては植物自らが貪欲に水や栄養素を取り込む機能が働くことで，降雨を始めとする地化学的な物質・元素循環の中で，人が何ら手を加えることなく成長している。この極めてナチュラルな過程で生じる反応が，環境の浄化に通じるものであれば，先に述べた省エネルギー・省資源および低炭素型の超経済的環境保全・浄化技術を構築するうえで理想的であることは疑う余地がない。

実際に植物は，古くから排水処理や汚濁水域の浄化などの水質浄化に利用されてきた[1]。基本的な浄化のメカニズムは，光合成によるバイオマス合成に伴って，水域の富栄養化の原因となる窒素，リンなどの栄養塩類を取り込ませて除去することにあり，植生浄化法，ナチュラルシステム，あるいは人工湿地法として，下水二次処理水の仕上げ処理やon site型の水域直接浄化システムとして実用化されている。同様に有害な重金属類を吸収させて除去される試みも少なくない。最近では，植物が光合成で生成した酸素を根部に積極的に輸送して放出することで，根圏に棲息する微生物の好気代謝を活性化させて，いわゆるBODとして知られる易分解性の有機物の分解も効率的に行われることが明らかになっており，有機系排水や汚染水への適用の可能性も出てきた。同様に微生物による硝化能も促進され，植物への窒素の吸収促進や，微生物学的な窒素除去の生起にもつながっている。さらに，根から分泌されるビタミンやアミノ酸などの生理活性物質が，特殊な微生物の根圏への集積を促し，難分解性の化学物質の分解促進にも寄与したり，植物自身がラッカーゼなどの酸化酵素を分泌し，環境ホルモンを含めた有害化学物質を無害化することも知られるようになり[2]，植物と根圏微生物の共生的な関係を利用することで，浄化対象とできる汚染物質が飛躍的に拡大されつつある。植生浄化法を例に，植物の水質浄化に関するメカニズムを図化すると，図１のようになる[3]。水辺を利用したon siteの直接浄化法では，構築した植生が水生昆虫や鳥などの棲家を提供して，生物多様性を高めるビオトープの機能を兼ねたり，美しいデザインとすることで市民への環境教育の材料になったりする，副次的メリットも見込まれる。

日本においては土壌汚染対策法の公布された平成14年以降，原則として有害化学物質で汚染された土壌の浄化が義務付けられ，ここでも一部では植物を利用した環境修復（ファイトレメディエーション：図２）が実用技術になってきている[3]。浄化の原理は先に示した水質浄化の場合とほぼ同様であるが，深刻な有害物質とはいえない窒素，リンやBODは基本的には対象外であり，カドミウム，鉛，ヒ素，ホウ素などの有害重金属類や無機元素，ときとしては放射性元素などを吸い上げて蓄積させ，除去するのが最も一般的である。ある種の植物は，吸い上げた化学物質を

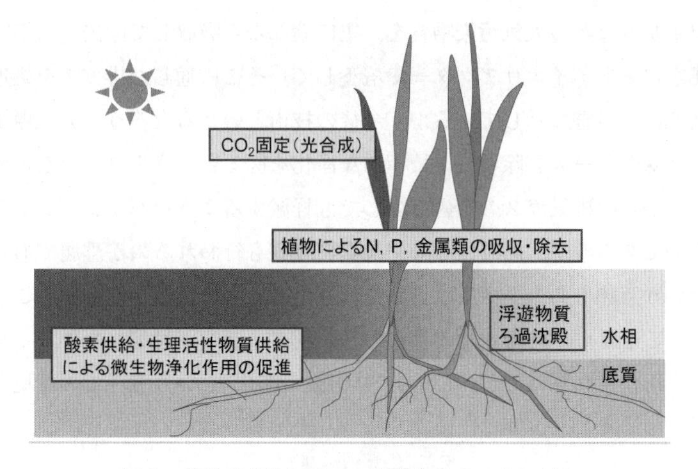

図１　植生浄化法による水環境浄化のメカニズム

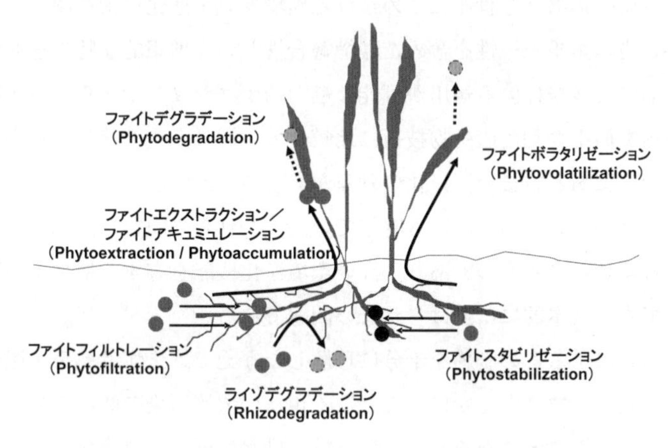

図２　ファイトレメディエーションによる土壌浄化
●汚染有害物質，●生物変換などによる無害化産物

体内で分解したり，あるいは気化させたり，根圏の微生物を活性化して土壌内での分解を促進することで，PCBや農薬などの有機系の有害化学物質の浄化にも利用され得る。金属類のファイトレメディエーションにおいても，根圏微生物が土壌から解離しやすくさせるバイオキレート的な役割を果たし，植物による吸収・浄化を促進する可能性も指摘されるなど，植物と微生物の共生作用が新たな浄化技術を生み出すカギといえるだろう。浄化ではないが，土壌を植生で被覆し，根を張らすことで汚染物質の飛散や移動を防止するような技術（ファイトスタビリゼーション）も植物を利用した土壌環境保全技術に分類される。

一方，水質浄化や土壌浄化・土壌環境の保全に比べると，植物による大気環境保全・浄化技術は十分に検討されておらず，一般的には実用レベルに達しているものとはいえない。SO_x，NO_x，あるいはクロロホルムなどの大気汚染物質を，主に葉部から吸収して除去する植物による大気浄化や，微細藻類をフォトバイオリアクターで培養して，そこに通じた排ガスを処理・浄化するなど，数少ない研究例は本書に示しているが，今後の技術といえるだろう。大気環境保全に関しての植物の活用は特殊なケースを除いて，積極的な浄化を図るというよりも，都市域において植樹帯を形成して，車からの排気ガスの影響を少しでも軽減するようなパッシブシステムとして機能させるのが現実的であろうが，同時に二酸化炭素の吸収も行われるのが理屈であり，温暖化防止にも一役買うという意味もある。植生は日陰を作り出し，水の蒸散を促進することで活発な潜熱移動にも寄与することから，熱帯化する都市のヒートアイランド対策となり，ビルの屋上緑化や壁面緑化として実用化されているが，これも“熱汚染の浄化”という意味での環境保全技術といえるかもしれない。

3　植物による環境保全・浄化技術の課題

上述してきたように，植物は今世紀に求められる環境保全・浄化技術を開発するための装置として，高い経済性と省エネルギー性を含めた環境適合性という理想的な特性をもち，水・土・大気の保全・浄化において多岐に渡る適用が可能な魅力的オプションであるといえるが，最大の制約は，物理化学技術や微生物利用の生物技術に比較して，汚染浄化の速度・効率が低く，広大な面積を必要とすることにある。また，浄化の効率が，季節や天候などの気象条件によって大きく変動し，不安定になりやすいという問題も有している。これらの問題は，光合成独立栄養生物である植物本来の特性に依存するものであり，高い環境浄化機能を有する植物を検索したり，育種したりできたとしても，基本的には避けられない問題である。

植物を利用することによるこの制約を十分に理解したうえで，まずは熱帯・亜熱帯の途上国などで，エネルギー・資源，コストをかけることなく現状の環境汚染の問題を少しでも緩和するような適所利用を行っていくことになろうが，例えば，排水処理・水質浄化であれば，活性炭やゼオライトなどの汚濁物質を吸着する濾材と植物を組み合わせるような，物理化学技術とのハイブリッド化で，より高効率型で安定なプロセスを開発していくことも重要な課題である。この例では，高負荷時や天候が悪く植物が能力を発揮できないときには，濾材の吸着により汚濁物質をトラップし，蓄積された汚濁物質は植物が徐々に浄化することによって，濾材の自己再生が行われることになるため，全体としては植物利用のメリットを享受することができる。また，植物が根圏の微生物を活性化することに着目して，通常の微生物プロセスに匹敵するレベルまで浄化性能を向上することも大きな技術開発課題となろう。

もう一つの重要な課題は，浄化プロセスから生じる余剰植物体をいかに有効利用するかにある。これまでに比較的実績のある植生浄化などにおいては，余剰植物体を廃棄物として処分しなければならないことが大きな制約となり，事業が行き詰ってしまう例もあった。しかし，近年では多様な植物バイオマスを付加価値の高い再生資源・エネルギーへと転換する技術が飛躍的に発展してきていることから，廃棄しなければならなかった余剰植物体を資源として捉えることもできるようになってきている。余剰植物体を有用な資源に転換する技術を確立することができれば，環境浄化と資源生産を兼ねる植物利用Co-benefitプロセスが開発できることとなり，植物利用環境技術への夢はさらに大きく膨らむ[4)]。有害重金属類や放射性元素など，通常は分解・無毒化できない汚染物質を吸収・蓄積させた場合には，リスク管理のため余剰植物体の資源化・処分は難しいものとなるが，汚染物質を植物の特定の部位に高蓄積させたり，処理や資源変換の過程で特異的に抽出・除去したりする検討もなされるようになってきており，問題解決の糸口が見えつつある。

このような新たな技術開発の状況を踏まえると，植物利用環境保全・浄化技術の制約は少なからず解消されてきており，植物の環境保全・浄化装置としての価値はより高いものとなりつつある。植物が21世紀の人類の低炭素・持続社会構築のカギを握る一つの重要な"装置"であることを確信している。

文　　献

1) 藤田正憲ほか，環境科学会誌，**14**(1)，1 (2001)
2) T. Toyama *et al.*, *Biosci. Bioeng.*, **101**(4), 346 (2006)
3) 藤田正憲，池道彦，バイオ環境工学，シーエムシー出版，p.55 (2006)
4) 池道彦，*BIO INDUSTRY*，**25**(4)，61 (2008)

2011年10月

大阪大学大学院
池　道彦

普及版の刊行にあたって

本書は2011年に『植物機能のポテンシャルを活かした環境保全・浄化技術 ―地球を救う超環境適合・自然調和型システム―』として刊行されました。普及版の刊行にあたり，内容は当時のままであり加筆・訂正などの手は加えておりませんので，ご了承ください。

2018年５月

シーエムシー出版　編集部

執筆者一覧（執筆順）

池　道彦	大阪大学大学院　工学研究科　環境・エネルギー工学専攻　教授
尾崎保夫	秋田県立大学　生物資源科学部　生物環境科学科　教授
櫻井康祐	DOWAテクノロジー㈱　技術開発部　担当部長
惣田訓	大阪大学大学院　工学研究科　環境・エネルギー工学専攻　准教授
藤原拓	高知大学　教育研究部　自然科学系　農学部門　教授
永禮英明	岡山大学　大学院環境学研究科　准教授
前田守弘	岡山大学　大学院環境学研究科　准教授
赤尾聡史	鳥取大学　大学院工学研究科　助教
松浦秀幸	大阪大学大学院　薬学研究科　応用環境生物学分野　助教
原田和生	大阪大学大学院　薬学研究科　応用環境生物学分野　助教
宮坂均	関西電力㈱　研究開発室　電力技術研究所　環境技術研究センター　チーフリサーチャー
平田收正	大阪大学大学院　薬学研究科　応用環境生物学分野　教授
永瀬裕康	大阪大学大学院　薬学研究科　助教
林　紀男	千葉県立中央博物館　生態・環境研究部　生態学研究科　上席研究員
海見悦子	中外テクノス㈱　東京支社　地球エネルギー事業推進本部　次長
村上政治	㈾農業環境技術研究所　土壌環境研究領域　主任研究員
北島信行	㈱フジタ　建設本部　土壌環境部
近藤敏仁	㈱フジタ　建設本部　土壌環境部　部長，技術センター　副所長
岩崎貢三	高知大学　教育研究部　教授
西岡洋	兵庫県立大学　大学院工学研究科　准教授
大川秀郎	神戸大学名誉教授；早稲田大学　招聘研究員
乾　秀之	神戸大学　自然科学先端融合研究環　遺伝子実験センター　講師
嶋津小百合	神戸大学　大学院農学研究科

山上　睦　㈶環境科学技術研究所　環境動態研究部　研究員
保倉明子　東京電機大学　工学部　環境化学科　准教授
浦野　豊　東京大学　大学院農学生命科学研究科　生物・環境工学専攻　生物環境情報工学研究室　農学研究員
早川信一　東京都立多摩科学技術高等学校　副校長
高橋美佐　広島大学　大学院理学研究科　助教
森川弘道　広島大学名誉教授
清　和成　北里大学　医療衛生学部　健康科学科　教授
遠山　忠　山梨大学　大学院医学工学総合研究部　助教
森　一博　山梨大学　大学院医学工学総合研究部　社会システム工学系　准教授
森川正章　北海道大学　大学院地球環境科学研究院　環境生物科学部門　教授
田中靖浩　山梨大学　大学院医学工学総合研究部　助教
玉木秀幸　㈱産業技術総合研究所　生物プロセス研究部門　研究員
鎌形洋一　㈱産業技術総合研究所　生物プロセス研究部門　研究部門長
橋床泰之　北海道大学　大学院農学研究院　応用生命科学部門　生命有機化学分野　教授
山下光雄　芝浦工業大学　工学部　応用化学部　教授
橋本洋平　三重大学　大学院生物資源学研究科　准教授
井上大介　大阪大学大学院　工学研究科　環境・エネルギー工学専攻　特任助教
三島康史　㈱産業技術総合研究所　バイオマス研究センター　バイオマスシステム技術チーム　主任研究員
伊佐亜希子　㈱産業技術総合研究所　バイオマス研究センター　バイオマスシステム技術チーム　産総研特別研究員
三輪京子　北海道大学　創成研究機構　北大基礎融合科学領域リーダー育成システム　特任助教

執筆者の所属表記は，2011年当時のものを使用しております。

目　次

第1章　植物を利用した排水処理・汚染水域浄化

第2章　ファイトレメディエーション：植物による土壌浄化技術

第3章 植物を利用した排ガス処理・大気環境保全技術

第4章　根圏における植物—微生物の相互作用と環境技術への展開

第5章　植物による環境浄化と資源生産のCo-benefit実現を目指して

第１章　植物を利用した排水処理・汚染水域浄化

1　バイオジオフィルターによる生活排水の高度処理

尾崎保夫*

1.1　はじめに

生活排水中の窒素，リンは，近年，湖沼など閉鎖性水域の主要な汚濁原因物質の一つとなっている[1,2]。1955年頃までは，生活雑排水の排出量は少なく，人糞尿は貴重な肥料資源として，大部分農耕地で循環・利用されていたため[3]，農山村地域の河川や湖沼は澄明で，様々な生物が生息し，多目的に利用されていた。汚濁した湖沼や身近な水辺の水質改善を図るためには，地域特性に応じた健全な水資源の循環利用システムを再構築することが求められている[4]。

植物を用いた植生浄化法は，近年，環境に負荷を与えない省エネルギー的な浄化法として世界的にも注目を集め，様々な研究開発が進められている[5~11]。筆者らは，植生浄化法の一つである有用植物と天然鉱物濾材を組合せたバイオジオフィルター（BGF）を開発し，本BGFに適した水質浄化機能の高い有用植物の検索，各植物の水質浄化特性の解明および年間安定した処理水質を得るための有用植物の植栽組合せ法などについて研究を行っている[12~19]。

本節では，植栽植物の種類がBGF水路の窒素，リン浄化機能に与える影響とゼオライトと鹿沼土濾材の継続使用が流出水の水質に与える影響などを調査，解析すると同時に，本システムの特徴を生かした利活用法などについて考察する。

1.2　BGF水路を用いた生活排水浄化システムの設計・試作

これまでの研究で得られた基礎データをもとに，合併処理浄化槽とBGF水路を組合せた生活排水の浄化システムを設計・試作し（図１），５人家族の家庭から排出される生活排水の浄化試験を実施した[12]。

本BGF水路の特徴は，水路内の濾材の充填高さを植物の耐湿性に応じて変化させることにより，野菜，資源植物など利用価値の高い陸生植物と水生植物を同時に水質浄化に利用できるようにしたところにある。以下に，各施設の形状，容量などを示す。

①　生活排水の排出量：210 L／人／日×５人＝1,050 L／日

②　嫌気好気循環式合併処理浄化槽（７人槽，KY-N7A型）：総容量3.54 m^3

③　調整槽：0.82×1.20×1.05^{H}m（有効貯水量0.80 m^3）

④　BGF水路：0.40×19.50×0.40^{H}m（有効容積1.56 m^3，H水路とM水路の２系列），水路内の水の保持量約1.16 m^3

＊　Yasuo Ozaki　秋田県立大学　生物資源科学部　生物環境科学科　教授

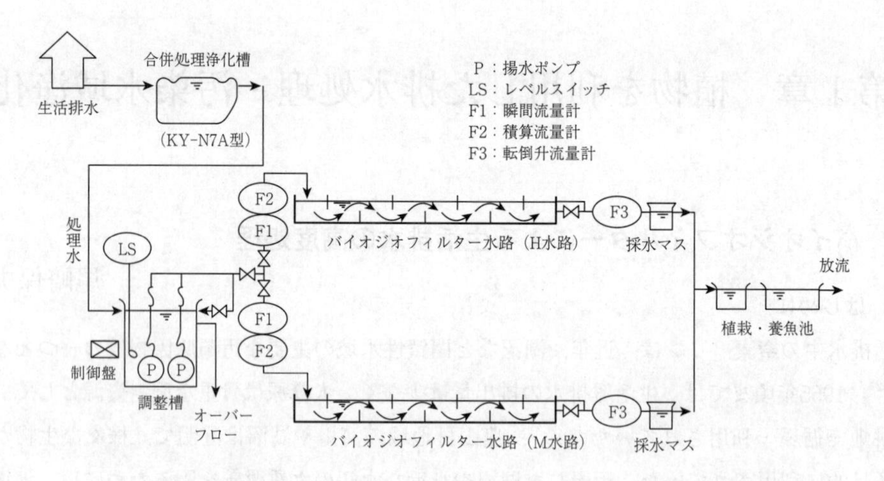

図1　合併処理浄化槽とBGF水路を組み合わせた生活排水の浄化システム

⑤　濾材：H水路（ゼオライト：水路2.4m当たり約220kg充填），M水路（鹿沼土：前年までに流入口から12.2mまでのゼオライトを鹿沼土680kgに入れ替えた。引き続き，1年目の夏季作物植栽時に103kg，2年目には77kg入れ替え）。

⑥　ビニールハウス：$6.00\times27.00\times3.10^{H}$m（調整槽とBGF水路はビニールハウス内に設置）

⑦　植栽・養魚池：$0.78\times2.87\times0.38^{H}$m（貯水量$0.61\,m^3$）

1.3　BGF水路の運転管理法

生活排水を，まず，合併処理浄化槽で処理し，その処理水を調整槽に導いた。調整槽内の処理水はタイマー制御により，1時間に15分間水中ポンプで揚水（1時間当たり32～36L）し，瞬間流量計と積算流量計を経て，H水路とM水路に供給した。BGF水路は，図1のように整流板で8区画に分割するとともに植物の耐湿性に応じて濾材の充填高さを調節した（例：陸生植物植栽水路では，水路内の濾材の充填高さを水面より10～15cm高くする）。

ビニールハウスは，夏季は窓を全開にし，冬季はハウス内の気温が20℃以上に上昇すると天窓が自動的に開き，温度が高くなり過ぎないよう管理した。しかし，無加温のため，厳冬期の早朝には，ハウス内の気温が－5～－7℃に低下することがあった。

1.4　ゼオライトと鹿沼土を充填したBGF水路流出水の全窒素，全リン濃度の年間変化

BGF水路に植栽した冬季と夏季の主な有用植物を図2に示した。冬季には，冬野菜とキヌサヤエンドウ，カラーなど，夏季にはトマト，クワイ，サトイモ，クワズイモ，パピルスを植栽したが，トマトは7月中旬から連作障害で生育が悪化したため，8月7日にウコンに植え替えた。収穫した野菜やクワイ，サトイモなどは食用に供しているが2月下旬には大きな青首だいこん（写真1）が収穫できた。また，夏季には，ウコン，サトイモ，クワズイモ（写真2），ケナフ，パピ

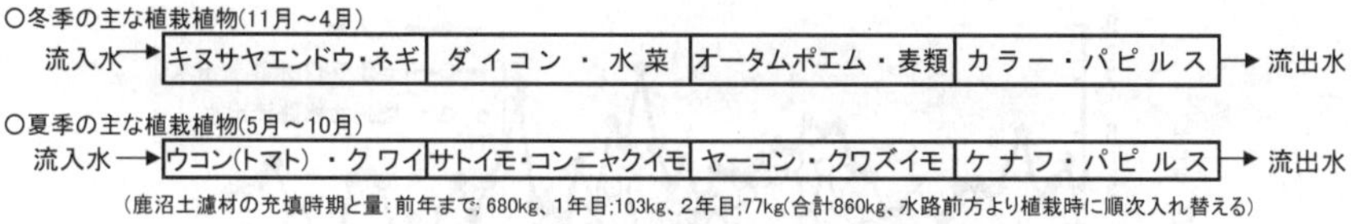

○冬季の主な植栽植物(11月～4月)

流入水→ キヌサヤエンドウ・ネギ | ダイコン・水菜 | オータムポエム・麦類 | カラー・パピルス →流出水

○夏季の主な植栽植物(5月～10月)

流入水→ ウコン(トマト)・クワイ | サトイモ・コンニャクイモ | ヤーコン・クワズイモ | ケナフ・パピルス →流出水

(鹿沼土濾材の充填時期と量：前年まで；680kg、1年目;103kg、2年目;77kg(合計860kg、水路前方より植栽時に順次入れ替える)

図2　バイオジオフィルター水路に植栽した冬季と夏季の主な有用植物

写真1　収穫した青首だいこん（2月下旬）

写真2　クワズイモ，ヤーコン，サトイモ，ウコンなど
BGF水路後方から8月上旬に撮影

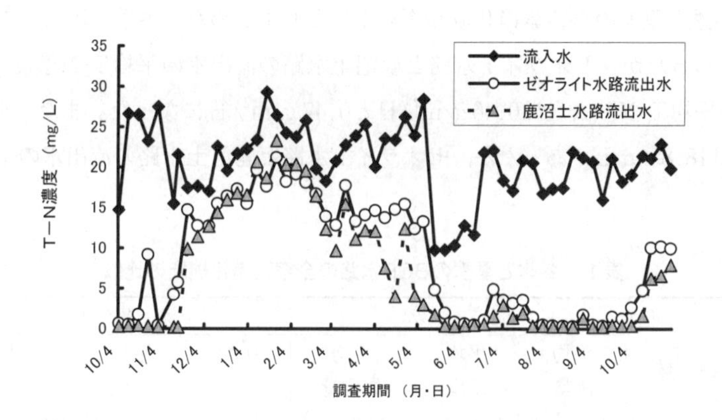

図3　ゼオライトと鹿沼土を充填したBGF水路の全窒素濃度の年間変化

ルスが旺盛な生育を示した。

図3には，BGF水路流入水と流出水の全窒素濃度の年間変化を図示した。ゼオライト水路では，11月中旬から流出水のT-N濃度は上昇し始め，1～2月には20 mg/L前後まで上昇した後徐々に低下し，夏季植栽植物の生育が旺盛な8～9月には1 mg/L以下に低下した。その後，植栽植物の生育が衰え始めた10月には再び10 mg/L近くに上昇した。鹿沼土水路流出水のT-N濃度は，ゼオライト水路とほぼ同様な変化を示したが，4～5月と10月の流出水のT-N濃度は，ゼオライト

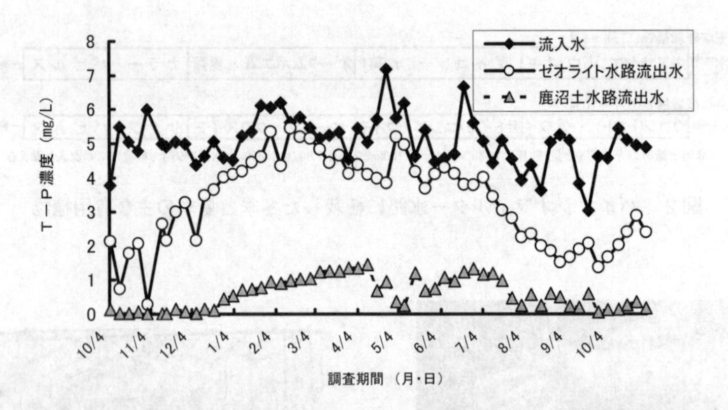

図4　ゼオライトと鹿沼土を充填したBGF水路の全リン濃度の年間変化

水路より低くなった。この原因は，鹿沼土水路は濾材を順次入れ替えたため，濾材に吸着保持されている窒素量が少ないためと推察している。

ゼオライト水路流出水のT-P濃度は，11月から徐々に高くなり，２月には5mg/L台まで上昇したが，植栽植物の生育が旺盛な８月中旬～９月中旬には1.5mg/L前後まで低下した。一方，鹿沼土水路では，流出水のT-P濃度は１mg/Lを超えることは少なく流出水の年間平均濃度は0.60mg/Lとなり，リン除去に対する鹿沼土の寄与が大きいことを再確認した（図４）。

BGF水路の冬季と夏季の全窒素浄化成績を表１にとりまとめた。冬季の流入水の平均T-N濃度は22.5mg/Lであったが，ゼオライト水路と鹿沼土水路の流出水の平均T-N濃度は15.0mg/Lと14.0mg/Lで，平均T-N除去量は0.46g/m^2/日と0.47g/m^2/日になった。また，夏季の流入水の平均T-N濃度は18.8mg/Lであったが，ゼオライト水路と鹿沼土水路の流出水の平均T-N濃度は

表１　冬季と夏季のBGF水路の全窒素浄化機能の比較

時期	濾　材	流入水			流出水			除去率（%）
		平均流量（L/日）	平均濃度（mg/L）	平均負荷量（g/m^2/日）	平均流量（L/日）	平均濃度（mg/L）	平均除去量（g/m^2/日）	
冬　季（11～４月）	ゼオライト	375	22.5	1.08	320	15.0	0.46	42.6
	鹿沼土	359	22.5	1.04	319	14.0	0.47	45.2
厳冬季（12～２月）	ゼオライト	394	22.9	1.15	344	17.1	0.39	33.9
	鹿沼土	375	22.9	1.10	347	17.6	0.30	27.3
夏　季（５～10月）	ゼオライト	372	18.8	0.89	277	3.79	0.76	85.4
	鹿沼土	404	18.8	0.97	293	1.82	0.90	92.8
真　夏（７～９月）	ゼオライト	373	19.3	0.93	261	1.54	0.87	94.6
	鹿沼土	423	19.3	1.05	294	0.85	1.01	96.2

冬季植栽植物：キヌサヤエンドウ，ダイコン，水菜，オータムポエム，麦類，カラーなど
夏季植栽植物：ウコン（トマト），クワイ，サトイモ，クワズイモ，ケナフ，パピルスなど

表2　冬季と夏季のBGF水路の全リン浄化機能の比較

時期	濾　材	流　入　水			流　出　水			除去率（%）
		平均流量（L/日）	平均濃度（mg/L）	平均負荷量（g/m^2/日）	平均流量（L/日）	平均濃度（mg/L）	平均除去量（g/m^2/日）	
冬　季（11～4月）	ゼオライト	375	5.35	0.26	320	3.98	0.10	38.5
	鹿沼土	359	5.35	0.25	319	0.74	0.22	88.0
厳冬季（12～2月）	ゼオライト	394	5.36	0.27	344	4.32	0.08	29.6
	鹿沼土	375	5.36	0.26	347	0.65	0.23	88.5
夏　季（5～10月）	ゼオライト	372	4.85	0.23	277	3.00	0.12	52.2
	鹿沼土	404	4.85	0.25	293	0.61	0.23	92.0
真　夏（7～9月）	ゼオライト	373	4.51	0.22	261	2.35	0.13	59.0
	鹿沼土	423	4.51	0.24	294	0.58	0.22	91.7

冬季植栽植物：キヌサヤエンドウ，ダイコン，水菜，オータムポエム，麦類，カラーなど
夏季植栽植物：ウコン（トマト），クワイ，サトイモ，クワズイモ，ケナフ，パピルスなど

3.79 mg/Lと1.82 mg/Lで，平均T-N除去量は0.76 g/m^2/日と0.90 g/m^2/日となり，鹿沼土水路の方がT-N除去量がやや高く，夏季の窒素除去率は92.8%に達した。表2は，BGF水路の冬季と夏季の全リン浄化成績をとりまとめたものである。冬季の流入水の平均T-P濃度は5.35 mg/Lであったが，ゼオライト水路と鹿沼土水路の流出水の平均T-P濃度は3.98 mg/Lと0.74 mg/Lで，平均T-P除去量は0.10 g/m^2/日と0.22 g/m^2/日になった。また，夏季の流入水の平均T-P濃度は4.85 mg/Lであったが，ゼオライト水路と鹿沼土水路の流出水の平均T-P濃度は3.00 mg/Lと0.61 mg/Lで，平均T-P除去量は0.12 g/m^2/日と0.23 g/m^2/日となった。植栽植物の生育が旺盛な真夏のゼオライト水路のT-P除去量は0.13 g/m^2/日で，厳冬期の約1.6倍に増加したが，鹿沼土水路では，鹿沼土の高いリン除去能により真夏と厳冬期のT-P除去量はほとんど変わらなかった。

1.5　ゼオライトと鹿沼土濾材の継続使用が流出水の全窒素，全リン濃度に与える影響

ゼオライトと鹿沼土を継続使用した際の厳冬季（12～2月）と真夏（7～9月）の全窒素の浄化成績を表3にとりまとめた。厳冬季のBGF水路流入水の平均T-N濃度を8.5～22.7 mg/Lに大幅に変えても両水路の平均T-N除去量は0.28～0.39 g/m^2/日で大きな変化はなく，厳冬季でも0.3 g/m^2/日程度のT-N除去が見込めることを示唆した。一方，真夏の平均T-N除去量は，植栽植物の種類，T-N負荷量，気象条件などの影響を受け0.87～1.37 g/m^2/日に変化したが，濾材を継続使用すると濾材に吸着・保持される窒素量が増加し，両水路とも流出水のT-N濃度は徐々に高くなることが判明した。

同様に，表4は厳冬季と真夏の流出水の平均T-P濃度と平均T-P除去量の経年変化をとりまとめたものである。ゼオライトはリン吸着能が低いので，ゼオライト水路の厳冬季と真夏のT-P除

表3　濾材を継続使用した際の流出水の全窒素濃度と全窒素除去量の経年変化

時期	年　次	濾材：ゼオライト				濾材：鹿沼土			
		T-N 負荷量 (g/m²/日)	流入 T-N濃度 (mg/L)	流出 T-N濃度 (mg/L)	T-N 除去量 (g/m²/日)	T-N 負荷量 (g/m²/日)	流入 T-N濃度 (mg/L)	流出 T-N濃度 (mg/L)	T-N 除去量 (g/m²/日)
厳冬季	前　年	0.45	8.54	3.92	0.28	0.48	8.54	3.25	0.32
	1年目	1.15	22.7	17.09	0.39	1.10	22.7	17.56	0.30
	2年目	0.53	11.9	4.64	0.35	0.50	11.9	5.15	0.31
真夏	前　年	0.96	19.2	0.65	0.94	0.94	19.2	0.39	0.92
	1年目	0.93	19.3	1.54	0.87	1.05	19.3	0.85	1.01
	2年目	1.44	23.5	1.56	1.37	1.38	23.5	2.68	1.27

厳冬季：12～2月の平均値，真夏：7～9月の平均値

表4　濾材を継続使用した際の流出水の全リン濃度と全リン除去量の経年変化

時期	年　次	濾材：ゼオライト				濾材：鹿沼土			
		T-P 負荷量 (g/m²/日)	流入 T-P濃度 (mg/L)	流出 T-P濃度 (mg/L)	T-P 除去量 (g/m²/日)	T-P 負荷量 (g/m²/日)	流入 T-P濃度 (mg/L)	流出 T-P濃度 (mg/L)	T-P 除去量 (g/m²/日)
厳冬季	前　年	0.21	3.98	3.56	0.05	0.23	3.98	0.80	0.19
	1年目	0.27	5.30	4.32	0.08	0.26	5.30	0.65	0.23
	2年目	0.21	4.75	3.89	0.06	0.20	4.75	2.12	0.12
真夏	前　年	0.28	5.43	1.60	0.22	0.27	5.43	0.27	0.26
	1年目	0.22	4.51	2.35	0.13	0.24	4.51	0.58	0.22
	2年目	0.31	4.99	1.85	0.22	0.29	4.99	0.89	0.25

厳冬季：12～2月の平均値，真夏：7～9月の平均値

去量0.05～0.08 g/m²/日と0.13～0.22 g/m²/日の大部分は植栽植物に吸収されたものと考えられる。一方，鹿沼土水路の厳冬季のT-P除去量は前年と1年目には0.19 g/m²/日と0.23 g/m²/日であったが，2年目には0.12 g/m²/日に低下し，流出水のT-P濃度は2.12 mg/Lに増加した。本調査結果は，流出水のT-P濃度を1 mg/L以下に維持するためには，T-P負荷量や植栽植物の種類によっても異なるが，2～3年ごとに鹿沼土濾材を入れ替える必要があることを示唆している。

1.6　BGF水路流下に伴う窒素濃度の変化

陸生植物植栽水路（H水路）と水生植物植栽水路（M水路）の流下に伴う8月の平均T-N濃度の変化を図5に示した。水生植物植栽水路では，生育旺盛なエンサイとクワイ植栽区間（写真3）を流下する間に，流下水のT-N濃度は12.7 mg/L低下したが，次の水稲植栽区間では1.9 mg/Lしか低下しなかった。しかし，後方のパピルス植栽区間では5.2 mg/L低下し，流出水の平均T-N濃度は0.46 mg/Lとなった。一方，陸生植物植栽水路では，流下水のT-N濃度はほぼ直線的に低下

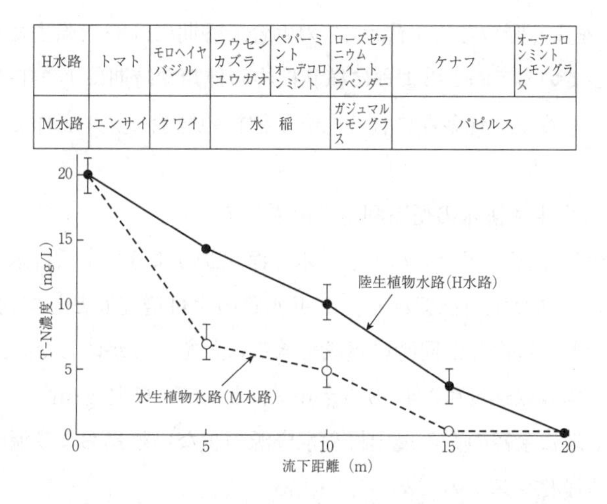

図5　BGF水路流下に伴う全窒素濃度の変化（8月，毎週16時前後に採水）
H水路には陸生植物，M水路には主に水生植物を植栽

写真3　陸生植物植栽水路と水生植物植栽水路の生育状況（8月上旬）
陸生植物植栽水路（H水路）：トマト，モロヘイヤ，バジル，ミント，ケナフなど
水生植物植栽水路（M水路）：エンサイ，クワイ，水稲，パピルスなど

写真4　野菜・資源植物植栽水路と花卉植物植栽水路の生育状況（7月下旬）
野菜・資源植物植栽水路（H水路）：モロヘイヤ，バジル，ケナフ，パピルスなど
花卉植物植栽水路（M水路）：ペチュニア，インパチエンス，マリーゴールド，カラーなど

し，流出水の平均T-N濃度は0.80 mg/Lとなった。

野菜・資源植物植栽水路と花卉植物植栽水路の7月下旬の生育状態を写真4に示した。花卉植物植栽水路のペチュニア，インパチエンス，マリーゴールドなどは美しい花をたくさん咲かせているが，野菜・資源植物植栽水路のモロヘイヤ，ケナフ，パピルスに比べるとバイオマス量は著しく少ない。両水路の夏季（6月5日～11月3日）の流出水のT-NとT-Pの平均濃度を比較すると，野菜・資源植物植栽水路の0.61 mg/Lと2.27 mg/Lに比べ，花卉植物植栽水路では4.69 mg/Lと4.05 mg/Lで大幅に高くなった。また，これまでの試験より，バイオマス生長量が大きい時期には，植栽植物は窒素，リンをよく吸収し，バイオマスの生育最盛期にはT-N除去量が2.7～3.9 g/m^2/日に達することが分かっている[20]。このように植栽植物の種類や時期によりT-N除去能が大きく変化するので，浄化目標水質や立地条件に合った有用植物の植栽モデルを作ることが大切である。

1.7　地域特性に合った生活排水の循環利用をめざして

合併処理浄化槽とBGF水路を組合せた生活排水の浄化試験より，生活排水の合併処理浄化槽処理水は養分バランスのとれた肥料液であり，BGF水路の水耕培養液として利用することにより，野菜や資源植物の生産と水質浄化が同時に達成できることを明らかにした。BGF水路植栽植物の夏季の窒素，リンの平均吸収速度は0.4～0.6 g/m^2/日と0.07～0.12 g/m^2/日でそれ程高くないので[19,21]，BGF水路は土地に余裕のある農山村や水資源の少ない離島および温暖な開発途上国に適した資源循環型の水質浄化システムであるといえる。

また，本書でも紹介されているように，近年，植物の根圏微生物は環境ホルモンなど様々な有害化学物質の分解機能を有することが明らかになっている[22~24]ので，今後は，窒素，リンの浄化に加えて，これら有害化学物質の浄化機能を強化した地域特性に合った水質浄化システムを構築し，水資源の循環利用を図ることが求められる。

文　　献

1）田渕俊雄著，湖の水質保全を考える―霞ヶ浦からの発信―，技報堂出版，p.33-38（2005）
2）大垣眞一郎，吉川秀夫監修，流域マネジメント―新しい戦略のために―，技報堂出版，p.72-74（2002）
3）久守藤男，現在農業資源利用論，明文書房，p.102-109（1984）
4）今後の水環境保全に関する検討会，今後の水環境保全の在り方について(中間とりまとめ)，環境省，p.1-20（2009）
5）R. M. Gersberg *et al.*, *Water Res.*, **17**, p.1009-1014（1983）
6）M. B. Green *et al.*, *Water Environ. Res.*, **66**, p.188-192（1994）
7）細見正明ほか，水質汚濁研究，**14**, p.674-681（1991）
8）相崎守弘ほか，水環境学会誌，**18**, p.624-627（1995）
9）中里広幸，用水と廃水，**40**, 867-873（1998）
10）藤田正憲，森本和花，河野宏樹，Silvana Perdomo，森一博，池道彦，山口克人，惣田訓，環境科学会誌，**14**(1), p.1-13（2001）
11）島谷幸宏ほか編，エコテクノロジーによる河川・湖沼の水質浄化，ソフトサイエンス社，p.110-127, p.148-162（2003）
12）尾崎保夫ほか，用水と廃水，**38**(12)，p.1032-1037（1996）
13）尾崎保夫，日本水処理生物学会誌，**33**(3)，p.97-107（1997）

14)　Y. Ozaki, *JARQ*, **33**(4), p.243-247 (1999)
15)　尾崎保夫，農業および園芸，**76**(10), p.1107-1115 (2001)
16)　K. Abe *et al.*, *Ecological Engineering*, **29**, p.125-132 (2007)
17)　尾崎保夫，日本土壌肥料学会東北支部編，東北の農業と土壌肥料，p.234-235 (2006)
18)　尾崎保夫，阿部薫，*BIO INDUSTRY*，シーエムシー出版，**26**(11)，p.28-37 (2009)
19)　菅原正孝監修，水浄化技術の最新動向，シーエムシー出版，p.151-163 (2011)
20)　谷山重孝編集代表，新しい水環境の創出―農業集落排水システムとその技術―，農文協，p.214-233 (2000)
21)　尾崎保夫，農業技術大系土肥編，第3巻，土壌と活用Ⅵ，追録第19号，p.48の2-10，農文協 (2008)
22)　K. Mori *et al.*, *Jpn. J. Water Treat. Biol.*, **41**(3), p.129-140 (2005)
23)　平田收正ほか，*BIO INDUSTRY*，シーエムシー出版，**26**(11)，p.15-20 (2009)
24)　遠山忠ほか，*BIO INDUSTRY*，シーエムシー出版，**26**(11)，p.21-27 (2009)

2　ビオパレット：植物による金属加工廃水の仕上げ処理

櫻井康祐[*1]，惣田　訓[*2]

2.1　植生浄化システム（ビオパレット）の導入

地球温暖化に代表される自然環境悪化への対策が危急の課題となっている今日，企業活動に伴う環境負荷の低減は，より一層重要性を帯びてきている。様々な環境負荷要因の一つとして，工場排水による公共水域の汚染は，水質汚濁防止法の施行とその運用強化に伴い，大幅な改善を達成しているものの，生物多様性条約に代表される自然環境の保全意識の高まりにより，生態系維持の観点からの配慮も必要になってきている。これら自然調和の要求に対して，DOWAグループ（DOWAハイテック㈱，DOWAテクノロジー㈱）では，埼玉県本庄市の事業所において，物理化学的な排水処理の仕上げ処理として植生浄化機能を応用した排水浄化システム「ビオパレット」を実用化するに至ったため，本項にその運用状況を紹介する。

図１にビオパレットの平面構成図を，写真１に全景を示す。ビオパレットは，水深15～20 cm程のコンクリート製処理槽に底質を使わない直接植栽方式の水耕法を基本としている。これは，懸濁物質による底質部の閉塞を避け，できるだけ多くの通水量を確保したいというコンセプトによる。また，槽前半部には木質系ろ材を内部に配した散水ろ床を配置し，空気接触酸化による有

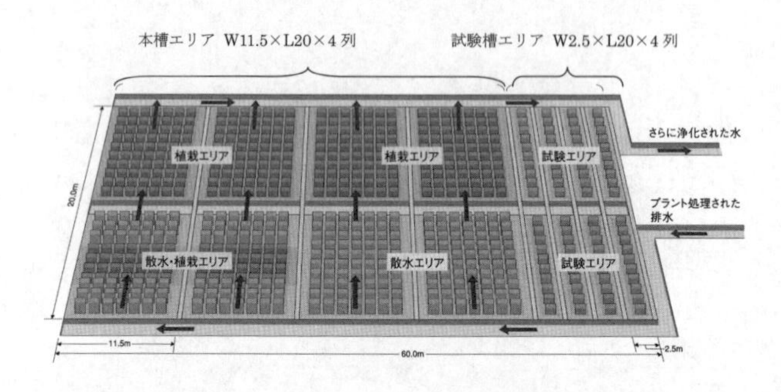

図１　ビオパレットの平面構成図

写真１　ビオパレットの全景写真

＊1　Yasumasa Sakurai　DOWAテクノロジー㈱　技術開発部　担当部長
＊2　Satoshi Soda　大阪大学大学院　工学研究科　環境・エネルギー工学専攻　准教授

図２　ビオパレットの断面図及びそこに棲む動植物

機物の分解能力の向上を狙っている。導水路より導かれた原水は，水中ポンプにより散水ろ床に給水され，散水ろ床を滴り落ちた水は後半部の植栽エリアを通過し，排水路へと流れ落ちる。槽の大きさは幅方向に60 m，縦方向（流水方向）に20 m，設置総面積1,200 m^2の規模となっており，ここに工場の全排水約2,500 m^3/日を通水している。平均水深を15 cmとすると，滞留時間は約1.5時間と推定され，この間に散水ろ床と植栽根圏部の微生物群の働きにより水質浄化が行われる。

図2にビオパレット断面構造と動植物の様子を配したイラストを示す。ビオパレットは外界に開放した植物群で構成されているため，様々な生き物がそこを生活の場として利用するようになってきている。植物や微生物類を餌とする昆虫や魚類，これらを捕食する鳥類が一種の生態系を成し，食物連鎖の過程で水質の浄化を担う機能を発揮している。特にメダカの繁殖は旺盛で，春先から夏にかけて稚魚が育ち，水路のいたる所でその姿を目にすることができる。

2.2　ビオパレットにおける金属加工廃水の仕上げ処理

設備導入以前，当事業所では，新規品事業の急激な立ち上がりに伴う排水の増加と，窒素暫定規制値の期限を数年後に迎える状況下にあった。このため，物理化学処理による排水処理プラン

表1　ビオパレット試験槽における廃水処理の実験値

項目	入口濃度 mg/L	出口濃度 mg/L	除去率 %	除去速度 g/m^2・day
BOD	24.1	5.4	78	56.2
TOC	12.1	4.0	67	24.2
濁度（NTU）	3.9	1.7	56	6.7

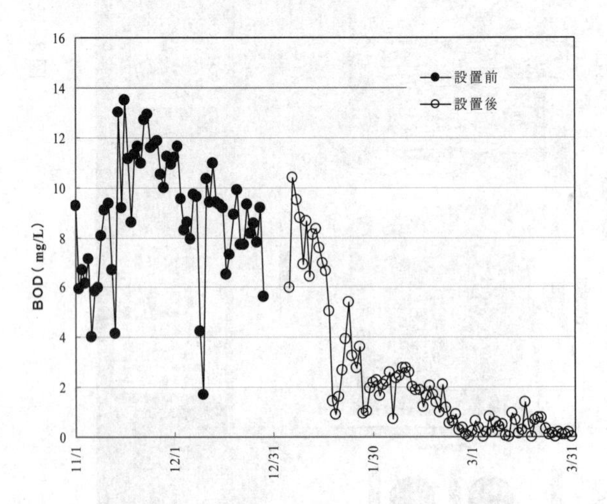

図3　ビオパレット導入前後におけるBOD値の変化
TOCオンライン分析装置の1回／時間の測定値を相関実績からBOD値に換算し，日間平均値とした。

トの導入を積極的に行っていたものの，BOD（biochemical oxygen demand，生物化学的酸素要求量）の規制値に対する余裕が少ないという課題をかかえていた。そのような中，水耕法による実験（ビオパレットの予備試験）で表1に示す浄化効果を確認し，本設設備の着工に至った。平成17年後半に着工したビオパレットは，翌年明けから運用を開始している。設置前後のBOD値の変化を図3に示す。設置以前に10 mg/L前後を示していた値が設置後は徐々に下がり，2ヶ月後には安定して2 mg/L未満を示すようになった。

設備運用開始の平成18年から現在（平成23年7月）までのTOC，アンモニア性窒素，全窒素の濃度低下率を図4に示す。設備稼働当初より，その処理目的としていたBODの代替指標となるTOC（total organic carbon，全有機炭素）の流入濃度は，平成18年と平成22年に比較的高い値を示しているが，これは製品製造量の増加時期に相当し，化学的な1次処理の増強により順次下がる傾向を示す（図4(A)）。ビオパレットにおける削減効果は流入濃度の上昇に伴い次第に上がって

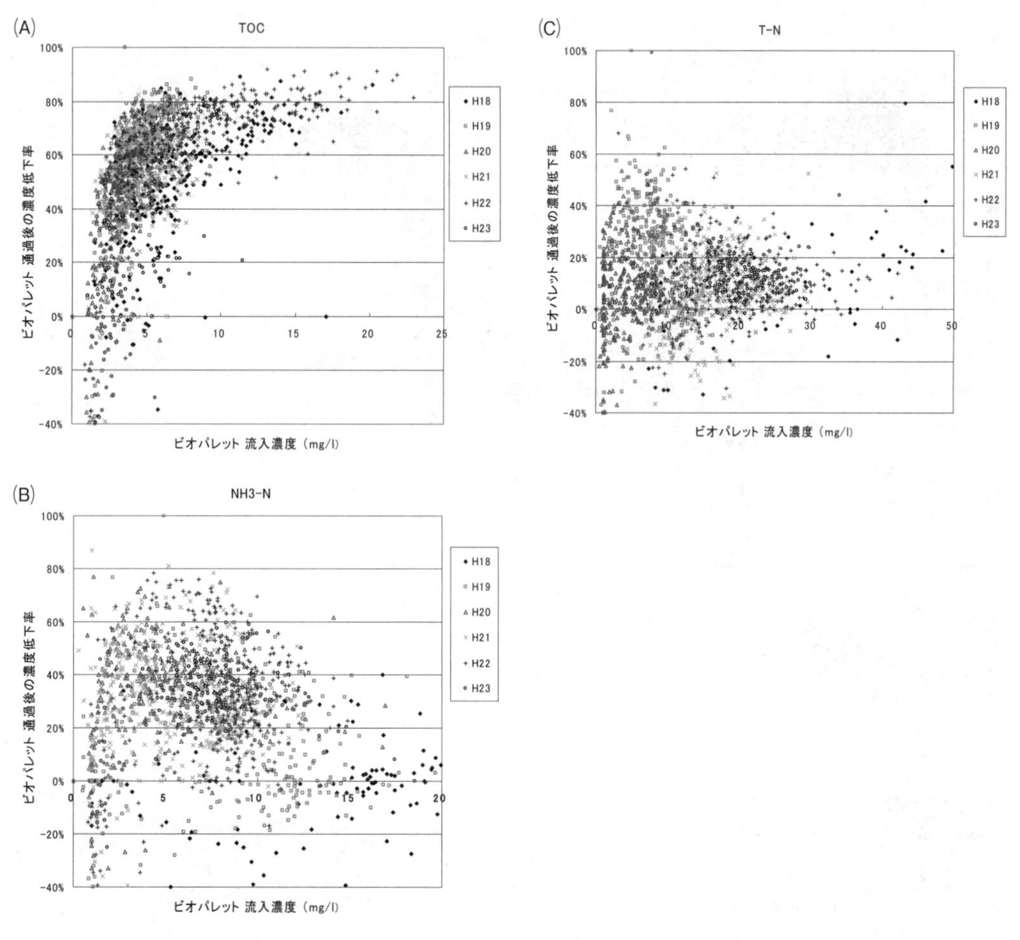

図4　ビオパレットによるTOC(A)，アンモニア性窒素(B)，全窒素(C)の削減効果
プロット1点は1回／日の平均値に相当する。

いき，10 mg/L付近で70％程度に達する。濃度15 mg/Lを超えても削減率の低下は認められず，20 mg/L超の領域でも効果を発揮できることが予想される。

アンモニア性窒素は，散水ろ床内に生息する硝化菌により硝酸性窒素に硝化される。散水ろ床は設備稼働開始の平成18年以降，順次増強を図ってきており，それに伴うアンモニア性窒素の削減効果が上昇している（図4(B)）。また，アンモニア性窒素の場合，5～10 mg/L付近に濃度低下率のピークが現れており，15 mg/Lを超える濃度領域での運用には，さらに散水ろ床の増強，あるいは滞留時間の延長が必要になると予想される。また，ビオパレットは好気処理を主とした構成となっているため，嫌気条件を必要とする脱窒の効果はあまり高くない。硝化により増えた硝酸性窒素増分を加味しても，全窒素の削減効果は20％程と評価している（図4(C)）。

図5に重金属類の代表例として銀，鉄，銅の濃度低下率を示す。銀の流入濃度は年々減少傾向を示しているが，流入濃度の変化にあまり左右されずに安定した削減率を示しており，平均的な

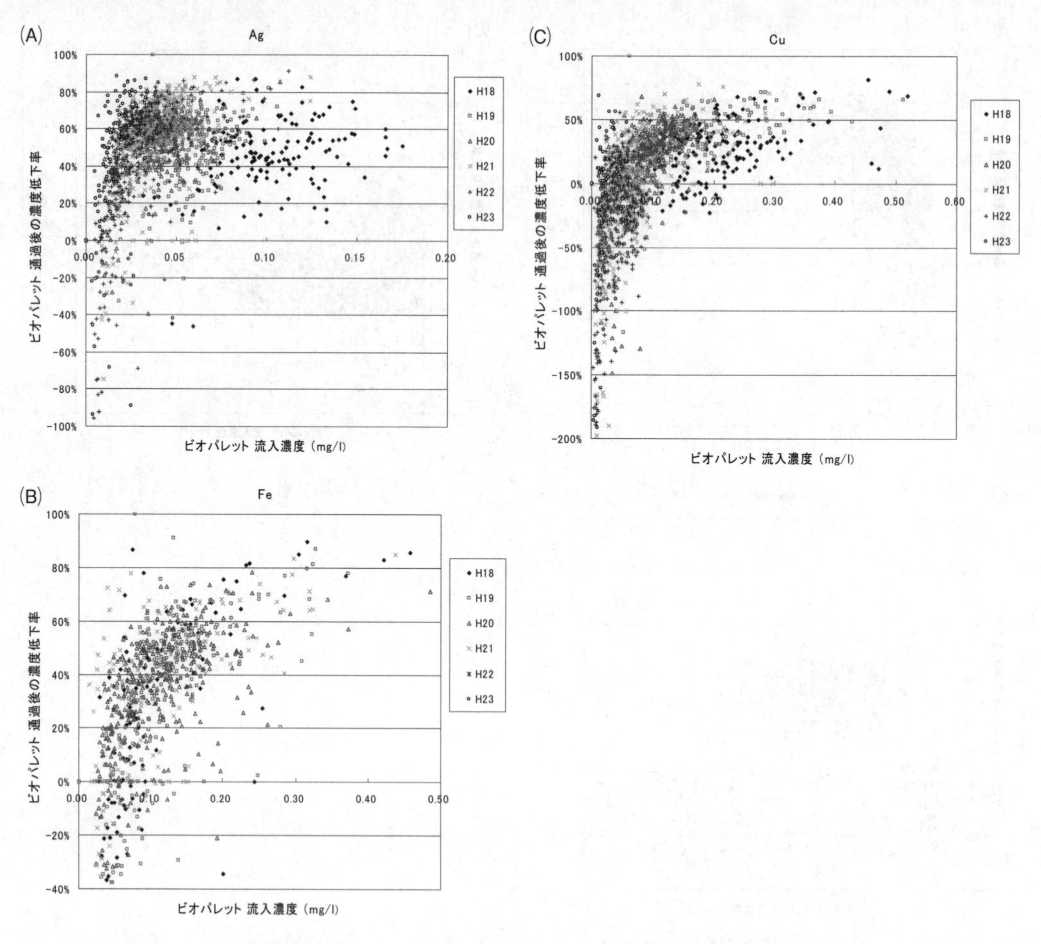

図5　ビオパレットによる銀(A)，鉄(B)，銅(C)の削減効果
プロット1点は1回／日の平均値に相当する。

値として50%程度の削減率が期待できる（図5(A)）。なお，0.01 mg/L近傍の低い濃度領域では，測定値の少しの違いが削減率に大きく影響するため，計算結果の信頼性が低くなってしまうことを付け加えておく。鉄については，年度による流入濃度の変化はなく，生産活動起因によるものではないことが予想される（図5(B)）。全体にバラツキが大きい様子ではあるが，40%程の削減能力があるものと評価している。銅は前述の2元素とは状況が異なっている（図5(C)）。銀と同様，流入濃度は年々低下しているが，削減率も低下している。平成21年以降は削減率が負を示す確率が高くなっており，これまでに蓄積されたものが，破過し始めている可能性が推測される。水中より取り除かれた重金属類は，植物内やその分解物として底泥として槽内に堆積するため，一定時期に系外に排出する行為が必要となってくる。物質毎に異なる結果を総合的に判断し，設備メンテナンスに有効なフィードバックをしていくことが今後の課題と認識している。

2.3　抽水植物の金属類に対する濃縮係数と移動係数

ビオパレットでの金属の除去は，沈殿，散水ろ床での吸着，植物の根によるろ過（ファイトフィルトレーション），植物による吸収（ファイトエクストラクション）などの様々な浄化機構によって達成されている。これらの中でも，ファイトエクストラクションの効果を調べるため，試験エリア（図1）において，抽水植物であるセキショウとシュロガヤツリを栽培した。セキショウは，日本を含む東アジアに自生しており，観葉植物としても馴染みが深い[1)]。シュロガヤツリは，マダガスカル原産であるが，現在では日本の本州以南全般に分布している[2~4)]。その生長速度は，夏から秋にかけては約45 g-dry/m^2/day，冬から春にかけても約9 g-dry/m^2/dayと報告されており[4)]，水質浄化後の余剰植物体は，和紙の原料としても利用できる[4)]。試験エリアの長さ10 m，幅2.5 m（1.25 m×2水路），深さ0.3 m（0.3%勾配）の部分を用い，二つの水路にそれぞれセキショウとシュロガヤツリをプラスチック製のかごに固定し，根が排水に直接接触するように植栽した。セキショウは，金属含有排水に曝露されたことのないものを近隣の農場から移植した。シュロガヤツリは，本槽エリアのものを移植した。本槽エリアと同様に，物理化学処理を施した後の事業所排水を平均水量5 m^3/h（滞留時間1.5時間）で平成19年8月17日から11月12日まで通水した。なお，台風9号と20号が，それぞれ9月5～7日と10月27日に関東地方を通過した。

実験の都合により，本槽エリアに比べると植栽密度が小さく，滞留時間も極めて短かったためか，セキショウを植栽した水路では，アルミニウム（平均除去率24.6%），亜鉛（17.6%），ジルコニウム（22.5%），ビスマス（8.9%）を除き，金属類の有意な除去は見られなかった。一方，シュロガヤツリを植栽した水路では，除去率は低いものの，アルミニウム（平均除去率26.7%），クロム（12.0%），マンガン（7.1%），鉄（13.4%），ジルコニウム（22.5%），亜鉛（24.2%），スズ（5.2%），鉛（18.8%），およびビスマス（21.8%）の除去が確認された。

また，セキショウとシュロガヤツリは，3ヶ月間で湿重量12.0 kg-wetから，それぞれ19.3 kg-wet（根4.3，地下茎7.9，葉7.1 kg-wet）および22.3 kg-wet（根2.2，地下茎9.5，茎8.7，葉1.8 kg-wet）に生長した。いずれの植物の組織にもイオウが1000 mg/kg-dry以上で含まれ，さらにクロム，マンガン，鉄，ニッケル，銅，亜鉛，ジルコニウム，銀，インジウム，スズ，金，鉛，ビスマスの13種類の金属が検出された。一方，水中から検出された金属のうち，パラジウム，白金，アルミニウム，ルビジウム，アンチモン，ストロンシウムは，どちらの抽水植物からも検出されなかった。各元素の水中の平均濃度と植物全組織中の濃度との関係を図6に示す。いくつかの例外はあるものの，水中の濃度が高い元素は，植物組織中でも高濃度である傾向が見られた。ここで，生物濃縮係数BCF（bioconcentration factor, L/kg）を(1)式のように定義し，その値を表2に示した。

$$BCF = C_p/C_w, \quad (1)$$

C_p：植物組織中の元素濃度（mg/kg-dry），C_w：水中の元素濃度（mg/L）

必須元素であるイオウの生物濃縮係数は，セキショウが54，シュロガヤツリが21と低かった。一方，多くの金属の濃縮係数は10^3～10^4と大きな値を示した。どちらの植物も，鉄に対しては10^4以上の高い濃縮係数を示し，銀やジルコニウムに対しては，10^3以下の小さな値を示した。

実験終了後，セキショウを根，地下茎，葉に，シュロガヤツリを根，地下茎，茎，葉に分割し，それぞれの組織中の元素濃度を測定した。セキショウおよびシュロガヤツリの根組織中の元素濃度と他の組織中の元素濃度の関係を図7および図8にそれぞれ示した。例外的な金属もあったが，他の抽水植物の報告と同様に[5]，いずれの抽水植物も，根や地下茎に比べると葉の中の元素濃度が低い傾向がみられた（図7および図8）。ここで，ある元素の移動係数TF（translocation factor,-）を，地上部の組織中の濃度をその根組織中の濃度で除した値として定義し，その値を表2に示した。

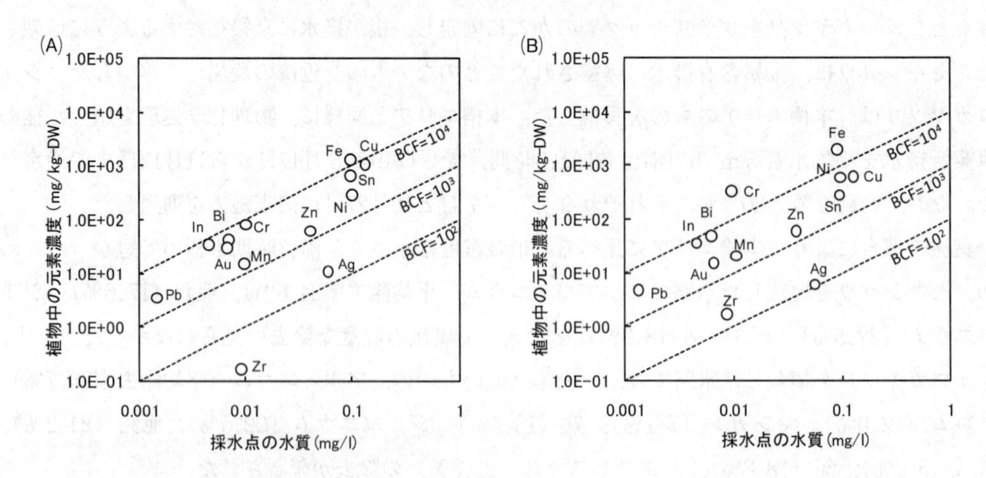

図6　試験エリアの水中の元素濃度およびセキショウ(A)とシュロガヤツリ(B)の組織中の元素濃度
点線は，生物濃縮係数10^2，10^3，および10^4を示す。水中で検出された元素のうち，インジウム，パラジウム，白金，アルミニウム，ルビジウム，アンチモン，ストロンシウムは植物組織中からは検出されなかった（<0.1 mg/kg-dry）。

表2　試験エリアで3ヶ月栽培したセキショウとシュロガヤツリの金属類に対する生物濃縮係数と移動係数

	セキショウ			シュロガヤツリ			
	生物濃縮係数	移動係数		生物濃縮係数	移動係数		
		地下茎	葉		地下茎	茎	葉
Al	-	-	-	-	-	-	-
S	5.4×10^{1}	2.6×10^{-2}	8.6×10^{-1}	2.1×10^{1}	1.3×10^{0}	5.4×10^{-1}	7.2×10^{-1}
Cr	3.4×10^{4}	9.4×10^{-2}	6.3×10^{-2}	8.0×10^{3}	1.3×10^{0}	4.7×10^{-3}	2.8×10^{-2}
Mn	2.3×10^{3}	6.5×10^{-1}	4.1×10^{-1}	4.5×10^{3}	5.5×10^{-1}	2.4×10^{-1}	-
Fe	2.2×10^{4}	1.5×10^{-1}	8.8×10^{-2}	1.3×10^{4}	2.9×10^{-1}	5.7×10^{-3}	3.7×10^{-2}
Ni	6.1×10^{3}	1.7×10^{-2}	8.6×10^{-3}	2.9×10^{3}	2.8×10^{0}	2.0×10^{-2}	-
Cu	4.7×10^{3}	1.6×10^{-1}	6.0×10^{-1}	8.0×10^{3}	1.5×10^{-1}	8.4×10^{-3}	2.3×10^{-1}
Zn	1.6×10^{3}	2.0×10^{-1}	1.7×10^{-1}	1.5×10^{3}	3.1×10^{-1}	1.9×10^{-1}	3.4×10^{-1}
Sr	-	-	-	-	-	-	-
Zr	2.0×10^{2}	-	-	1.8×10^{1}	7.0×10^{-1}	-	-
Ru	-	-	-	-	-	-	-
Pd	-	-	-	-	-	-	-
Ag	1.1×10^{2}	1.0×10^{0}	8.3×10^{0}	1.8×10^{2}	2.5×10^{-1}	1.9×10^{-1}	2.8×10^{-1}
In	8.0×10^{3}	1.3×10^{-1}	8.4×10^{-2}	7.6×10^{3}	2.3×10^{-1}	-	-
Sn	2.9×10^{3}	1.5×10^{-1}	5.1×10^{-2}	6.8×10^{3}	1.4×10^{-2}	4.9×10^{-2}	2.6×10^{-2}
Sb	-	-	-	-	-	-	-
Pt	-	-	-	-	-	-	-
Au	1.9×10^{3}	1.7×10^{-1}	4.8×10^{-2}	1.5×10^{3}	2.1×10^{-1}	4.5×10^{-3}	1.6×10^{-2}
Pb	3.6×10^{3}	8.8×10^{-3}	-	2.4×10^{3}	1.7×10^{-1}	-	-
Bi	7.8×10^{3}	1.2×10^{-1}	6.5×10^{-2}	6.0×10^{3}	2.3×10^{-1}	-	3.0×10^{-2}

- 検出限界以下（<0.1 mg/kg-dry）

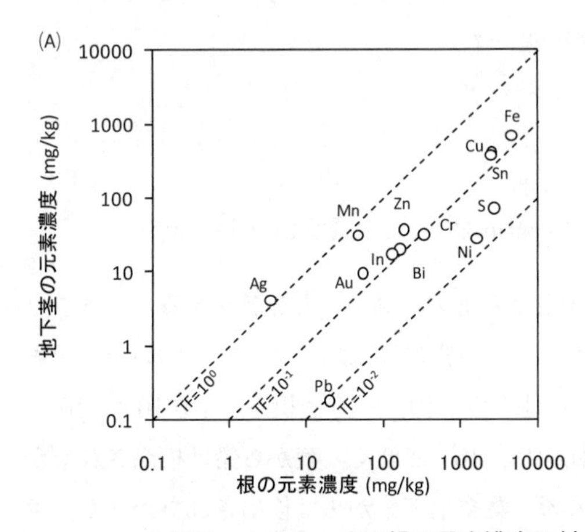

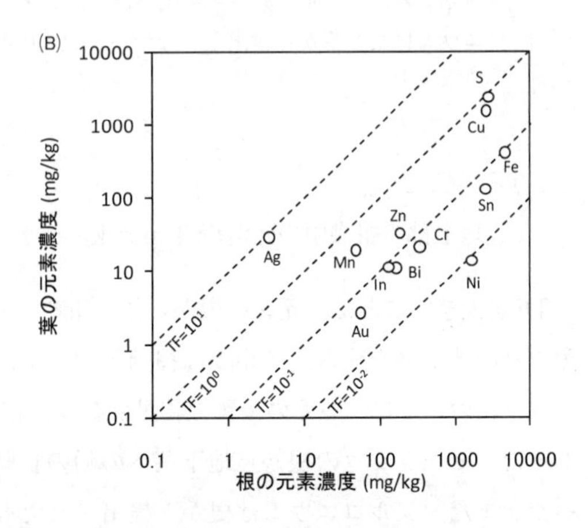

図7　セキショウの根の元素濃度に対する地下茎(A)および葉(B)の元素濃度の比較
破線は移動係数（TFs）10^{-2}，10^{-1}，10^{0}および10^{1}を示す。根から検出された元素のうち，鉛は葉から検出されず，ジルコニウム（0.98 mg/kg in root）は葉および地下茎から検出されなかった（<0.1 mg/kg-dry）。

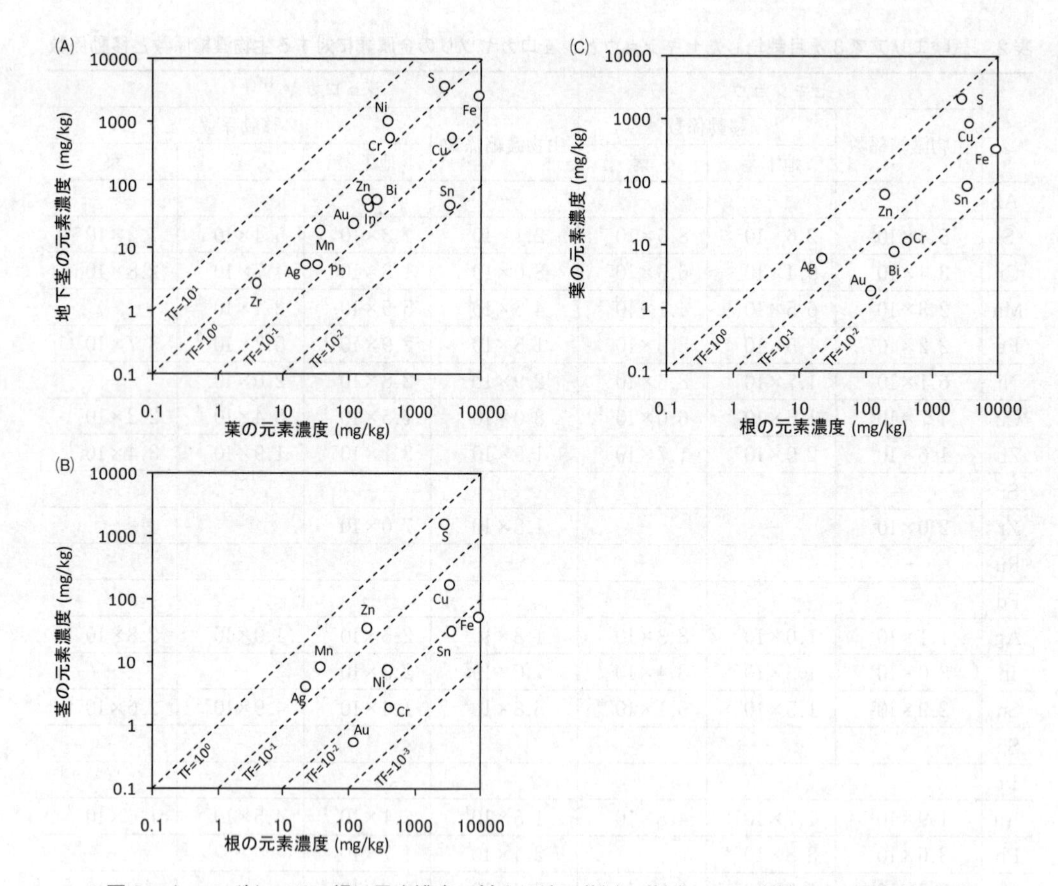

図8　シュロガヤツリの根の元素濃度に対する地下茎(A)，茎(B)，および葉(C)の元素濃度の比較

破線は移動係数（TFs）10^{-3}，10^{-2}，10^{-1}，10^{0}および10^{1}を示す。根から検出された元素のうち，マンガンとニッケルは葉から検出されず，ビスマスは茎から検出されず，インジウム，鉛，ジルコニウムは葉と茎から検出されなかった（<0.1 mg/kg-dry）。

$$\mathrm{TF} = C_\mathrm{i}/C_\mathrm{r} \tag{2}$$

C_i：地上部の組織中の元素濃度(mg/kg-dry)，C_r：根組織中の元素濃度(mg/kg-dry)

TFが大きいことは，元素を根から他の組織に移動させる能力が高いことを意味する。シュロガヤツリの地下茎を除き，イオウは移動係数が1に近く，全組織にほぼ均一に分布していた。セキショウにおいては，多くの金属の移動係数は，根から地下茎が10^{-1}～10^{0}，根から葉が10^{-2}～10^{0}であった。セキショウの根から地下茎への鉛の移動係数は，10^{-2}と低く，葉から鉛は検出されなかった。また，ジルコニウムは根から検出されたものの，葉や地下茎からは検出されなかった。生物濃縮係数は低かったものの（表2），セキショウの根から葉への銀の移動係数は8.3と大きく，セキショウのニッケルの地下茎や葉への移動係数は，それぞれ1.7×10^{-2}および8.6×10^{-3}と小さかった。

シュロガヤツリの根から地下茎，茎，葉への多くの金属の移動係数は，それぞれ10^{-1}～10^{1}，10^{-3}～10^{0}および10^{-2}～10^{0}であった。マンガンとニッケルは，葉からは検出されず，ビスマスは茎から検出されなかった。インジウム，鉛，ジルコニウムは，葉および茎からは検出されなかった。茎への金の移動係数，および葉へのニッケルの移動係数は，それぞれ4.5×10^{-3}および1.6×10^{-2}と低かった。

このようにセキショウとシュロガヤツリのファイトエクストラクション能力を評価したが，その効率は，生物濃縮係数とバイオマス量に大きく依存するといえる。ハイパーアキュムレーターと称される植物は，通常の植物に比べると数オーダー高い生物濃縮係数を示す。ハイパーアキュムレーターの中には，カドミウムを100 mg/kg-dry，コバルト，クロム，銅，鉛を1000 mg/kg-dry，亜鉛やニッケルを10,000 mg/kg-dryにまで蓄積するものが存在する[6]。しかし，バイオマスが小さかったり，外来種であるものは，実際には利用するのが困難である。一方，ハイパーアキュムレーターでなくても，本研究で用いた抽水植物のように，その地域に土着のもので，生長速度の大きいものであれば，実用上は有望である。実際，実験に用いた抽水植物は，２回の台風に遭ったにも関わらず，良好に生長し，組織内に金属を蓄積した。また，ハイパーアキュムレーターでなくとも，通常の植物はミネラル分として鉄，銅，コバルト，モリブデン，マンガン，ニッケル，亜鉛などを吸収する。一方，銀，カドミウム，鉛などは，植物細胞中での生理学的な役割は，明確にはわかっていない。他の研究者らによっても，セキショウは，鉄，鉛，カドミウム，マンガンを都市下水から吸収することが報告されている[7]。また，シュロガヤツリによる金属の除去や生物濃縮に関する研究報告は多く，Qianら[8]は，葉におけるクロムとマンガンの濃度がそれぞれ44および198 mg/kgと報告している。Hadadら[9]は，クロム，ニッケル，亜鉛のシュロガヤツリの葉の濃度が28，25.7，97.9 mg/kg，生物濃縮係数が2.4×10^{3}，1.5×10^{3}，1.7×10^{4}であったと報告している。本実験で得られた値も，これらの報告値と同等のものである（表２）。本研究に用いたシュロガヤツリの組織中のアルミニウム濃度は，0.1 mg/g-dry以下であったが（図６），Muramotoら[10]は，陰イオン界面活性剤の存在下では，根および茎の濃度が，それぞれ７および２ mg/g-dryと高濃度になったことを報告している。また，根圏には微好気環境が形成されるため，鉄やマンガンは根の表面に酸化物を形成しやすく，その酸化物に銅や亜鉛も吸着されやすいことが考えられる[11]。一方，鉄やマンガンの酸化被膜は，根から地上部の組織への金属の移動を制限するとも考えられる[11]。このように，植物による金属の摂取は，共存する有機物・無機物によっても大きく影響を受けると考えられる。

本研究では，鉛，クロム，銅，亜鉛，鉄，マンガンのような毒性の高い金属だけでなく，貴金属やレアメタルの濃縮が確認された（図６）。特に金，銀，ビスマスは，どちらの抽水植物の葉でも検出され，さらにシュロガヤツリでは，インジウムも葉で検出された（図７，図８）。セキショウやシュロガヤツリのように，ハイパーアキュムレーターではなくとも，アヤメやミソハギ，ワスレナグサ，イワダレソウ，カラーなどの本槽エリアの他の植物（図１）も，同様に金属をある程度蓄積していることが予想される。バイオマス量が多く，根から葉への金属の移動係数の大きい植物であれば，地上部の組織だけを収穫し，小さな労力で金属を回収でき，残った根から新しい芽が出ることが期待できる。資源の少ない我が国において持続可能な社会を実現するには，植物体からの金属の回収も必要なのかもしれない。本槽エリアでの各金属の物質収支を明らかとし，ビオパレットの水質浄化施設，ビオトープ，資源回収施設としての可能性を評価することが課題である。

文　献

1） 大野正彦，若林明子，水環境学会誌，**23**, 668（2000）
2） 宮崎彰ほか，日作紀，**68**, 570（1999）
3） 中村融子ほか，水環境学会誌，**22**, 1010（1999）
4） 島谷幸宏ほか編，エコテクノロジーによる河川・湖沼の水質浄化―持続的な水環境の保全と再生―，ソフトサイエンス社，p.238（2003）
5） A. J. Cardwell *et al*., *Chemosphere*, **48**, 653（2002）
6） R. D. Reeves, *Plant and Soil*, **249**, 57（2003）
7） X. Zhang *et al*., *J. Environ. Sci*., **19**, 902（2007）
8） J. H. Qian *et al*., *J. Environ. Qual*., **28**, 1448（1999）
9） H. R. Hadad *et al*., *Chemosphere*, **63**, 1744（2006）
10） S. Muramoto *et al*., *Bull. Environ. Contam. Toxicol*., **64**, 122（2000）
11） J. H. Peverley *et al*., *Ecol. Eng*., **5**, 21（1995）

3　クリーニングクロップによるハウス土壌の面的浄化と収穫物資源化

藤原　拓[*1]，永禮英明[*2]，前田守弘[*3]，赤尾聡史[*4]

3.1　はじめに

汚濁物質の排出源が集中しているため集約的な廃水処理が可能な都市域とは異なり，農業地域では排出源が面的に分散しており，その対策が困難な現状にある。筆者らの研究グループでは，「面的な汚染源」に対しては「面的な浄化技術」が必要とのコンセプトに基づき，ノンポイント汚染に対応した浄化技術の開発を目指した一連の研究を行っている。

ノンポイント汚染の中でも，農耕地における過剰施肥，家畜排せつ物，生活排水などに起因する硝酸性窒素（NO_3^--N）による地下水汚染は大きな問題となっており，平成20年度概況調査に基づく地下水の水質汚濁に係る環境基準の超過率は，硝酸性窒素及び亜硝酸性窒素が4.4%と最も高く[1]，その対策が喫緊の課題となっている。農耕地の中でも土地利用形態によって汚染状況は大きく異なり，特に畑・施設園芸・樹園地において高濃度となっている報告が多い[2]。著者らは，沿岸施設園芸地域を対象として，地下水汚染の機構解明を目的とした研究を実施してきた。その結果，作土層の除塩を目的として夏季の休耕期間に実施される湛水により，地下水中の硝酸性窒素濃度が急増する[3]とともに，湛水が温室効果ガスである亜酸化窒素（N_2O）の放出にも極めて大きな影響を及ぼすことが明らかになった[4]。硝酸性窒素による地下水汚染を防ぐには，適切な施肥管理に加えて，間作として緑肥作物などのクリーニングクロップを導入し，土壌に残存するNO_3^--Nを吸収させる方法が有効である。しかし，クリーニングクロップ導入時の窒素溶脱・N_2O放出抑制効果を調査した事例は少なく，定性的な評価にとどまっている[5]。クリーニングクロップは緑肥としての鋤込みが一般的であるが，この方法では作物の腐敗過程における亜酸化窒素の発生が懸念されている[6]。収穫物を系外へ持ち出し利用することにより，栄養塩の土壌への回帰およびN_2Oの放出を抑制するとともに，資源としての利用が期待される。

以上の背景を踏まえて，著者らは施設園芸地域におけるノンポイント汚染への対策技術として，クリーニングクロップによるハウス土壌の植物利用浄化と収穫物資源化を同時に実現するシステムの開発を行っている。本節では，開発システムのコンセプトを概説するとともに，現在までに得られている成果について紹介する。

3.2　新規のノンポイント汚染対策システムの概要

施設園芸ハウスを対象とした新規のノンポイント汚染対策システムのコンセプトを図1に示している。商品作物栽培後の残存肥料を，湛水除塩前にクリーニングクロップで吸収除去すること

＊1　Taku Fujiwara　高知大学　教育研究部　自然科学系　農学部門　教授
＊2　Hideaki Nagare　岡山大学　大学院環境学研究科　准教授
＊3　Morihiro Maeda　岡山大学　大学院環境学研究科　准教授
＊4　Satoshi Akao　鳥取大学　大学院工学研究科　助教

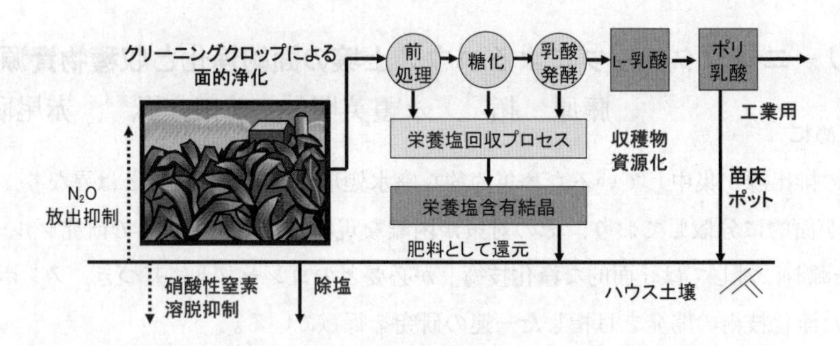

図１　新規のノンポイント汚染対策システムのコンセプト

により，地下水汚染とN_2O放出の抑制を同時に実現するとともに，クリーニングクロップ収穫後は湛水によりその他の塩類を除去する。加えて，収穫物をL-乳酸発酵により高付加価値なポリ乳酸として資源化する技術の開発を行うとともに，収穫物資源化工程から栄養塩回収を行うシステムも開発し，回収した栄養塩は肥料として農地に還元する。

ポリ乳酸はバイオマスから生成される生分解性樹脂であり，生分解性という特性を有するために高付加価値な取引が期待でき，農業用資材や原位置脱窒の水素供与体としての利用も可能である。ポリ乳酸の原料となる光学純度の高いL-乳酸を非滅菌条件下で生産する技術が近年研究されており，生ゴミからの非滅菌L-乳酸発酵の最適操作条件が提示されている[7,8]が，作物残渣や収穫物を利用する際には前処理である糖化法の検討が必要である。

また，近年は肥料価格の高騰も問題となっており，下水処理プロセスからのリン回収技術の開発が活発に行われている[9~12]が，畑地土壌中に残存するリンの回収という観点も重要である。この点より，クリーニングクロップ収穫物の前処理・糖化・発酵過程で生じる残渣や廃液から栄養塩を回収して肥料として再利用することを本研究では試みる。

以上を踏まえ，著者らは，地下水汚染抑制，N_2Oの放出抑制，作土層の除塩，高付加価値資源回収を同時に実現する，新規ノンポイント汚染対策システムを構築したいと考えている。単なる浄化技術の開発にとどまらず，収穫したクリーニングクロップの高付加価値資源化を実現することにより，開発する面的な浄化システムが農業地域で自立的に機能することを目指している。

3.3　クリーニングクロップ栽培と湛水の組み合わせによるハウス土壌の面的浄化[13,14]

地下水汚染抑制，N_2Oの放出抑制，作土層の除塩を同時に実現する，ハウス土壌の面的浄化技術の開発を目指し，ポット試験を行った。１/2000 aワグネルポットにスイカ栽培後のハウス土壌を充填し，夏季の休閑期間を想定した60日間のクリーニングクロップ栽培を2009年８月23日から行うとともに，収穫後に２週間の湛水（湛水深：１cm）を行った。なお，実験に供した土壌のECは0.314 mS/cmであった。

栽培草種は予備検討結果[15]に基づき，短期間でも窒素吸収量の多い飼料用トウモロコシ（KD730）

とし，ポット当たり三個体の密度で栽培した。栽培中の土壌水分条件が面的浄化効果に及ぼす影響を検討する目的で，テンシオメーターと自動潅水制御システムによりpF値を三段階に制御した(系列1(pF1.5±0.2)，系列2(2.0±0.4)，系列3(2.3±0.6))。各系列で栽培日数20，40，60日の試験区を設け，各々三反復で実験を行った。加えて，湛水のみを行うポット（blank）も三反復設けた。なお，系列1(60日）については間引き時に根を傷つけたと考えられるポットがあったため，二反復として解析を行った。

クリーニングクロップの生育状況を図2に示している。いずれの系列においても，栽培日数の経過にともない乾物重は増加したが，乾燥条件下で栽培した系列3では，乾物重が系列1より少ない結果となった（$p<0.05$)。累積浸出水量と累積塩類溶脱量の関係を図3に示す。ここで，図中の白抜き記号は湛水期間のデータを示している。図3に示すように，NO_3^- はblankと比較するとクリーニングクロップ栽培系列では溶脱量が4～15%と大幅に減少しており（$p<0.05$)，クリーニングクロップ栽培が硝酸性窒素による地下水汚染防止に有効であることが実証された。また，リン酸（PO_4^{3-}）についても溶脱量が2～8%に減少した（$p<0.05$)。他の塩類について，blankと比較するとナトリウム（Na^+）は同程度の溶脱量であったのに対して，その他の塩類についでは総流出量が28～57%になった（$p<0.05$)。これらの塩類は，栽培時には流出量が少なく，湛水時には流出量が多くなるという傾向を示し，クリーニングクロップ栽培時に残存した塩類をその後の湛水により流亡させる必要があることが明らかとなった。クリーニングクロップ栽培系列における実験終了時土壌のEC値は，初期土壌（EC＝0.314 mS/cm）と比較すると40～42%となり，土壌中塩類の除去が十分になされた。図4に栽培期間中の累積N_2O放出量を示すが，系列1～3のN_2O放出量は各々111±9.96，250±34.7，89.4±28.2 mgN/m^2であり，系列2(pF＝2.0±0.4)の条件でN_2O放出量が多い結果となった（$p<0.05$)。以上により，本研究の栽培条件では，pF＝1.5の水分条件が面的浄化と資源回収の観点で適切という結果を得た。

本項では，クリーニングクロップの栽培後に湛水を行うことで，硝酸性窒素による地下水汚染の抑制と土壌中の水溶性塩類の除去を同時に実現できることをポット試験により示した。しかし

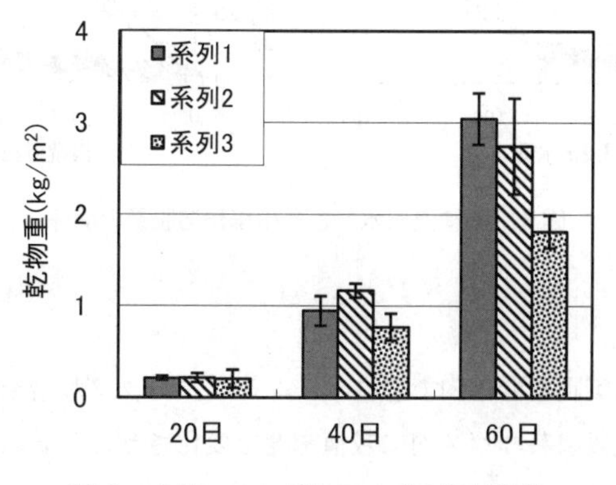

図2　クリーニングクロップの生育状況

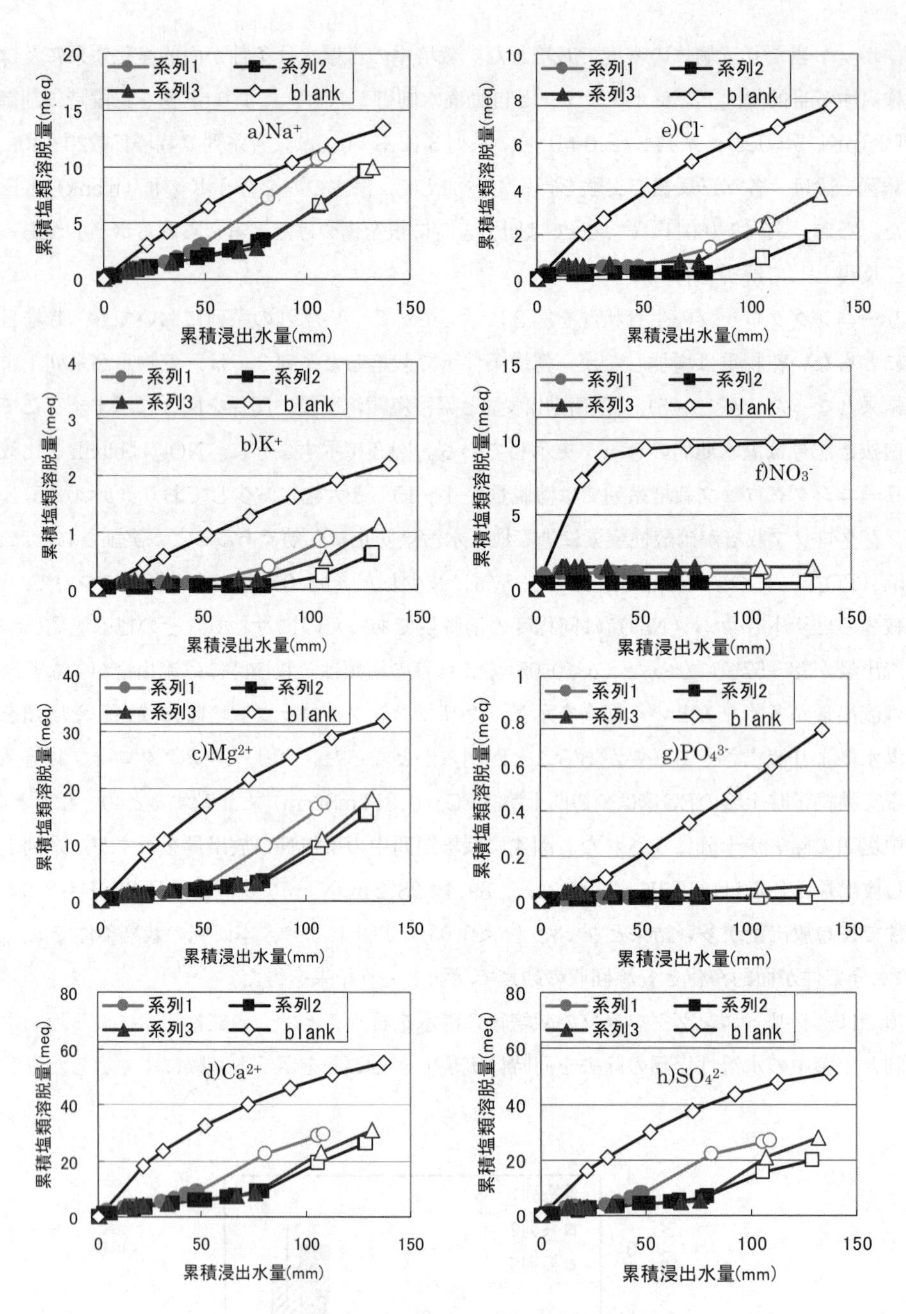

図3　累積浸出水量と累積塩類溶脱量の関係

ながら，ポット試験では実圃場群落内でのクリーニングクロップ栽培条件を十分検討することが困難である。そこで，施設園芸ハウス内に栽植密度を変化させた三試験区および栽培を行わない対照区（試験区：8.0m×0.9m）を設けてクリーニングクロップ栽培を行うとともに，群落内で

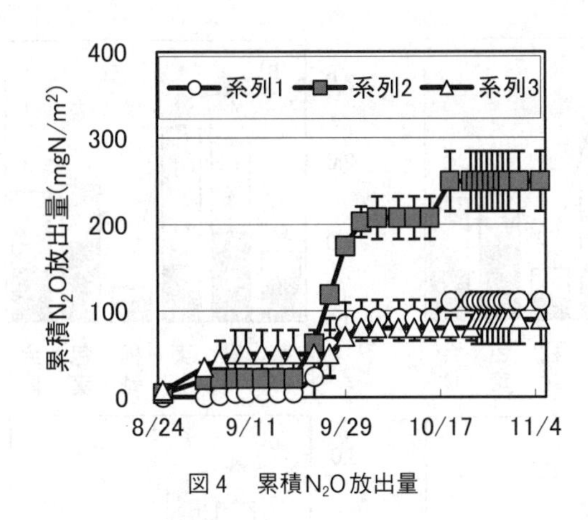

図4　累積N_2O放出量

の面的浄化性能を評価する目的で，各試験区の中央部にライシメーター（60×30×60 cm）を設置し，研究を継続中である。夏季に50日間実施したライシメーター栽培試験より，クリーニングクロップ栽培が硝酸性窒素溶脱抑制およびN_2O放出抑制の観点から有効であることが示されており[16]，今後クリーニングクロップの最適栽培条件の検討を進める予定である。

3.4　クリーニングクロップ収穫物からの栄養塩回収[17,18]

クリーニングクロップとしての適用を検討している飼料用トウモロコシに含まれる栄養塩を回収・再利用するための基礎技術として，成熟した飼料用トウモロコシ粉砕物からのリン抽出方法について検討を行った。約76,000株/haの密度で約4ヶ月間栽培された飼料用トウモロコシ（デントコーンKD375）を部位別（茎，葉，穀粒，穂軸，包葉）に分けた後，60℃で恒量を得るまで乾燥させたものを粉砕し実験に供した。乾燥試料200 mgに1％ NaOH溶液または蒸留水を50 mLを加え，温度20℃または80℃にて24時間静置した。24時間後，ガラス繊維ろ紙（WhatmanGF/B）にてろ過を行い，ろ液について水質分析を行った。実験は部位別に行い，同じ部位について3回の繰り返し実験を行った。

図5にリンの抽出結果を示すとともに，溶存性リン（DP）としての抽出率を表1に整理した。抽出液として酵素糖化の前処理と同じ1％ NaOHを使用したケースでは，含有されるリンの57～92％（20℃，ケース(a)），52～87％（80℃，ケース(c)）が抽出された。部位別では20℃の場合，包葉の部分で最も抽出率が高く，茎，穀粒，穂軸においても比較的高い抽出率が得られたが，葉については低い抽出率にとどまった。80℃においてもこの傾向は同様であった。部位別の結果をもとに計算したトウモロコシ全体での抽出率は，20℃で79±2％，80℃で78±2％と，約8割のリンが抽出されたことになり，1％ NaOH溶液に浸漬するだけでバイオマス中のほとんどのリンを抽出できた。一方，蒸留水を使用した場合には，NaOHを使用した場合に低かった葉で78±4％（20℃），85±1％（80℃）へと抽出率が大幅に向上した一方で，20℃では茎においてNaOHの場

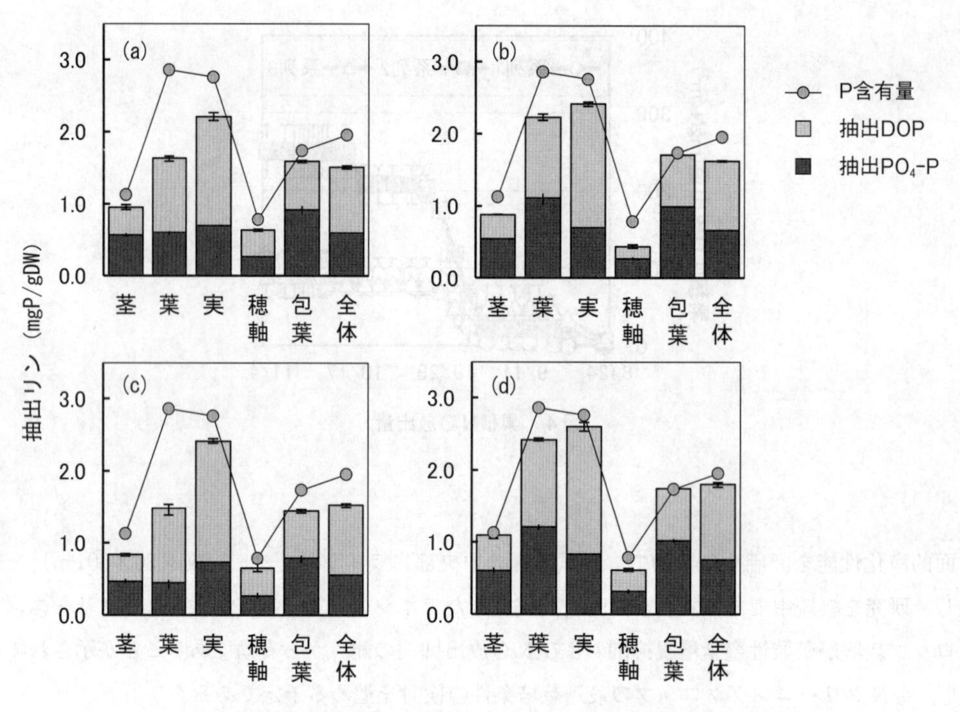

図5　飼料用トウモロコシからのリンの抽出結果

(a)：NaOH20℃，(b)：蒸留水20℃，(c)：NaOH80℃，(d)：蒸留水80℃

表1　飼料用トウモロコシ部位別のリン抽出率

	(a) NaOH 20℃	(b) 蒸留水 20℃	(c) NaOH 80℃	(d) 蒸留水 80℃
茎	85± 5 %	78± 1 %	74± 4 %	97± 1 %
葉	57± 2 %	78± 4 %	52± 5 %	85± 1 %
穀粒	80± 2 %	88± 1 %	87± 1 %	94± 3 %
穂軸	81± 3 %	55± 6 %	83±13%	78± 6 %
包葉	92± 4 %	98± 1 %	83± 4 %	101± 1 %
全体	79± 2 %	80± 1 %	78± 2 %	92± 2 %

合よりも低下し，全体としては80±１％（20℃）とNaOHを使用した場合と同程度となった。80℃の場合は茎の抽出率は97±１％とむしろNaOHの場合よりも高く，全体では92±２％（80℃）と今回実施した４条件の中では最も高い抽出率が得られた。このことは，リンの抽出ということだけを考えるなら，アルカリ処理を行う必要はなく，むしろ熱水を使用した方がよいことを示している。得られたリンの形態としては，リン酸マグネシウムアンモニウムなどの結晶化において反応に寄与するPO_4-Pは全抽出リンの29～62％にとどまった。特に，NaOHを使用した場合の葉と

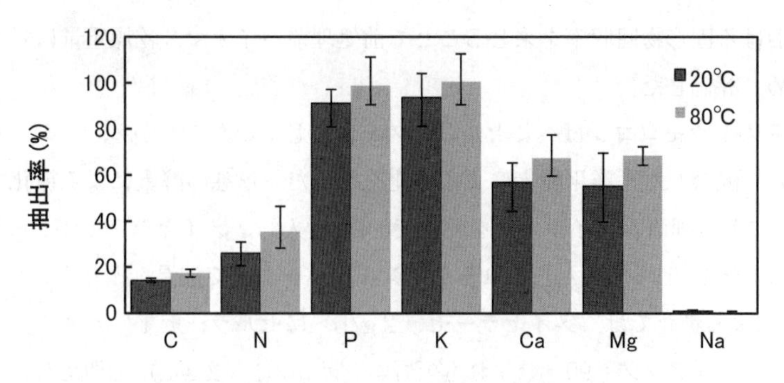

図6　蒸留水を抽出液として使用した場合の主要元素の抽出率

穂軸で29～32%と低い。下水汚泥から抽出したリンにおいては，PO_4-P以外のリンも結晶中に取り込まれるが[12]，本研究のような植物から抽出したリンにおいてどこまでPO_4-P以外のリンが結晶化するのか把握する必要がある。

図6に蒸留水を抽出液として使用した場合の主要元素の抽出率を示す。図より，リン以外の栄養塩のうち窒素の抽出率は20℃で26%，80℃で36%と低いが，カリウムの抽出率は20℃で94%，80℃で100%と高いことが示されている。以上により，蒸留水抽出により飼料用トウモロコシからリンとカリウムを抽出可能であることが示された。図1に示すように，本研究で開発するシステムでは，収穫物は前処理過程で栄養塩を抽出・回収後に糖化・L-乳酸発酵プロセスを通じて高付加価値なポリ乳酸の材料となりうる高純度なL-乳酸の生成を行う。この観点からは，収穫物からの栄養塩抽出過程で炭素の抽出率は低いことが望まれるが，蒸留水による水抽出における炭素の抽出率は14±1%（20℃），17±1%（80℃）と低かった。

なお，上記研究では成熟した飼料用トウモロコシを実験に供したが，休閑期に栽培するクリーニングクロップでは2か月程度の栽培を想定しており，収穫物は未熟である。しかしながら，クリーニングクロップとして栽培した未熟なトウモロコシについても，リンとカリウムは蒸留水により容易に抽出しうることが示されており[18]，今後抽出した栄養塩の回収技術の確立により，クリーニングクロップによるハウス土壌の面的浄化と栄養塩回収が同時に実現することが期待される。

3.5　クリーニングクロップ収穫物からのL-乳酸生成[19]

60日間ポット栽培を行った飼料用トウモロコシ（KD730）[15]を70℃で24時間乾燥し，その後破砕したものを実験に供した。酵素糖化のための前処理としては，表2に示すアルカリ処理，アルカリ―過酸化水素処理（A/O処理），希硫酸処理および加熱処理を行った。前処理後のバイオマスは，酢酸緩衝液で洗浄，乾燥後に糖化に供した。工業用酵素（メイセラーゼ，明治製菓）を用いた糖化による各種の前処理比較の結果，A/O処理が最も高いグルコース生成率をもたらした。なお，グルコース生成率は，前処理済みバイオマス重量あたりのグルコース生成率を実測により求め，前処理における固形物回収率を乗じることで前処理前バイオマス乾燥重量に対するグルコース生成率を求め，評価した。

A/O処理済みのトウモロコシはヘミセルロースを含有していたことから，ヘミセルロースの加水分解を目的に，混合した工業用酵素による糖化を行った。単独の酵素による糖化では，滅菌済15 mLチューブに前処理済みバイオマスを乾重で0.2 g投入し，メイセラーゼが2 g/Lとなる酢酸緩衝液（pH4.5）を4 mL添加した。これらをインキュベーターで加温，振とうした（45℃，48時間）。混合酵素による糖化では，メイセラーゼ（2 g/L）にセルラーゼT「アマノ」4（2 g/L）またはヘミセルラーゼ「アマノ」90（いずれも天野エンザイム）（2 g/L）を加えた。糖化は各系とも3回実施した。混合酵素による糖化を行った結果を図7に示す。セルラーゼT「アマノ」4やヘミセルラーゼ「アマノ」90をメイセラーゼと併用することにより，グルコース生成量はほとんど変化しないもののキシロース生成量が増加した。

高温L-乳酸発酵プロセスでは，LB培地で培養後ストックした*Bacillus coagulans* JCM2258を乳酸生成菌として用いた。リアクターに前処理済みバイオマスを乾重で5 gとYeast extract（Bacto）

表2　飼料用トウモロコシに施した酵素糖化のための前処理とグルコース回収率

	前処理方法（固液比：10% w/v）	グルコース回収率*(-)
アルカリ処理	1％NaOH溶液を使用。24時間室温で反応。時々撹拌。	0.21
A/O処理	1％NaOH溶液を使用。12時間後に過酸化水素水を1％量添加。さらに12時間室温で反応。時々撹拌。	0.23
希硫酸処理	1％HClを使用。オートクレーブ（121℃，30分）で反応。	0.15
加熱処理	蒸留水を使用。オートクレーブ（121℃，30分）で反応。	0.11

*前処理前バイオマス乾燥重量あたり

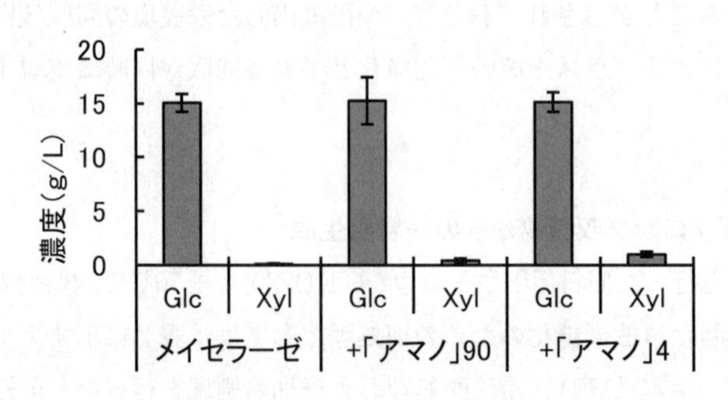

図7　混合酵素によるA/O処理済みトウモロコシの糖化
トウモロコシ濃度：50 g/L，メイセラーゼ：メイセラーゼ単独（2 g/L），
+「アマノ」90，メイセラーゼと「アマノ」90の混合（いずれも2 g/L），
Glc：グルコース，Xyl：キシロース，bar：標準偏差

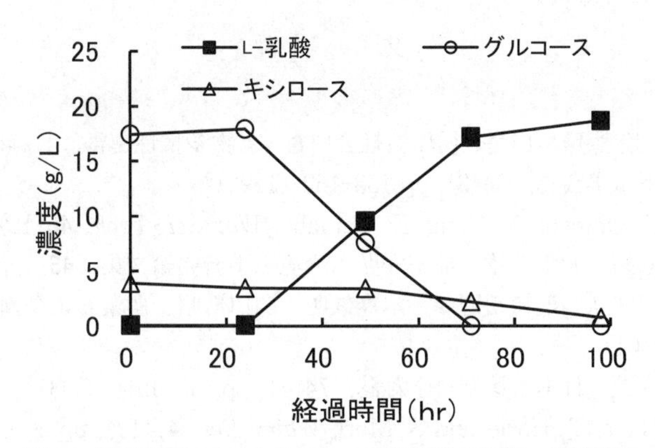

図8　混合酵素によるトウモロコシ糖化液の高温L-乳酸発酵
トウモロコシ濃度：50g/L，Yeast extract：20g/L，メイセラーゼと「アマノ」4：いずれも2g/L，2系列の平均値

2gを加えた後，水で100mLとし，オートクレーブ処理（121℃，20分）を行った。冷却後，メイセラーゼとセルラーゼT「アマノ」4をそれぞれ0.2gずつ添加し，pH4.5を維持しつつ湯浴（45℃）とスターラー撹拌により糖化を進めた。糖化開始1日後に，上記*B. coagulans* JCM2258前培養液を1mL植菌し，55℃でpH5.5としてL-乳酸発酵を実施した。植菌から1日後にはL-乳酸の生成は観察されなかったが，2日後以降はL-乳酸の生成およびグルコースとキシロースの消費が確認された（図8）。このときのL-乳酸生成率は前処理前バイオマス乾燥重量あたりで0.26となった。添加したYeast extractから予想されるL-乳酸生成率を割引いても先のグルコース生成率(0.23）を上回るL-乳酸生成率を得た。以上により，クリーニングクロップ収穫物である飼料用トウモロコシからのL-乳酸生成を確認した。

3.6　おわりに

本節では，クリーニングクロップによるハウス土壌の面的浄化と収穫物資源化を同時に実現するシステムのコンセプトを概説するとともに，現在までに得られている成果について紹介した。今後は，実規模圃場での面的浄化効果を実証するとともに，クリーニングクロップ収穫物からの栄養塩の回収技術の開発ならびにL-乳酸生成プロセスの最適化を進めていく予定にしている。

謝辞

本研究の推進に際しては，近藤圭介（愛媛大学），井上賢大（高知大学），山根信三（高知大学），高岡昌輝（京都大学），大年邦雄（高知大学）の各氏の協力を得た。また，本研究は，JST, CRESTおよび科学研究費補助金基盤研究（B）(21310054）の補助により行われた。

文　献

1）環境省，平成22年版環境白書・循環型社会白書・生物多様性白書，日経印刷，p.183（2011）
2）鶴巻道二，地下水学会誌，**34**(3)，pp.153-162（1992）
3）T. Fujiwara, K. Ohtoshi, X. Tang, K. Yamabe, *Wat. Sci. Tech.*, **45**(12), pp.53-61（2002）
4）貞松篤志，藤原拓，大年邦雄，前田守弘，環境工学研究論文集，**45**，pp.459-466（2008）
5）尾崎保夫，前田守弘，亀和田國彦，本島俊明，関口浩昭，農業および園芸，**76**(4)，pp.490-496（2001）
6）駒田充生，竹内誠，日本土壌肥料学雑誌，**74**(4)，pp.445-451（2003）
7）S. Akao, H. Tsuno, T. Horie and S. Mori, *Water Res.*, **41**(12), pp.2636-2642（2007）
8）S. Akao, H. Tsuno, J. Cheon, *Water Res.*, **41**(8), pp.1774-1780（2007）
9）津野洋，宗宮功，吉野正章，下水道協会誌論文集，**28**(324)，pp.68-77（1991）
10）Saktaywin, W., H. Tsuno, H. Nagare, T. Soyama, *Wat. Res.*, **39**, 902-910（2005）
11）Saktaywin, W., H. Tsuno, H. Nagare, T. Soyama, *Wat. Sci. Tech.*, **53**(12), pp.217-227（2006）
12）永禮英明，津野洋，W. Saktaywin，早山恒成，環境工学研究論文集，**46**，pp.469-475（2009）
13）井上賢大，近藤圭介，藤原拓，前田守弘，高岡昌輝，大年邦雄，山根信三，永禮英明，赤尾聡史，環境工学研究論文集，**47**，pp.273-279（2010）
14）K. Kondo, K. Inoue, T. Fujiwara, S. Yamane, M. Maeda, H. Nagare, S. Akao, K. Ohtoshi, Proceedings of 8th IWA International Symposium on Waste Management Problems in Agro-Industries, pp.415-422（2011）
15）近藤圭介，藤原拓，大年邦雄，環境工学研究論文集，**46**，pp.313-319（2009）
16）近藤圭介，井上賢大，藤原拓，山根信三，前田守弘，永禮英明，赤尾聡史，大年邦雄，平成23年度農業農村工学会大会講演会講演集，pp.754-755（2011）
17）永禮英明，井上司，藤原拓，赤尾聡史，前田守弘，山根信三，環境工学研究論文集，**47**，pp.459-464（2010）
18）H. Nagare, T. Fujiwara, T. Inoue, S. Akao, K. Inoue, M. Maeda, S. Yamane, M. Takaoka, K.Oshita, X. Sun, Proceedings of 8th IWA International Symposium on Waste Management Problems in Agro-Industries, pp.147-152（2011）
19）赤尾聡史，前田光太郎，細井由彦，永禮英明，前田守弘，藤原拓，第47回環境工学研究フォーラム講演集，pp.219-221（2010）

4　環境浄花：植物による環境ホルモン分解と排水処理への応用

松浦秀幸[*1]，原田和生[*2]，宮坂　均[*3]，平田收正[*4]

4．1　はじめに

内分泌攪乱物質，いわゆる環境ホルモンは，「生体の恒常性，生殖，発生，あるいは行動に関与する種々の生体内ホルモンの合成，貯蔵，分泌，輸送，受容体結合，そしてそのホルモン作用自体，あるいはその除去などを阻害する性質を有する外因性の化学物質」（米国環境保護庁；EPA）である。内分泌攪乱作用を有する可能性がある環境ホルモン様物質は現在，多様な用途で産業や農業上利用されており，様々な形で我々の生活環境中に拡散して存在している。そうした環境ホルモンがヒトの健康や野生生物，あるいは生態系に与える影響については科学的に未解明の部分が多いが，発生・生殖機能障害や代謝異常などとの関連が示唆されるなど，その影響を危惧する報告が多数なされており，特に種の存続や次世代に影響する可能性があることから環境保全上の重要課題となっている[1)]。したがって，環境ホルモンの発生源から環境中への拡散を防止する技術や，汚染された土壌や水源から環境ホルモンを除去する技術は，環境ホルモンによるヒトや生態系への有害作用を回避する上で重要な役割を果たす。

ファイトレメディエーションは，高等植物を利用した環境修復技術であり，省エネルギーかつ低コストに重金属や農薬，あるいは環境ホルモンなどの有害物質を浄化する技術として注目されている[2)]。我々の研究室では，関西電力㈱および奈良先端科学技術大学院大学との共同研究により，植物を用いた環境ホルモン浄化技術に関する研究を行っている。本節では，園芸植物を用いた環境ホルモンの浄化，特に代表的な環境ホルモンとして知られるビスフェノールA（BPA）（図１）の浄化に関する研究の概略を紹介する。

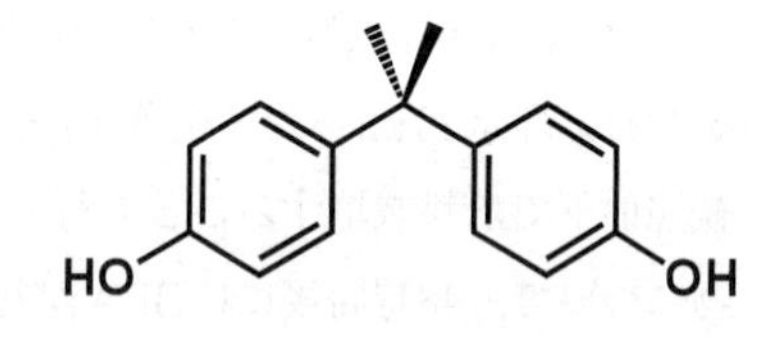

図１　ビスフェノールAの構造式

4．2　環境ホルモン浄化能に優れた園芸植物のスクリーニング

環境中の環境ホルモン，特に水環境中の環境ホルモンを浄化するための方法として，活性汚泥の利用[3)]や活性炭による吸着[4)]，あるいはその他物理化学的な方法[5)]，さらには微生物を利用したバイオレメディエーション[6)]など様々な方法がこれまでに報告されている。高等植物を利用した浄化技術，いわゆるファイトレメディエーションは，物理化学的な浄化方法や微生物を利用した浄化方法と比較して，以下のような利点を有している。植物が持つ独自の代謝活性を利用した多

＊1　Hideyuki Matsuura　大阪大学大学院　薬学研究科　応用環境生物学分野　助教
＊2　Kazuo Harada　大阪大学大学院　薬学研究科　応用環境生物学分野　助教
＊3　Hitoshi Miyasaka　関西電力㈱　研究開発室　電力技術研究所　環境技術研究センター　チーフリサーチャー
＊4　Kazumasa Hirata　大阪大学大学院　薬学研究科　応用環境生物学分野　教授

様な物質に対する浄化が可能なこと，栽培方法を工夫すれば土壌のみならず工場廃水や河川，湖沼などの水源の浄化にも適用可能なこと，低栄養条件での適用が可能なこと，広範囲・低濃度の汚染に適用できること，美観保持や周囲の環境との調和が可能でありパブリックアクセプタンスが得やすいこと，二酸化炭素放出などの環境負荷がないことなどである。こうした利点は，実環境での運用における強みとなる。しかし一方で，一般的に高等植物を利用した場合の浄化速度は，既存の物理化学的手法や微生物と比較して非常に遅く，浄化完了までに長期間を要してしまう場合もある。この浄化速度の遅さがファイトレメディエーションの普及を阻む大きな要因となっている[2]。

そこで我々は，まず優れた環境ホルモン浄化能を有する植物を得るためのスクリーニングを行った。スクリーニングの対象としては，美観保持の面で特に優れ，繁殖・栽培技術が確立されている，また分類上広範な科にわたる多くの種類の植物が比較的安価に入手できる園芸植物を選択した。また，浄化の対象となる内分泌撹乱作用を有するモデル物質には，BPAを選んだ。BPAは，ポリカーボネートやエポキシ樹脂の原料，プラスチックの安定化剤や抗酸化剤など，幅広い用途で使用されており，身近なところでは，カップラーメンの容器や缶の内側のコーティング剤としても使われている。BPAには精巣毒性や生殖・発生毒性があることが知られている。平成13年度に環境省により実施された全国実態調査では，水環境中において高い頻度で検出されている[7]。こうした水環境中のBPAの排出源としては，高レベルのBPAが検出されている廃棄物処分場の浸出水[8]や再製紙工場，下水処理場[9]などが考えられている。BPA浄化能の評価は，50 μMのBPAを含む処理水25 mlあたり全草1 gを根全体が浸かるように入れ，25℃，3,000 luxの白色蛍光灯連続照射下で水耕栽培することで行った。約100種類の園芸植物について調べたところ，20%近い植物について，48時間後にはBPAが初期濃度の50%まで減少していることが明らかとなった（未発表）。その中で最も高い浄化能を示したのが，南米原産のポーチュラカ（*Portulaca oleracea*）（図2(a)）であり，24時間後にはほぼ完全に浄化する能力を有していた。

図2　ポーチュラカ（関西電力提供）

4.3　ポーチュラカの環境ホルモン浄化能の評価

無菌化したポーチュラカを用いて（図2(b)），ポーチュラカのBPA浄化能の詳細な検討を行ったところ，外液中の50 μM BPAが12時間で約90％，24時間で約95％除去された（図3）。この結果は無菌化していない植物の場合と同様であったことから，通常の状態で根部に付着している微生物による浄化あるいは植物と微生物の協同作用による浄化ではなく，植物自体が高い浄化能を有していると考えられる[10)]。BPAは，エストロゲン活性を有していることが知られているため，酵母ツーハイブリッド法[11)]により外液中のエストロゲン活性の変化を調べたところ，ポーチュラカによるBPA浄化に伴い速やかに消失した（図3）[10)]。浄化過程で植物体からBPAは検出されなかったため，ポーチュラカは，BPAをエストロゲン活性を持たない物質に代謝する能力を有していると考えられる。

BPA以外の環境ホルモン浄化能についても検討したところ，ポーチュラカは，オクチルフェノール，ノニルフェノール，17β-エストラジオールに対しても優れた浄化能を有していた（図4）[10)]。この場合も，各物質の消失に伴って外液中のエストロゲン活性が減少したことから，ポーチュラカはこれらの環境ホルモン物質の浄化にも有効な植物であると言える。一方で，フタル酸エステル類に対する浄化能は非常に低かった。17β-エストラジオールは天然に存在する正常な女性ホルモンであるが，近年その自然環境への流出が問題視されており，ポーチュラカによる浄化が可能であることの意義は特に大きい。

続いて，ポーチュラカの実環境への適用を図る上で必要な基礎情報を得るための検討を行った。まず，ポーチュラカの浄化能に対するBPA濃度の影響を評価した。これまでの試験濃度の10倍に相当する500 μM BPAの条件においても，24時間後には90％以上のBPAの消失が認められた[10)]。こうした速い浄化速度を考慮すると，例えばビオトープのような水質浄化システムにおいて，一定の区画へポーチュラカを密植させ，排水をそこに通過させながら浄化するような連続的な運用

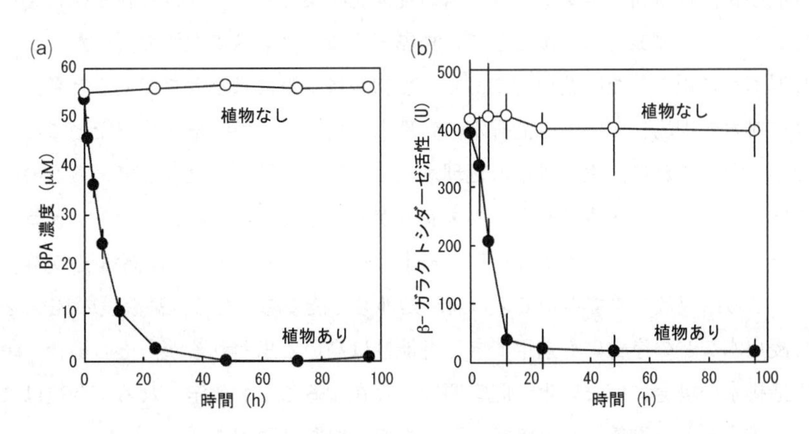

図3　ポーチュラカによるBPA浄化(a)とエストロゲン活性の減少(b)
文献10）の図を一部改変

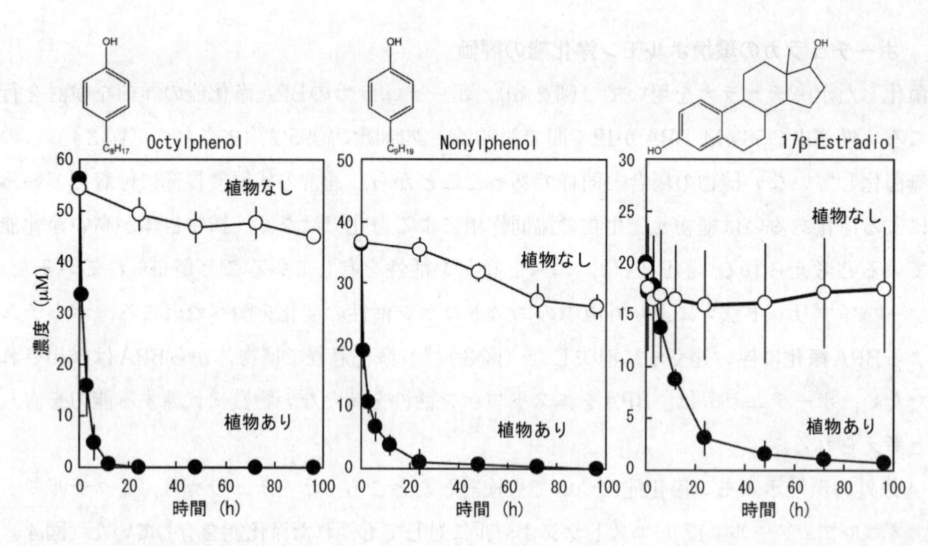

図４　ポーチュラカによるオクチルフェノール，ノニルフェノール，17β-エストラジオールの浄化
文献10）の図を一部改変

も可能だと考えられる。さらに，光照射条件の影響を受けないこと，15℃においては若干浄化能が落ちるものの，少なくとも15℃から35℃の範囲では適用可能であること，比較的広い範囲のpH条件（pH 4-7）で浄化が可能であることが明らかとなった[10]。また，BPAとオクチルフェノールおよびノニルフェノールが共存する場合にも，それぞれが単独で存在する場合と同等の浄化能を示したことから，複数の環境ホルモンを同時に効率的に除去可能であることも示された[10]。これらの知見は，ポーチュラカが実用環境において活用可能な，極めて優れた可能性を秘めた環境ホルモン浄化植物であることを示すものである。

屋外でのパイロットプラント実験を含めた実用化に向けた検討も，平成17年から実施した経済産業省の委託事業，地域新生コンソーシアム研究開発事業「リサイクル濾材と植物を利用した高度廃水処理システムの開発」の一環として，㈱環境総合テクノスの主導で行った。ポーチュラカは乾燥・高温環境に適応した園芸植物であり，当初水耕栽培には不向きであると考えられた。しかし，夏期に排水処理場において生活排水の処理水を用いた屋外栽培を行ったところ，非常に旺盛な生育を示した。これは，生活排水の処理水には，環境基準には適合しているものの植物の生育に有効な窒素源やリン，ミネラルなどの栄養分が残留しているために，ポーチュラカにとって良好な生育条件となったためと考えられる。先述の通り，ポーチュラカは高濃度のBPAの浄化も可能であり，さらに複数の環境ホルモンの同時処理も可能であるため，高濃度のBPAを含む廃棄物処分場の浸出水などの浄化にも適用できる可能性は高いと思われるが，その場合，栄養条件の面などで生活排水の場合にはない生育阻害要因が存在することも想定される。今後はこういった浸出水や工場排水などを対象とした実証試験にも取り組む必要がある。

4.4　ポーチュラカのビスフェノールA代謝機構

我々は，ポーチュラカによるBPA浄化機構の解明を目指した研究も進めている。これまでに，全草を茎葉部と根部に分けて浄化能を比較すると，重量当たりの浄化能は根部の方が著しく高いこと，根部を熱処理した場合には浄化能がほぼ完全に失われること，浄化が進むと根部の表面に深緑色の付着物が認められること，根部を細胞壁溶解酵素で処理した場合，BPA浄化活性が可溶性画分に認められるようになることを明らかにしている。これまで，植物あるいは植物培養細胞によるBPA代謝についての報告もいくつかなされているが[6]，多くの場合細胞内に取り込まれたBPAが，水酸化とそれに続く配糖体化により代謝される。ポーチュラカの場合，植物体内からBPAはほとんど検出されておらず，またその配糖体も検出されなかった。また，ポーチュラカを浸した後に植物体を除いた外液のみでは，ほとんどBPA代謝が認められなかった。これらのことから，ポーチュラカの場合，BPAは植物体内には取り込まれず，根の表面の細胞表層に提示あるいは細胞壁に結合した酵素により代謝され，その生成物も外液に存在する可能性が考えられる。そこで，ポーチュラカのBPA代謝物を同定するため，BPA浄化過程の外液を用いた液体クロマトグラフィー／質量分析（LC/MS）を行った。その結果，4つのBPA代謝物候補の同定に成功し，それらは，BPAの水酸化とそれに続くキノン化が起こった結果生成される物質に合致していることが明らかとなった（未発表）。

これらBPA代謝物の解析より得られた推定代謝経路に関する詳細はあらためて紹介するが，我々はこうした解析を通じて，polyphenol oxidase（PPO）がポーチュラカにおけるBPA代謝の初期段階の反応を担っているBPA代謝酵素であると考えた。溶存酸素濃度（PPOは水酸化反応に分子状酸素が必要）やPPO阻害剤が，ポーチュラカによるBPA浄化に与える影響を評価した実験の結果もPPOのBPA浄化への寄与を強く示唆するものであった（未発表）。そこで続いて，ポーチュラカ根部由来のPPO遺伝子（PoPPO）の単離に取り組んだ。既知の高等植物由来PPO遺伝子間で，高度に保存されている領域の配列をもとに設計したプライマーを用いたPCR反応により，ポーチュラカ根部由来cDNAよりPPOアイソザイムをコードする5つの遺伝子の単離に成功した（未発表）。さらに，単離したPoPPOアイソザイムを過剰発現させた形質転換タバコ培養細胞（*Nicotiana tabacum* L. cv BY2）を作出し，当該細胞より調製した粗酵素抽出液を用いてBPA代謝活性を評価した。その結果，野生型細胞抽出液では進行しなかったBPA代謝が，いくつかのアイソザイムの過剰発現株については認められた。興味深いことに，生成されたBPA代謝物をLC-MS/MSにより解析したところ，ポーチュラカにより生成されるBPA代謝物と同一のものであることが明らかとなった。こうした結果は，BPA代謝の初期段階の反応を担っているBPA代謝酵素は，PPOであることを強く示唆している。一方，先述の通り，ポーチュラカのBPA浄化に伴い，根表層に認められる深緑色の付着物については，PPOによって生成されたBPAの水酸化物あるいはBPAがペルオキシダーゼ（PRX）によって酸化重合されたものであると考えられる[12]。つまり，PPOとPRXの協調的作用によりポーチュラカ根に高いBPA浄化能が備わっていると考えられる。今後のポーチュラカPRXやPPOのさらなる酵素学的解析，さらにはそれら遺伝子の環境ホルモン浄化に資する遺伝子組換え植物の作出への応用が期待される。

4.5 サルビア植物による環境ホルモン浄化

ポーチュラカは熱帯から温帯にかけて生育する植物であり，寒冷環境での生育には適していない。そこで共同研究者である奥畑らは，スクリーニングの範囲を広げ，寒冷環境への耐性があり，かつBPAの浄化能力の面でも優れている園芸植物の探索を行った[13]。奥畑らは，高い耐寒性を有する種が多く存在していることが知られているシソ科アキギリ属の園芸種サルビア植物に着目した。ポーチュラカの場合と同様の方法で25種の異なるサルビア植物のBPA浄化能を評価したところ，いずれの植物も高いBPA浄化能を有していることを見出した。続いて，評価した中で特にBPA浄化能が高く，かつ耐寒性に優れていることが知られている*Salvia sclarea* var. *turkestanica*とポーチュラカのBPA浄化能の比較を行った。その結果，25℃の条件においては*S. sclarea* var. *turkestanica*のBPA浄化能はポーチュラカに劣るものの，10℃においてはポーチュラカよりも高い浄化能を示した（図5）。ポーチュラカの場合と同様，*S. sclarea* var. *turkestanica*によるBPA浄化に伴い，外液中のエストロゲン活性は消失し，植物抽出液中においてもエストロゲン活性は検出されなかった。*S. sclarea* var. *turkestanica*は，BPA以外にも，4-*t*-ブチルフェノール，4-*t*-オクチルフェノール，ノニルフェノール，*o*-クレゾールやフェノールを除去する能力も有していた。以上のように，サルビア植物*S. sclarea* var. *turkestanica*については，寒冷環境における水環境中の有機汚染物質除去への適用が期待できる。

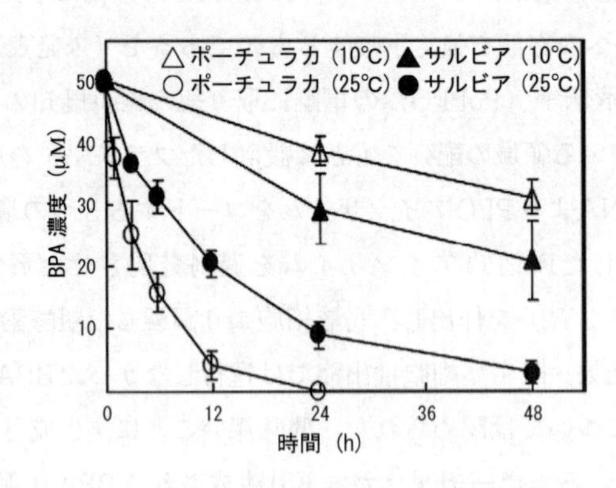

図5　ポーチュラカ及びサルビアによるBPA浄化能の比較
文献13）の図を一部改変

4.6　おわりに

本稿では，ポーチュラカやサルビアといった園芸植物による環境ホルモン浄化に関する研究について紹介した。本研究で最初に高いBPA浄化能が認められたポーチュラカの株については，栽培を重ねることで量産化され現在“エコ浄花”として㈱かんでんエルハートを通じて販売されている。主に小中学校での環境教育などに使われている。今後は，ポーチュラカの実環境における利用方法に関する検討と同時に，ポーチュラカ由来PPOの詳細な解析を進めて行く。また，ポーチュラカ由来PPOの固定化技術を確立し，固定化PPOを用いた排出源処理に応用可能な効率的環境ホルモン処理システムの確立に向けた取り組みも進めたい。さらに，その他の環境ホルモンに対する優れた浄化能を有する植物のスクリーニングも今後の重要な取り組みとなる。今後これらの研究が進展し，数多くの“環境浄花”が様々な環境においてその浄化能を発揮し，環境ホルモンによるヒトの健康や生態系への悪影響の回避に貢献できる日が近い将来くることを期待したい。

謝辞

本研究にご協力いただいた地域新生コンソーシアム研究開発事業「リサイクル濾材と植物を利用した高度廃水処理システムの開発」の共同研究者の方々および奈良先端科学技術大学院大学の共同研究者の方々に対しまして，心より感謝の意を表します。

文　　献

1) 化学物質の内分泌かく乱作用について(http://www.env.go.jp/chemi/end/)，環境省 (2011)
2) E. Pilon-Smits, *Annu. Rev. Plant. Biol.*, **56**, 15 (2005)
3) A. C. Johnson *et al.*, *Environ. Sci. Technol.*, **35**, 4697 (2001)
4) 荒木満美子ほか，表面科学，**23**, 437 (2002)
5) B. O. Yoon *et al.*, *J. Membrane. Sci.*, **213**, 137 (2003)
6) J. H. Kang *et al.*, *Toxicology*, **217**, 81 (2006)
7) 環境省総合環境政策局環境保健部環境安全課,“平成13年度内分泌攪乱物質における環境実態調査のまとめ” (2002)
8) T. Yamamoto *et al.*, *Chemosphere*, **42**, 415 (2001)
9) ㈱製品評価技術基盤機構ビスフェノールAリスク評価管理研究会，“ビスフェノールAのリスク管理の現状と今後のあり方” (2005)
10) S. Imai *et al.*, *J. Biosci. Bioeng.*, **103**, 420 (2007)
11) 西川淳一ほか，“酵母を用いたツーハイブリッド試験”，内分泌攪乱科学物質の生物試験研究法，今井清ほか編，p.20 (2000)
12) T. Matsui *et al.*, *Biosci. Biotechnol. Biochem.*, **75**, 882 (2011)
13) H. Okuhata *et al.*, *J. Biosci. Bioeng.*, **110**, 99 (2010)

5　微細藻類による排水からの有害金属除去

平田收正[*1]，永瀬裕康[*2]

5.1　はじめに

近年，深刻化する環境問題のひとつに，有害重金属による土壌や水環境の汚染がある。有害重金属は低濃度でも高い毒性を示し，また食物連鎖によって濃縮される危険性も高いため，重篤な健康被害が懸念される代表的な環境汚染物質と言える。例えば，イタイイタイ病[1]の原因物質として知られるカドミウムは，多くの場合亜鉛や銅の鉱山から高濃度流出し，下流水域の農地の汚染を引き起こす。イタイイタイ病の発生を受けて，我が国では1971年に農用地土壌汚染防止法を世界に先駆けて施行し，基準値を超えてカドミウムが検出される農用地における土壌復元事業が行われ，また法規制の整備によるリスク管理も一定の効果を挙げている。また，コメのカドミウム基準値は1.0 mg/kg未満から0.4 mg/kg以下に引き下げられ，同時に食品を製造，販売する食品事業者が自らの責任において自主検査を実施すべきとする食品衛生法が，2011年より施工されることとなった。しかし，カドミウムは電池や合金など工業製品に様々な用途で利用される貴重な重金属でもあり，我が国は高度経済成長期以後も世界有数のカドミウム消費国として知られている。したがって，現在はかつてのような高濃度汚染は認められないが，未だに基準値を超えるコメが頻繁に検出されており[2]，カドミウム汚染は決して過去の問題とは言えない状況にある。また，環境汚染に対する法規制が未整備な国，特に急速な工業化が進むアジア圏ではカドミウムによる汚染が深刻化しており，実際に健康被害も数多く報告されるようになっている。こういった発展途上国では，カドミウム以外にもヒ素や水銀，鉛などの有害重金属による環境汚染が拡大しており[3]，早急な対策が求められている。

有害重金属汚染による健康被害を防ぐ方法としては，的確な法整備による食品や飲料水，土壌や水といった環境試料を対象とした広範囲かつ網羅的な重金属モニタリングと，これによって汚染が判明した土壌や水源の浄化が挙げられ，これらを効率的かつ効果的に実施できる技術の導入が望まれている。我々の研究室では，高等植物や微細藻類といった実環境への適用が容易な光独立栄養生物の機能を利用した有害重金属に対するモニタリングや浄化に関する研究を行っており，ここではそれらの中からラン藻の優れた有害重金属吸着能を利用した水質浄化技術開発に向けた基礎研究について紹介したい。

5.2　糸状性ラン藻を利用した重金属吸着技術

生物材料による有害重金属の吸着除去についてはこれまで数多くの研究が行われており，特に細菌，カビ，酵母などの微生物においては，優れた吸着能が認められている[4~8]。この中で微細藻類は太陽エネルギーを利用して活発に増殖し，また貧栄養条件でも増殖が可能であることから，

＊1　Kazumasa Hirata　大阪大学大学院　薬学研究科　応用環境生物学分野　教授
＊2　Hiroyasu Nagase　大阪大学大学院　薬学研究科　助教

他の微生物に比べて低コストで，しかもより広範な環境条件における材料供給が可能である。これまでに，緑藻や珪藻などについて重金属除去の研究が行われているが[9,10]，我々は窒素固定能を有する糸状性のラン藻を材料として用いた。光独立栄養での増殖が可能であり，しかも空気中の窒素を窒素源として利用できるラン藻は，窒素源が欠乏した水環境でも増殖が可能である。また，数多くの細胞が糸状に連なった構造を持つ場合，一般に単細胞藻類や小細胞塊を形成する藻類よりも早く沈降することから，培養した細胞の回収を低コストで行うことができ，また水質浄化後の処理水と細胞の分離が容易となる。

そこで，タイの科学技術省科学技術研究所（Thailand Institute of Scientific and Technological Research, TISTR）の微生物資源センター（Microbial Resources Centre, MIRCEN）との共同研究により，糸状性ラン藻を用いた有害重金属除去技術開発に関する研究に着手した。TISTRのMIRCENは，ATCCなどと並ぶ世界有数の微細藻類の保存機関であり，特にラン藻については，熱帯地域に位置する特徴を活かして豊富なカルチャーコレクションを保有している。まず，未同定の株を含めた糸状性の淡水性ラン藻について，単位時間当たりのカドミウム除去率を指標として，除去能力の評価を行った。未同定の株も含めて十数株についてカドミウム除去能を比較した結果を表1にまとめた。値は，50 mlのカドミウム水溶液（pH 7.0）に，湿重量0.5 gの藻体を加え，25℃で30分間処理した場合のカドミウム除去率を示している。これらの株の中では*Tolyothrix tenuis*が最も高い除去能を示した。そこでこの株のカドミウム除去能を詳細に調べた結果，1 ppm（8.9 μMに相当）のカドミウムについては，図1に示したように，5分以内で我が国の排水基準である0.1 ppm以下まで除去でき，さらにpHについては4から9まで，温度については0℃から50℃までの範囲で，基本条件（pH 7，25℃）と変わらない除去能が得られた[11]。そこで次に，環

表1　カドミウム除去能が高いラン藻株の選抜

ラン藻株	カドミウム除去率（%）*
Anabaena variabilis	76.2
Calothrix parientina	81.4
Hapalosiphon schmidlei	58.7
Scytonema schmidlei	51.8
Stigonema sp.	52.8
Tolypothrix tenuis	92.9
未同定株（T1）	69.4
未同定株（T2）	85.0
未同定株（T4）	81.4
未同定株（T5）	90.0
未同定株（T6）	86.3

*値は，50 mlのカドミウム水溶液（pH 7.0）に，湿重量0.5 gの藻体を加え，25℃で30分間処理した場合のカドミウム除去率を示す。

境水中に高濃度で存在するナトリウム，カリウム，カルシウム及びマグネシウムが共存する場合のカドミウム除去能について調べたところ，図２に示したようにナトリウム，カリウムについてはカドミウム添加濃度の約1,000倍に相当する10 mMが共存する場合もカドミウム除去率はほとんど影響を受けなかった。一方，カドミウムと同じ２価の陽イオンであるカルシウム，マグネシウムについては，カドミウムの約100倍に相当する１mMが共存する場合は除去率はほとんど影響を受けなかったが，硬水の濃度である４mM以上が存在する場合には，除去率は20％及び50％を

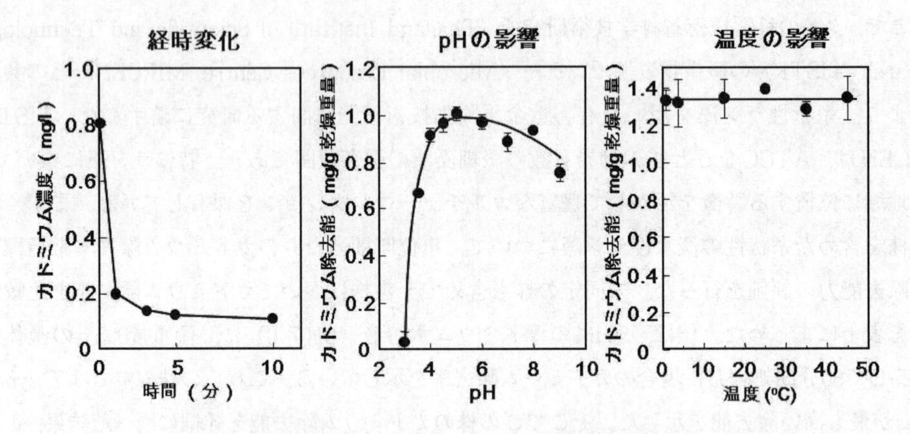

図１　*Tolypothrix tenuis*のカドミウム除去能の評価
本株のカドミウム除去能をより詳しく評価するために，吸着の経時変化と，吸着に対するpH及び温度の影響について調べた。このうち，経時変化については同一の系から各設定時間に試料を採取したので系内のカドミウム濃度の変化を縦軸に示し，pHと温度の影響についてはそれぞれの条件に設定した別々の系から30分間後に試料を採取したので，単位藻体重量あたりの吸着量を縦軸に示した。

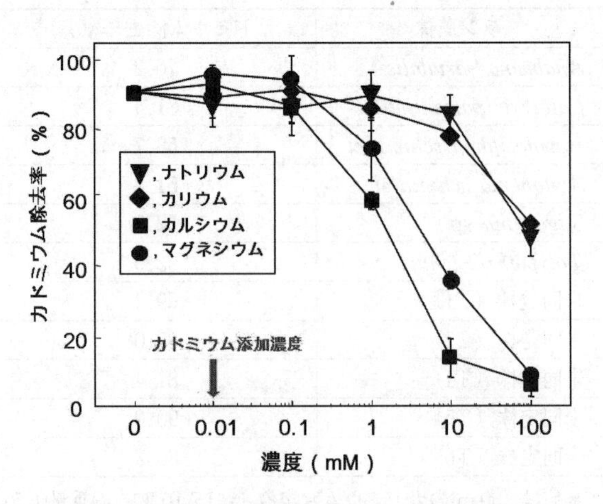

図２　*Tolypothrix tenuis*のカドミウム除去能に対する
水環境中に高濃度存在する陽イオンの影響

下回る値となった[12]。これらの結果から，*T. tenuis*によるカドミウム除去は，こういった環境水中に一般的に存在する陽イオン共存下でも選択的に起こることが示されたが，実環境で広く応用するためには，より優れたカドミウム選択性が必要であることが明らかとなった。

そこで，硬水に相当する濃度で選択的な除去能が低下したカルシウム及びマグネシウム共存下でより選択性の高い除去を可能にするために，細胞に様々な物理化学的な前処理を行い，カドミウム除去率に対する影響について調べた。これらの検討の結果をまとめたのが表2である。このように，0.1Mの水酸化ナトリウムで処理した場合に，カルシウム及びマグネシウム共存下でのカドミウム除去率が有意に上昇することが認められた[12]。そこで，水酸化ナトリウム処理細胞におけるカドミウム除去能に対するカルシウム及びマグネシウムの濃度の影響を調べたところ，図3に示したように，これらの陽イオンが8mM存在する場合でも，1ppm（8.9μM）のカドミウムに対して約80%の除去率が得られた。また，表3に示したように，水酸化カリウム，水酸化カ

表2　*Tolypothrix tenuis*の選択的なカドミウム除去に対する物理化学的な前処理の影響

前処理方法	カドミウム除去率（%）		
	無添加	4mMカルシウム添加	4mMマグネシウム添加
無処理	90	45±1	59±3
超音波処理（20KHz，10分）	83±2	28±1	51±3
凍結乾燥処理	93±1	25	31±2
熱処理（100℃，12時間）	75	42±3	55±2
酸処理（0.1M H_2SO_4，20分）	56±2	7±1	4±2
アルカリ処理（0.1M NaOH，20分）	97	80±2	86±3

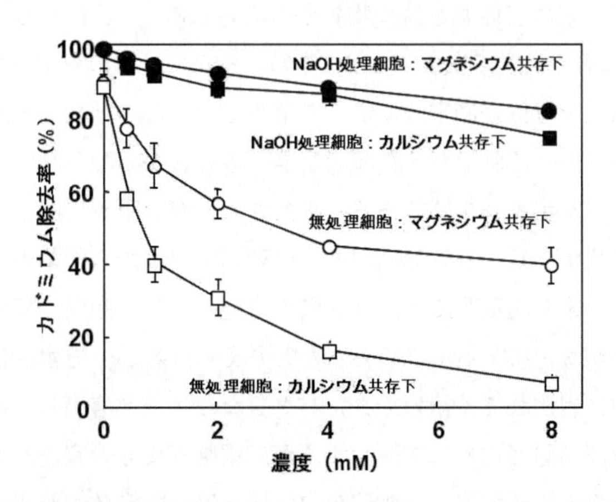

図3　水酸化ナトリウム処理した*Tolypothrix tenuis*のカドミウム除去能に対するカルシウム及びマグネシウムの影響

表3　*Tolypothrix tenuis*の選択的なカドミウム除去に対するアルカリによる前処理の影響

前処理方法	カドミウム除去率（%）		
	無添加	4mMカルシウム添加	4mMマグネシウム添加
無処理	92±2	45±21	59±13
水酸化ナトリウム	97±1	78±10	78±8
水酸化カリウム	98±1	75±13	81±8
水酸化バリウム	96±3	87±5	94±2
水酸化カルシウム	96±2	86±7	93±2

ルシウム，水酸化バリウムで処理した場合も水酸化ナトリウムと同様にカドミウム除去率が有意に上昇したことから，こういった現象はアルカリ処理により共通して起こるものと考えられる[13]。

5.3　アルカリ処理によりカドミウム選択的な除去能が上昇する機構の解析

次に，アルカリ処理により*T. tenuis*のカドミウムに対する選択的な除去能が上昇する現象についてさらに詳しく調べるために，未処理の細胞と水酸化ナトリウム処理した細胞について，カドミウム吸着後にエネルギー分散型X線分析を行うことにより，カドミウムの吸着部位を調べた。その結果，未処理の細胞の場合にはカドミウムは細胞表面に局在しているのに対し，水酸化ナトリウム処理細胞では，細胞表面だけでなく細胞内部にもカドミウムが分布していることが明らかになった。したがって，アルカリ処理の効果は細胞膜あるいは細胞壁が部分的に破壊されることにより細胞内へのカドミウムの透過性が増し，細胞内部の成分にもカドミウムが吸着したことに起因すると考えられる[13]。

カドミウムの生物的な吸着に関与する部位については，これまでの研究からカルボキシル基や，アミノ基，チオール基などの官能基を持つ物質が考えられる[14,15]。これらの官能基への重金属の吸着は，Langmuirの吸着等温式で表すことができる。そこで，水酸化ナトリウム処理細胞と未処理の細胞の官能基の所在を電位差滴定法によって解析した。この結果，水酸化ナトリウム処理細胞及び未処理細胞において，それぞれ3種類の官能基の存在が示唆され，そのうちの2つは酸解離定数からアミノ基とカルボキシル基であると推察されたが，吸着に関するパラメーターの値が異なることから，水酸化ナトリウム処理細胞と未処理細胞では両官能基の状態は同じではないと考えられる。すなわち，未処理細胞では，細胞壁の官能基，特に脂質，多糖，タンパク質のアミノ基やカルボキシル基が滴定によって求められたと考えられる。一方水酸化ナトリウム処理細胞では，細胞壁が部分的に剥がれて多糖類やタンパク質などが一部溶出し，細胞表面のアミノ基やカルボキシル基は未処理細胞と比較して減少するが，細胞内成分の官能基もイオン交換に関与するため，水酸化ナトリウム処理細胞と未処理細胞では，酸解離定数がわずかに異なり，また吸着部位によってその数が増減したのではなかろうか。しかし，カドミウムの吸着はpH 7で行っており，このpHではアミノ基は陽イオンの状態になっているので，イオン交換的にはカドミウムを吸着しないと考えられる。そこで，pH 7前後でのイオン交換的な吸着に関与すると予想されるカルボキシル基へのカドミウム吸着についての検討を行った。水酸化ナトリウム処理細胞に，メタノールと塩酸を加えて，カルボキシル基のエステル化処理を行い，カルシウム共存下におけるカドミウム除去率を調べ，加水分解して脱エステル化処理した細胞についても同様の実験を行った。その結果，エステル化処理によりカドミウム除去率は有意に低下し，さらにこの低下は脱エステル化処理により回復することも認められた。一方，上記の電位差滴定法ではその寄与は明確には示されなかったが，カドミウムなどの重金属が特異的に結合する官能基としては，チオール基がよく知られている。そこで水酸化ナトリウム処理細胞にカドミウムが結合できないようにチオール基を*p*-クロロマーキュリ安息香酸で修飾し，カルシウム存在下でのカドミウム除去率を調べたところ，修飾を行わない場合とほとんど変わらなかった。したがって，水酸化ナトリウム処理細胞へのカドミウム吸着においては，チオール基はほとんど関与していないと考えられる[13]。

これらの検討で得られた結果から，水酸化ナトリウム処理細胞へのカドミウム吸着には，カルボキシル基が大きく寄与すると考えられる。

5.4　ラン藻の重金属除去への応用

カドミウム以外の重金属もラン藻により吸着除去することができれば，その応用範囲はさらに広がる。そこで，環境水からの銅，鉛，亜鉛の除去を想定し，それぞれ10 μMの除去におけるカルシウムイオンの影響を調べた。その結果，アルカリ処理した細胞ではいずれの重金属についてもカドミウム以上に高い除去能力を示した[13]。特に鉛については，未処理の細胞でもカルシウムイオンにほとんど影響されず，90%以上の高い除去率が得られた。これは，カドミウムや銅，亜鉛では認められない現象であり，鉛の吸着にはこれらの重金属とは異なる部位あるいは官能基が関与する可能性も考えられ，非常に興味深い。これらの結果から，*T. tenuis*は硬水に相当する高濃度のカルシウムやマグネシウムが存在する条件においても複数の有害重金属を効率的に除去できることが示された。

*T. tenuis*は非常に高い増殖能を持ったタイ産のラン藻であるが，自然界からも多量のラン藻バイオマスを得ることができる。例えば，富栄養化した湖沼で夏場に発生するアオコは，ラン藻の異常増殖がその主原因となっており，景観を損い，また水質の低下を引き起こす。アオコの回収も行われているが，回収した大量のアオコの処理が問題となっている。そこで，我が国の代表的なアオコの原因生物であるラン藻*Anabaena variabilis*，*Microcystis aeruginosa*の重金属吸着剤としての利用性を検討した。図4に示すように，*A. variabilis*，*M. aeruginosa*ともにカドミウムの除去能はカルシウムイオンにより低下するが，水酸化ナトリウム処理により大きく改善された[10]。したがって，これらのラン藻は*T. tenuis*と同様にカドミウム除去に有効であると考えれらる。また，*A. variabilis*について銅，鉛，亜鉛の除去能を調べたところ，*T. tenuis*と同様に水酸化ナトリウム処理によりこれらの有害重金属に対しても良好な除去能を示した。*M. aeruginosa*について

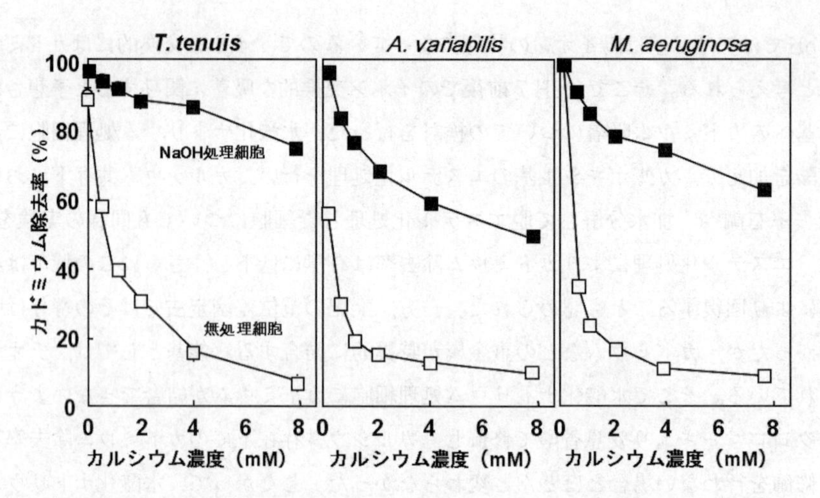

図4　水酸化ナトリウム処理のアオコの原因藻として知られる*Anabaena variabilis*及び*Microcystis aeruginosa*のカドミウム除去能に対する影響

も同様の結果が得られている。したがって，水質汚濁の原因となるアオコを形成するラン藻も優れた重金属吸着剤として利用できると考えられ，これまで回収後の廃バイオマスの処理が問題となっていたアオコの有効利用を図る方法として有望と言える。

5.5　おわりに

以上のように，アルカリ処理した糸状性のラン藻類は，カドミウムをはじめとする有害重金属に対して高い選択性を持ち，また広範なpH域及び温度域で使用可能な優れた吸着剤であることが明らかとなった。ラン藻に吸着した重金属は，弱い酸で洗浄することにより脱離させて濃縮回収することができ，再びアルカリ処理することにより再生することも可能であり，化学的な吸着剤と同様の扱いができる利点も確認されている。しかし，*T. tenuis*については単位重量当たりのカドミウムの最大吸着量は一般に用いられる化学的なイオン交換剤に比べて10分の１程度であることから，実用化を図るためには改善が必要である。さらに，実用化に向けて屋外での大量培養を可能にすることも今後の課題である。前者の課題については，アルカリ処理条件の最適化や重金属を選択的に吸着する部位を部分精製して用いるなどの工夫により単位重量当たりの最大吸着量を向上させることは可能であると考えられ，またアルカリ処理したラン藻には広く選択的に重金属を吸着する能力が認められることから，吸着量を指標として新たな選抜を行うことにより，既知の株よりも優れた最大吸着量を持つ材料の獲得も可能と考えられる。TISTRでは未同定の株を含めて多くのラン藻株を保有しており，また自国を中心として東南アジア地域における新規株の探索を精力的に行っている。同時に，研究所敷地内に10,000リットル規模のパイロットプラント用の微細藻類屋外培養装置を数基設置し，さらに大規模な実用化レベルでの培養が可能な設備も保有しており，すでにこれらの装置・設備を用いて培養したラン藻バイオマスの生物肥料としての商品化にも成功している。したがって，TISTRとの共同研究を進めることにより最大吸着量の高いラン藻株の効果的な選抜と共に，得られた優良株の大量培養条件の確立を図ることも可能となる。今後，ラン藻を利用した重金属の吸着除去が，我が国だけではなく，東南アジアなどの有害重金属による深刻な環境汚染を抱える国々でも利用可能となり，水質の浄化，ひいてはヒトに対する健康被害の発生防止に貢献できることを期待したい。

文　　献

1） 昭和48年版環境白書，総説，第5章健康被害の現況と対策，第3節イタイイタイ病とカドミウム汚染（1973）（http://www.env.go.jp/policy/hakusyo/hakusyo.php3?kid＝148）
2） 農林水産省，平成20年国内産米穀のカドミウム含有状況の調査結果について（2009）（http://www.maff.go.jp/j/press/syouan/nouan/090116.html）
3） 畑明郎ほか，アジアの土壌汚染，世界思想社（2008）
4） N. Ahalya *et al.*, *Res. J. Chem. Environ.*, **7**, 71–79（2003）
5） B. Volesky *et al.*, *Biotechnol. Prog.*, **11**, 23（1995）
6） P. Kotrba *et al.*, *Collect. Czech. Chem. Commun.*, **65**, 1205（2000）
7） T. Nedelkoska *et al.*, *Minerals Eng.*, **13**, 549（2000）
8） N. Das *et al.*, *Ind. J. Biotechnol.*, **7**, 159–169（2008）
9） D. Cho *et al.*, *J. Environ. Sci. Health*, **A29**, 389（1994）
10） E. W. Wilde *et al.*, *Biotech. Adv.*, **11**, 781–812（1993）
11） D. Inthorn *et al.*, *J. Ferment. Bioeng.*, **82**, 589（1996）
12） H. Nagase *et al.*, *J. Ferment. Bioeng.*, **84**, 151（1997）
13） H. Nagase *et al.*, *J. Biosci. Bioeng.*, **99**, 372（2005）
14） 林勝哉，蛋白質の電気的性質，学会出版センター，p.137（1971）
15） L. M. He *et al.*, *Appl. Environ. Microbiol.*, **64**, 1123（1998）

6　湖沼における沈水植物の再生と食物網を活用した水環境保全

林　紀男*

6.1　岸辺植生の衰退

閉鎖性水域の富栄養化は，水域に流入する汚濁負荷が同水域の自然浄化能力を超え，調和が崩れ進行する。1960年代前後の高度経済成長期には，経済発展が至上命題であり環境保全が軽視されていた。汚濁負荷の増大は，当初は工場・事業場排水が浄化不十分なまま放流されていたことが主因だったが，法律・条例による規制が強化されるに至り，汚濁負荷源は生活雑排水などの生活系，および農耕地などの面源負荷の占める割合が相対的に高まった[1)]。

水域に流入した汚濁負荷を，水域内で浄化し負荷の蓄積を最小限に留める役割を果たすのが自浄作用[1)]である。富栄養化が急速に進行した背景には，流入負荷の増大のみならず水域そのものの浄化能の漸減も少なからず影響している。すなわち，自浄能力が期待できる浅瀬・藻場が干拓や埋め立てにより消失し，自浄作用を担ってきた場が失われた負の側面も富栄養化を促進してきた一因である。

湖岸に形成される水生植物は生物学的な系統分類とは別に生活形により区分される[2)]。生活形による分類とは，抽水，浮遊，浮葉，沈水である。アシ，ガマのような空中に葉を広げる抽水植物，およびホテイアオイ，ウキクサのような水面上に浮かぶ浮遊植物は，富栄養化により水の濁度が高まっても生育に直接的な影響は生じない。このため富栄養水域ではこれらの生活形の水生植物が優占化している。アサザ，ヒシのような葉を水面に広げる浮葉植物は，底質の影響を受けるため抽水・浮遊植物に比較して脆弱であるものの濁度が高まっても生育可能であることから，多くの富栄養水域で群落を形成している。沈水植物は，葉を水中に展開するため濁度が高まり水中照度が低下すると光合成が阻害され生育困難となる。このため沈水植物は，富栄養化の影響を受け易く，水域から消滅しやすい。また沈水植物の生育を妨げる要因は濁度の低下に留まらない。岸辺が切り立ったコンクリートなどの人工物で被覆され，かつ波浪が堤に直接届くような条件下では，波浪による底泥の巻き上げが生じる。この波浪による物理的剪断力は，濁度を高めるのみならず，底質を掘り返し沈水植物定着の場を奪ったり，水中に展開する葉を傷つける力となるなど生育の決定的阻害要因となる。

1997年の河川法の改正では，治水・利水のみならず，景観や生態系など環境の整備と保全も河川法の目的の一部に位置づけられるなど，近年は水域を取り巻く社会的情勢が大きく変化しつつある。 こうした背景のもと，水域の浄化力を復元させることに基づく水環境保全の取り組みが大きな注目を集めている。そのひとつが，水域の水生植物を再生させ浄化に寄与させる岸辺植生の再生技法である。

---

*　Norio Hayashi　千葉県立中央博物館　生態・環境研究部　生態学研究科　上席研究員

6.2　湖岸植生の役割

水生植物は，底質および水中から窒素・リンを摂取し生育に資する。このため水生植物の現存量が増大すれば，その量に比例して場の窒素・リンが消費される。この窒素・リンの植物体への蓄積は視点を変えれば浄化と位置づけられる。しかしながら，水生植物の多くは夏緑性で冬期枯死し植物体に蓄積させた窒素・リンを再び水中に放出[3]させてしまう。地下茎や殖芽に栄養を回収蓄積し越冬する水生植物も数多く存在し，この場合の地上部枯死による栄養塩回帰は限定的であること[4]も知られている。岸辺に形成される植生帯の役割は直接的な栄養塩吸収に留まらない。植生が豊かな水辺には，さまざまな水生動物の生息が認められる。すなわち，水生植物は場の多様性を高め多様な生物の生息空間を創出する役割[5]を担っている。

ミジンコ類は，胸脚の櫛状構造を使って微細な植物プランクトンを漉し捕り摂食する[6]。ミジンコ類の現存量と水域の透視度とは密接な関係を有している。大型のミジンコであるダフニア（*Daphnia*）属に着目すると生息密度と透視度との間には密接な関係が認められ，ダフニア棲むところ水透き通る事実が明らかとなっている。一方，小型のミジンコであるゾウミジンコ（*Bosmina*）属については，ダフニアに比較して生息密度と透視度との関係性が弱い。これらの事実は，ゾウミジンコは体長0.5 mmと小型であるにもかかわらず，体長２～３mmのダフニアに比較して胸脚に備わる濾過摂食用の櫛状構造の間隙が大きく，微細な植物プランクトンを捕捉する能力に劣っている事実[6]と整合的である。多くの富栄養水域では，濾過能力の高い大型のダフニア属の現存量が少なく，濾過能力が低い小型のゾウミジンコ属の現存量が多い。このことは，大型のミジンコ類が安定的に生息できる空間が少ないことが原因である。ダフニアは，体が大きく目立つためプランクトン食魚やフサカ幼虫などの天敵に捕食されやすい。これら捕食者から逃れる上では，水生植物が隠れ家として機能する条件が有効である。特に沈水植物は水中に葉を展開するため，水中の物理的構造物としての隠れ家機能に優れミジンコ類との相性がよい。沈水植物が豊富に繁茂する湖岸帯を有する水域は，ミジンコ類の高い濾過摂食能に起因して高い透明度が確保されやすい（写真１）。また，水生植物は他感作（アレロパシー）物質を放出し植物体近傍のミジンコなど浮遊生物の種構成に大きな影響を及ぼすことも解明されている[7]。

水生植物の繁茂域が誘引する水生動物群は，ミジンコ類に限らない。水生植物がもたらす環境には，水生昆虫類，両生類，魚類，鳥類など多様な水生動物が共存し生息する場がつくられる。カエルを例にとると，幼生期であるオタマジャクシは水生生活を営み，口器の歯列で付着珪藻や付着性原生動物などを削り取って捕食する雑食性，成体期であるカエルは陸生生活を営み，バッタなど昆虫を捕食する肉食性へと変化を遂げる[8]。このようにオタマジャクシは，採餌より窒素・リンを体内に取り込み，一方でヤゴなどの水生昆虫やサギ類などの鳥類に捕食されたり，カエル成体に変態し陸生化することにより物質循環の一翼を担っている。同様に体の小さなユスリカ類も幼虫期には底生生物として湖岸植生帯に大きな現存量を有し，孵化して栄養塩の系外排除に寄与[9]している。

水生植物の植栽地への流入水と流出水の差違から植栽地にて除去された窒素・リン量を評価し

写真１　岸辺の抽水植物帯の沖側に発達した沈水植物群落
（千葉県手賀沼流域）
大型ミジンコ類の住処となって高い透明度が達成されている。

た既往の研究では，水生植物体に吸収・蓄積されている量は，植栽地にて除去された総量の窒素6.2～6.9％，リン1.0～1.7％と低い割合であることが報告[10～12]されている。除去量の多くの部分が沈殿など物理的な作用に因るものと推察されている。こうした水生植物植栽地にて，オタマジャクシ，ユスリカ，ヤゴ，イトミミズら水生動物の体内に保持されている窒素・リン量，および生息密度の解析評価が報告[13]されている。同報告では，これら４種の水生動物が栄養塩の系外排除に寄与した量が検証され，全除去量のうち窒素8.6～13.9％，リン1.4～3.8％と見積もっている。この水生動物寄与量は，水生植物体に蓄積される量と同等かそれ以上である。これらの知見は，水生植物の存在は，植物体自身による窒素・リン吸収効果のみならず，水生動物の生息空間創出を担うことにより間接的に水生動物による栄養塩系外排除を促進している事実を裏付けるものである。

水生植物の水質改善効果における水生動物関与の重要性は，これまで過小評価されてきた。水生植物を水環境保全に役立たせる取り組みにおいては，多くの場合植生を均質かつ密生状態とする管理が目指されてきた。しかしながら水生動物の積極的な関与を期待する上では，開放水面，水深の深い場所など多様な場を創出することが重要である。換言すれば，場の潜在力に応じて多様な水生動物を定着せしめ浄化に関与させる上では植生の多様性が重要となる。生物多様性を高めることが食物網の安定化，すなわち特定の生物の異常増殖を抑制する自己復元力の構築につながる。

6.3　沈水植物再生に用いる植物の調達

水域から消失した沈水植物群落を再生させる上では，①同一流域内の繁茂地からの人為移植，②底質中に蓄積・休眠している埋土種子などの活用，の両手法を取り得る。市場に流通する市販の植物や他地域に繁茂する植物を移植に用いるのは，たとえ同種であっても地域遺伝情報攪乱の恐れがあり避けなければならない。かつて繁茂していた沈水植物と生物学的に同一種であっても，地域の環境に適応した個性を育み継代してきた群落（個体群）には，その地域の個性が発現している。この遺伝的な多様性を人為的に撹乱してはならない。このため消失した沈水植物群落の再生を目指す上では，土着の沈水植物の確保が必須条件となる。

水生植物の種子は，散布様式により異なるものの，水系を同じくする流域には容易に移動しうる。このため同一流域内の移植であれば遺伝的多様性撹乱の懸念は限定的である。ただし，湖岸の市街地化などによる植生消失は広範に生じるため，同一流域内に移植に資する沈水植物が生育していないことも想定される。このような状況では，底質中に生きたまま休眠している種子の集まり（土壌シードバンク）を活用[14]する。水生植物は，異常気象や気候変動など予測不能な環境変化や偶発的な撹乱を乗り越え次世代に子孫を残すため，種子や殖芽などを用いて時間的，かつ空間的に子孫維持のための適応戦略をとっている[14]。沈水植物では，植物体から放たれた種子や殖芽などの散布体は，水流にのって場所を移動することにより空間的な散布を果たす。底土表面に沈んだ散布体は，上に土砂や植物遺骸などが堆積することにより底質中に閉じこめられ，再び撹乱が生じて発芽の機会が得られるまで時間的な散布を果たす。すなわち，植生が消失した水域であっても，かつて同水域に沈水植物群落が存在していた場合には，底質中に発芽の機会を待つ土壌シードバンクが存在し，植生復活の潜在的な可能性を残しているといえる。この土壌シードバンクの活用が沈水植物群落の再生に有効である。

6.4　土壌シードバンクを用いた沈水植物再生の取り組み

土壌シードバンクは，不均質に分布している。かつて大規模な沈水植物群落が記録されている場であっても，同地点に土壌シードバンクが均質に広がっているとは限らない。これは種子が水流などにより容易に移動することに起因する。底質を掘削し，堆積した層をコアで抜き取ると，種子は砂礫層に少なく泥質層に多く見いだされる。砂礫が堆積した環境は，水流があって細かい泥質は留まることができなかったこと，泥質が堆積した環境は逆に水流が弱く細かい粒子も沈降堆積し易かったことをそれぞれ指標している。すなわち，種子が流れの穏やかな場所まで移動した後に沈降堆積し土壌シードバンクを形成したと考えれば，埋土種子が泥質層に局在する事実は水理学的に整合的である。この不均質な土壌シードバンクを沈水植物復活のために活用する上では，土壌シードバンクが包含する種構成と密度をあらかじめ掌握しておくことが重要である。土壌シードバンクの調査は，直接計数法と実生発生法に分けられる[14]。直接計数法は，採取した土壌を篩いにかけ種子を目視選別し計数する手法である。この直接計数法は，種子密度の推定がしやすい反面，採取試料の篩い分け作業に労力を要するため大量の試料の取り扱いが困難であり，選別された埋土種子が発芽能を維持しているか否か判定しにくい欠点を有している。一方，実生発生法は，土壌シードバンクが期待される底土をバット型水槽などに薄い層状に撒きだして光や温度条件などの撹乱により覚醒させ，実際に芽生えてくる植物体の種類と量を確認する手法である。実生発生法では，発芽能を保持した種子密度を評価しやすく大量の土壌を対象に調査を進めることが可能という利点がある。一方で発芽確認に要する時間が長く必要で，撒きだし水槽を敷設するための圃場面積を要するなどが欠点である。本法による埋土種子からの芽生えは，1年目に達成されるとは限らず，2年目や3年目に発芽することもある。このことは実生発生法による土壌シードバンクの評価には時間的な余裕が必要であることを示唆している。

土壌シードバンク調査により，潜在的な沈水植物再生能が保持されていることが確認された場合，具体的に土壌シードバンクを岸辺植生回復の資源として用いる方法を計画立案する段階となる。土壌シードバンクを資源として活用する工法[15]も様々ある。ここでは①高水敷掘削による池創出法，②緩傾斜護岸法，③囲い込み水位低下法，④消波工による静穏域創出法，を紹介する。

6.4.1　高水敷掘削による池創出法

湖岸整備に伴う築堤時に，湖岸帯を盛土した場合，盛土下層のかつての湖底に土壌シードバンクの存在が期待される。盛土事例では，瞬く間に覆土され酸素を遮断されたため，カビによる発芽能喪失が最小限に留まると期待される。高水敷の盛土をはぎとり，かつての湖底土壌を露出させ，雨水や浸透水で湛水した池にて，埋土種子からの発芽により10種以上の沈水植物群落確認の報告事例[15]がある。同地では2年目以降に，浮葉植物，抽水植物の繁茂も報告[15]されている。周囲が抽水植物帯である高水敷において池造成によって人工的に沈水植物群落を維持させるためには，浮葉および抽水植物など競合する植物の人為的除去など維持管理が不可欠である。しかしながら，土壌シードバンクに眠る埋土種子の発芽能は永続的に維持されるものではない。植物種により，また環境条件により種子が発芽能を保持しうる期間は異なるものの，埋土種子であっても数十年以内に埋土種子の一部を発芽させ，再び開花・結実させて次の世代を担う埋土種子を再生産させ土壌シードバンクを更新させる意義も大きい。

6.4.2　緩傾斜護岸法

既設堤近傍からすぐに深くなるような構造となっている場合，種子発芽に必要となる光が十分に湖底に届かない条件となっている。同時に堤に波浪が衝突する条件では直接波および反射波による物理的剪断力も沈水植物の生育を阻害する要因となっている。こうした場には，湖底基盤面を盛土により嵩上げして光が十分に湖底まで届く条件を確保し，埋土種子の含まれる土砂を撒き出す工法が有効である。年間を通じた卓越風向を考慮し，消波および土留め工として木杭と板による木柵矢板の囲いを設け，この内に浚渫土を盛土し緩傾斜を創出する。緩傾斜とした表層には埋土種子の含まれる土砂を撒き出す（写真2）。本法では，植食魚類（ワタカ・ソウギョなど）およびアメリカザリガニ，カモ類などによる食害の影響が安定的な群落形成への課題[15]となる。

6.4.3　囲い込み水位低下法

濁度が高く湖底に光が届かない場において，鋼矢板で一定区画を囲い込んだ隔離水界を創出し，同区画内をポンプ排水により水位低下させ湖底に光を届ける工法である。湖岸の一角を鋼矢板で囲い込み表層浮泥層を排除して浮泥下層の沼底土壌を露出させ，水位を低く維持することで光を埋土種子のある湖底に届ける（写真3）。本法では，水深を70 cm以上に維持し抽水植物群落への遷移を防止することが重要[15]である。矢板による隔離水界を永年継続することは排水ポンプの稼働なくして困難となるため，沈水植物群落が安定的となった後，徐々に水位を上昇させ周辺水域

写真2　緩傾斜護岸法の適用例（千葉県印旛沼）
湖岸植生が乏しい地点に風当たりを考慮して逆勾配の緩傾斜を造成し，沈水植物繁茂域を誘導した。

写真3　囲い込み水位低下法の適用例（千葉県印旛沼）
水位を下げ湖底に光をあて埋土種子からの発芽を促したところ，豊富な沈水植物群落が形成された。

写真4　消波工による静穏域創出法の適用例（秋田県八郎湖）
L字型潜堤（非灌漑期で水面上に露出）内側は，消波され底泥巻き上げ減少。透明度向上が沈水植物の芽生えを促した。

と同水位条件でも沈水植物群落が継続されるよう導くことが必要である。

6.4.4　消波工による静穏域創出法

風あたりが強く底泥巻き上げによる濁度が高い条件下において，潜堤などの消波工を構築し，波が静穏となる区画を確保する工法である（写真4）。表層浮泥層を排除して浮泥下層の沼底土壌を露出させ，湖底面にまで光が届くよう浚渫土を盛土したり，盛土上に土壌シードバンクを含む土壌を撒き出す手法も併用される。

6.5　沈水植物再生への課題

沈水植物の再生を目指す場合，課題となるのは①土着株の入手，②食害生物の制御，③外来種の防除，に集約される。①土着株の入手法については，先述のとおり土壌シードバンクから探索する方法[14]が有用である。②食害生物の制御とは，沈水植物の芽生え食害するアメリカザリガニ，ウシガエルのオタマジャクシ，ワタカ・ソウギョなど草食魚類，カモ類などが対象となる。しかしながら，これら生物の生息密度管理は大きな困難を伴う。例を挙げれば特定外来生物に指定された外来魚オオクチバスは全国的に駆除対策が進行中である。その駆除方針は合理的であるものの，オオクチバス生息密度低下に伴いオオクチバスが餌としていたアメリカザリガニの生息密度が増大し水生植物に被害が及んでいる。人為放流したソウギョが水生植物を壊滅的な状況に陥れた事例もある。特定種を対象に現存量の人為管理を目指すのは，生態系の調和を崩し想定外の結果を導く危険を孕んでいる。バイオマニピュレーション技術の活用[16]など生態系全体を見通した戦略を立てることが必須である。③外来種の異常増殖防除も喫緊の課題である。沈水植物の生育に適した環境を創出した場合，目的外の外来種がパイオニア種としてニッチを占める事例がある。特定外来生物に指定されているナガエツルノゲイトウやオオフサモなどは繁殖力旺盛で，植物体の一部が千切れて農業灌漑水系を通じて爆発的に流域に繁茂域を広げる事例[17]がある。コカナダモが水域を占拠して船の運航障害をきたすなど問題が顕在化している事例[18]もある。

水生植物を再生させ浄化に貢献させる上では，水生植物のみならず水生動物をも包含した生態系としての物質循環を効率的に機能せしめることが重要な鍵を握る。場の多様性を高め，出現する生物の多様性を高めることが環境攪乱に対する生態系の安定性を高めることにつながる。こうした生態環境工学の視点[1]は，湖沼の水環境保全において今後ますます重要な位置づけになると考えられる。

文　献

1) 須藤隆一編，環境修復のための生態工学，講談社サイエンティフィク，p.229（2000）
2) 角野康郎，日本水草図鑑，文一総合出版，p.179（1994）
3) 田中規夫，浅枝隆，Karunaratne Shiromi，ヨシの生長解析に基づく栄養塩除去量の評価，ダム工学，**11**(1)，26-39（2001）
4) 田中周平，藤井滋穂，山田淳，ヨシの生長特性と群落内の栄養塩挙動，環境衛生工学研究，**18**(2)，12-21（2004）
5) 山室真澄，浅枝隆，湖沼環境保全における水生植物の役割，水環境学会誌，**30**(4)，181-184（2007）
6) 花里孝幸，ミジンコ　その生態と湖沼環境問題，名古屋大学出版会，p.230（1998）
7) 林紀男，稲森隆平，尾崎保夫，ミジンコ個体群動態に及ぼす水生植物代謝産物の影響，日本水処理生物学会誌，**45**(1)，57-62（2008）
8) 長谷川雅美，水田耕作に依存するカエル類群集，農村と環境，農村環境整備センター，(16)，31-35（2000）
9) 外岡健夫，霞ヶ浦北浦産ユスリカ幼虫及びイトミミズの窒素及びリン含有量について，茨城県内水面水産試験場調査研究報告（35），83-86（1999）

10）林紀男，桑原享史，稲森悠平，須藤隆一，水生植物を植栽した溜池の水質浄化に果たすユスリカ類の役割，四万十・流域圏学会誌，**5**(2)，35-42（2006）
11）林紀男，稲森隆平，蛯江美孝，水生植物植栽浄化法におけるオタマジャクシの浄化に果たす役割，四万十・流域圏学会誌，**7**(1)，7-12（2007）
12）佐藤和明，岸田弘之，千葉知由，田仲成男，山王川における植生浄化の長期実験結果，河川環境総合研究所報告，**8**，13-33（2002）
13）林紀男，尾﨑保夫，酒井不二彦，水生植物植栽浄化施設における水生動物の浄化に果たす役割，日本水処理生物学会誌，**47**(3)，119-129（2011）
14）鷲谷いづみ，宮下直，西廣淳，角谷拓（編），保全生態学の技法：調査・研究・実践マニュアル，東京大学出版会，p.324（2010）
15）久保田一，中村彰吾，印旛沼水質改善にむけた沈水植物再生の取り組み，河川環境総合研究所報告，(15)，1-12（2009）
16）高村典子，土壌シードバンクとバイオマニピュレーションを活用した水辺移行修復·再生技術，環境研究，**139**，97-106（2005）
17）林紀男，横林庸介，竹中真里子，手賀沼流域におけるナガエツルノゲイトウ繁茂域の変遷，水草研究会誌，**91**，6-10（2008）
18）浜端悦治，琵琶湖における外来種コカナダモの分布および群落構造と現存量の年変動:琵琶湖の沈水植物群落に関する研究，陸水學雑誌，**58**(2)，173-190（1997）

第2章　ファイトレメディエーション：植物による土壌浄化技術

1　ファイトレメディエーションによる油汚染土壌の浄化

海見悦子*

1.1　はじめに

ファイトレメディエーションによる土壌の浄化作用は，汚染物質の吸収（Phytoextraction），植物体内での分解（Phytodegradation），揮発の促進（Phytovolatilization），根圏での分解（Rhizodegradation）に分類される[1]。

筆者らは，Rhizodegradationによる鉱油類の分解に着目し，試験研究を経て浄化事業を行っている。

Rhizodegradationは，植物根が根圏微生物を活性化して，土壌の汚染物質を分解することにより生じる作用であり，微生物の活性化を植物の力によって行う技術，すなわち植物と微生物群からなる複雑系の共同作用を活用する技術である（図1）。

筆者らは，室内での試験によって植物根の伸長が旺盛な時期に，微生物活動も活発になり，油の分解が進むことを明らかにしている（図2）[2]。Rhizodegradationによる浄化においては，植物根を旺盛に生育させることが重要である。

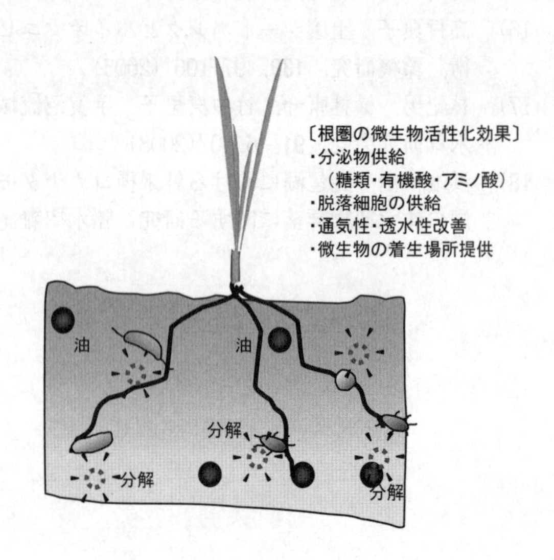

図1　根圏における油分解のイメージ

1.2　ファイトレメディエーションによる油汚染土壌浄化の課題

ファイトレメディエーションによる油汚染土壌の浄化は，自然と調和した環境にやさしい技術であること，物理・化学的手法では対応が難しいほどの広大な面積に対しても現位置での浄化が可能であることなどが大きな利点である。また，浄化のために栽培を行っている区域は，工場立地法における緑地として位置づけることも可能である。

しかし，物理・化学的な浄化技術に比べて，時間がかかる，浄化効果の確実性が低い，浄化範囲が根が届く範囲に限定されるなどのデメリットもある。また実際の浄化事業に際しては，まず，

＊　Etsuko Kaimi　中外テクノス㈱　東京支社　地球エネルギー事業推進本部　次長

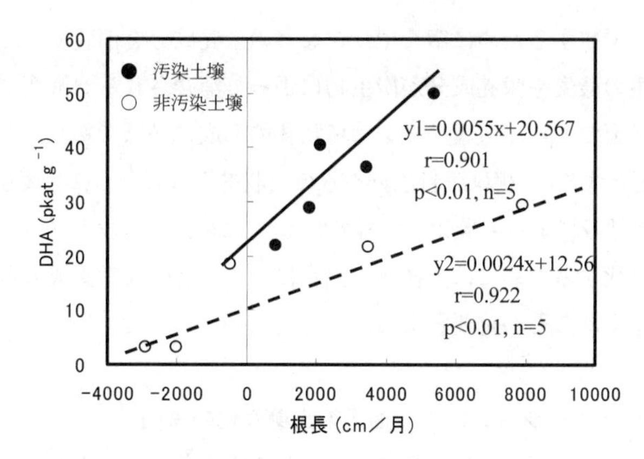

図2　土壌微生物活性（DHA）と根伸長量の相関[2)]

汚染サイトで植物を旺盛に生育させることが必ずしも簡単ではないという課題がある。

以下に，筆者らが実際に汚染サイトを浄化した実績から，重要な課題と考える事項を紹介する。

① 汚染サイト土壌の物理・化学的性質の問題

植物が良好に生育するためには，土壌の物理的・化学的性質が植物の生育に適していることが必要である。一般に，透水性と保水性が適度に保たれること，腐植物質などの有機物を適度に含み，肥料成分を保持しつつ，植物側に適度に移行させることができる性質などが重要である。しかし，工場跡地のような汚染サイトが，このような性質を持っているとは限らない。逆に，植物の生育にはまったく適していない，固くて透水性が悪く，有機物をほとんど含まない土壌である場合がある。このような場合，水や栄養分を適切に供給することが必要となる。

また，レキや石ころなどが表面に多数存在するようなこともあり，このような場合は，播種を行っても種の多くがレキや石ころの上にのってしまい，土壌に定着できずに乾燥してしまうことになる。

② 鉱油類による植物の生育阻害

土壌に含まれている鉱油類は，植物の生育に対する阻害要因となる。鉱油類が土壌粒子の表面に付着していると，土壌粒子の表面が撥水性を持つ。これにより，土壌粒子が水分を保持して根に移行させる機能が低下する。併せて，肥料成分を保持して移行させる機能も低下する。さらに，鉱油類に含まれる，分子量が小さく揮発性の高い炭化水素は，植物の細胞壁を通過して細胞の内部にダメージを与えることが知られている。

このように鉱油類で汚染された土壌は，①で述べたような，もともと植物の生育に適していない工場跡地のような土壌に対して，さらに植物にとって生育を阻害する性質を上乗せし，過酷な環境を形成していると言える。

③ 鉱油類の分解に伴う酸素や栄養成分の不足

鉱油類の分解は根圏で活動する微生物によって行われる。微生物は鉱油類の分解（酸化）に酸素を使う。また，増殖するために窒素やリンなどの栄養成分を消費する。すなわち，鉱油の分解に伴って土壌中の酸素や栄養成分が微生物によって消費される。酸素や栄養成分は，植物の生育のためにも必要である。窒素やリンは植物体の形成に必須であり，これらを吸収するために根は酸素を必要とする。（根は肥料成分や水の吸収や生育のために必要なエネルギーを葉から送られてきた糖を呼吸によって酸化して得ている。）このため，ファイトレメディエーションによって鉱油類を浄化するためには，植物の生育にとって必要な栄養成分と酸素が不足しないように，適切に供給することが重要となる。

1.3　ファイトレメディエーションによる油汚染土壌浄化の事例

ここでは，筆者らが実際に行った鉱油類で汚染された土壌のファイトレメディエーションによる浄化事業において，前述した課題にどのように対応したかを紹介する。

1.3.1　浄化対象汚染サイト

汚染サイトは，鉱油類汚染のある工場跡地であった。施工面積は，対象サイトの中で鉱油類濃度が高い区域を中心とした約2,500 m^2の範囲とした。土壌は有機物をほとんど含有せず，数cm画以上の大きさのレキを多く含んでいるなど，植物の生育に適した土壌環境ではなかった（写真１）。

汚染深度は表層からGL（グランドレベル）-10 m以深に及んでいたが，ファイトレメディエーションによる浄化では，地下水位よりも浅い層のみを浄化対象とした。地下水位以深の飽和帯水層の部分は，別途揚水による浄化が行われた。

1.3.2　植物の選定

ファイトレメディエーションの実施においては，効果の高い植物を特定することが重要である。筆者らは，実験室や温室で栽培試験を繰り返し行って，根の形状や鉱物油分解微生物を集積させる効果などを指標として十数種類を特定した[3]。しかし，実際の浄化事業においては，まず現地の環境に適応できることが求められる。実験室や温室で高い浄化効果が得られた植物であっても，現地での生育力が弱い場合は，効果を発揮させることができないからである。汚染サイトの環境条件を考慮して，生育面と浄化効果の２つの面から植物を選定する必要がある。

現地土壌を用いた室内試験や，現地での試験栽培を繰り返し，イタリアンライグラスとトールフェスクを用いることとした。

1.3.3　浄化期間

浄化期間は２年間とした。当該汚染サイトの土壌が植物の生育に適した土壌ではなかったことから，最初の１年間は，まず生長が早く条件の悪い土壌でも旺盛に生育する１年草のイタリアンライグラスを栽培した。２年目は，イタリアンライグ

写真１　浄化対象汚染サイト

ラスに加えて，多年草であり生長が比較的遅いトールフェスクを混播した。イタリアンライグラスは，過酷な環境に強く生育も早いが，比較的短期間で成熟に達して枯死する。これに比べて多年草であるトールフェスクは，生育速度は遅いもののイタリアンライグラスよりも長期間生育が続く。この方法により，2年間でのトータルの植物生育期間，すなわち浄化期間をできるだけ確保することとした。

1.3.4　土壌の前処理と播種

本サイトの土壌は数cmから数十cmの大きさのレキを多数含んでおり，そのまま播種を行っても，多くの種子が定着せず土壌表面で乾燥してしまうと予想された。このためレキを除去することが必要となったが，一般に農業に用いられるような耕運機などでは，大きなレキへの対応は無理であった。やむなく重機及び人力で可能な限り除去したが，この工程については効率化を図る余地があると考えている。

播種は吹き付け工により実施した。

1.3.5　施肥と給水

1.2項で述べた課題から，水と肥料成分が不足しないように供給する必要がある。このため，給水をスプリンクラーによる自動散水とした。また，散布する水に液肥を混合する方法で液肥を供給した。

1.3.6　酸素の確保

根が酸欠になることを防ぐため，有孔管を一定間隔で鉛直方向に埋設して，空気の通り道を作った。

有孔管を埋設しておくと，鉱油類を含有する土壌であっても，根が酸素欠乏になることを防ぎ，生育を促進することができる。植物は有孔管内部や周辺の空隙に一部の根を侵入させるが，これによって，健全に生育できるようになると考えられる（写真2）。また，有孔管を通して土中に空気が入り込むこと自体も，微生物による油の分解を促進する。この方法は，筆者らがこれまでの経験を踏まえて，汚染サイトの浄化のために考案したものである。

写真2　有孔管に沿って伸張した根

1.3.7　浄化効果

表1に浄化効果の概要を示す。2年間の浄化期間を経て，微生物の活性（デヒドロゲナーゼ活性：DHA）と油資化微生物数が植物の栽培によって向上した。データの推移から，植物による効果はまず表層の有孔管周辺土壌で得られ，徐々に深層及び有孔管から離れた区域に拡大していったことが判る。栽培区では施行当初3,000から4,000 mg/kg程度であった鉱油類の含有量も，目標値としていた1,000 mg/kgをほぼ下回る値となり，油膜・油臭も消滅した[4]。

また，図3に浄化期間における根圏微生物の解析結果を示す[4]。有孔管と有孔管周辺の菌層は，非栽培区と比べて類似度が高い傾向にあり，バンドNo.2，3・18，10の微生物が共通して出現し

表1　浄化効果の概要[4]

評価項目＼時期・深度		表層			深層		
		施工前	1年後	2年後	施工前	1年後	2年後
微生物活性（DHA）（mg/6hr/100 g乾土）	栽培区	<1.00	3.3～4.5	30.3～32.0	<1.00	6.51～8.1	24.9～25.2
	有孔管周辺		10.2～16.5	51.9		—	34.3
	非栽培区	<1.00	<1.00	<1.00	<1.00	<1.00	<1.00
油資化菌数（MPN/g）	栽培区	<1.8～20	<1.8～330	2,400	20～170	<1.8～20	2,400～3,500
	有孔管周辺		330～2,200	4,600		—	3,500
	非栽培区	<1.8	22	330	<1.8	45	45

—：測定せず

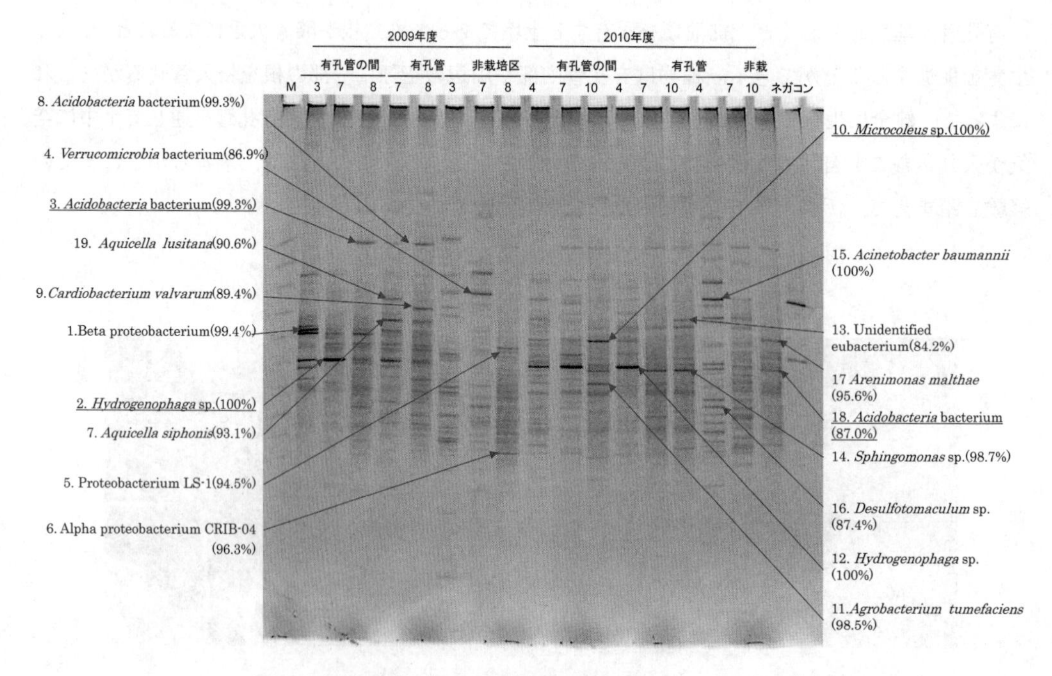

図3　浄化期間における根圏微生物のバンドプロファイル[4]

表2　主なバンドに相当する微生物の特徴[4)]

Band No.	Strain	Identity(%)	Overlap(nt)	微生物の特徴
2・12	*Hydrogenophaga* sp. Pd1 16S rRNA	100.0	160	好気性。地下水，土壌，活性汚泥からの検出事例がある。亜ヒ酸塩を酸化可能。水素を酸化する。NaCl濃度0.5%で生育可能である。独立栄養細菌である。石油化学工場のベンゼン汚染サイトから分離され，好気的なベンゼン分解に関与している報告がある[5)]。
3・18	*Acidobacteria* bacterium IGE-018 16S rRNA gene	99.3	135	*Acidobacterium* は好気性光合成細菌であり，好酸性細菌である。TCE汚染サイトから検出された事例がある。
10	*Microcoleus* sp. MOA3-1A clone A 16S rRNA gene	100.0	137	油の存在下で増殖可能な種がある。アルキル化したモノサイクリック，ポリサイクリック芳香族炭化水素と同様，有機硫黄化合物の存在下で増殖可能[6)]。

ている。また，有孔管周辺土壌で出現したバンドNo.12に相当する微生物は，有孔管の間の土壌において時期的に遅れて出現している。これは，有孔管周辺土壌で得られた微生物の活性化効果が，有孔管の間の土壌に拡大していった様子を表しているものと考えられる。各バンドに相当する（相同性が高い）微生物の特徴を表2に示す。

このように根圏微生物の出現状況からも，有孔管周辺から有孔管から離れた位置へと微生物相が遷移したという傾向がうかがえる。このことは前述した浄化効果が植物根によって活性化された微生物によって生じた可能性があることを示していると考えられる。

1.4　今後の展望

工場跡地の油汚染土壌に対して，2年間のファイトレメディエーションによる浄化を行った結果，有孔管を埋設する方法で植物の生育を促進し，初年度は有孔管周辺で微生物活性の向上と油資化性菌の増加効果が得られた。これによって，TPHの1,000 mg/kg以下への低下と油膜・油臭の消滅を確認できた。

また，2年目には，植物の効果が有孔管と有孔管の間の土壌に拡大したことを確認することができた。図4に示すように，有孔管周辺の土壌において得られた浄化効果が拡大したものと考えられる。

油汚染土壌に対するファイトレメディエーションは，植物が微生物を活性化する効果を活用する，生態系と調和した技術である。本サイトは，施工当初は植物が生育することに適した土壌環境ではなかったが，初年度の栽培によって土壌がやわらかくなり，2年目には，ミミズなどの存在も確認できる状態になった。このことが，2年目の浄化範囲の拡大に結びついたものと考えられる。

本サイトでは，栽培区のTPHが概ね1,000 mg/kgを下回り，油膜・油臭も消失したことから，浄化を完了することができたと考えている。単純に鉱油類の濃度を低下させるだけではなく，汚染土壌を現位置で生物の生息できる環境に戻すことができたことは，ファイトレメディエーションの大きなメリットであると考える。

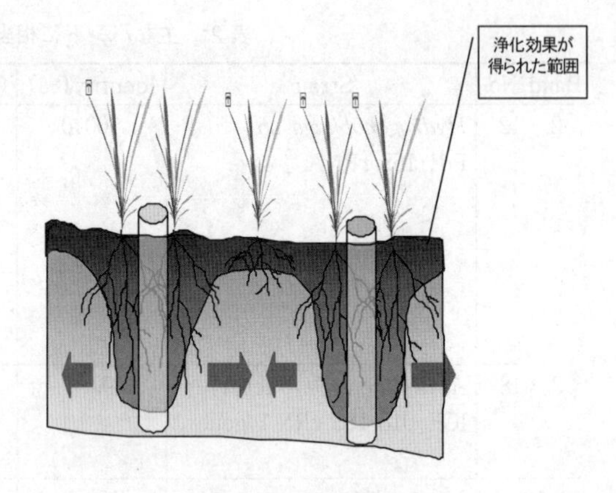

図4　浄化範囲の拡大

植物は，大気中の二酸化炭素を吸収して酸素を作り出すという，地球の生態系を支える最も重要な機能を担っている。少なくとも人類が人工光合成という技術を獲得するまでは，植物を生育させることのできる土地には，できるだけ多くの植物を栽培することが重要であると考える。

本節がファイトレメディエーション技術の普及の一助となることを願う。

文　献

1）G. Adam and H. J. Duncan, Effect of diesel fuel on growth of selected plant species., *Environ. Geochem. Health.*, **21**, 353-357 (1999)

2）E. Kaimi, T. Mukaidani, S. Miyoshi, M. Tamaki, Ryegrass enhancement of biodegradation in diesel-contaminated soil., *Environmental and experimental botany*, (55), 110-119 (2006)

3）E. Kaimi, T. Mukaidani and M. Tamaki, Screening of Twelve Plant Species for Phytoremediation of Petroleum Hydrocarbon-Contaminated Soil, *Plant Production Science*, **10**(2), 211-218 (2007)

4）ファイトレメディエーションによる工場跡地油汚染土壌浄化事例の報告，海見悦子，鎌田茂樹，川北護一，玉置雅彦，岸正博，山崎直人，㈳地盤工学会・日本地下水学会・㈳日本水環境学会・廃棄物学会・㈳土壌環境センター，地下水・土壌汚染とその防止対策に関する研究集会，第17回講演集

5）A. Fahy, TJ. McGenity, KN. Timmis, AS. Ball, Heterogeneous aerobic benzene-degrading communities in oxygen-depleted groundwaters., FEMS, *Microbiol Ecol.*, 260-270 (2006)

6）O. Sanchez, E. Diestra, I. Esteve, J. Mas, Molecular characterization of an oil-degrading cyanobacterial consortium., *Microb Ecol.*, **50**, 580-588 (2005)

2　イネによるカドミウム汚染水田のファイトレメディエーション

村上政治*

2.1　はじめに

カドミウムは，もともと土壌や鉱物中など天然に広く存在する重金属元素であるが，閃亜鉛鉱（ZnS，sphalerite）などの亜鉛鉱石中に副成分として比較的高濃度に含まれている。20世紀以前，亜鉛鉱石は，鉛鉱石や銅鉱石などを採掘した際に廃石として捨てられていたが，20世紀初頭から，亜鉛精錬が可能となったため，大量の亜鉛鉱石が鉱山から掘り出され，亜鉛精錬が行われるようになった。このような産業活動に伴って発生する鉱山の坑内水，精錬所の排水・排煙および廃石などの堆積場由来の排水などにカドミウムが含まれていた[1)]。このようなカドミウムを含む排水・排煙が河川に流入し，その河川水を灌漑水として取水したり，カドミウムを含む排煙が直接降下煤塵として混入することによって水田が汚染され，カドミウムを含むコメが産出されるようになった。1970年には，高濃度のカドミウムを含む玄米を常食とすることがイタイイタイ病の主要な原因であるとの報告が出された[2)]。これを受け，食品衛生法に基づく食品規格基準として，「玄米中のカドミウム濃度は1.0 mg/kgをこえてはならない」というコメに含まれるカドミウムの国内基準値が策定された。それ以降，カドミウム濃度が1.0 mg/kgを超過した玄米（汚染米）は，全て焼却処分されてきた。また，このような汚染米を産出したカドミウム汚染水田に対しては，恒久対策として「客土」が行われてきた[3)]。一方，カドミウム濃度が0.4 mg/kg以上～1.0 mg/kg未満の玄米（準汚染米）に関しては，市場の混乱を防止するとともに消費者の不安に配慮して，政府が買入れ非食用として処理することにより，流通防止を図ってきた。しかし，2004年以降は，生産防止対策として，カドミウム吸収抑制技術である「アルカリ資材施用[注1)]」や「出穂前後3週間湛水管理（図1(a)）」を実施することを条件とし，これらカドミウム吸収抑制技術を実施したにもかかわらず，結果的にカドミウム濃度が0.4 mg/kg以上の準汚染米が生産された場合には，㈳全国米麦改良協会が当該カドミウム含有米を買い上げ，廃棄処理することにより，国内産米の流通における消費者の安心を確保することとしてきた[4)]。一方，海外では，2006年，コーデックス委員会（FAO/WHO合同食品規格委員会）が，コメに含まれるカドミウムの国際基準値を0.4 mg/kgと制定した。これを受けて，厚生労働省はカドミウムの国内基準値を1.0 mg/kgから0.4 mg/kgに改正した（2011年2月28日施行）[3)]。しかし，上述のようにカドミウム濃度が0.4～1.0 mg/kgの準汚染米を産出した水田の中には，カドミウム吸収抑制対策のみでは新基準値を達成できないところもある。そのような水田に対しては，水田土壌中のカドミウムの存在形態を不可給化す

注1）　農林水産省が推奨するイネのカドミウム吸収抑制技術のこと。アルカリ資材施用法とは，熔成りん肥やケイ酸カルシウムなどのアルカリ性の土壌改良資材を散布して土壌のpH（水素イオン濃度）を高めることによって，カドミウムを土壌中のリン酸などと結合させ，植物の根から吸収しにくい状態にする技術のこと[5,6)]。

＊　Masaharu Murakami　㈱農業環境技術研究所　土壌環境研究領域　主任研究員

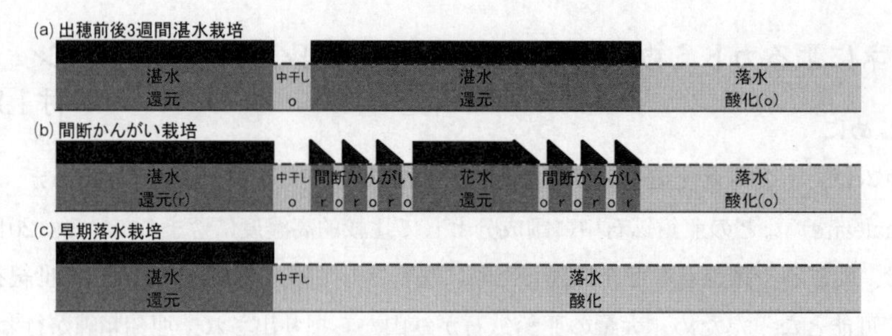

図1　本試験で採用した水管理法

(a)出穂前後３週間湛水栽培法。農林水産省が推奨するイネのカドミウム吸収を抑制する方法の一つ。湛水条件下では，カドミウムは土壌中の硫黄と結合して根から吸収されにくい硫化カドミウム（CdS）として存在する。そのため，生育初期の中干しまでの約１か月間と，カドミウムの吸収が高まる出穂前後３週間を湛水することで，イネ玄米に蓄積するカドミウムを低減させることができる[5,6]。

(b)間断かんがい法。通常の食用イネ品種の栽培法。中干し以後，湛水と落水を数日ごとに繰り返すことで適度の酸素を土壌に供給し，根の力を落とさないようにするのが目的。開花期の水不足は不稔もみの発生を多くするため，花水と呼ばれる湛水が行われる。

(c)早期落水栽培法。カドミウム高吸収イネ品種のカドミウム吸収量を高める方法で，中干し以後，落水を継続する栽培法。本研究で開発した。湛水して土壌を酸素不足の状態（還元状態）にすると，カドミウムは根から吸収されにくい硫化カドミウム（CdS）として存在する。しかし，落水して土壌に酸素がある状態（酸化状態）にすると，硫化カドミウムの硫黄（S）が酸化され硫酸イオン（SO_4^{2-}）になるため，カドミウムは根から吸収されやすいカドミウムイオン（Cd^{2+}）になる。そのため，中干し以降落水を継続することで，カドミウムの吸収を高めることができる[7]。

る「アルカリ資材施用」や「出穂前後３週間湛水管理」といった吸収抑制技術では不十分で，土壌中のカドミウムそのものを低減させる土壌浄化対策を実施する必要がある。しかし，従来の主要な土壌浄化対策技術である「客土」は，10アール当たり500万円程度とコストが高く，かつ大量の非汚染土壌を必要とすることから，大面積での実施は困難である[5]。そのため，安価で広範囲に適用できる土壌浄化技術の開発が望まれている。

2.2　植物を用いた土壌浄化技術（ファイトエキストラクション）

環境への影響が少なく，低コストな有害化学物質汚染土壌の浄化技術として，植物に有害化学物質などを吸収させ汚染土壌を浄化するファイトエキストラクション（phytoextraction）が有望とされている。これまでの欧米での研究の多くが，有害化学物質に耐性のある超集積植物[注2)]を浄

注2)　植物体に含まれる重金属類が高濃度になっても生育可能な植物のこと。カドミウムの場合は葉中濃度が100 mg/kg以上の植物をいう[17]。カドミウム濃度が高くても生育量が小さいときは，カドミウム吸収量（カドミウム濃度×生育量）は必ずしも高くない。

化植物としたものであった[8]。しかし，超集積植物はカドミウム集積性は優れるが，栽培や収穫が困難な圃場適応性が劣る野生種であり[9~12]，未だ実用化に至っていない。そのため，超集積植物はカドミウム汚染水田における浄化植物としての実用化も困難であると考えた。そこで，農環研などの研究グループは，発想を転換し，水田における圃場適応性に優れ機械化栽培体系が確立されているイネそのものに着目した。カドミウムをよく吸収する複数のイネ品種（長香穀（ちょうこうこく），IR8，モーれつ）をインディカ種の中から発見し，それらが水田土壌中のカドミウムをよく吸収する条件を調べるための現地試験を行った[13~16]。

2.3　イネのカドミウム吸収を最大化する水管理法

一般的に，食用イネ品種は湛水と落水を繰り返す間断かんがい法で栽培する（図1(b)）。このような水田土壌中でのカドミウムの存在形態は，湛水条件では植物に吸収されにくい形態（CdS）で存在するが，落水すると植物に吸収されやすい形態（Cd^{2+}）で存在する[6]。一方，イネは，生育初期の1ヶ月〜1ヶ月半の間は湛水しないと収量が減少する[18]。これらのことを踏まえて落水時期を変えた栽培試験を行ったところ，移植後約30日（温暖地の場合）〜50日（寒冷地の場合）の間は湛水条件で栽培し，その後は水を入れずに落水状態を継続する「早期落水栽培法」（図1(c)）が，イネの収量を低下させることなく，カドミウム吸収量をもっとも高めることが分かった（図2）[16]。

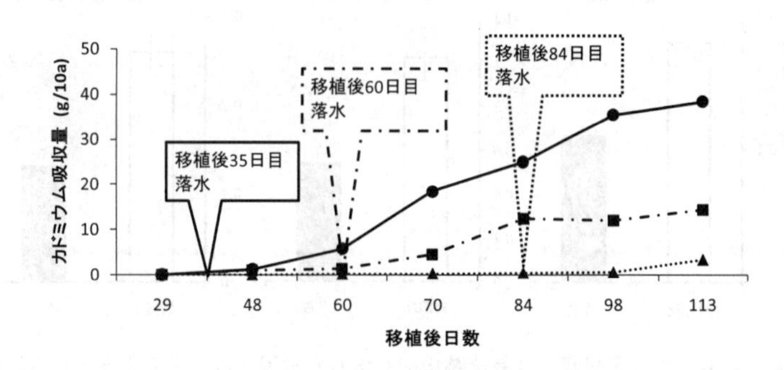

図2　落水期の違いによるカドミウム高吸収イネ品種「モーれつ」のカドミウム吸収量の経時変化（温暖地で栽培）

2.4　カドミウム高吸収イネ品種の栽培に伴う土壌のカドミウム濃度の変化

カドミウムの吸収を高める早期落水栽培法でカドミウム高吸収イネ品種を2〜3作栽培し，その都度地上部を水田の外へ持ち出すことにより，水田土壌のカドミウム濃度（0.1 mol L^{-1}塩酸抽出法）は，20〜40％低減した（図3）[16,19,20]。

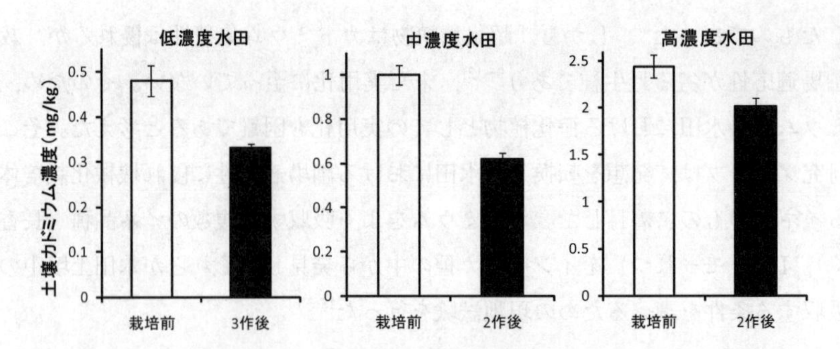

図3　カドミウム高吸収イネ品種の栽培前と栽培後の土壌カドミウム濃度
低濃度水田では「IR8」を3作，中濃度水田では「長香穀」を2作，高濃度水田では「モーれつ」と「IR8」を1作ずつ栽培した。

2.5　カドミウム高吸収イネ品種栽培跡地に作付した食用イネ品種のカドミウム濃度

カドミウム高吸収イネ品種を2～3作栽培した跡地に食用イネ品種を栽培したところ，玄米のカドミウム濃度は，カドミウム高吸収イネ品種による早期落水栽培法を実施しなかった対照区と比較して，40～50％減少した（図4）[16,19,20]。

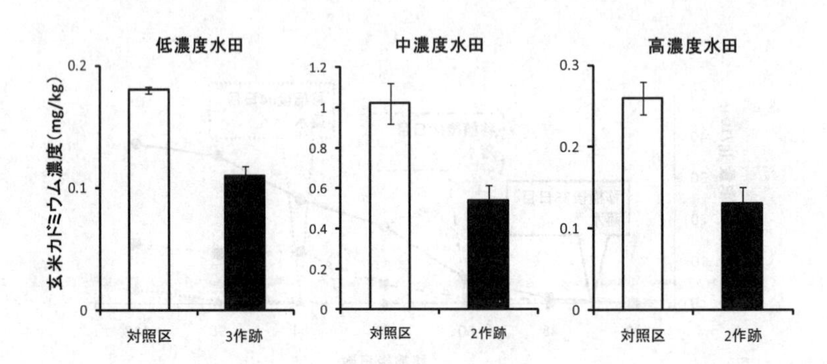

図4　カドミウム高吸収イネ栽培跡地に栽培した食用イネ玄米のカドミウム濃度
低および中濃度水田では通常の水管理法である間断かんがい栽培，高濃度水田ではカドミウムの吸収を抑制する出穂前後3週間湛水栽培を行った。そのため，高濃度水田で収穫した玄米カドミウム濃度は，中濃度水田で収穫したものよりも低くなった。

2.6　収穫・乾燥

カドミウム高吸収イネの収穫は，「もみ・わら分別収穫法」で行った。この収穫法は，まずもみだけを収穫し，稲わらは数日間水田に放置して天日乾燥させる（図5(a)）。これにより収穫直後には70～80％あった水分が40～50％にまで減少した（図5(d)）。その後，稲わらをロール状にして収

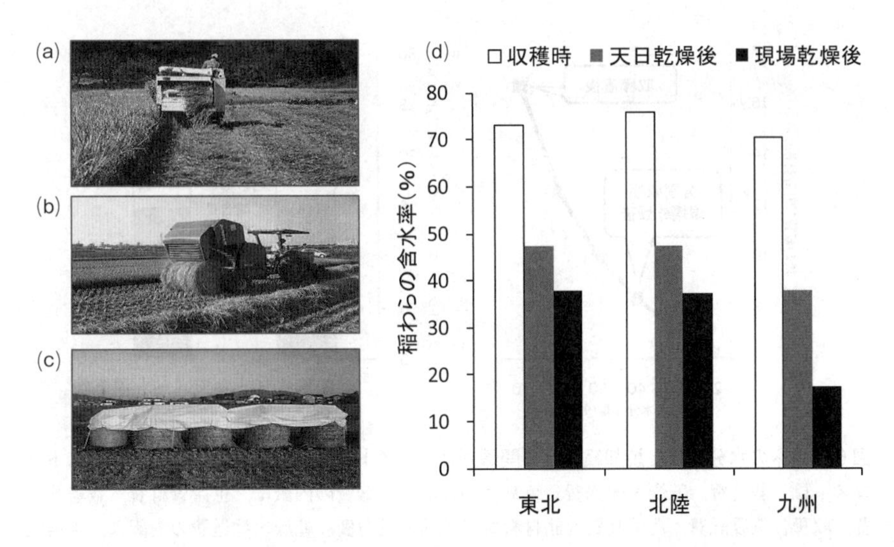

図5　もみ・わら分別収穫・現場乾燥の様子とわらの水分含量の変化

穫し（図5(b)），パレットに載せて上部を透湿防水シート[注3]でおおって約2ヶ月間水田に置く「現場乾燥法」により（図5(c)），水分を20〜40%にまで減少させることができた（図5(d)）。また，もみをフレキシブルコンテナバッグ（ポリエチレンなどの化学繊維製の梱包材）に入れ，稲わらと同様に上部を透湿防水シートでおおって約2ヶ月間水田に置いたところ，水分含量は収穫時とほぼ同じ20%程度で，腐敗や発芽は見られなかった[7]。

2.7　焼却試験，コスト試算

収穫したカドミウム高吸収イネについて，ダイオキシン類対策のとられた焼却炉での焼却試験を行ったところ，煙突から出る排ガス中のカドミウム濃度は測定可能な濃度を下回っていた。したがって，焼却に伴うカドミウムの二次汚染のリスクは非常に低いことが分かった。また，焼却前の収穫物の水分を40%以下に減少させておくことで，焼却コストを水分70%の場合の半分以下に抑制できることも分かった（図6(a)）。

カドミウム高吸収イネ品種を用いたファイトレメディエーションの1作・10アールあたりのコストを試算したところ，天日乾燥・現地乾燥を行うことで稲わらの水分が40%になった場合は25万円程度，収穫直後の水分70%の稲わらを焼却する場合は，焼却費だけでなく輸送費もコスト高となり30万円程度となった（図6(b)）。このように，現場で稲わらの水分を40%以下にできる「もみ・わら分別収穫・現場乾燥法」は，低コスト化の有力な方法であると考えられる。また，もみを分別するため，玄米をバイオプラスチックなどの原料として有効に利用することも可能であり，現在検討中である[7]。

注3）　水は通さないが，湿気（水蒸気）は通す性質をもつシートである。厚さは0.1〜0.5mm程度。材質はポリエチレン製不織布が主であり，価格が安い。

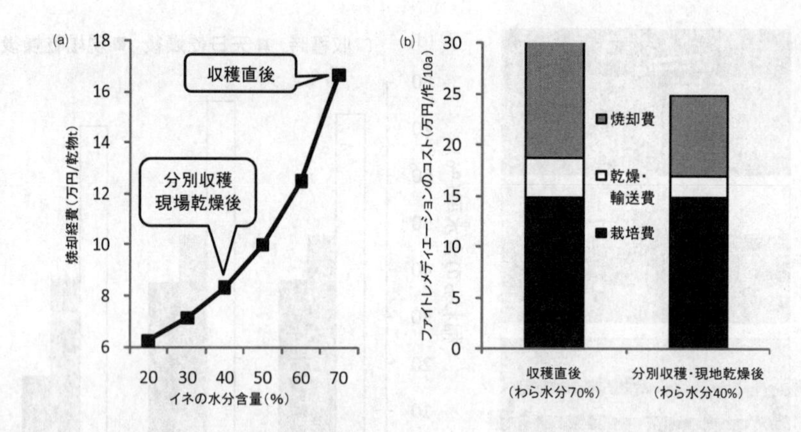

図6　イネの水分含量と焼却経費との関係(a)とファイトレメディエーション全体のコスト(b)
コストは，栽培費，乾燥・輸送費，焼却費の合計。栽培費の内訳は，生産資材費，栽培管理費，収穫作業委託費，農機具費，諸材料費，光熱・動力費。乾燥・輸送費の内訳は，現場乾燥費と輸送費。焼却費の内訳は，焼却処理費と燃焼灰処理費。もみ（水分20%）も含む。

2.8　まとめ

今回の一連の試験結果から，「もみ・わら分別収穫・現場乾燥法」でカドミウム高吸収イネを3作栽培することにより，10アール当り75万円程度の費用で，土壌のカドミウム濃度を20～40%低減することが可能であり，さらには，その跡地で栽培した食用イネ品種の玄米カドミウム濃度を，ファイトレメディエーションを行わない場合に比べて40～50%低減することが可能であると考えられた。

2.9　今後の予定・期待

現在，農水省において本成果の普及に向けた実証事業が行われており[21~23]，2011年8月には，農水省の「コメ中のカドミウム濃度低減のための実施指針」の新たなカドミウム濃度低減対策技術として採用された[5]。現在は畑を対象としたファイトレメディエーションによる浄化研究を実施中で[24]，畑作物に対するカドミウム濃度低減対策への貢献が期待される。

謝辞

本研究は，農水省委託プロジェクト「農林水産生態系における有害化学物質の総合管理技術の開発」(2003-2007）による成果です[25]。

文　献

1）農水省a：農地に含まれるカドミウムの由来，http://www.maff.go.jp/j/syouan/nouan/kome/k_cd/kaisetu/gaiyo5/index.html.

2）N. Yamagata, I. Shigematsu, Cadmium pollution in perspective., *Bull. Inst. Public Health*, **19**, 1-27（1970）

3）農水省b：コメのカドミウムに関する規制，対策，http://www.maff.go.jp/j/syouan/nouan/kome/k_cd/kaisetu/gaiyo3/index.html.

4）農水省c：米流通安心確保対策事業，http://www.maff.go.jp/j/syouan/nouan/kome/k_cd/taisaku/ryutu.html.

5）農水省d：コメ中のカドミウム濃度低減のための実施指針，http://www.maff.go.jp/j/press/syouan/nouan/pdf/110804-02.pdf.

6）㈱農業環境技術研究所a：水稲のカドミウム吸収抑制のための対策技術，http://www.niaes.affrc.go.jp/techdoc/rice_cd.pdf.

7）村上政治，荒尾知人，阿江教治，中川文彦，本間利光，茨木俊之，伊藤正志，谷口彰，カドミウム高吸収イネ品種によるカドミウム汚染水田の浄化技術（ファイトレメディエーション）を開発ー新たな低コスト土壌浄化対策技術として期待ー，http://www.niaes.affrc.go.jp/techdoc/press/090821/press090821.html.

8）R. L. Chaney, P. G. Reeves, J. A. Ryan, R. W. Simmons, R. M. Welch, J. S. Angle, An improved understanding of soil Cd risk to humans and low cost methods to phytoextract Cd from contaminated soils to prevent soil Cd risks., *Biometals*, **17**, 549-553（2004）

9）S. L. Brown, R. L. Chaney, J. S. Angle, A. J. M. Baker, Zinc and cadmium uptake by hyperaccumulator *Thlaspi caerulescens* and metal tolerant *Silene vulgaris* grown on sludge amended soils., *Environ. Sci. Technol.*, **29**, 1581-1585（1995）

10）S. D. Ebbs, M. M. Lasat, D. J. Brady, J. Cornish, R. Gordon, L. V. Kochian, Phytoextraction of cadmium and zinc from a contaminated soil., *J. Environ. Qual.*, **26**, 1424-1430（1997）

11）B. H. Robinson, M. Leblanc, D. Petit, R. R. Brooks, J. H. Kirkman, P. E. H. Gregg, The potential of *Thlaspi caerulescens* for phytoremediation of contaminated soils., *Plant Soil*, **203**, 47-56（1998）

12）S. P. McGrath, S. J. Dunham, R. L. Correll, Potential for phytoextraction of zinc and cadmium from soils using hyperaccumulator plants. In Phytoremediation of Contaminated Soil and Water, Terry, N., Banuelos, G., Eds., Lewis publishers: Boca Raton, FL（2000）

13）M. Murakami, N. Ae, S. Ishikawa, Phytoextraction of cadmium by rice（*Oryza sativa* L.）, soybean（*Glycine max*（L.）Merr.）, and maize（*Zea mays* L.）., *Environ. Pollut.*, **145**, 96-103（2007）

14）T. Arao, N. Ae, Genotypic variations in cadmium levels of rice grain., *Soil Sci. Plant Nutr.*, **49**, 473-479（2003）

15）M. Murakami, N. Ae, S. Ishikawa, T. Ibaraki, M. Ito, Phytoextraction by a high-Cd-accumulating rice: Reduction of Cd content of soybean seeds., *Environ. Sci. Technol.*, **42**, 6167-6172（2008）

16) T. Ibaraki, N. Kuroyanagi, M. Murakami, Practical phytoextraction in cadmium-polluted paddy fields using a high cadmium accumulating rice plant cultured by early drainage of irrigation water., *Soil Sci. Plant Nutr.*, **55**, 421-427 (2009)
17) A. J. M. Baker, S. P. McGrath, R. D. Reeves, J. A. C. Smith, Metal hyperaccumulator plants: A review of the ecology and physiology of a biological resource for phytoremediation of metal-polluted soils. In Phytoremediation of Contaminated Soil and Water, N. Terry, G. Banuelos, Eds., Lewis publishers, Boca Raton, FL (2000)
18) E. Takahashi, Effects of soil moisture on the uptake of silica by rice seedlings., *J. Sci. Soil Manure, Japan*, **45**, 591-596 (1974)
19) T. Honma, H. Ohba, A. Kaneko, T. Hoshino, M. Murakami, T. Ohyama, Phytoremediation of cadmium by rice in low-level of Cd contaminated paddy field., *Jpn. J. Soil Sci. Plant Nutr.*, **80**, 166-122 (In Japanese, with English abstract) (2009)
20) M. Murakami, F. Nakagawa, N. Ae, M. Ito, T. Arao, Phytoextraction by Rice Capable of Accumulating Cd at High Levels: Reduction of Cd Content of Rice Grain., *Environ. Sci. Technol.*, **43**, 5878-5883 (2009)
21) 農水省e：消費・安全対策交付金実施要領，http://www.maff.go.jp/j/syouan/soumu/koufukin/pdf/yoryo.pdf.
22) 農水省f：カドミウム吸収抑制対策技術普及推進事業，http://www.maff.go.jp/j/seisan/kankyo/hozen_type/h_kaigi/h210120_21/pdf/kadomi.pdf.
23) 農水省・㈱農業環境技術研究所：植物による土壌のカドミウム浄化技術確立実証事業実施の手引，http://www.maff.go.jp/j/syouan/nouan/kome/k_cd/taisaku/pdf/tebiki.pdf.
24) ㈱農業環境技術研究所b：各種畑土壌におけるファイトレメディエーションによるカドミウム汚染土壌修復技術の開発，http://www.niaes.affrc.go.jp/project/seisan_koutei/ac/research/1320.html.
25) ㈱農業環境技術研究所c：農水省委託プロジェクト「農林水産生態系における有害化学物質の総合管理技術の開発」(2003-2007)，http://www.niaes.affrc.go.jp/project/toxpro/.

3　超集積植物を用いた重金属汚染土壌の浄化

北島信行[*1]，近藤敏仁[*2]

3.1　はじめに

3.1.1　超集積植物を用いたファイトレメディエーションについて

重金属を対象としたファイトレメディエーション（以降，単に「ファイトレメディエーション」という）は，根からの吸収，地上部への移行・蓄積というプロセスを利用して土壌汚染を低減させ（図1），対象重金属を蓄積した植物体を収穫することによって汚染物質をサイトから除去するものである。このときの汚染物質除去量は植物体地上部の重金属の濃度と植物体生産量の積で表され，ファイトレメディエーションは低コスト・低環境負荷を特長とする原位置浄化技術として位置づけられる。

金属元素を植物体地上部に高濃度で蓄積できる特殊な能力を持った植物は，超集積植物（Hyperaccumulator）と呼ばれている。超集積植物は，1977年にBrooksら[1)]によって，「葉組織中にニッケルを乾燥重量あたり1,000 mg/kgを超えて集積可能な植物」として初めて定義されたものである。超集積植物の定義，該当する植物種の紹介，さらには重金属汚染の除去技術への適用に関する展望については，Bakerら[2)]，McGrathら[3)]の総説に詳しく述べられている。

こうした植物が土壌中に高濃度で金属を含んでいる場所に生育可能な機構は植物生理学的に興味深いものであるが，ファイトレメディエーションへの応用という観点からも注目に値する能力である。植物を用いて重金属汚染の低減・除去を図ろうとする場合には，浄化対象とする重金属の除去量は植物体中に含まれる重金属濃度と植物体生産量の積で表される。汚染レベルの高低に

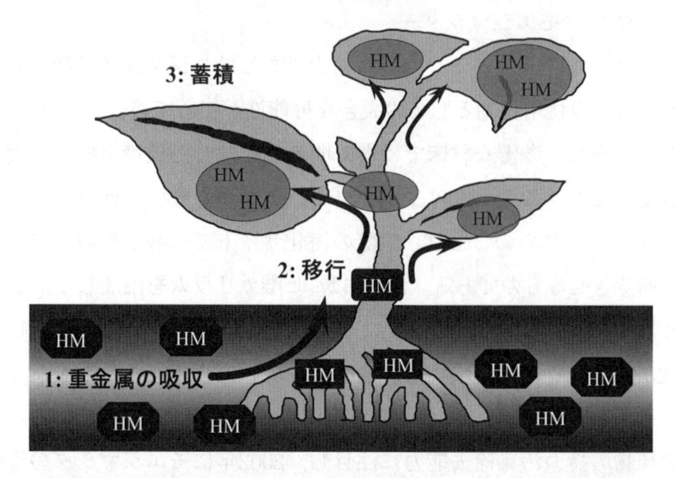

図1　重金属を対象としたファイトレメディエーションの原理

＊1　Nobuyuki Kitajima　㈱フジタ　建設本部　土壌環境部

＊2　Toshihito Kondo　㈱フジタ　建設本部　土壌環境部　部長，技術センター　副所長

関らず対象重金属元素をその地上部に高濃度で蓄積し，高いバイオマス生産性を有しているような超集積植物を利用することは，ファイトレメディエーション技術を確立する上で極めて効果的である。植物体に集積された重金属を刈取りによって汚染地から除去することを考えた場合，根を含めた全植物体を収穫することは工法として難しく，根に付着した汚染土壌を取り除くことはさらに困難である。したがって，根から吸収された重金属を効率良く地上部へ移行し蓄積することのできる超集積植物は，環境浄化用の材料として理想的な性質を持っているといえる。

このように超集積植物については，その特殊な吸収・蓄積能によって高い効率での汚染除去を期待することができるという一方で，これらがフィールド調査でのスクリーニングで発見された野生植物であるものが多いため，ファイトレメディエーションへの利用に当たっては安定した多収量を得るための栽培体系の確立が課題となる。

当社では，ヒ素とカドミウムを対象として，超集積植物を活用したファイトレメディエーションを提案・実施しており，本節では，その取り組みを紹介する。

3.2 ファイトレメディエーションに使用する超集積植物

重金属超集積植物については，これまでに約400種が報告されているが，実際の汚染浄化への適用では生育速度が遅く植物体の生産性が低いことが重金属除去の効率を制限することが多いとされ，よりバイオマス生産性の高い植物種を選択する必要がある。したがって，実際の汚染サイトでのファイトレメディエーションへの実用性が高いことを条件に研究開発対象とする植物種の検討を行い，モエジマシダ（ヒ素の超集積植物），ハクサンハタザオ（カドミウムの超集積植物）の2種を選択した。

① ヒ素の超集積植物―モエジマシダ―

2001年にMaら[4]によって，イノモトソウ属の植物であるモエジマシダ（*Pteris vittata* L.）が持つヒ素の超集積能と汚染浄化用植物としての大きな可能性が初めて報告された。モエジマシダは，熱帯，亜熱帯に広く分布し，多湿な林床ではなく明るく乾燥した環境を好み，護岸壁や石垣の隙間にも多く見られる。また，このシダは生長が早く，土量が十分に確保されていれば1年で60～100 cmの草高に達する。これらのことは，実際の浄化サイトでの栽培環境への適応性の広さと高い植物体生産性を期待させるものである。Maらは，ヒ酸カリウムを添加した土壌（1,500 mg/kg）で栽培した結果として，22,630 mg/kgDWという極めて高濃度でのヒ素集積を確認した。さらに，バイオマス生産性が高く様々な栽培環境への適応性が広い植物であることを示し，ヒ素汚染土壌を対象としたファイトレメディエーションへの適用に対する期待を述べている。

筆者らは，この植物の持つ汚染除去能力に注目し，2002年にモエジマシダの浄化能力の評価試験を実施した。その結果，実汚染土壌を用いた栽培試験において17,000 mg/kgDWという植物体中ヒ素濃度が得られ，また，水耕栽培試験からは吸収されたヒ素の80％以上が植物体地上部に分配されることが明らかになった。

そこで，当社では本技術の日本国内における実施許諾権を，米国Edenspace Systems

Corporationより2003年9月15日付で取得し，これまでに日本国内4ヶ所で，合計1,200㎡の汚染サイトを対象として，モエジマシダを用いたファイトレメディエーションを実施している。

② カドミウムの超集積植物―ハクサンハタザオ―

ハクサンハタザオ（*Arabidopsis halleri* ssp. *gemmifera*）は日本国内から朝鮮半島の山地に自生するアブラナ科の野草であり，2003年にKubotaら[5]によってカドミウムと亜鉛の高集積植物として報告されたものである。彼らは自生地から採取された個体の葉でのカドミウム濃度は1,810 mg/kgDWであり，同地点から採取されたヘビノネゴザでの値（510 mg/kgDW）の3.5倍であったことを示している。この時点では，ハクサンハタザオのバイオマス生産性については未知数であったが，筆者らが別途自生地より採取した個体を栽培したところ，施肥による生育量の増大が認められ栽培植物化が可能であると判断された。また，この植物は春から秋にかけて発芽し，（節間の短縮した）ロゼット状態で冬を越し，翌春に伸長・開花する生育パターンを持つ。このため，農用地のカドミウム対策への適用を考えた場合に，春から秋に栽培される作物の裏作としてハクサンハタザオを栽培することで，リスクの低減を図りつつ現行の農業生産を継続できる可能性がある。また，他の浄化用植物との組み合わせによってカドミウム除去効率を向上させることもできる。

こうした観点から，ハクサンハタザオについては農用地を対象とした実証試験を行い，この植物がカドミウムの除去に有効であることを確認している。

3.3　モエジマシダを用いたファイトレメディエーション

3.3.1　概要

図2に，当社が設定しているファイトレメディエーションの計画・実施フローの概要を示す。

実際の汚染サイトでの浄化工事（図2のB）に先立ち適用可能性の判断を行う（図2のA）こととしており，このトリータビリティ試験はポット栽培試験と土壌分析で構成され，1ヶ月程度の試験期間で実施することを基本としている。

3.3.2　トリータビリティ試験

ポット栽培試験では，浄化対象土壌でモエジマシダが栽培可能であり，土壌中ヒ素が吸収・蓄積され得ることを確認する。基本的には3週間の栽培期間をとり，採取したモエジマシダの生育調査と植物体中ヒ素の分析を行う。表1にポット試験結果の例を示す。

土壌分析では，法に定められた分析項目（溶出量試験，含有量試験）の他にファイトレメディエーション開始後の比較的短期間での吸収が期待される水溶態と交換態のヒ素が土壌中のヒ素全含有量に占める割合を明らかにすることを目的とした分別定量を実施している（図3）。

実際の汚染サイトにてモエジマシダの栽培を複数年繰り返す場合，土壌中のヒ素の減少は植物への可給性に応じて化学形態ごとに異なる傾向を示すと考えられる。ここで紹介した土壌中ヒ素の分別定量は，対象土壌に様々な化学形態で含まれているヒ素を環境中での拡散のしやすさを軸に区分けして分析を行うものである。

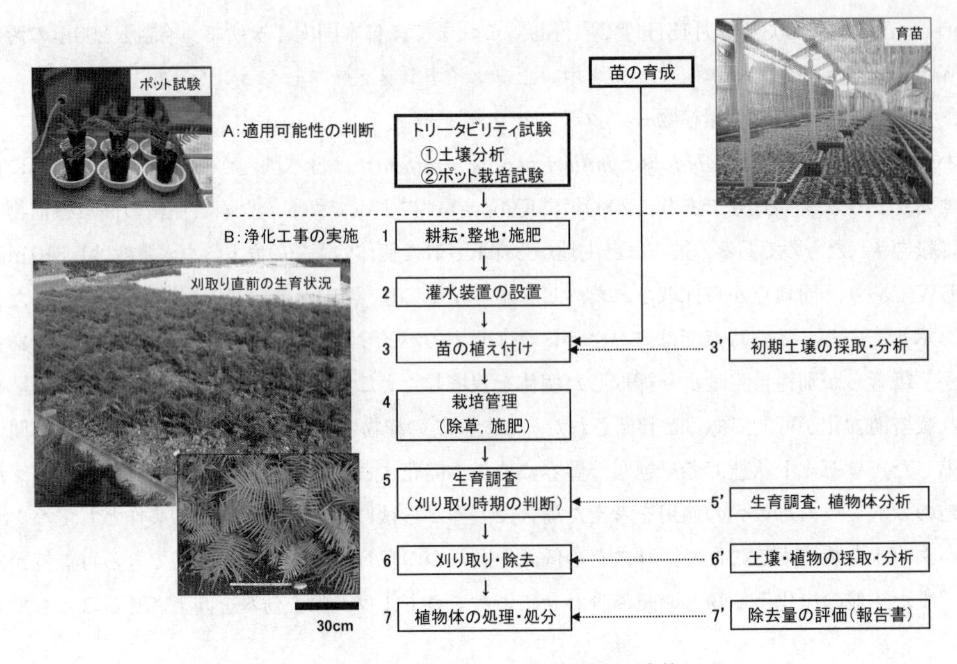

図2　ファイトレメディエーションの計画・実施フロー

表1　ポット栽培試験における分析結果の例

採取時期	採取部位	ヒ素濃度	乾燥重量	ヒ素蓄積量
		mg/kgDW	g/株	mg/株
植付時	地上部	N. D.	0.12	–
3週間後	展開前の葉	877.0	0.08	0.073
	展開後の葉	698.7	0.56	0.391
	地上部全体	721.7	0.64	0.464

3.3.3　適用

対象面積に応じて必要株数を算定し，冬季より育苗を開始する。育苗期間は5～6ヶ月であり，春の植付け時には写真1に示した規格のプラグ苗（写真1）を用いる。植付け時の耕運，施肥，栽培中の除草，灌水などは農作業と共通する点が多く，きめ細かな管理が必要となる。モエジマシダは日当たりが良く，水はけの良い環境を好む植物であり，降雨時に株が冠水するような条件下では著しく生育量が低下することに留意して生育基盤づくりを行う必要がある。

植付けから約3ヶ月を経過した頃からモエジマシダの生育が旺盛になり始める。この間における雑草の過繁茂はモエジマシダの生育を著しく低下させることとなるが，雑草防除に関しては選択性除草剤の利用が効果的であることを確認している。

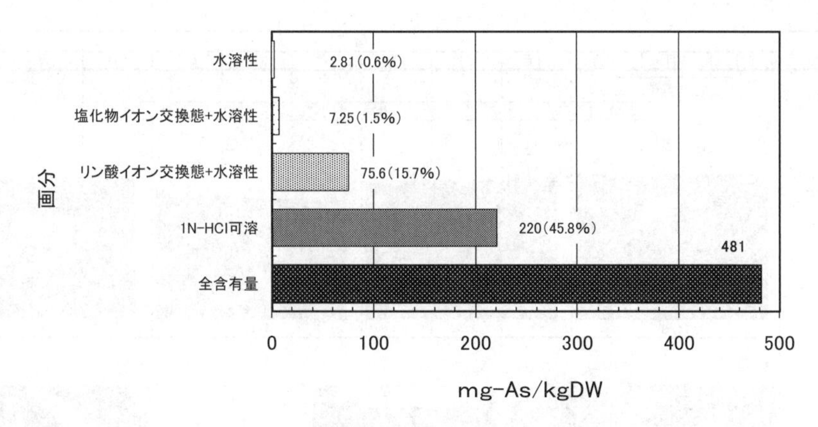

図3　土壌中ヒ素の分別定量結果の例

写真1　モエジマシダの苗

植物体生育量が最高になる晩秋（初霜が降りる時期が目安）に，刈取り作業を実施する。栽培期間中に随時生育調査を実施して，結果を栽培管理に反映させるとともに，毎年の気象条件を考慮しながらモエジマシダの刈取り時期を判断している。刈取り量はサイトの条件に左右されるが，これまでの筆者らの経験では新鮮重量で0.4 kg/㎡以上の収穫量が得られている例が多い。また，稼働中の化学工場敷地内での施工例において，モエジマシダを用いて溶出量基準（0.01 mg/L）を満足することが可能であるデータも得ているところである。

3.4　ハクサンハタザオを用いたファイトレメディエーション

3.4.1　概要

図4に，ハクサンハタザオの栽培暦を示す。先に述べたようにこの植物では秋に栽培を開始し，春に刈取りを行う裏作型の栽培体系をとっている。モエジマシダと同様にプラグ苗を育成しこれを浄化対象地に移植するが，農用地においては野菜用移植機械の適用が可能であることを確認している。植付け時期は，現地の気候条件を考慮して9月中旬から10月中旬の間で設定している。

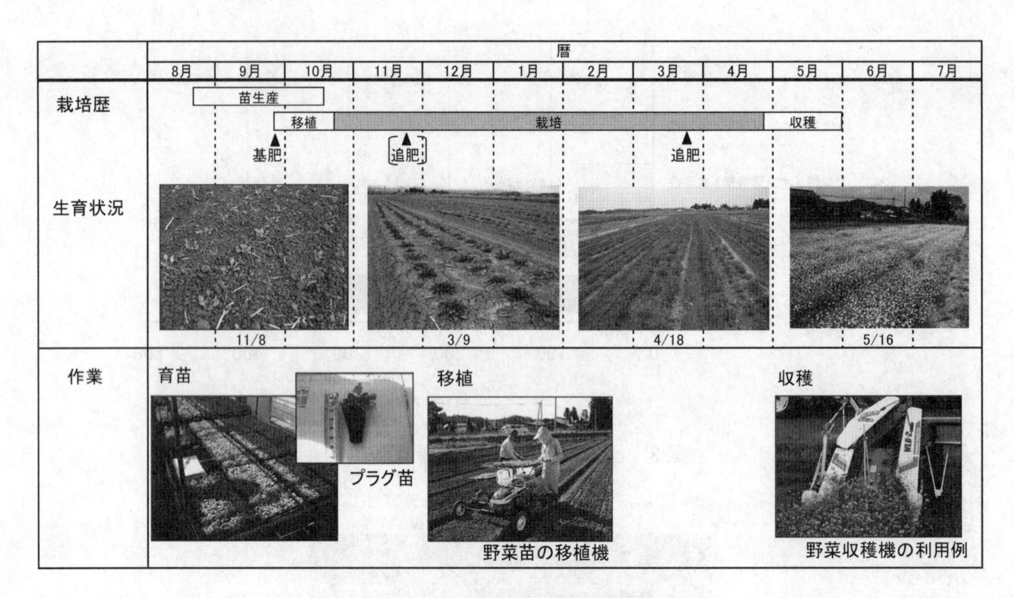

図4　ハクサンハタザオの栽培暦

冬季間はロゼット状態ですごす植物であるが，秋の植付けから晩秋までの生育量確保が翌春のバイオマス生産量を大きく左右する。この期間の雑草防除は生育量の増加に対して極めて重要であるが，ここでも選択性のある除草剤の利用が効果的であることを確認しており，具体的には，植付け時に土壌処理剤を散布し，翌春の生育再開時に茎葉処理剤を使用する防除体系を適用している。また，マルチ資材を併用することによる，防除効果の向上と農薬使用量の削減について検討中である。

開花期は気候条件によって左右されるが，おおむね4月下旬から5月中旬であり，このときに生育量が最大になるので通常は開花期に刈取り日を設定している。ただし，開花期間中の生育量はごく小さいため，開花直前に刈取りを行うことも可能である。

3.4.2　実用化規模（1,000m^2）でのカドミウム除去能の実証試験

当社が確立したハクサンハタザオ栽培体系の有効性を確認するために，実際の農用地を対象とした実用化規模（1,000 m^2，写真2）の実証試験を実施した。

試験地は，水田から転換されて2年を経過した畑地である。試験開始時の作土層（表面から15 cm深さまでの範囲）中の土壌カドミウム濃度は，4.19 mg/kgDW（0.1 mol/L HCl抽出）であった。

プラグ苗の植付けは10月初旬にレタス苗移植機を用いて行い，刈取りは翌年4月中旬の開花期中に実施した（約6ヶ月半の栽培期間）。刈取り時に植物体地上部を採取し収穫量とカドミウム濃度を測定したところ，収穫量は0.28 kgDW/m^2，植物体中カドミウム濃度は325 mg/kgDWという結果が得られ，ハクサンハタザオによるカドミウム除去量は91 mg/m^{2}と算出された。また，同時に採取した土壌試料の分析結果から1回の栽培で作土層中の土壌カドミウム濃度が25%低下（試

写真２　実証試験地の全景

験開始時：4.19 mg/kgDW→試験終了時：3.15 mg/kgDW）したことが判った。したがって，実際の農用地において超集積植物であるハクサンハタザオを用いて土壌中のカドミウムを除去できることが明らかとなった。

こうした成果を受けて，当社ではカドミウム除去能の高い優良系統を選抜・育種を行う（品種登録を検討中）とともに，種子の直播栽培のための加工種子の開発に着手している。

3.5　まとめ

野生植物である超集積植物を用いたファイトレメディエーションにおける最大の課題は，安定した収穫量を得るための栽培方法が不明なことであった。これまで述べたように，モエジマシダ，ハクサンハタザオについては，安定した収穫量を得るための栽培体系がほぼ確立できている。したがって，栽培植物化された超集積植物を活用するファイトレメディエーションは，研究開発から実用化のフェーズに移りつつある。

本技術は植物栽培による汚染除去であり，育苗から植付け，栽培管理，刈取り・除去にいたる技術体系は農業に極めて近い。また，高濃度で重金属を蓄積しながら生活環を完結しえるという超集積能は非常に特異的なものであり，筆者の参加する研究グループでもその機構解明のための研究を行っている[6~13)]が，未解明の点も多い。したがって，浄化効率のさらなる向上のためには，植物生理，土壌化学に関する知見と実際のフィールドでの栽培経験の蓄積に基づく適切な栽培管理が重要である。

文　献

1) R. R. Brooks *et al., J. Geochem. Explor.*, **7**, pp.49-57 (1977)
2) A. J. M. Baker *et al.*, in Phytoremediation of Contaminated Soil and Water, pp.85-107, Lewis Publishers (1999)
3) S. P. McGrath *et al.*, Advances in Agronomy, **75**, pp.1-56 (2002)
4) L. Q. Ma *et al., Nature*, **409**, p.579 (2001)
5) H. Kubota, C. Takenaka, *Int. J. Phytorem.*, **5**(3), pp.197-203 (2003)
6) A. Hokura *et al., J. Anal. Atom. Spect.*, **21**, pp.321-328 (2006)
7) 北島信行ほか，X線分析の進歩，**37**，pp.301-310 (2006)
8) N. Kitajima *et al., Chem. Lett.*, **37**(1), pp.32-33 (2008)
9) T. Kashiwabara *et al., Metallomics*, **2**, pp.261-270 (2010)
10) A. Hokura *et al., Chem. Lett.*, **35**(11), pp.1246-1247 (2006)
11) 柏原輝彦ほか，BUNSEKI KAGAKU, **55**(10), pp.743-748 (2006)
12) N. Fukuda *et al., J. Anal. Atom. Spect.*, **23**, pp.1068-1075 (2008)
13) 保倉明子ほか，放射光，**23**(2)，pp.69-80 (2010)

4　生分解性キレート剤を利用した金属吸収促進型ファイトレメディエーション

岩崎貢三*

4.1　はじめに

効率的なファイトレメディエーションのためには，植物体内での重金属の無毒化，蓄積メカニズムを解明するとともに，根圏機能を深く解析し，根圏環境において「吸収可能な重金属量」を増大させることが重要である。このような考えに基づく手法の一つに，土壌にキレート剤を添加して植物の錯体吸収能を活用する方法がある。この方法では，浄化可能な重金属の「化学形態の拡大」と「物理的吸収領域の拡大」の両方が期待できる。また，キレート剤や金属錯体は，根のアポプラスト経路を経て導管に達し，地上部に移行すると考えられていることから，根から地上部への重金属移行が促進される可能性もある[1)]。しかし，これまでファイトレメディエーションに用いられてきたキレート剤は，エチレンジアミン四酢酸（EDTA）などのアミノカルボン酸系のものがほとんどである。これらのキレート剤は，写真処理剤，無電解鍍金，洗浄剤など様々な分野で広く使用されているが，キレート剤自体の毒性や環境中での難分解性が問題となっている。このため，キレート性能，生分解性，低コストを同時に成立させ，EDTAの代替品となる生分解性キレート剤が開発されてきている。ファイトレメディエーションにキレート剤を利用する場合にも，キレート剤や金属錯体の流出による周辺環境への２次汚染が懸念されることから，生分解性キレート剤を用いることが望ましい。ファイトレメディエーションへの利用が検討されている生分解性キレート剤としては，シュウ酸，クエン酸，クエン酸／クエン酸アンモニウム混合物などの低分子有機酸，ニトリロ三酢酸（NTA），L-グルタミン酸二酢酸（GLDA），メチルグリシン二酢酸（MGDA），*S,S*-エチレンジアミン-*N,N'*-ジコハク酸（EDDS）などがある。本節では，生分解性キレート剤の一つであるEDDSを銅添加土壌に施用してカラシナの栽培試験を行った結果[2)]を中心に紹介し，根圏や周辺環境を損なわずかつ効率的なファイトレメディエーション技術確立へ向けての展望を述べる。

4.2　EDDSの錯体形成能と生分解性

EDTAの代替品として開発されたEDDSは，毒性が低く，環境中で比較的易分解性のジアミノカルボン酸系生分解性キレート剤であり，重金属に対する安定度定数も高い（表１）。EDDSは，EDTA同様６座配位子を持ち，２つのアスパラギン酸のアミノ基をエチレン鎖でつないだ構造を有する（図１）。そのため，３種類の光学異性体*S,S*，*R,S*，*R,R*が存在するが，*S,S*体のみが100％生分解性であり，リアーゼの作用によって*N*-(2-アミノエチル) アスパラギン酸とフマル酸が生成することが知られている[4)]。土壌中での分解に関して，EDDSの半減期が１日であったのに対し，EDTAの半減期は，約５か月との報告がある[5)]。また，Schowanekら[6)]は，未消化汚泥を施用した土壌では，EDDSの半減期は約2.5日であったと述べている。

＊　Kōzō Iwasaki　高知大学　教育研究部　教授

表1　EDDS，EDTAの安定度定数（20～25℃，pH 10）[3)]

金属イオン	Ca^{2+}	Cd^{2+}	Cu^{2+}	Fe^{2+}	Mn^{2+}	Zn^{2+}
EDTA	10.4	16.5	18.8	25.1	13.6	16.5
EDDS	4.72	11.5	18.4	22.0	8.95	13.5

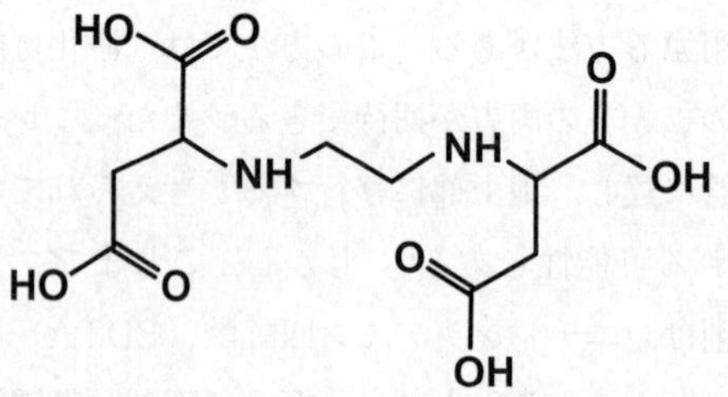

図1　エチレンジアミン-*N,N'*-ジコハク酸（EDDS）の構造式

表2　銅およびリガンド濃度の経時変化*

処理区	経過日数					
	0	1	7	14	28	56
	銅濃度（μM）					
No Ligand		7.23	2.73	2.09	1.71	1.68
EDDS		329	25.9	4.14	1.85	1.78
EDTA		630	582	601	709	481
	リガンド濃度（μM）					
EDDS	2031	905	0.0			
EDTA	2778	2393	962	902	780	625

＊硝酸銅を用いて100 mg kg^{-1}の銅を添加した高知県夜須町の重粘質赤褐色土壌に，キレート剤（EDTAまたはEDDS）を3 mmol kg^{-1}となるように加え，28℃の湿潤状態でインキュベートし，土壌水抽出物（1：5）中の銅濃度およびリガンド濃度の経時変化を原子吸光光度法およびHPLC法で分析した。

表2には，以下の栽培実験に使用した土壌に，100 mg kg^{-1}の銅と3 mmol kg^{-1}のEDTAまたはEDDSを添加し，56日間インキュベートした場合の土壌水抽出物中銅濃度，リガンド濃度の推移を示した。水抽出物中のEDDS濃度は，7日目のサンプリングの時点で検出限界以下となったのに対し，EDTA濃度は，7日目に初期濃度の35％となり，その後は徐々に減少した。1日目の銅濃度は，EDTA区，EDDS区ともに無処理区より著しく高く，銅錯体の生成を示唆した。その後，銅濃度はEDDS区では急激に減少したが，EDTA区の減少は緩やかだった。この結果は，銅—EDDS錯体の方が，銅—EDTA錯体よりも易分解性であり，銅—EDDS錯体が迅速に分解した

ことで，銅が土壌に再吸着したためと推察された。一方，経時変化の初期で見られるEDTA濃度の減少は，遊離のEDTAが微生物によって分解された可能性とリガンド自体の土壌への吸着の可能性が考えられる。なお，Thayalakumaranら[7]は，土壌浸出液中で70%のEDTAと錯体を形成していた銅が，1ヵ月後，24%に減少し，鉄—EDTA錯体に置き換わったと報告している。この実験で用いた土壌も，多量の鉄を含むことから，鉄と銅が競合している可能性がある。

生分解性キレート剤をファイトレメディエーションに利用する場合，添加したキレート剤が，土壌中で無毒な形態に迅速に分解されれば，周辺環境への影響を考慮しなくてすむ。しかし，同時にキレート剤としての機能も失うため，重金属の土壌への再吸着が生じ，植物への重金属の有効性を高められなくなることにも留意する必要がある。

4.3　カラシナの生育と銅吸収に及ぼす影響

高知県夜須町の重粘質赤褐色土壌に，硝酸銅を土壌1kgあたり銅として100mg添加した土壌に，EDTAまたはEDDSを施用した区と無施用区を設け，カラシナ（*Brassica juncea* L.）を栽培した。なお，キレート剤の施用は，高濃度のキレート剤を1回で施用するよりも，低濃度で数回に分けて施用する方が，植物への影響が小さいとされているので，本実験でも，EDTAまたはEDDSを1mmol kg^{-1}ずつ3回に分けて施用した。

EDTAの毒性は，植物体の乾燥を引き起こすとされている[8]が，EDTA区の植物体では黄化と葉の一部が枯れる症状が見られ，生育量も無処理区に比べ有意に減少したのに対し，EDDS区では，無処理区との間に有意な差は見られなかった（図2）。一方，各処理区の植物体の銅含量を無処理区と比較すると，EDTAでは2.6倍，EDDSでは1.7倍の増加が見られ，特にEDTA処理区での増加が大きかった。また，銅含有率の場合も含量と同様，EDTAでは2.9倍，EDDSでは1.8倍の増加が見られた。このように，EDTAの場合には劣るものの，EDDSの施用で，植物の銅含有率および銅吸収量は顕著に増大した。

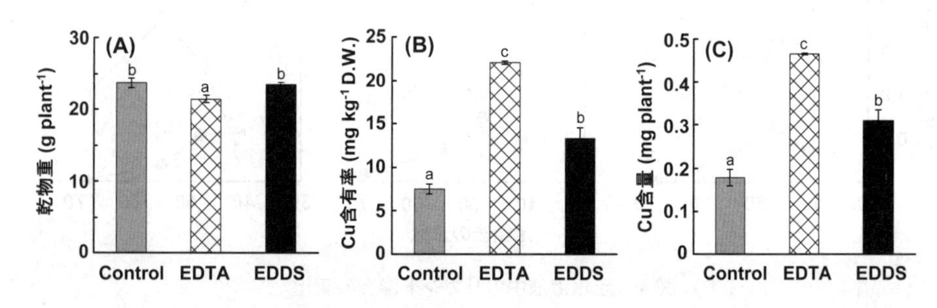

図2　栽培終了時の植物体の乾物重および銅含有率，含量

硝酸銅を土壌1kgあたり銅として100mg添加した高知県夜須町の重粘質赤褐色土壌を1L容のポットに充填し，カラシナ（*Brassica juncea* L.）を12週間栽培した。定植後，35，43，51日目に，EDTAまたはEDDS溶液を土壌1kgあたり1mmolとなるように添加した。

4.4　栽培期間の土壌溶液中銅濃度およびリガンド濃度

栽培期間中，5，10，15cmの深さに埋設したホローファイバーから，継時的に土壌溶液を採取し，銅濃度，リガンド濃度を分析した（図３，４）。キレート剤施用前の土壌溶液中銅濃度は，どの深さでも約0.003mMであった。その後，EDTA区ではキレート剤を施用するにつれて増加し，３回目のキレート剤施用までに5，10，15cmでそれぞれ1.2，1.6，1.6mMまで増加し，施用終了２週間後には，5，10cmで0.6，0.9mMまで減少した。しかし，15cmでは，1.7mMとなり減少は観察されなかった。一方EDDS区の5，10cmでは，２回目施用後の値が最も高く，それぞれ0.9mMであった。15cmでは，１回目，２回目施用後共に，0.8mMとなった。その後，それぞ

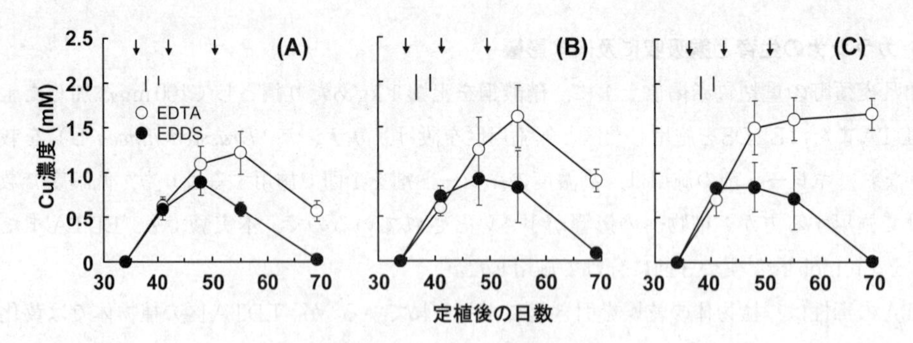

図３　土壌溶液中の銅濃度の変化
（矢印は，キレート剤の施用時期を示す）

栽培期間中，深さ(A)5cm，(B)10cm，(C)15cmに埋設したホローファイバーから，定期的に土壌溶液を採取し，原子吸光光度法で銅濃度を分析した。各図の左上のバーは，キレート剤の違い（左側），日数の違い（右側）を比較するための有意水準５％での最小有意差（$LSD_{0.05}$）を示す。

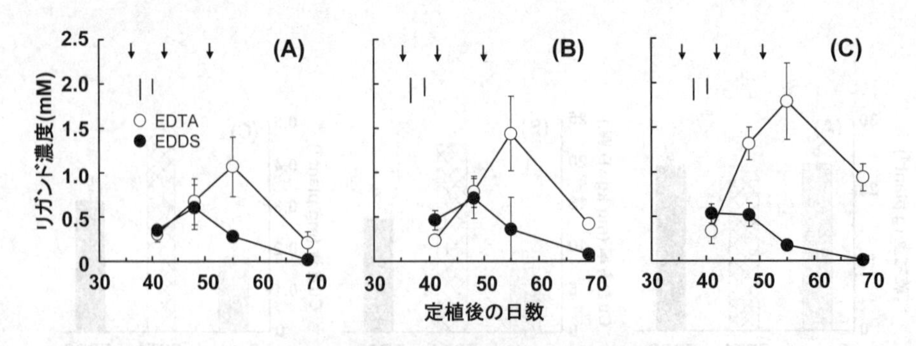

図４　土壌溶液中のリガンド濃度の変化
（矢印は，キレート剤の施用時期を示す）

栽培期間中，深さ(A)5cm，(B)10cm，(C)15cmに埋設したホローファイバーから，定期的に土壌溶液を採取し，HPLC法でEDTAおよびEDDSの濃度を分析した。各図の左上のバーは，キレート剤の違い（左側），日数の違い（右側）を比較するための有意水準５％での最小有意差（$LSD_{0.05}$）を示す。

れ0.03，0.08，0.01 mMまで減少し，EDTA区に比べ，10分の1の濃度を示した。また，リガンド濃度も同様の動向を示した。EDDS区とEDTA区の推移の違いは，EDDSの易分解性を示している。EDTAが難分解性であることは，土壌溶液中の銅濃度を高める上でEDDSよりも有効であるが，同時に，生成した錯体やリガンドが土壌中で速やかに分解されず，溶脱の危険性が高いことにつながる。一方，EDDSは，土壌溶液中の銅濃度を高める効果の面ではEDTAにやや劣るものの，土壌中で比較的速やかに分解され，放出された銅イオンが土壌に再吸着されると考えられ，リガンドや銅イオンが周辺環境を汚染する可能性は，EDTAの場合よりも小さい。同様の考察は，Gonzálezら[9]によってもなされている。彼らは，異なる深さのカラムに土壌を充填し，生分解性キレート剤の一種であるメチルグリシン二酢酸（MGDA）を施用して*Oenothera picensis*を栽培し，溶脱液中の銅濃度を調べた結果，深さ30 cmのカラムでは，無施用時の約60倍であるのに対し，深さ60 cmでは2倍であったことから，MGDA施用による地下水への銅溶脱の影響は小さいと結論している。

4.5　栽培後土壌の銅の存在形態

キレート剤施用が，土壌中の銅の存在形態にどのような影響を及ぼした結果，植物に対する有効性が高まったのか検討するため，栽培後土壌中の銅の形態別存在量を分析した（図5）。銅の形態別存在量の分析には，選択溶解・逐次抽出法を用い，栽培後土壌中の銅を，交換態，鉛イオン

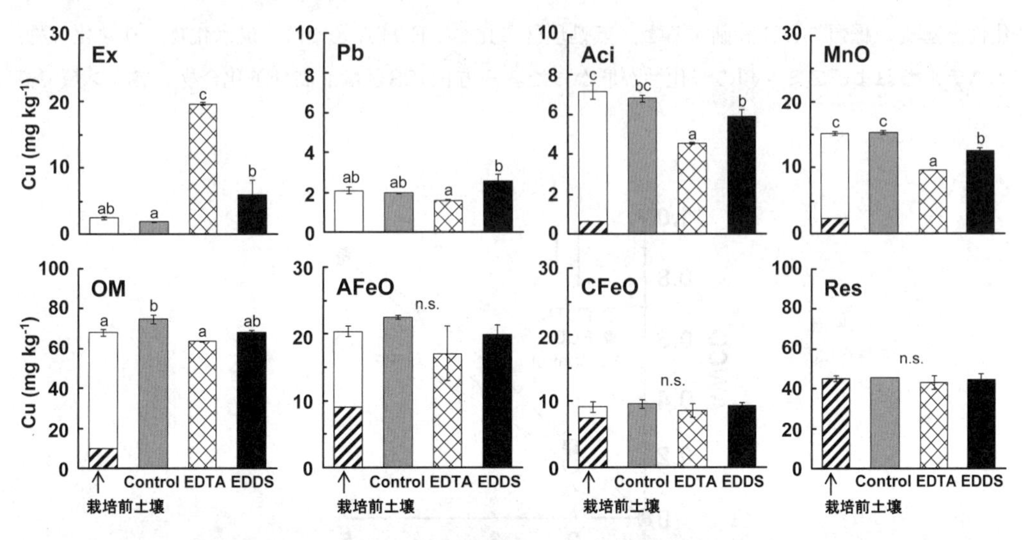

図5　栽培前および栽培後土壌中の銅の形態別存在量

栽培前土壌のバーの斜線部分は，銅を添加する前の供試土壌中の銅の分布を示す。
Ex：交換態画分，Pb：鉛イオン交換態画分，Aci：酸可溶態画分，MnO：マンガン酸化物吸蔵態画分，OM：有機物結合態画分，AFeO：非晶質鉄酸化物吸蔵態画分，CFeO：結晶性鉄酸化物吸蔵態画分，Res：残さ画分

交換態，酸可溶態，マンガン酸化物吸蔵態，有機物結合態，非晶質鉄酸化物吸蔵態，結晶性鉄酸化物吸蔵態および残さの８つの画分に分画した。

銅を添加する前の土壌では，残さ画分の銅含量が最も多く，全含量の65％以上が分布したのに対し，銅添加後の土壌では，全ての土壌で有機物結合態画分に最も多くの銅が検出され，添加した銅は，土壌有機物に最も多く取り込まれたと考えられた。キレート剤の施用によって，酸可溶態，マンガン酸化物吸蔵態，有機物結合態画分の銅含量が低下し，交換態画分が増加した。交換態画分の増加は，無処理区と比べると，EDDS区で3.3倍，EDTA区では10.7倍と有意であった。

これらの結果は，EDTAやEDDSを土壌に添加すると，酸性条件下で可溶化するような結晶化度の低い酸化物やマンガン酸化物，有機物に結合した形態の銅の一部が錯体形成によって可溶化され，銅の存在形態が植物に取り込まれやすい形態に変化することを示している。一方，これらのキレート剤を土壌に添加しても，鉄酸化物や粘土鉱物に取り込まれて存在する銅を植物に吸収されうる形態に変化させることは難しく，キレート剤を利用したファイトレメディエーションを考える場合の限界点となろう。

4.6　栽培後土壌における微生物群集の基質資化性

キレート剤を施用した植物根圏が健全に維持されているかどうか評価するために，根圏微生物群集の基質資化性の変化を，Biolog法で解析した（図６）。Biolog ECOプレートは，環境中に存在する31種の基質を含む。栽培後土壌からの抽出液をBiolog ECOプレート上でインキュベートした際の平均吸光度（AWCD）は，EDTA区がEDDS区より低い傾向が認められた。また，基質資化性を基質の種類ごとに評価すると，無処理区に比べ，EDTA区では，炭水化物，リン化合物，エステル類およびアミン類の資化性が低かった。一方EDDS区は，高分子化合物，アミン類で高

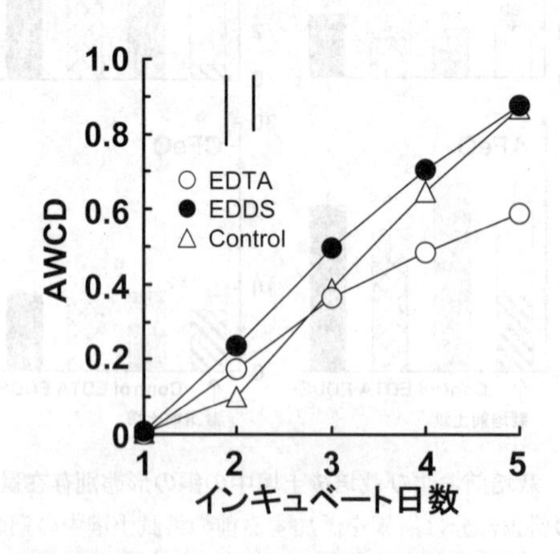

図６　栽培後土壌における微生物群集の基質資化性（AWCD値）
栽培後の新鮮土壌のリン酸緩衝液（pH６）抽出物をNaCl溶液で希釈後，Biolog ECOプレートに接種して28℃でインキュベートし，24時間ごとに吸光度を測定し，AWCD値を求めた。

く，EDDSは，EDTAに比べて土壌微生物群集に対する影響が小さいと考えられた。Grčmanら[10]は，EDDSおよびEDTAについての微生物毒性をPLFA法で評価しており，EDDSは土壌微生物に対する毒性が低いことを報告している。

4.7　おわりに

本節では，生分解性キレート剤の一つであるEDDSを利用したファイトレメディエーションが，根圏および周辺環境へ及ぼす影響の評価に重点を置き，銅添加土壌を用いてカラシナの栽培試験を行った結果を中心に紹介した。EDDSの施用は，従来用いられてきたEDTAの場合と比較して，植物による金属吸収量の増大効果は劣るものの，根圏微生物群集への影響が小さく，キレート剤を利用したファイトレメディエーションの場面においてEDTAに代替しうる。しかし，EDDSの土壌微生物や植物への毒性は小さいとする報告が多いなかで，Evangelouら[11]は，土壌微生物への影響は小さいが，タバコに対しては強い毒性を示すことを報告している。また，生分解性キレート剤の多くは，水溶性を高めるためナトリウム塩の場合が多いが，植物によっては，土壌に添加されたナトリウムが水分ストレスを与える可能性がある。植物の蒸散量の低下は，マスフローによって根圏に運ばれる目的元素を減少させるため，ファイトレメディエーションの効率が低下する。したがって，生分解性キレート剤を施用しても生育が低下しないような植物種と生分解性キレート剤の組み合わせを検討する必要がある。一方，EDDSを用いた実験では，鉛や銅の汚染土壌を対象としたものが多いが，ウラン汚染土壌では，EDDSよりも土壌中の非晶質鉄・アルミニウム酸化物を溶解する能力のあるクエン酸やクエン酸／クエン酸アンモニウム混合物が有効との報告がある[12]。また，土壌に施用されたキレート剤は，目的とする元素とのみ錯体を形成するのではなく，土壌溶液中に存在するカルシウムや鉄が競合する。したがって，対象土壌の理化学性と目的元素に応じた生分解性キレート剤の選択も重要である。

前述のとおり，生分解性キレート剤EDDSは，EDTAにはやや劣るものの，EDTAと同様に鉄酸化物や有機物に結合した形態の銅の一部を錯化して可溶化し，土壌溶液中の銅濃度を高めることを通じて，植物による銅吸収を増大させる。また，栽培期間中の土壌溶液中の銅濃度，リガンド濃度は比較的低く保たれており，これらが周辺環境へ流亡する可能性は，EDTAの場合よりも小さい。しかし，可溶化された銅が植物に迅速に吸収されなかった場合，降雨などによって，土壌中の金属錯体が系外に流出する可能性を完全に否定することはできない。したがって，生分解性キレート剤を用いたファイトレメディエーションは，基本的には，*ex situ*で実施されるべきと考える。

文　献

1) B. Nowack *et al., Environ. Sci. Technol.,* **40**, 5225-5232 (2006)
2) V. U. Ultra *et al., Soil Sci. Plant Nutr.,* **51**, 193-202 (2005)
3) 伊藤博ほか, *Eco Industry,* **8**, 24-37 (2003)
4) T. Egli, *J. Biosci. Bioeng.,* **92**, 89-97 (2001)
5) L. Epelde *et al., Sci. Total Environ.,* **401**, 21-28 (2008)
6) D. Schowanek *et al., Chemosphere,* **34**, 2375-2391 (1997)
7) T. Thayalakumaran *et al., Aust. J. Soil Res.* **41**, 323-333 (2003)
8) A. D. Vassil *et al., Plant Physiol.,* **117**, 447-453 (1998)
9) I. González *et al., Chemosphere,* **84**, 490-496 (2011)
10) H. Grčman *et al., J. Environ. Qual.,* **32**, 500-506 (2003)
11) M. W. H. Evangelou *et al., Chemosphere,* **68**, 345-353 (2007)
12) L. Duquène *et al., Sci. Total Environ.,* **391**, 26-33 (2008)

5　鉛集積性シダ植物の探索と評価

西岡　洋*

5.1　はじめに

植物の中には環境からのストレスを回避する手段として，本来必要のない元素さえも高濃度に蓄積して無毒化する能力を備えた種が存在している。植物は動物と違って移動することができないため，進化の過程において環境への耐性を動物以上に備えたものと考えられる。生活環を完結する上で摂取する必要が全くないと思われる元素を高濃度に蓄積する植物は集積性植物または超集積性植物と呼ばれ，このような植物を利用した環境修復技術はファイトレメディエーション[1~3]と称され近年注目されている。ファイトレメディエーションはさらにいくつかの手法に分類されるが，重金属による土壌汚染に対して有効な技術は，PhytoextractionとPhytostabilizationである。前者は土壌中の金属や無機物質を根から吸収し，植物の地上部に蓄積することで土壌を浄化する技術であり，報告例も多い。この技術においては，重金属を高濃度に蓄積した植物地上部を刈り取って，適切な処理（灰化や酸抽出など）を施す必要がある。一方，後者は植物の根から分泌する化学物質により土壌中の重金属が難溶性となる結果，bioavailabilityや土壌溶液への溶解度が低下し，地下水などへの溶出を防止する技術である。汚染物質を除去するわけではないが，汚染拡散防止措置としては有効である。

重金属汚染土壌の修復に有効とされるPhytoextractionに不可欠なのが，特定の元素を高濃度に吸収・蓄積する超集積性植物である。超集積性というのはBrooks[4]らによって定義され，吸収する元素によって異なっている。例えばカドミウムでは100 ppm，銅および鉛では1000 ppm，マンガンと亜鉛では10000 ppm（いずれも乾物重量に対する比率）を越える濃度で蓄積する植物が該当する。超集積性植物はこれまでに400種以上が報告されているが，そのうち約300種はニッケルを集積する植物[4]である。

5.2　鉛集積性シダ植物の探索と評価

5.2.1　鉛集積性シダ植物の探索

ニッケル超集積性植物の報告例は多いが，環境修復の面から考えるとヒ素やカドミウム，鉛などの元素を集積する植物が求められる。ヒ素に対してはモエジマシダが研究され，カドミウムにはイネやハクサンハタザオやミゾソバ，鉛にはセイヨウカラシナやソバが検討されている。ただ，鉛汚染土壌と一口に言っても，対象汚染地が産廃埋め立て地か，射撃場か，農地なのか，あるいは，乾燥地か湿地か，日照量の多い土地か少ない土地なのかによっても適用可能植物は異なる。したがって，多様な汚染土壌に対応するためにはできるだけ多様な集積性植物を用意しておくことが必要であり，またその集積特性も明らかにしておかなければならない。そこで，筆者の研究グループでは，新たな鉛超集積性植物を見出すことを目的として，兵庫県の鉱山地域に自生する

＊ Hiroshi Nishioka　兵庫県立大学　大学院工学研究科　准教授

植物を調査した。兵庫県は地質の多様性に富んでおり，多金属鉱床48ヶ所，金・銀鉱床28ヶ所，ニッケル鉱床2ヶ所，クロム鉱床1ヶ所，マンガン鉱床3ヶ所と金属鉱床数では日本最大とも言われている。兵庫県下の金属鉱床はすべて休山・閉山中であるが，周辺の跡地には重金属濃度の高い土壌も見られることから，集積性植物を探索するターゲット地点が多いと考えた。このような鉱山の跡地を中心に，上流に鉱山が位置する河川の河川敷や交通量の多い道路脇なども含めた地点を調査対象としてシダ植物について調査した。シダ植物の中には，古来より「金山草」あるいは「金山シダ」と呼ばれ鉱山探索の指標植物とされてきた「ヘビノネゴザ」やNatureで話題となったヒ素超集積植物「モエジマシダ」のようにユニークな植物が見られるため，他にも特異なシダ植物が存在する可能性が高いと考え，シダ植物に絞って調査した。試料は流水および超音波による洗浄を行い，乾燥後ブレンダーで粉砕して波長分散型蛍光X線分析装置を用いてスクリーニングを行った。蛍光X線強度の高い試料については湿式分解を行い，原子吸光分析法により定量した。金属濃度が高かったシダ植物を表1に示す。コシダやウラジロにはマンガン集積性が見られたが，マンガン濃度が10000 ppmに達しなかったため，超集積性植物には該当しなかった。一方，タニヘゴ，ジュウモンジシダ，ヘビノネゴザおよびシシガシラではそれぞれの元素が定義濃度を超えた値で検出されたため，超集積性植物に位置づけられる。ヘビノネゴザは重金属集積性が既知なので除外すると，本調査で判明したのはジュウモンジシダの銅集積性とシシガシラおよびタニヘゴの鉛集積性であった。なお，調査したシダ植物の中にはルビジウムやストロンチウム，イットリウム濃度が高い個体も見られた。ルビジウムやストロンチウムはそれぞれ生物必須元素のカリウムやカルシウムと化学的性質が近いため，識別できずに摂取しているのかも知れない。

5.2.2　元素集積面から見たシシガシラの特徴

調査したシダ植物のうち，タニヘゴとシシガシラには鉛超集積性植物としての可能性が見られた。このうち，シシガシラは鉛蓄積性を確認した個体数が多く，広く分布しているシダ植物であるため，シシガシラについて評価することとした。シシガシラ（*Blechnum niponicum*）はシシガシラ科ヒリュウシダ属に分類される日本固有の地上性シダで，栄養葉とは別に胞子葉を形成するタイプの常緑性シダである。シシガシラの金属集積メカニズムは全く解明されておらず，この

表1　金属蓄積性を確認したシダ植物

シダ植物	元素と濃度（mg/kg DW）
シシガシラ（*Blechnum niponicum*）	8000＜Pb，3000＜Zn
ヘビノネゴザ（*Athyrium yokoscense*）	1000＜Pb，　100＜Cd
タニヘゴ（*Dryopteris tokyoensis*）	3000＜Pb，1000＜Zn
ジュウモンジシダ（*Polystichum tripteron*）	1000＜Cu
ウラジロ（*Gleichenia japonica*）	1600＜Mn
コシダ（*Dicranopteris linearis*）	1200＜Mn

金属集積メカニズムを細胞・分子レベルで解明し体系化することは，ファイトレメディエーションに関する環境保全の基礎研究として極めて重要であるのみならず，植物栄養学の観点からも意義が高い。集積部位を明らかにするために大型放射光施設SPring-8の高輝度放射光を用いた微量元素マッピング（蛍光X線による元素分布測定）とXAFS測定（PbのL_m吸収端近傍構造）が必要であると考え，豊富な元素マッピングの実績を有するBL37XU[5~7]においてX線マイクロビームによる測定を行った。シシガシラの各部位について薄片試料を調製し，測定に供した。照射X線のエネルギーは16.5 keVであり，ビームサイズは縦1.8 μm×横2.8 μmであった。測定結果の一部を図1～3に示す。図1に示すように，鉛は仮導管と見られる部分に高濃度に蓄積されていることが判明した。シダ植物や裸子植物に見られる仮導管は上下方向の隔壁が残っているため，1本のパイプ状となっている導管に比べて通導性が低いとされている。そのため，多数の仮導管が

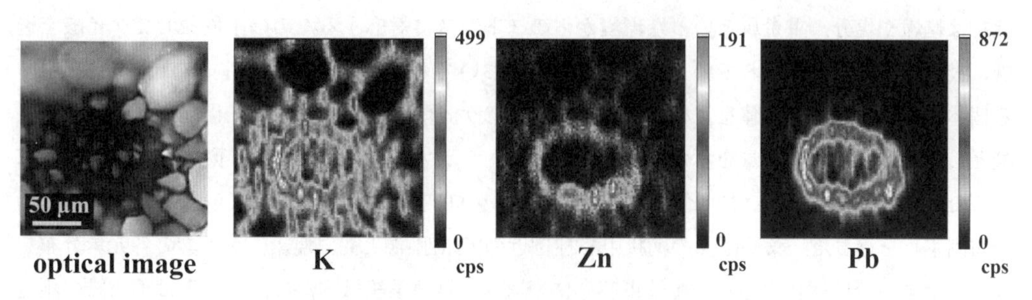

図1　シシガシラ葉柄断面（分柱部分）における元素分布

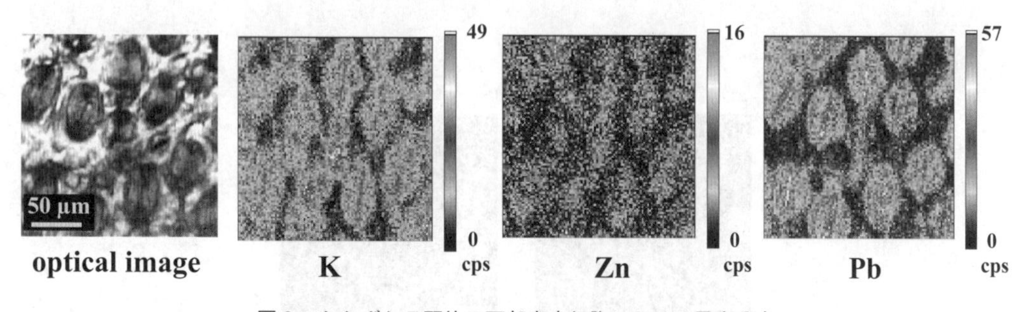

図2　シシガシラ羽片の下部表皮細胞における元素分布

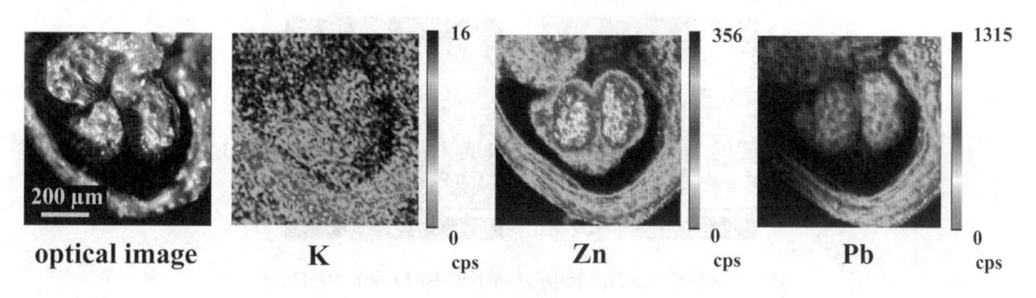

図3　シシガシラの胞子嚢における元素分布

形成されており，鉛を保持できるサイトが仮導管の壁に多く存在していることが推察される。羽片においては図２より孔辺細胞での鉛の蓄積が顕著であることが判明した。また，図示していないが羽片外周部の水孔においても鉛の蓄積が見られた。以上の結果より，シシガシラの根から吸収された鉛は蒸散流とともに移動しながら仮導管の隔壁に保持され，最終的には末端の孔辺細胞と水孔において高濃度に蓄積されることが明らかとなった。また，胞子嚢における元素分布を図３に示す。中央部に見える繭状のものが胞子嚢で，シシガシラの場合は内部に62個の胞子が存在する[8]。この胞子嚢においては鉛と亜鉛で対照的な蓄積傾向が見られた。すなわち，生物必須金属元素である亜鉛は胞子嚢に蓄積される傾向が見られたのに対し鉛の蓄積性は見られなかった。胞子嚢は生殖に関わる重要な組織であることから，生殖機能に大きく関わる亜鉛を胞子嚢に取り込む一方で，有害な鉛は排除するメカニズムがあるものと推察できる。

さらに，シシガシラはケイ酸を数％含有するケイ酸植物[9,10]でもある。移動することのできない植物は乾燥や塩分，重金属といった環境からのストレスに対応するための手段としてケイ酸を過剰に吸収することが知られている。シシガシラにおいても，重金属濃度の高い鉱山地域に自生する個体と非鉱山地域の個体を比較した結果，前者のケイ酸濃度が有意に高い傾向が見られ，ケイ酸として８％以上の含有量を示す個体も見られた。シシガシラにおけるケイ酸の分布を明らかにするためにEPMAによるマッピング（電子線マイクロアナライザJEOL JXA-8500Fによる元素分布測定）を行った。葉柄断面の網状中心柱付近のSEM画像と鉛，塩素，ケイ素の各元素分布を図４に示す。鉛は網状中心柱の維管束部分に，塩素は外部柔組織内部に，ケイ素は柔組織の細胞壁にそれぞれ分布していることが判明した。シシガシラのケイ素はこのように細胞壁に沈着して

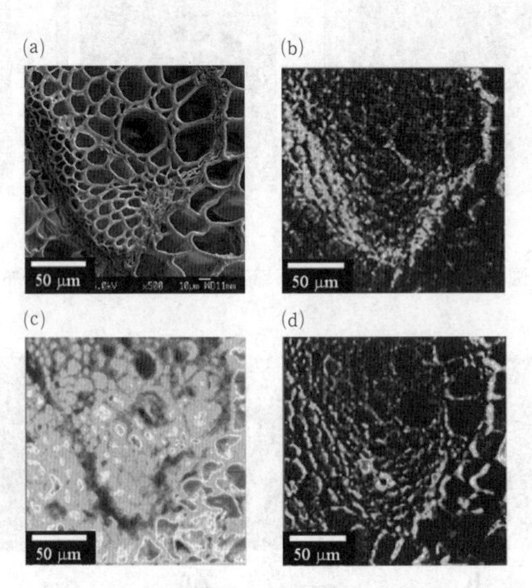

図４　シシガシラの網状中心柱断面のSEM画像(a)とPb(b)，Cl(c)，Si(d)の分布

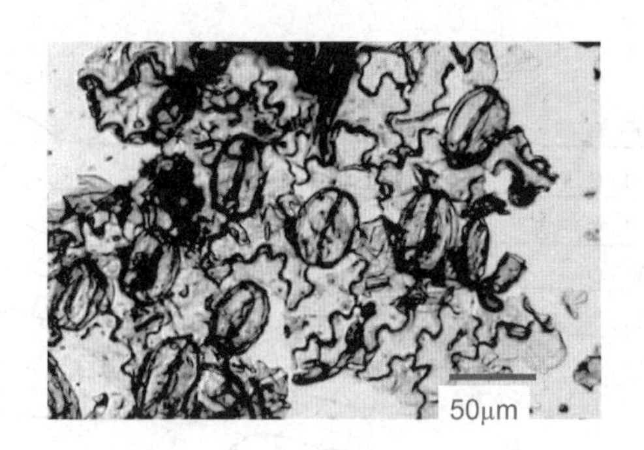

図5　シシガシラ孔辺細胞のプラントオパール

いるため，500℃で加熱処理して有機物を分解してもなお組織の形状を留める。植物体内において生成するケイ酸体はプラントオパールあるいはphytolithと呼ばれており，乾式法[11]によって得られたシシガシラのプラントオパールの光学顕微鏡画像を図5に示す。図中コーヒー豆のように見えるのが孔辺細胞のプラントオパールで，ジグソーパズルのピースのような形状のものは表皮細胞のプラントオパールである。

5.2.3　シシガシラ地上部の熱処理による鉛の不溶化

ファイトレメディエーションでは，重金属を蓄積した植物を刈り取った後の処理も考えなければならない。集積対象元素が希少金属で，その回収を目的とするならば抽出する必要があるが，鉛の場合には薬品やエネルギーを投じてまで回収する必要があるかどうか疑問である。植物の無機成分を分析する際には植物中のケイ酸含有量に応じた分解法[12]が用いられるが，シシガシラはケイ酸含有量の高い植物であり，鉛の蓄積部位とケイ酸の蓄積部位が近接しているため，鉛を完全に回収しようとするとフッ化水素酸を大量に使用してケイ酸を分解するか，アルカリ融解法が必要となるが，いずれも現実的ではない。そこで，鉛を集積したシシガシラを加熱処理するだけで鉛の不溶化がどの程度まで行えるのかを調べた。その結果，500℃以上に加熱すれば，水にはほとんど溶出せず，1Mの硝酸を用いても全体の10%程度の溶出にとどまり，残りはケイ酸体に保持されていることがわかった。ただし，シシガシラの場合には処理温度が750℃以上になると塩化鉛の形で一部の鉛が揮散するため，最適処理温度は500～700℃の範囲にあると考えられる。加熱処理によってシシガシラ中のケイ酸や鉛にどのような変化が生じているかを考察するため種々の温度で1時間処理したシシガシラの炭化物あるいは灰化物について赤外吸収スペクトルを測定した。結果を図6に示す。1100 cm^{-1}付近のSi-O伸縮振動に基づくピークが500℃以上では低波数側にシフトしており，Si-O-Cのような軽元素との結合からSi-O-Pbのような重元素との結合へと変化していることが推察される。また，シシガシラの鉛についてSPring-8のBL37XUにおいてXANES測定を行った結果の一部を図7に示す。シシガシラ乾燥体中の鉛のXANESスペクトルはクエン酸鉛のスペクトルに類似しており，カルボキシル基との結合が推察されるのに対し，550℃で1時間加熱して得られたケイ酸体中の鉛のスペクトルは鉛ガラスのスペクトルに極めて類似し

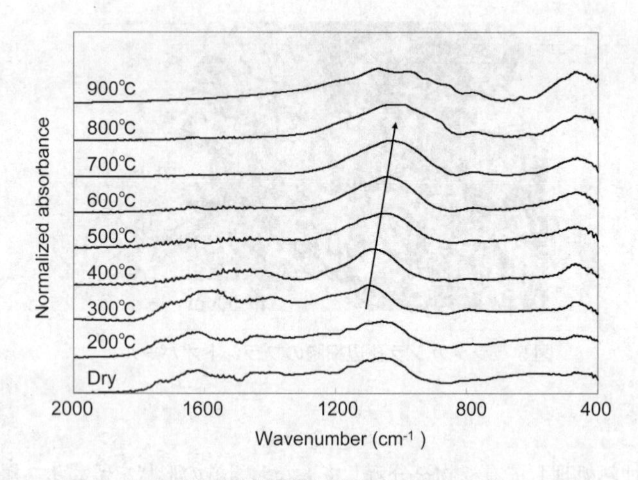

図6　シシガシラ試料の熱処理によるIRスペクトルの変化

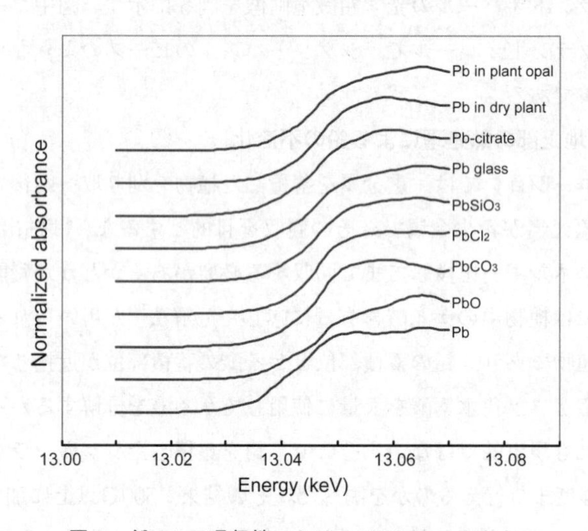

図7　鉛のLⅢ吸収端におけるXANESスペクトル

ていた。以上の結果より，シシガシラ中の鉛は500℃以上の加熱により三次元網目状のシリカネットワーク中に保持され，溶出しにくい化学形態になっているものと考えられる。

5.3　おわりに

以上，シダ植物シシガシラの鉛集積性と，加熱処理後の鉛の溶出性について一部を紹介した。ファイトレメディエーションでは，播種から数ヶ月の生育期間で対象元素を収奪する短期生長型植物が用いられ，これを毎年栽培するというコンセプトのものが多い。これに対し，シシガシラは年間を通じて徐々に集積していくタイプである。ただし，多くのシダ植物と同様に胞子から前葉体を経てある程度の大きさの胞子体となるまでに期間を必要とする。しかし，生長は遅くとも吸収した鉛の大部分を地上部に移行・蓄積し，日照条件や栄養条件の悪い山間部でも生育することから，山間部の貧栄養土壌における鉛汚染拡散防止には役立ちそうである。また，簡単な熱処理によって蓄積した鉛の大部分を不溶化できる点も魅力である。今回紹介したシシガシラは日本固有種のシダ植物であるが，熱帯地域に自生する同じヒリュウシダ属のシダ植物にも鉛集積性が期待できるのではないかと考えている。

謝辞

本稿で紹介した研究の一部は，SPring-8 課題番号2006A1612，2006B1614および2009A1426でそれぞれ測定したものです。また，研究の一部は兵庫県立大学特別教育研究助成と山陽特殊製鋼文化振興財団からの研究助成を受けて行われました。ここに厚く謝意を表します。

文　　献

1) N. Willey, “Phytoremediation: Methods and Reviews”, HUMANA PRESS (2007)
2) J. L. Morel *et al.*, “Phytoremediation of Metal Contaminated Soils (NATO Science Series: IV: Earth and Environmental Sciences)”, Splinger-Verlag (2006)
3) S. C. McCutcheon *et al.*, “Phytoremediation: Transformation and Control of Contaminants”, Wiley-Interscience (2003)
4) R. R. Brooks, “Plants That Hyperaccumulate Heavy Metals: Their Role in Phytoremediation, Microbiology, Archaeology, Mineral Exploration and Phytomining”, CAB INTERNATIONAL (1998)
5) S. Hayakawa *et al.*, *J. Synchrotron Radiat.*, **8**, 328 (2001)
6) A. Hokura *et al.*, *Chem. Lett.*, **35**, p.1246 (2006)
7) Y. Terada *et al.*, *X-ray spectrum.*, **28**, p.461 (1999)
8) 岩槻邦男編，日本の野生植物　シダ，平凡社，p.155 (1992)
9) 高橋英一，ケイ酸植物と石灰植物，農山漁村文化協会 (1987)
10) 高橋英一，作物にとってケイ酸とは何か，農山漁村文化協会 (2007)
11) D. R. Piperno, “PHYTOLITHS”, p.97, ALTAMIRA PRESS (2006)
12) 植物栄養実験法編集委員会編，植物栄養実験法，博友社，p.125-128 (1997)

6　残留農薬のファイトレメディエーションとポリ塩化ビフェニル（PCB）などのファイトモニタリング

大川秀郎[*1]，乾　秀之[*2]，嶋津小百合[*3]

6.1　はじめに

残留農薬，残留性有機汚染物質（POPs）などの脂溶性異物の代謝・作用の分子機構に関する研究は，異物のリスクの評価・管理はもとより，それらのモニタリング（監視）やレメディエーション（汚染浄化）の新技術開発に重要である。とりわけ，哺乳類において，異物の代謝・作用の分子機構に関する研究が進んでいる。哺乳類では脂溶性異物は受動拡散によって細胞に取り込まれて，シトクロムP450（P450）モノオキシゲナーゼによって異物代謝の第１相反応である酸化を受け，酸化体はさらに第２相反応である抱合を受けて水溶性が増し，体外に排泄される。しかし，ある種の異物は酸化体が活性となり，生体成分などと反応して作用・毒性を現わす。また，グルタチオン（GSH）*S*-トランスフェラーゼは異物とGSHとの反応を触媒して，直接，抱合体を形成する。こうした異物の代謝に係わる酵素はある種の異物などによって受容体を介して誘導されてその機能を発揮する。例えば，P450分子種（CYP）であるCYP1A1やCYP1A2はある種のダイオキシン類（ダイオキシン，ダイベンゾフランおよびコプラナーPCB）同族体などがリガンドとしてアリルハイドロカーボン受容体（AhR）に結合して，誘導される。

こうした異物代謝機能は哺乳類において発達しているが，植物には存在しないか，あるいは，存在してもその機能は未発達である。それに対して，植物は発達した根系を介して異物を受動拡散などによって取り込み，組織に蓄積する。また，栽培技術によるバイオマスの向上やバイオマスの処理・利用技術の整備によって野外での大規模な実用化が可能である。

そこで，哺乳類の発達した機能を司る遺伝子を組換えDNA技術などを用いて植物に付与・発現して，そうして作出した組換え体植物種などを異物のモニタリング（ファイトモニタリング）や汚染浄化（ファイトレメディエーション）に用いる新技術の開発が行われている[1)]。本節では，残留農薬のファイトレメディエーションとPCBなどのファイトモニタリングに関する研究の最近の進歩について述べる。

6.2　P450とAhRの遺伝子工学

哺乳類における脂溶性異物の代謝の第１相反応である酸化を触媒するのはP450モノオキシゲナーゼである。例えば，肝臓の小胞体膜には多くのP450分子種が存在し，互いに重複する幅広い基質特異性を示すことから，多岐にわたる異物の酸化に対応している。あるP450分子種に基質となる異物が結合すると，NADPH-シトクロムP450オキシドレダクターゼ（P450還元酵素）の働き

＊1　Hideo Ohkawa　神戸大学名誉教授；早稲田大学招聘研究員

＊2　Hideyuki Inui　神戸大学　自然科学先端融合研究環　遺伝子実験センター　講師

＊3　Sayuri Shimazu　神戸大学　大学院農学研究科

によってNADPHの2個の電子がP450のヘムに伝達されて，酸素を活性化して，1原子酸素を基質に導入するモノオキシゲナーゼ反応を触媒する。1982年に藤井ら[2]はラットCYP2B1のcDNAをクローニングしてその一次構造を発表した。本報告は哺乳類のP450分子種のcDNAクローニングと一次構造の解明に関する世界で初めての研究である。次いで，1984年に薮崎ら[3]はラットのCYP1A1のcDNAをクローニングしてその一次構造を明らかにした。その後，多くのP450分子種の遺伝子がクローニングされて，それらの一次構造が明らかになった。それらの分子種を組織的に命名するのにCYP番号が用いられ，その基になったのがCYP1A1である[4]。1985年に大江田[5]らはラットCYP1A1 cDNAを酵母に発現した。組換え体酵母はCYP1A1を生成して酵母のP450還元酵素の働きによって酸化反応を示した。本報告はP450遺伝子を異種発現した世界で最初の研究である。また，本酵母遺伝子発現系は多くのP450遺伝子の機能解明などに用いられた。例えば，ペチュニアのCYP75Aはフラボノイド3',5'-水酸化酵素であり，花の青色素デルフィニジンの生合成に係わっていることが明らかになった[6]。

また，1987年に村上ら[7]はラットのCYP1A1とP450還元酵素の融合酵素遺伝子を構築して酵母に導入し，生成した融合酵素が1分子で高い比活性を示すことを明らかにした。同年に，WenとFulco[8]は*Bacillus megaterium*のBMIIIがP450とP450還元酵素の融合酵素であり，自然界にも融合酵素の存在が明らかになった。一方，1991年に斉藤ら[9]はウサギCYP2B6 cDNAをタバコ植物に発現することを試みたが，組換え体タバコ植物はCYP2B6由来の酸化活性を示さなかった。そこで，1994年に塩田ら[10]はラットCYP1A1と酵母P450還元酵素との融合酵素遺伝子をタバコ植物に導入し，組換え体タバコ植物が除草剤クロロトルロンを代謝して，除草剤耐性を示すことを明らかにした（図1）。こうした研究成果を基に，様々なP450遺伝子を植物に導入して，除草剤耐性の植物品種や花色を改変した花卉新品種が作出された。

他方，1992年にBurbachら[11]とEmaら[12]はそれぞれマウスAhRのcDNAをクローニングしてその一次構造を明らかにした。哺乳類の細胞にAhRリガンドが受動拡散によって取り込まれると，

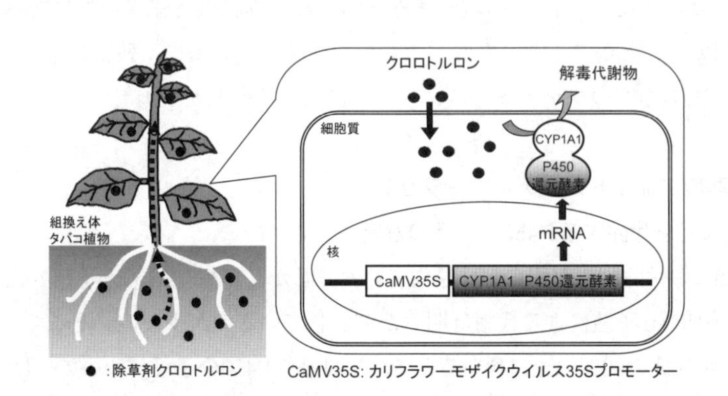

図1　異物代謝型CYP1A1/酵母P450還元酵素融合遺伝子を付与・発現した組換え体タバコ植物における除草剤クロロトルロンの代謝

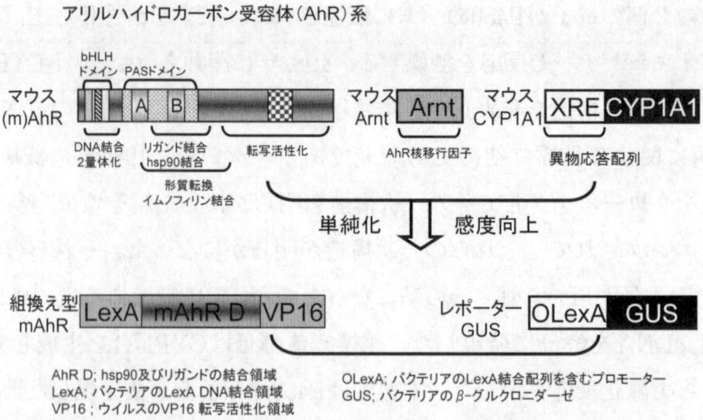

図2　組換え型AhR/GUSレポーター遺伝子系の構築

特異的にAhRに結合して核に移行し，AhR核移行因子（Arnt）とヘテロダイマーを形成し，CYP1A1やCYP1A2の遺伝子の上流に存在する異物応答配列（XRE）に結合してCYP1A1やCYP1A2を誘導発現する[13]。AhRリガンドとして，ある種のダイオキシン類同族体がAhRに結合することから，AhRはダイオキシン類同族体などのアッセイに用いることができる。しかも，ダイオキシン類同族体のうち，哺乳類に毒性を示す同族体について，毒性発現レベルでのアッセイが可能である。そこで，2007年に児玉ら[14]はマウスのAhRとArntのcDNAおよび*β*-グルクロニダーゼ（GUS）レポーター遺伝子をタバコ植物に導入し，組換え体タバコ植物を3-メチルコランスレン（3MC）などのAhRリガンドを含む培地で培養した後，植物体のGUS活性を測定すると，3MC依存性のGUS誘導活性が認められることを報告した。それに続いて，2009年に児玉ら[15]はマウスのAhRのリガンド結合領域に大腸菌LexAのDNA結合領域とウイルスVP16の転写活性化領域を結合した組換え型AhR遺伝子を構築し（図2），それとGUSレポーター遺伝子発現ユニットを組み合わせてタバコ植物に導入した。組換え体タバコ植物は3MCを含む培地で培養して，GUS活性を測定すると，3MC依存性GUS誘導活性を示した。本組換え体タバコ植物はAhRリガンドのアッセイに用いることができる。なお，これらの研究成果を基に，残留農薬のファイトレメディエーションやPCBなどのファイトモニタリングに関する研究が進展した。

6.3　残留農薬のファイトレメディエーション

6.3.1　農薬などを代謝するP450分子種の選定

農薬は哺乳類における代謝が明らかにされている。しかし，どのP450分子種で代謝されるのか，とりわけヒトのP450分子種による代謝は明らかにされている例が少ない。そこで，ヒトのP450分子種のうち，薬物代謝の90％以上に係わるとされる11種のP450分子種について，おのおののcDNAを付与・発現した組換え体酵母菌株を用いて代謝を明らかにすることを試みた。おのおのの組換え体酵母菌株のP450分子種を含むミクロソーム画分を用いて，*in vitro*で55種の農薬とその他の

2種の化学物質について代謝試験を行った。その結果，31種の農薬と2種のその他の化学物質がいずれかのP450分子種により代謝されることが判明した。農薬は複数のP450分子種によって代謝反応を受け，また，P450分子種は構造と作用機構の異なる複数の農薬を代謝した。さらに，それら代謝物のMS分析を行ったところ，*N*-脱アルキル化，*O*-脱アルキル化，芳香環水酸化などを受けていることが判明した[16]（図3）。一方，PCBは化学的に安定で，脂溶性がきわめて高いことから環境における残留性が高く，食物連鎖を介して上位の生物種に高濃度に蓄積する。とりわけ，PCBのうちのコプラナーPCBと呼ばれる一群はダイオキシン様毒性を示す。そこで，異物代謝活性の高い哺乳類のP450分子種について代謝を試みたところ，ラットCYP1A1がコプラナーPCBのうちで最も毒性の高いPCB126を水酸化することが判明した[17]（図3）。

以上の結果から，11種のヒトP450分子種の中でも特にCYP1A1，CYP2B6およびCYP2C19は化学構造が異なる多数の農薬を効率よく代謝することが判明した。そこで，これらのP450分子種を

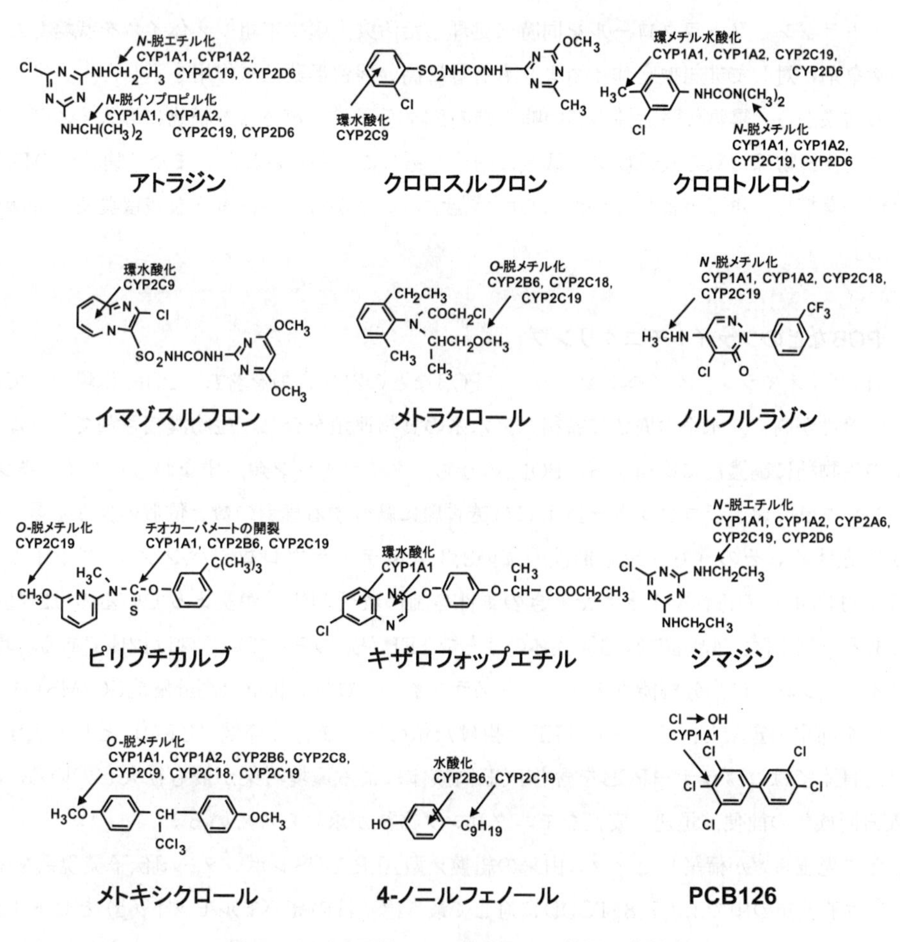

図3　P450分子種による農薬などの代謝反応様式

異物代謝活性の低い植物種に導入することにより，除草剤に対する耐性のみならず，残留農薬の軽減に利用することが期待できる。

6.3.2 P450分子種を導入した組換え体植物の作出と除草剤代謝・残留農薬の軽減

選定した3種のP450分子種のcDNAを同時にアグロバクテリウムを介してバレイショ[18]並びにイネ[19]に導入した。組換え体バレイショは構造と作用機構の異なる複数の除草剤（アトラジン，クロロトルロン，メタベンズチアズロン，アセトクロール，メトラクロール，ノルフルラゾン，ピリブチカルブ）に対し強い交叉耐性を示した[20]。また，それぞれのP450分子種を単独で導入した組換え体よりも3種同時発現した組換え体の方が強い耐性を示した。したがって，発現した3種のP450分子種が同時に働いて耐性に係わっていることが示唆された。そこで，^{14}C標識した除草剤の代謝を調べたところ，これら組換え体植物は根から取り込んだ除草剤を導入したP450分子種が代謝し，その結果，除草剤耐性を示したことが明らかとなった[16]。また，3種のP450分子種のcDNAを同時に導入した組換え体イネは，組換え体バレイショの除草剤耐性と同様に複数の除草剤に対し交叉耐性を示した[19]。また，複数の除草剤を混合した場合でも強い耐性を示した。さらに，アトラジンとメトラクロールを同時に処理した汚染土壌で本組換え体イネを栽培したところ，両除草剤に対して非組換え体イネよりも有意に高い残留農薬低減作用を示した[21]。

以上の結果から，異物代謝活性の高い哺乳類のP450分子種のcDNAを植物に導入することにより，組換え体植物は複数の残留農薬の低減に効果のあることが示された。また，哺乳類のP450分子種は双子葉植物，単子葉植物にかかわらず機能することから，多種多様な残留農薬の軽減に有効である。

6.4 PCBなどのファイトモニタリング

POPsはダイオキシン，ダイベンゾフラン，PCBなどの21化合物を含む。POPsは環境中では安定で，脂溶性が高く，水系の底質に蓄積し，水系の食物連鎖を介して生物濃縮されてヒトなどの最上位の生物種に高濃度に蓄積する。POPsのうち，ダイオキシン類，すなわち，ダイオキシン，ダイベンゾフランおよびコプラナーPCBには芳香環に結合する塩素の数と位置の異なる多くの同族体が存在する。そのうち，最も毒性の高い2,3,7,8-テトラクロロジベンゾ-*p*-ダイオキシン（2,3,7,8-TCDD）の毒性を1としたときの毒性等価係数（TEF）が決まっているのは29種の同族体である。例えば，209種のPCB同族体のうちでTEFが定められているのは12種である。現在，残留ダイオキシン類は高分解能ガスクロマトグラフィー／質量分析計（高分解能GC/MS）で各々の同族体を同定・定量し，それらにTEFを掛けた値の総和を毒性等量（TEQ）として表す。とりわけ，日本ではコプラナーPCBを含むPCB同族体による環境汚染が最も拡大している。そこで，PCB同族体の簡便，迅速，安価なモニタリング方法が求められている。

2009年に児玉ら[15]が構築したマウス由来の組換え型AhR/GUSレポーター遺伝子発現系を基に，嶋津ら[22]は哺乳類の中で2,3,7,8-TCDDに対して最も感受性の高いモルモット（g）とヒト（h）のAhRに由来する組換え型AhRを構築し，GUSレポーター遺伝子系と共にタバコ植物に導入した。

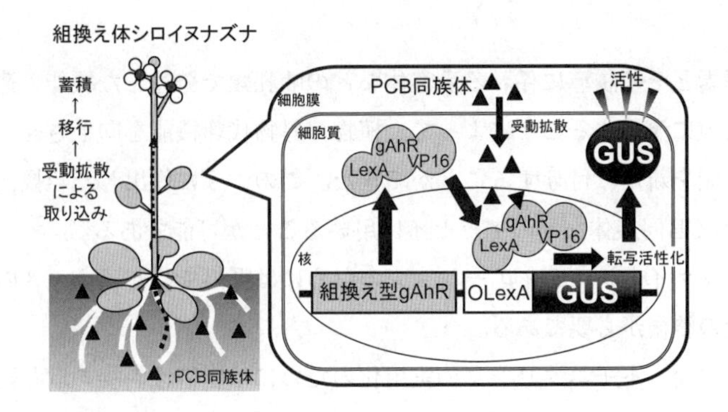

図4　モルモット由来組換え型gAhR/GUSレポーター遺伝子系を導入した組換え体シロイヌナズナによるPCB同族体のモニタリング

作出した組換え体タバコ植物はPCB同族体を含む培地で培養した。その結果，いずれもPCB126に応答してGUS誘導活性を示した。その中でもモルモット由来組換え型gAhRを導入したタバコ植物はPCB126に対する応答性が高く，PCB同族体のモニタリングに適していると思われた。そこで，組換え型gAhRとGUSレポーター遺伝子系を導入した組換え体シロイヌナズナを作出し（図4），PCB同族体のアッセイの可能性を明らかにした。煩雑な抽出・前処理操作を必要とする機器分析や動物細胞や抗体を用いる簡易測定方法と違い，組換え体植物は土壌や底質などに栽培して，PCB同族体を抽出・前処理することなく，根系を介した受動拡散による取込みにより，誘導発現したGUS活性をアッセイすることができた。本組換え体シロイヌナズナにおいて，TEFが0.1のPCB126は濃度依存的なGUS誘導活性を示したのに対し，TEFが定められていないPCB80はGUS誘導活性を示さず，PCB同族体のTEF依存的なGUS誘導活性が認められた。PCB同族体は脂溶性と残留性が高く，土壌粒子や有機物に強く吸着して，植物の根から受動拡散により取込まれることが難しいと思われる。それに対して，ウリ科植物のズッキーニ[23]やある種の雑草[24]はPCB同族体の取込み量と地上部への移行が顕著である。また，植物に共生する酵母などはバイオサーファクタント（生物由来の両親媒性脂質）などを生産・分泌し，それらがPCB同族体とミセルを形成し，それらが受動拡散によって植物体に取り込まれる可能性が考えられる。さらには，取り込みや移行における，キャリヤータンパク質の関与が考えられる。PCB同族体を感度・精度よくアッセイするためには，PCB同族体の土壌吸着からの脱離，受動拡散による根からの取り込み，植物体での移行性などの要因について，最適条件を設定する必要がある。植物体から単離した酵母菌株の培養で産生したバイオサーファクタントのマンノシルエリスリトールリピッド（MEL-B）を培地または土壌に添加することにより，組換え型gAhR/GUSレポーター遺伝子系導入シロイヌナズナにおいて，PCB同族体の取込み量に顕著な向上が認められた[25]。その結果，日本におけるダイオキシン類の土壌環境基準値（1,000 pg-TEQ/g）に相当する土壌のPCB126をアッセイすることが可能になった。

6.5 おわりに

① 異物代謝酵素とその誘導に係わる受容体などの哺乳類で発達した機能の遺伝子をそれらが未発達な植物種に導入することによって，植物の異物代謝機能を向上させ，また，植物の異物アッセイ機能を新たに付与することができた。このように作出した組換え体植物種を残留農薬の軽減やPCB同族体などのアッセイに用いることが可能である。

② 残留農薬のファイトレメディエーションのためには野外でのバイオマスの向上やバイオマスの処理技術の整備が必要である。

③ PCBなどのファイトモニタリングの実用化のためには脂溶性異物の取り込みの増強やアッセイの精度管理などに係わる技術の整備が求められる。

④ 組換え体植物の野外での栽培に関しては生物多様性条約に基づく各種試験が必要である。一方，目的とする異物のハイパーアキュムレーター種を選抜して利用することも有効である。

文　　献

1) S. Shimazu *et al., J. Agric. Food Chem.*, **59**, 2870-2875 (2011)
2) Y. Fujii-Kuriyama *et al., Proc. Natl. Acad. Sci. U.S.A.*, **79**, 2793-2797 (1982)
3) Y. Yabusaki *et al., Nucleic Acids Res.*, **12**, 2929-2938 (1984)
4) D. W. Nebert *et al., DNA*, **8**, 1-13 (1989)
5) K. Oeda *et al., DNA*, **4**, 203-210 (1985)
6) T. A. Holton *et al., Nature*, **366**, 276-279 (1993)
7) H. Murakami *et al., DNA*, **6**, 189-197 (1987)
8) L. P. Wen *et al., J. Biol. Chem.*, **262**, 6676-6682 (1987)
9) K. Saito *et al., Proc. Natl. Acad. Sci. U.S.A.*, **88**, 7041-7045 (1991)
10) N. Shiota *et al., Plant Physiol.*, **106**, 17-23 (1994)
11) K. M. Burbach *et al., Proc. Natl. Acad. Sci. U.S.A.*, **89**, 8185-8189 (1992)
12) M. Ema *et al., Biochem. Biophys. Res. Commun.*, **184**, 246-253 (1992)
13) J. Mimura *et al., Biochim. Biophys. Acta.*, **1619**, 263-268 (2003)
14) S. Kodama *et al., Planta*, **227**, 37-45 (2007)
15) S. Kodama *et al., Plant Biotechnol. J.*, **7**, 119-128 (2009)
16) H. Inui *et al., J. Pestic. Sci.*, **26**, 28-40 (2001)
17) K. Yamazaki *et al., J. Biochem.*, **149**(4), 487-94 (2011)
18) H. Inui *et al., Pest Manag. Sci.*, **61**, 286-291 (2005)
19) H. Kawahigashi *et al., Plant Sci.*, **168**, 773-781 (2005)
20) H. Inui *et al., Pestic. Biochem. Physiol.*, **66**(2), 116-129, (2000)
21) H. Kawahigashi *et al., J. Agric. Food Chem.*, **54**, 2985-2991 (2006)
22) S. Shimazu *et al., J. Environ. Sci. Health B.*, **45**(8), 741-749 (2010)

23） H. Inui *et al.*, *Chemosphere*, **73**(10), 1602-1607 (2008)
24） S. A. Ficko *et al.*, *Sci. Total Environ.*, **408**, 3469-3476 (2010)
25） S. Shimazu *et al.*, *J. Environ. Sci. Health B*, **45**(8), 773-779 (2010)

7　植物による土壌からの放射性物質除去とセシウム輸送体の探索

山上　睦*

7.1　はじめに

原子力発電所の事故などで主に環境中に放出される放射性核種としてはヨウ素（I-131），セシウム（Cs-137），ストロンチウム（Sr-90）が考えられる。万一不慮の事故で環境中への放射性物質の大量放出が生じた場合，半減期が8日と短いヨウ素（I）に対して，半減期が30.2年のセシウム（Cs）や28.8年のストロンチウム（Sr）については，特に長期的対策が必要と考えられる。またこの場合の汚染地域は，放射性Csは高温になるとガス化し揮散しやすく広範囲にわたり，放射性Srは揮散しにくいため原発近辺に限られる。

放射性CsやSrに汚染された土壌の処理方法としては，CsやSrを吸着する物質を土壌に添加して放射性物質を移動しにくい形態として固定する方法，汚染した表層土壌と深層土壌を入れ替え（天地替え）て，作物根と放射性物質との接触を回避する方法などがある。一方，土壌の浄化方法としては，放射性CsやSrの濃度の高い土壌表層を直接取り除く方法，CsやSrの吸収力の高い集積植物を栽培し，その植物体を回収することにより土壌からCsやSrを取り除く方法（植物を利用した環境修復；ファイトレメディエーション）などがある。

ファイトレメディエーションによる土壌中の放射性CsやSrの浄化は，植物によるCsやSrの吸収・転流・蓄積のメカニズムを積極的に利用する方法である。さらに，植物の種や器官によるCsやSrの吸収・蓄積の違いが明らかになれば，元素集積効率の高い特定種による浄化効率の向上，根などの特定器官へのCsやSrの集中的蓄積が可能になる。また，逆の発想から，メカニズムの究明は可食部へCsやSrが移行しにくい作物種を育種する上での重要な知見になり，安全性の向上に寄与することにもなる。

7.2　セシウム集積植物とファイトレメディエーション

Broadleyらは，植物のCs吸収に関する14の論文報告を解析し，植物種間の相対的なCs-137濃度を算出し，136種の植物について順位付けを行った[1)]。その結果，相対Cs濃度で三大穀物：イネが1.3，コムギが3.0，トウモロコシが5.7，主要野菜：タマネギが4.7，トマトが5.0，レタスが9.8，ジャガイモが13.8，キャベツが15.3を示すのに対し，ヒユ科アマランサス属が80.0，アカザ科ビート属が29.8と植物体中の相対Cs濃度が高くなることを明らかにした。特に，相対Cs濃度でヒユ科のアマランサスが80.3，アオゲイトウが150，アカザ科のシュガービートが78.9，キヌアが51.0，アブラナ科のカブが72.5とCs濃度が高く，Cs汚染土壌の浄化植物として利用できる可能性があるとしている。ファイトレメディエーションの技術を適用する場合，汚染環境や土壌によって栽培できる植物種が異なることも考えられるが，ヒユ科，アカザ科，アブラナ科の中からその土地にあった除染植物を探索することが重要になる。筆者らは，青森県の六ヶ所村にある核

---

*　Mutsumi Yamagami　㈶環境科学技術研究所　環境動態研究部　研究員

燃料再処理施設の周辺に分布する黒ボク土壌に77の栽培植物と50種の野生植物を栽培し土壌中に元々含まれる安定Csの植物体への吸収量を測定した[2,3]。Cs濃度が高かった栽培植物は，キク科のカキチシャやヒマワリ，アカザ科のビート，ヒユ科のアマランサス，スベリヒユ科のタチスベリヒユ，タデ科のルバーブ，アブラナ科のカラシナであった。また，野生植物中では，ヒユ科のアオゲイトウやヒモゲイトウ，キク科のチコリやハキダメギク，スベリヒユ科のスベリヒユが高かった。ファイトレメディエーションに利用可能な植物を選定する場合，Cs濃度が高くても植物体が小さく生育が栽培条件によってばらつくものは不適切である。一方，Cs濃度が比較的高く植物体が横に広がらずに立ち上がり，大きく生育するものは有望であると考える。そこで，筆者らは，植物体の乾物量及び栽植密度（密植耐性）を考慮して単位面積当たりのCs収奪量を算出し順位づけを行っている[2,3]。図1に示すように栽培植物においては，アマランサス，ヒマワリ，カキチシャ，タチスベリヒユがCs浄化用植物として有望であった（ただし，タチスベリヒユは生育環境によりCs濃度がかなりばらつくことが数回の実験結果により明らかになっているので，図中には示さなかった）。また，図2に示すように，野生植物においては，アオゲイトウ，ヒモゲイトウ，オオイヌタデがCs浄化用植物として有望であることを報告している。また，Watanabeらは，日本における670種，180科の植物種の葉中Cs濃度の解析から，*Equisetaceae*（トクサ科），*Adiantaceae*（ウラボシ科），*Polygonaceae*（タデ科），*Convolvulaceae*（ヒルガオ科），*Iridaceae*

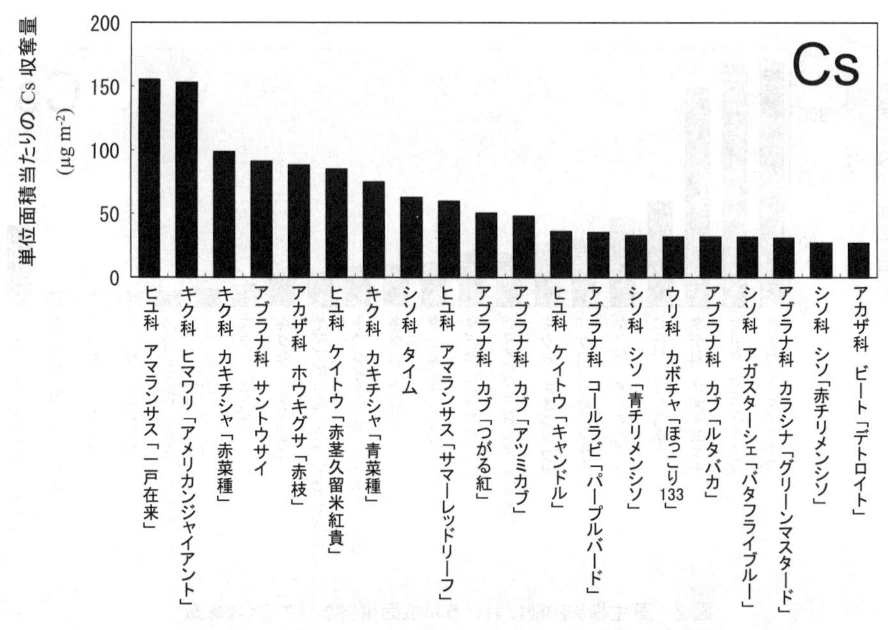

図1　栽培植物20種における単位面積当たりのCs収奪量

単位面積当たりのCs収奪量は1 m²あたりの植物体が土壌中から地上部に吸い上げ蓄積できるCsの量を示す。77種の栽培植物を土壌条件が均一な黒ぼく土圃場で栽培し，Cs収奪量を比較し，上位20種を作図した。土壌にはCsは添加せず，土壌中Cs濃度は3.0 μg/g乾燥土壌である。

（アヤメ科）などにおいて濃度が高いことを報告している[4]。

Cs-137の吸収量を調査したものとしては，アマランサス[5]，ビート[6]，アオゲイトウ[5,7]などの植物が地上部への吸収量が多いとする報告例がある。

原発事故直後に降下したCs-137の大部分は土壌表層にとどまって存在していると考えられる[8,9]。したがって，表層のCs-137を効率よく除去するためには，ひげ根が土壌表層部に多く分布するイネ科植物によるCs-137の除去が効率がよいとの考え方もある。Broadleyらは図3に示すようにイネ科植物体中のCs濃度を比較している。カモジグサ属（*Agropyron*），キビ属（*Panicum*），ハルガヤ属（*Anthoxanthum*），イチゴツナギ属（*Poa*），ドクムギ属（*Lolium*）でCs濃度が高く，オオムギ属（*Hordeum*），コムギ属（*Triticum*），ライムギ属（*Secale*），イネ属（*Oryza*）ではCs濃度が低い結果になっている[1]。

植物による放射性物質の野菜，果物，穀類への移行を評価する指標として，移行係数（植物体のCs濃度乾物／乾土壌中のCs濃度の比）がよく利用される（移行係数として表記したものには，植物体濃度を生体中の濃度で計算したものがあるが，その場合は，植物の乾物割合を考慮する必要がある。一般的には乾燥させた場合生体重の10～20％が乾物重になるので，その場合の移行係数は1/5から1/10の値になる）。筆者ら[2,3]が選定したCs浄化用植物の移行係数は，ヒマワリ（0.03），カキチシャ（0.04），オオイヌタデ（0.04），アマランサス（0.05），タチスベリヒユ

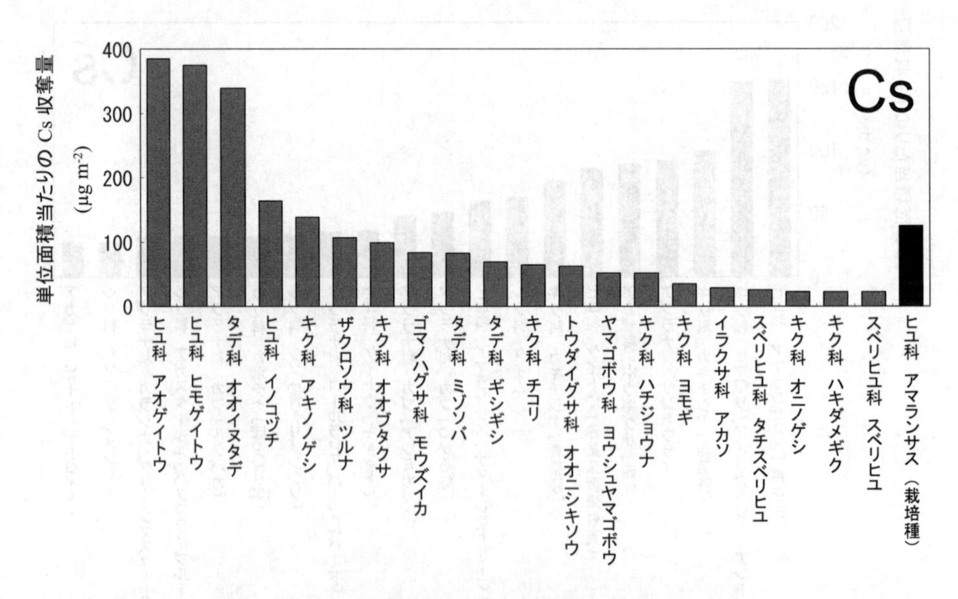

図2　野生植物20種における単位面積当たりのCs収奪量

単位面積当たりのCs収奪量は1 m^2あたりの植物体が土壌中から地上部に吸い上げ蓄積できるCsの量を示す。50種の野生植物を土壌条件が均一な黒ぼく土圃場で栽培し，Cs収奪量を比較し，上位20種を作図した。土壌にはCsは添加せず，土壌中Cs濃度は3.0 μg/g乾燥土壌である。図表右端に栽培植物でCs収奪率が高かったアマランサスの値を併記した。

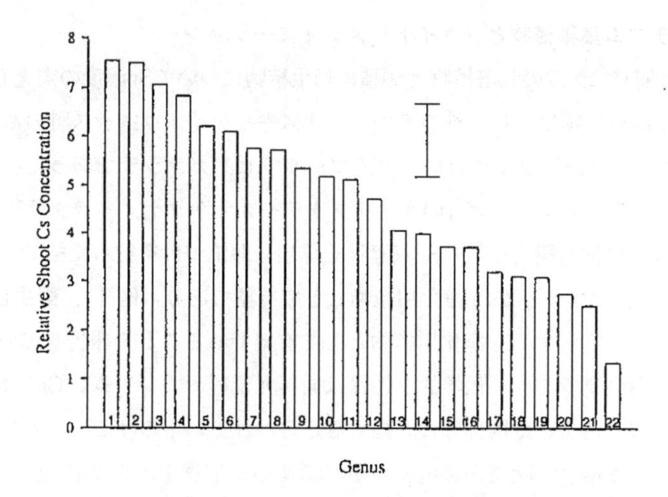

Mean relative shoot Cs concentrations of genera within the family Poaceae. 1, *Agropyron* ($n = 2$); 2, *Panicum* ($n = 2$); 3, *Pinnacle* ($n = 1$); 4, *Anthoxanthum* ($n = 1$); 5, *Poa* ($n = 2$); 6, *Lolium* ($n = 1$); 7, *Zea* ($n = 1$); 8, *Avena* ($n = 1$); 9, *Stipa* ($n = 1$); 10, *Dactylis* ($n = 1$); 11, *Danthonia* ($n = 1$); 12, *Phleum* ($n = 1$); 13, *Phalaris* ($n = 1$); 14, *Festuca* ($n = 7$); 15, *Agrostis* ($n = 2$); 16, *Hordeum* ($n = 1$); 17, *Bromus* ($n = 5$); 18, *Triticum* ($n = 1$); 19, *Holcus* ($n = 1$); 20, *Secale* ($n = 1$); 21, *Koeleria* ($n = 1$); 22, *Oryza* ($n = 1$). The error bar represents the standard error of the difference of means for unequal replication.

図3　イネ科の属の違いによる植物体中Cs濃度
（文献1）より抜粋）

(0.05)，アオゲイトウ（0.1)，ヒモゲイトウ（0.13）であった。仮に移行係数が0.1のアオゲイトウをファイトレメディエーションに使ったとして，得られた植物体をCsが揮散しない450度以下で燃やして灰にして放射性廃棄物として処分したとして計算すると，放射性Csが10000 Bq/kgの汚染土壌に栽培した植物体から1000 Bq/kgの乾燥植物体が得られ，灰にしたとき乾燥物の10%が灰として残るとすると，1000 Bq/100 gになり，kg換算すると10000 Bq/kgの灰が産出されることになる。この場合の最終産物は土壌と変わらない放射性物質の濃度になる。このことは移行係数が低い場合，注意してファイトレメディエーションに取り組まないと，大量の放射性廃棄物の産出を招くことを意味しており，Csのように元々植物中に高濃度濃縮されない元素の場合は，植物を使った環境浄化は非常に難しいことを意味している。しかしながら，土壌間隙水中の可給態のCs-137濃度（植物が実際に吸収できるCs-137）を確実に低下させる技術であることなどから，有望な技術である。また，移行係数を高くする栽培方法の検討（密植・連作など）及び品種の選定もしくは育種が重要になる。さらに，収穫方法，回収した植物体の処理及び処分方法についても検討する必要がある。

7.3　ストロンチウム集積植物とファイトレメディエーション

筆者らは，Csと同時に，77の栽培植物と50種の野生植物についてSr濃度の調査も行っている[2,3]。Sr濃度が高かった栽培植物は，ヒユ科のアマランサスやハゲイトウ，ナス科のハナタバコ，フウチョウソウ科のクレオメ，アブラナ科のカブ，コールラビ，カラシナであった。また，野生植物では，ヒユ科のアオゲイトウ，タデ科のオオイヌタデやオオケタデ，イラクサ科のアカソが高かった。またCs同様，単位面積当たりのSr収奪量を算出し順位づけを行った結果，栽培植物においては，アマランサス，ヒマワリがSr浄化用植物として有望であり（図4），野生植物においては，オオイヌタデ，アオゲイトウがSr浄化用植物として有望であることを報告している（図5）。

Srはアルカリ土類金属であり，化学的な性質は同属元素のカルシウム（Ca）と良く似ている。放射性Srが人体に取り込まれた場合骨に濃縮すると言われているのはこのためであり，局地的な土壌汚染が生じている場合は除染が必要になる。環境中や植物中のSrの挙動もCaとの類似性が高く，土壌中でのSr挙動もCaと同様に２価の陽イオンとしてふるまう。土壌は負の電荷を帯びているため，正荷電を帯びたSrイオンをひきつけ，土壌表面に留めておくが，Csのように粘土鉱物に取り込まれ離れにくくなることはなく，Csに比べ土壌中で動きやすく，Caと同様に植物に吸収される。したがって，Srの移行係数はCsのそれよりも高く，アマランサスで0.7〜0.9，ヒマワ

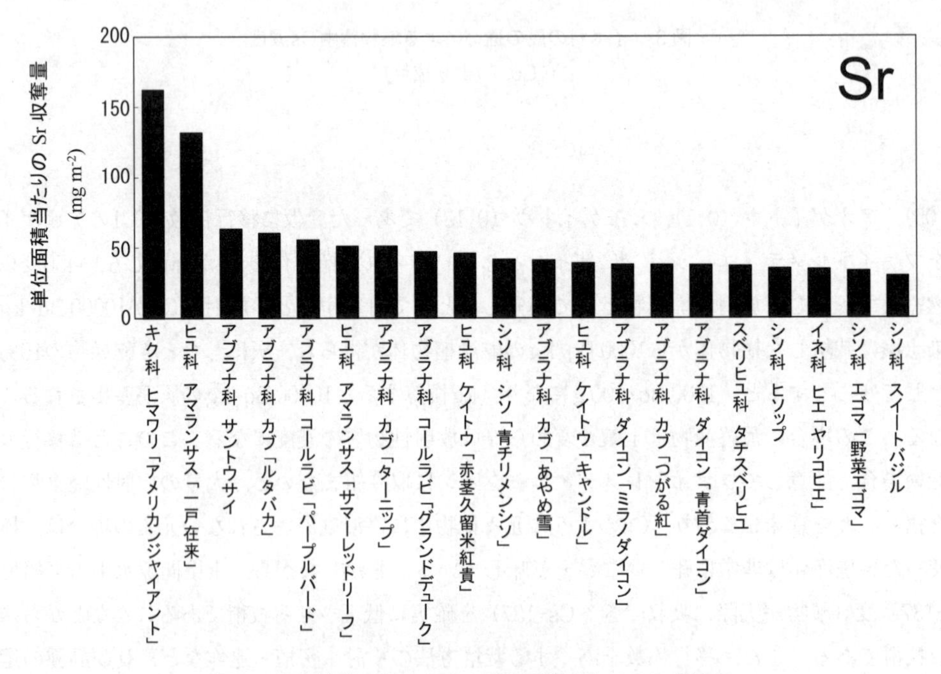

図4　栽培植物20種における単位面積当たりのSr収奪量

単位面積当たりのSr収奪量は１m^{2}あたりの植物体が土壌中から地上部に吸い上げ蓄積できるSrの量を示す。77種の栽培植物を土壌条件が均一な黒ぼく土圃場で栽培し，Sr収奪量を比較し，上位20種を作図した。土壌にはSrは添加せず，土壌中Sr濃度は150 μg/g乾燥土壌である。

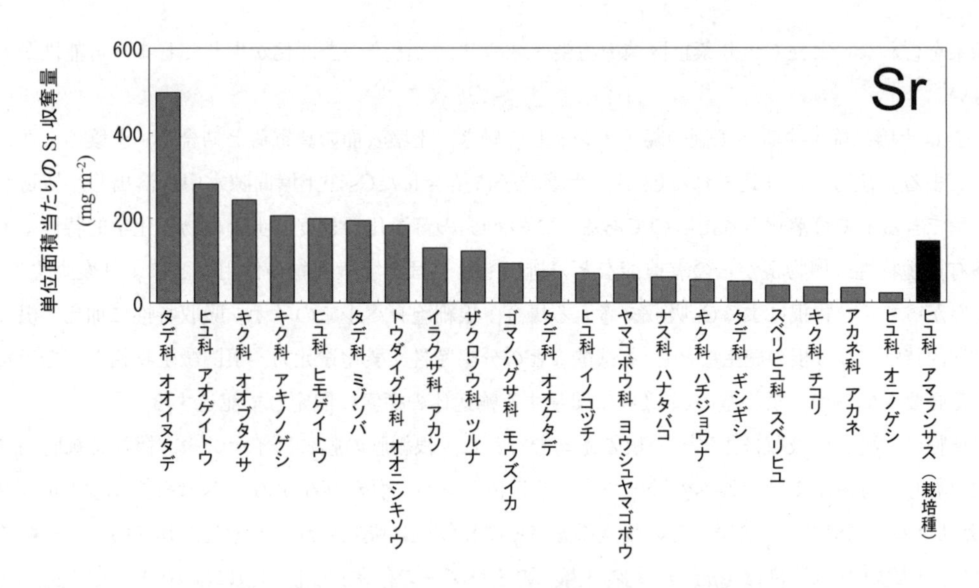

図5　野生植物20種における単位面積当たりのSr収奪量

単位面積当たりのSr収奪量は1 m^2あたりの植物体が土壌中から地上部に吸い上げ蓄積できるSrの量を示す。50種の野生植物を土壌条件が均一な黒ぼく土圃場で栽培し，Sr収奪量を比較し，上位20種を作図した。土壌にはSrは添加せず，土壌中Sr濃度は150 μg/g乾燥土壌である。図表右端に栽培植物でSr収奪率が高かったアマランサスの値を併記した。

リが0.7～1.0，オオイヌタデが0.4～0.8，アオゲイトウが0.4～0.7であり，Csと比較してひと桁高い移行係数を示し，Srのファイトレメディエーション用植物として効果が期待できる。

7.4　セシウムの輸送体探索とその応用

Csは元々土壌中に少ないことや，生理的に必須元素でないこと，放射性Csが環境中に放出されたとしても元素濃度的には極めて微量であること（元素濃度は低くても放射線を放出するため毒性は極めて高い），多量必須元素であるカリウムに類似した元素であるがその挙動が一部カリウムと異なることなどから，植物への吸収は著しく少なく，移行係数も0.05程度である。7.2項に記述したように，ファイトレメディエーションを行うには，除染植物種の選定が重要になる。さらに，効率のよいファイトレメディエーションを進める上では，育種もしくは遺伝子工学的手法で濃縮する機構を植物体に導入することも可能性として考える必要がある。具体的にはCsの毒性は光合成器官で生じ[10]，ポルフィリン合成系[11]，クロロフィル合成系での毒性が顕著である。したがって，Csをため込む器官としては，葉緑体がない根組織に特異的にCs輸送体を過剰発現させてCsを根の貯蔵器官に封じ込めることが必要になる。そのために，分子育種及び分子生理学の分野で明らかになった知見と技術を応用することが今後重要になってくる。放射性物質の汚染の場合，福島第一原発事故でも明らかになったように，他の環境汚染物質の除染と比較して敏速な除染を行わないと立ち入り禁止区域や汚染区域の拡大と汚染の長期化が生じてしまう可能性が大きい。

Csは土壌に降下すると1価の陽イオンとして働き，土壌表面の負電荷と結合し，土壌の表面にとどまる。植物に取り込まれるCsは，土壌粒子に結合したCsが土壌間隙水中に溶出し，植物が利用できる形で可溶化されたものである。この，Csの可溶化の程度は土壌の物理化学的特性や土壌有機物特性，植物根からの有機酸などの排出もしくは土壌微生物の作用などにより変動する。したがって，植物根によるCs吸収を考える場合，根細胞レベルでのイオン吸収特性に加え，根の形態的特性（ひげ根の発生など），有機酸などの分泌特性，酸化還元力，根圏微生物相などを考慮する必要があるが，根細胞のCs吸収に関与する輸送体の探索に限定して記述する。

植物の栄養素の吸収は主に若い根の先端で行われ，根細胞の膜にはイオンや有機物を細胞内に吸収もしくは液胞や細胞外への排出をする輸送体タンパク質が存在する。Csはその化学形態がK（カリウム）に似ているため，Kの輸送系を使って植物内に吸収されると考えられている。一般的には，土壌中のCs濃度は〈μg/g・乾物土壌〉のオーダーで存在し，植物中には〈0.1～0.01 μg/g・乾物〉の濃度で吸収され，土壌中のCs濃度の上昇に比例して植物体中の濃度も上昇する。植物のK輸送系はK^+チャネル系，HKTトランスポーター系とKUP/HAK/KTトランスポーター系の3種類のグループに分けられる[12)]。Csの根での吸収がどの輸送系で主に行われているのかの知見は近年になってようやく明らかになりだした。

K^+チャネルグループに含まれるシロイヌナズナのAKT1やKAT1のK輸送はCsの存在で著しく抑制されることはよく知られており[13,14)]，Kチャネルの孔にCsが入り込み，Kの通過を妨げていると考えられる。そのため，これらの輸送系ではCsとKは拮抗関係を生じる。一般に，植物個体レベルにおいてK欠乏条件でCsの取り込みが促進される現象が観察されるが，AKT1やKAT1輸送体がその現象に直接関与しているかについては明らかにされていない。シロイヌナズナのAKT1欠損株である*akt1*破壊株はKの吸収は低下するがCsの吸収は正常株と差異がなかったことから，AKT1はCs吸収には関与しないことが明らかになっている[14)]。同じく，HKTトランスポーターに関してもCsの取り込みに直接関与するか否かの知見は現時点ではない。コムギやオオムギのHKTトランスポーターはK欠乏条件になると発現が増大し[15)]そのKイオン選択性は低いことから，K欠乏時のCs吸収増大に関与している可能性が示唆されるが*hkt*破壊株での証明はされていない。近年，KUP/HAK/KTトランスポーター系のHAK5が，K欠乏下においてCs取り込みに関与していることが明らかになった[16)]。シロイヌナズナの*hak5*破壊株はCsの吸収が野生株に対して50%以下に抑制された（図6）。また，*AtHAK5*のシロイヌナズナでの発現はK欠乏及びNH_4欠乏の条件で増大した。さらに，酵母に*AtHAK5*を発現させた系でのCs吸収はNH_4濃度が低い条件で増大した[16)]。小林らはシロイヌナズナのAt KUP/HAK/KT9が，Kと比較すればわずかであるがCs輸送活性を持つことを大腸菌の発現系解析で明らかにしている[17)]。

植物には，植物栄養素のそれぞれについて異なった輸送体が存在する。Csイオンは陽イオンなので，陽イオンであれば輸送する輸送体が関与する可能性もある。WhiteらはCsの輸送系として，

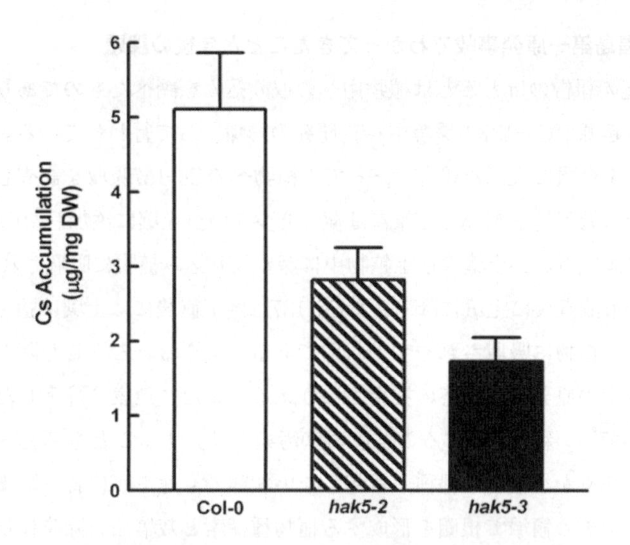

図6　野生株（col-0）およびHAK5破壊株（*athak5*; *hak5-2*, *hak5-3*）のCs蓄積量
発芽6日目の植物体中のCs濃度を示す。野生株および破壊株は低K濃度（0.1 mM），300 μM Cs添加培地で栽培した。
（文献16)より抜粋）

上記のK輸送系に加えて，非選択的な陽イオン輸送体が関与する可能性があることを総説中で述べている[18)]。陽イオンの取り込みに関与する輸送体としてはVICC（膜電位非依存性陽イオン輸送体），KUP（カリウムトランスポーター）DACC/HACC（膜電位依存性陽イオン輸送体），KIRC（内向き正流性Kチャネル）がある。その中でもVICCがもっともCs輸送に関与する可能性が高い[18)]。シロイヌナズナのVICCには大きく分けてAtCNGCとAtGLRの2種類が存在し，CNGCグループには20種のCNGC輸送体がある。著者らは，*AtCNGC17*を大腸菌の発現系に発現させてCsの輸送活性をCs-134の取り込みで調べた結果，Cs輸送活性を見出している[19)]。また，Kanterらは，シロイヌナズナのRIラインのCs濃度差異を指標としてQTL解析した結果，*AtCNGC1*がCsの体内濃度の増加に関与している可能性があることを明らかにした[20)]。加えて，EMSによる変異処理によって複数のCs吸収促進株が獲得されていることから，遺伝子レベルでの変異がCs吸収を制御している可能性が実際に認められている[21)]。

Csの輸送に関与している輸送体が明らかになることによって，輸送体の発現制御，輸送体遺伝子導入植物の作製が可能になり，遺伝子工学的手法によるファイトレメディエーション用植物の開発が可能になってくると考えられる。加えて，Csの細胞への吸収輸送活性ばかりでなく，細胞外への排出輸送活性の研究も重要である。CsはKに比べ果実，肥大根及び種子へ移行しにくい元素ではあるが，可食部への再転流をより低減する上でも，導管や師管への排出機構の解明も視野に入れるべきである。

7.5　おわりに　福島第一原発事故でわかってきたことと今後の課題

Cs-137の植物関連の報告のほとんどは植物中への取り込みを調べたものであり，核実験やチェルノブイリ原発事故起源のCs-137の環境中移行研究の一環として行われている。また，ファイトレメディエーションを念頭に入れた報告であっても植物へのCs-137吸収を調査したのみで実際に土壌中の放射性元素の低下量を調査した報告は極めて少ない。土壌に添加したCs-137は約半年で土壌粒子中に完全に固定され，土壌の粘土鉱物中に深く入り込み植物に吸収されにくくなる[22,23]。言い換えると，原発事故直後に土壌に降下したCs-137は降下直後には土壌に強く結合しないで土壌間隙水中に存在し，植物に吸収されやすい状態であると言える。こうした降下直後の速やかな除染こそ，真の意味での原発事故対応の技術となりえる。また，地表に降下した放射性物質は土壌表層に存在するので[8]，深く耕起することにより汚染を拡大することも考えられる。こうしたことを考慮すると，速やかな植物の播種，耕起しない状態でも速やかに育つ除染植物の探索と栽培法，土壌表面数センチの領域で根圏を形成する植物種探索と栽培法，除染植物の超密植栽培法による除染効率の向上，Cs-137付着繊維を使った種子シートなどの技術開発が非常に重要になる。

また，実際のCs-137は第一段階では植物や建造物などの表面に吸着される。表面に付着したCs-137はそこに留まるか植物体表面の組織に吸収される。表面積が多い植物や葉の表面に毛が多い植物もしくは葉が細かく分枝する針葉樹などは物理的に吸着量が多いと思われるので，大気から降下したCs-137を植物表面に付着させその場に固定する事が出来る植物種の選定もファイトレメディエーションとして重要な技術になる。一般的に植物体表面に付着したCs-137は降雨で土壌に到達するので，降雨前に植物表面から吸収させ固定させることも大切であり，そのための葉面吸収促進液の開発などもファイトレメディエーションの技術として可能性があるものと考える。

Cs-137の植物による吸収は非常に少ない。その意味から，ファイトレメディエーションによるCs-137除染は土壌表層剥離よりも効果が認められないという科学的結果が出た時は土壌の天地起こしなど別の方法を検討する必要がある。しかしながら，汚染現場での住民サイドでは，「少しでも放射性物質の量を減らしたい」とうい感情は当然であり，土壌中の可給態のCs-137を低下させる技術としてのファイトレメディエーションは有望であり，安価で誰でも出来る技術である。そのためにも，栽培後の植物の処理を念頭に入れた技術開発も重要である。

こういった様々な状況の中で，植物の形態と機能，あらゆる環境でも生存できるといった特性などを最大限生かして，原発事故直後から数年にわたって対応できるファイトレメディエーション技術の開発を進めることが今回の福島第一原発事故を教訓として世の中に発信できる新しい技術であると考える。

文　　献

1) M. R. Broadley *et al., Environmental Pollution,* **106**, 341-349 (1999)
2) 山上睦ほか，平成20年度環境科学技術研究所年報，27-29 (2009)
3) 山上睦ほか，平成21年度環境科学技術研究所年報，27-29 (2010)
4) T. Watanabe *et al., New Phytologist,* **174**, 516-523 (2007)
5) M. Fuhrmann *et al., Journal of Environmental Quality,* **32**, 2272-2279 (2003)
6) Evans *et al., Canadian Journal of Plant Science,* **48**, 183-188 (1968)
7) Lasat *et al., Journal of Environmental Quality,* **27**, 165-169 (1998)
8) Arapis *et al., Journal of Environmental Radioactivity,* **34**, 171-185 (1997)
9) 塚田祥文ほか，日本原子力学会2010年春の大会講演要旨，(2010)
10) H. A. Kordan., *New Phytologist,* **101**, 565-569 (1985)
11) N. V. Shalygo *et al., J. Phytochemistry and Photobiology; B,* **42**, 151-158 (1998)
12) 魚住信之，日本土壌肥料学会雑誌，**82**(1)，65-69 (2011)
13) A. M. Ichida *et al., Journal of Membrane Biology,* **151**, 53-62 (1996)
14) M. R. Broadley *et al., Journal of Experimental Botany,* **52**, 839-844 (2001)
15) T. B. Wang *et al., Plant Physiology,* **118**, 651-659 (1998)
16) Z. Qi *et al., Journal of Experimental Botany,* **59**, 595-607 (2008)
17) D. Kobayashi *et al., Bioscience Biotechnology, and Biochemistry,* **74**, 203-205 (2010)
18) P. J. White and M. R. Broadley, *New Phytologist,* **147**, 241-256 (2000)
19) M. Yamagami *et al., XIV International Workshop on Plant Membrane Biology,* Valencia, Spain (2007)
20) U. Kanter *et al., Journal of Experimental Botany,* **61**, 3995-4009 (2010)
21) 山上睦ほか，日本土壌肥料学会京都大会講演要旨，**89** (2009)
22) B. L. Sawhney *et al., Clays and Clay Minerals,* **20**, 93-100 (1972)
23) 武田晃ほか，平成20年度環境科学技術研究所年報，21-23 (2009)

8　植物による重金属類蓄積メカニズムの解明

保倉明子*

ある種の植物は，水や養分を吸収する際に土壌中の重金属も体内に取り込み，高濃度に蓄積することが古くから知られている[1]。近年，重金属汚染された土壌を浄化するためにこれらの重金属超蓄積植物を用いるファイトレメディエーションが，環境にやさしい浄化技術として注目を集めている[2]。一般的に，植物は毒性のある重金属に対して様々な防御機構を持っている[3]。体内で生合成したキレート配位子と重金属との錯体を形成して重金属を毒性の低い化学形態にしたり，特定の組織や細胞，細胞内小器官へ重金属を隔離して無毒化するといわれている。しかしながら，重金属超蓄積植物の場合，汚染土壌で栽培すると，数千ppmもの重金属を蓄積する能力をもっている。なぜこれら特定の植物だけが毒性の高い元素を高濃度に蓄積できるのか，重金属をどこにどのように蓄積するのか，その詳細な機構は良くわかっていない。

これは植物のような複雑な組織をもつ生体試料を非破壊で分析する手法が限られていたことが原因のひとつといえる。そこで著者の研究グループでは，放射光マイクロビームを用いた蛍光X線イメージングとX線吸収微細構造（XAFS）解析により，植物細胞レベルでヒ素やカドミウムなど有害元素の蓄積部位とその化学形態を明らかにし，その蓄積機構を解明することを目的として研究を行っている[4~7]。ここでは，現在までに得られている研究成果の概要を紹介する。分析手法である蛍光X線イメージングやXAFSの詳細については成書[8,9]を参照されたい。

8.1　ヒ素を蓄積する植物―モエジマシダ[10~12]

シダ植物のモエジマシダ（*Pteris vittata* L.）は，ヒ素汚染土壌で栽培すると乾燥重量あたり20,000 ppmものヒ素を蓄積する[13]ため，ヒ素を除去する植物として，米国の会社により商品化されており，我が国でも浄化試験が実施されている（第2章3節参照）。モエジマシダは地下部よりも地上部においてヒ素を高濃度に蓄積することが知られている[13]。この葉の辺縁部には胞子嚢が着床する。辺縁部の一部に胞子嚢が着床している葉を試料とし，放射光マイクロビームを光源とする蛍光X線イメージングを実施し，得られたヒ素およびカリウムの分布を図1に示す。図1(b)に見られるように，ヒ素は胞子嚢が着床した周辺において特に高濃度に蓄積されていることがわかった。そこで葉の切片を作製し，胞子嚢周辺におけるヒ素やカリウム，カルシウムの分布を詳細に調べた。その結果，カリウムやカルシウムは葉の辺縁部にある胞子嚢や胞子に分布しているのに対し，ヒ素は胞子嚢や胞子にはほとんど存在せず，胞子嚢の基部において高濃度に蓄積されていることがわかった[10,11]。一般的には胞子のような生殖に関わる組織ではリン濃度が相対的に高いことから，リンと同族であるヒ素も胞子嚢周辺へ運ばれるものと考えられる。しかし，毒性の高いヒ素はあまり胞子へ移行していないという現象は，植物生理学の観点からも非常に興味深

*　Akiko Hokura　東京電機大学　工学部　環境化学科　准教授

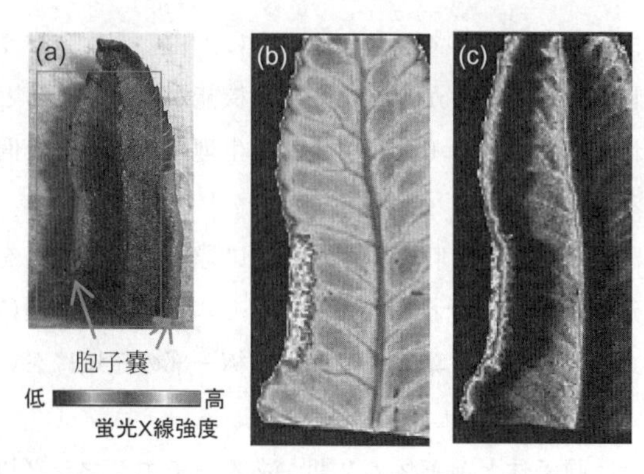

図1　モエジマシダの葉における元素分布
(a)葉の写真と測定範囲，(b)ヒ素，(c)カリウム

図2　ヒ素を蓄積したモエジマシダの測定の様子[10)]

い結果であるといえる。

つぎに植物に吸収されたヒ素の化学状態を調べるため，鉢植えのシダをそのまま生きた状態でヒ素のXAFS測定に用いた[10)]。測定の様子を図2に示す。ビームサイズは約1mm角程度であり，この空間分解能で各部位の化学状態分析を行うことができる。測定箇所は，X線の照射位置を示すレーザーポインターを使って選択・調整した。また栽培に用いたヒ素汚染土壌も測定に供した。

ヒ素のXAFS測定結果を図3(A)に示す。モエジマシダの葉柄や中軸においては3価と5価のヒ素が共存しているのに対し，葉（羽片）ではほとんどのヒ素は3価で存在しており，中軸から葉の基部にかけてヒ素の価数の変化が観察された。このように土壌からシダに取り込まれたヒ素は5価から3価に還元されて，各器官に蓄積している様子が示された。また羽片ではほとんど全てが3価であることから，中軸から羽片へかけて還元作用が働いている可能性が示唆された。シダに取り込まれたヒ素の90％は葉に蓄積されることから，このヒ素の還元機構とヒ素大量蓄積の関連に興味がもたれる。また図3(A)の(k)でみられるように，古い羽片（やや枯れはじめていた）では，ヒ素は5価で存在していた。羽片が古くなり生理機能が衰えてくると，ヒ素は3価から5価へ酸化されると考えられる。つまり，モエジマシダは生理機能が活性な間は，ヒ素を3価の状態で保つ機構を持っている。

さらにヒ素の化学種によってX線吸収端エネルギーに違いがあることを利用し，選択励起することで化学種別の2次元分布測定も行われている[14]。モエジマシダの葉において，主なヒ素の化学種は亜ヒ酸イオンであるが，茎から葉へ分配される極一部の領域において，硫黄と結合した3価のヒ素が見出されている。

シダ植物の生活環では，胞子体と前葉体の2期がある。モエジマシダ以外のシダにおけるヒ素の蓄積機構にも興味を持ち，モエジマシダ，オオバノイノモトソウ（*Pteris cretica*），ヘビノネゴザ（*Athyrium yokoscense*）の3種のシダの前葉体に5価のヒ素を添加して栽培し，ヒ素の化学形態分析を行った[12]。結果を図3(B)に示す。

5価のヒ素を添加して栽培したが，いずれのシダについても前葉体に取り込まれたヒ素は5価から3価へ還元されていた。モエジマシダおよびオオバノイノモトソウにおいては，参照物質との比較により，ヒ素は亜ヒ酸イオンの形態であると推定された。一方，ヘビノネゴザにおいては，ピークトップが亜ヒ酸イオンよりも低エネルギー側に現れ，As_2S_3のピークトップとほぼ一致し

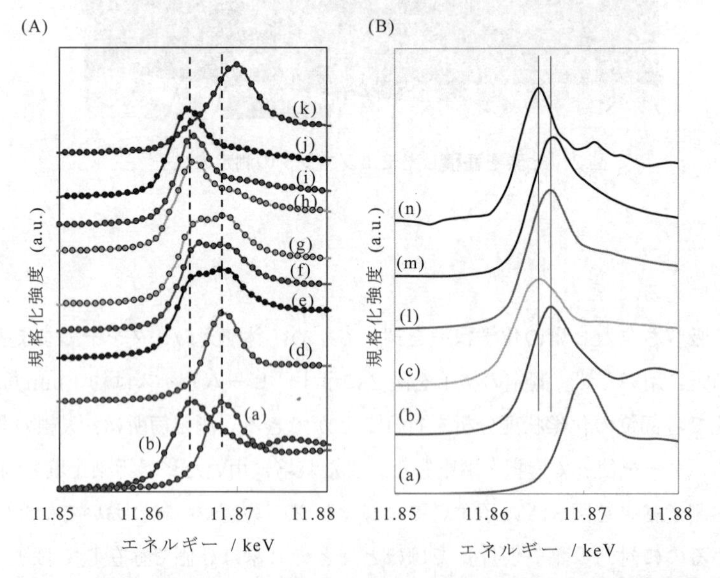

図3　モエジマシダ胞子体におけるヒ素のXAFSスペクトル[10](A)および3種のシダ前葉体におけるヒ素のXAFSスペクトル[12](B)

(a)KH_2AsO_4，(b)As_2O_3，(c)As_2S_3，(d)ヒ素汚染土壌，(e)葉柄，(f)中軸の中程，(g)中軸の上部，(h)葉の基部，(i)葉の先端，(j)葉の辺縁部，(k)古い葉，(l)モエジマシダ前葉体，(m)オオバノイノモトソウ前葉体，(n)ヘビノネゴザ前葉体

た。ヘビノネゴザの前葉体に取り込まれたヒ素は，他のシダ2種とは異なり，硫黄と結合した化学形態で存在していることがわかった[12]。ヘビノネゴザのヒ素耐性およびヒ素の蓄積能は，モエジマシダやオオバノイノモトソウと比較すると低い。このようなヒ素の化学形態の違いは，ヒ素蓄積機構の違いを反映していると推察される。

8.2　カドミウムを蓄積する植物―ハクサンハタザオ[15,16]

アブラナ科のハクサンハタザオ（*Arabidopsis halleri* ssp. *gemmifera*）は，生育の過程で体内に取り込んだ亜鉛やカドミウムを数千ppmという高濃度で蓄積していることが見出されている[17]。そこで，カドミウムを含む培養液でハクサンハタザオを栽培して，葉の分析を行った。その結果，カドミウムは葉の表面にある毛状突起細胞（トライコーム）において高濃度に蓄積されていることがわかった（図4）。一細胞からなるトライコームの中でも特に分岐下部において蓄積しており，この蓄積部位には亜鉛と正の相関が見られたことから，カドミウムの蓄積機構には同族元素である亜鉛との関連が示唆された。カルシウムがトライコーム先端に分布していることと対照的であり，その蓄積機構は非常に興味深い。

さらにX線マイクロビームを用いて，図4(b)の(i)～(iii)の点において，トライコームの細胞内に蓄積されたカドミウムの化学形態を調べたところ，酸素あるいは窒素と結合した化学種であることがわかった。このように高エネルギー放射光X線マイクロビームを利用することで，細胞内におけるカドミウムの分布と化学形態を初めて明らかにすることに成功した。従来，植物内におけるカドミウムの無毒化機構として，カドミウムはシステイン（Cys）やファイトケラチン（$(\gamma$-Glu-Cys$)_n$-Gly）などのチオール基と結合した化学種で存在するといわれていたが，カドミウムの高蓄積能を有するハクサンハタザオのトライコームにおいては，このような化学種ではなく酸素

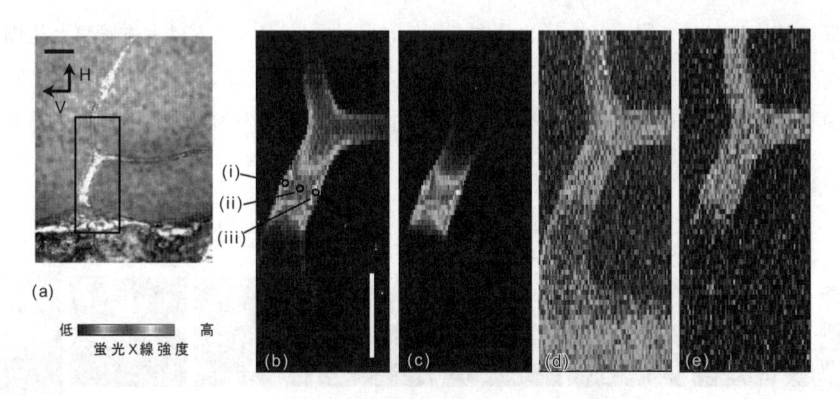

図4　ハクサンハタザオのトライコームにおける元素分布[16]

(a)トライコームの顕微鏡写真と測定範囲，スケールバー：50 μm，(b)カドミウム，(c)亜鉛，(d)カルシウム，(e)マンガンの分布。(i)-(iii)におけるカドミウムの化学形態分析を行った。

あるいは窒素と結合した化学種であるという知見は非常に興味深い。

8.3　カドミウムを蓄積する植物―イネ[18]

イネは比較的カドミウム汚染土壌でも生育することができるので，その結果として体内（玄米）にカドミウムを取り込んでしまう。我が国では，食品衛生法により玄米中のカドミウム許容濃度（1 ppm）を設定していたが，2005年には国際的なCodex Alimentarius委員会によって精米中のカドミウム基準値が0.4 ppmと定められた。現在，この基準値を超えるものは焼却処分されている。玄米に取り込まれるカドミウムの濃度は，様々な環境の影響をうけるが，イネの品種によっても，その蓄積量は異なることが報告されている[19]。一般的にイネのモデル品種として用いられる『日本晴（*Oryza sativa* L.cv.*Nipponbare*)』と比較すると，『密陽23号（*Oryza sativa* L. cv.*Milyang* 23)』，『ハバタキ（*Oryza sativa* L.cv.*Habataki*)』などの品種では，地下部のカドミウム濃度に対して地上部のカドミウム濃度が高いことが知られている。このように地上部においてカドミウムを蓄積する品種は，食用には適さないが，重金属を蓄積させた後に植物を刈り取るファイトレメディエーション技術においては，実用性が高く，応用が期待されている。イネ植物は栽培法が確立され，機械化により収穫しやすいという利点もある。

イネ体内へのカドミウムの移動は主として維管束系を経て行われる。このような植物における元素の取り込みを解明するため，植物体に陽電子を発生する放射性トレーサーを投与し，連続的にその分布画像を取得できるポジトロンイメージング技術（PETIS）の開発が進んでいる。PETIS法により生きたイネにおける元素の動態分析を行ったところ，若いイネでは，根で吸収されたカドミウムがおよそ1時間で茎に到達したが，さらに上部の葉への移行は非常に遅く，多くのカドミウムは茎の一部にとどまっていることが明らかになってきた[20]。PETISの空間分解能は2 mm程度であるので，さらに茎におけるカドミウムの蓄積部位を組織レベルで特定するため，放射光X線マイクロビームを用いる蛍光X線イメージングを行った[18]。

イネの茎の切片において得られた元素分布を図5に示す。カドミウムは大維管束と辺周部維管束環そして一部の柔組織に見られることがわかった。それに対して，マンガンは葉鞘と呼ばれ葉になる部位に，銅は維管束に，鉄は骨格となる表皮に，亜鉛は銅の周りの柔組織に多く分布して

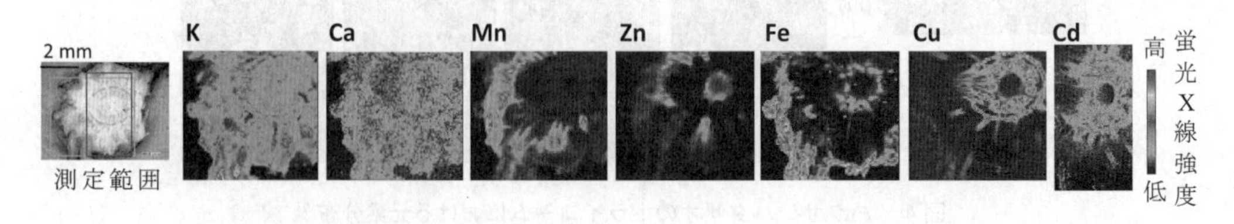

図5　イネ（日本晴）の茎における放射光マイクロビーム蛍光X線分析結果[18]

試料：21日間土耕で栽培した後，3 ppmのCdを含む培養液を添加して栽培したイネの茎

Cdの測定範囲：縦3.8×横2.56 mm，それ以外の元素の測定範囲：縦4.0×横4.4 mm

いた。必須元素を輸送する機構は元素によって異なるが，各部位における分布は必須元素の機能に対応していると考えられる。カドミウムが維管束に分布しているということは，葉へ移行する途中であるか，あるいは維管束中の組織内に金属を封鎖（コンパートメンテーション）している可能性が示唆される。これはPETISによる先行研究[20]と一致している。また，カドミウムの分布に関しては銅の分布に類似しており，他の必須元素とは違う分布が示された。カドミウムの超集積植物であるハクサンハタザオでは，カドミウムの分布は同族で必須元素の亜鉛と高い相関が示された[15,16]が，イネではこのようにカドミウムと銅の分布に相関が見られることから，ハクサンハタザオとは異なる蓄積機構を持つようである。本研究により，イネ植物におけるカドミウムを輸送する機構は，銅の輸送機構と何らかの関係をもつ新たな可能性が示されたといえよう。

8.4　おわりに

以上のように，放射光X線マイクロビームを用いる蛍光X線イメージングは非破壊分析が可能なので，生きた植物をそのまま分析し，「そのままの」状態に関する知見を得ることができる。またXAFSにより，高い空間分解能（1 μm）をもつ化学状態分析が実現され，植物のような複雑な高次構造を持つ試料における元素の動態解明に役立っている。現在，X線ナノビームの開発が進んでおり，特定の組織や細胞，オルガネラにおける元素の分布とその化学形態に関する情報が得られるようになるだろう。一方で，植物がもつ金属輸送体遺伝子は動物においても重金属の輸送に関わる遺伝子であり，発がん性との関連からも注目されている。今後は遺伝子の情報が明確な植物細胞を対象とすることで，放射光X線分析と分子生物学的アプローチを融合させた新しい研究の展開が期待される。

文　　献

1) H. L. Cannon, *Science*, **132**, 591 (1960)
2) I. Raskin and B. D. Ensley, ed., “Phytoremediation of Toxic Metals: Using Plants to Clean Up the Environment”, John Wiley & Sons, Inc. (1999)
3) L. Taiz, E. Zeiger, ed., “Plant Physiology”, 3rd edition, Sinauer Associates, Inc., Publishers (2002)
4) 保倉明子，中井泉，ぶんせき，(11), 622 (2005)
5) 保倉明子，ぶんせき，(9), 476-480 (2009)
6) 保倉明子，ぶんせき，(7), 397 (2011)
7) 保倉明子，北島信行，寺田靖子，中井泉，放射光，**23**(2), 69 (2010)
8) 中井泉編，蛍光X線分析の実際，朝倉書店 (2005)
9) 太田俊明編，X線吸収分光法―XAFSとその応用―，アイピーシー (2002)

10) A. Hokura *et al., J. Anal. Atomic Spectrom.*, **21**, 321 (2006)
11) N. Kitajima *et al., Chem. Lett.*, **37**, 32 (2008)
12) T. Kashiwabara *et al., Metallomics*, **2**, 261 (2010)
13) L. Q. Ma *et al., Nature*, **409**, 579 (2001)
14) I. J. Pickering *et al., Environ. Sci. Technol.*, **40**, 5010 (2006)
15) A. Hokura *et al., Chem. Lett.*, **35**, 1246 (2006)
16) N. Fukuda *et al., J. Anal. At. Spectrom.*, **23**, 1068 (2008)
17) H. Kubota and C. Takenaka, *Int. J. Phytorem.*, **5**, 197 (2003)
18) 山岡和希子ほか，分析化学，**59**, 463 (2010)
19) J. Liu *et al., J. Sci. Food Agr.*, **85**, 147 (2005)
20) S. Fujimaki *et al., Plant Physiol.*, **152**, 1796 (2010)

第3章　植物を利用した排ガス処理・大気環境保全技術

1　サンパチェンス®による大気汚染物質の浄化

浦野　豊*

1.1　はじめに

サンパチェンス（*Impatiens hybrida hort.*）（写真1）は㈱サカタのタネがインパチェンス属の種間雑種として開発した栄養系の新品種であり，2006年より商品として販売されている。サンパチェンスはインパチェンスと異なり開花期が日本の場合春先から晩秋までと長く，直射日光に強く高温にも耐え夏期を通じて花が咲き誇るので鑑賞価値が高い園芸植物として人気がある。日本では園芸的に一年草としての扱いだが本来は多年草で，霜害のない状態では越冬して生育を続ける。例えば温室内で育成した3年生の1株として高さ約2m，株直径約1.5mを記録している[1,2)]。しかしながら，灌水を怠るとすぐにしおれてしまうほど水分要求量の多い植物でもあり[1)]，養分要求量も一般の園芸植物に比較するとかなり多い。このことはサンパチェンスの代謝機能が高いことを意味する。

本研究ではサンパチェンスのこの代謝機能の高さに着目し，一般の園芸植物と比較した大気汚染物質の吸収能力を知るために，チェンバー実験や一般居室内での実験を行った。

大気汚染物質としては，排気ガスによる大気汚染物質の代表である二酸化窒素（以下NO_2）とシックハウス症候群の原因物質のひとつであるホルムアルデヒド（以下HCHO）を対象とした。

植物は一般に大気汚染物質であるNO_2やHCHOなどの有害ガスを吸収浄化する機能を持ちあわせているが，その程度は種によって異なり[3)]，一般に成長が速く代謝機能の高い植物ほど吸収浄化能力が高いと考えられている[4)]。本実験ではサンパチェンスの比較植物として，我々の生活圏で最も身近な園芸植物の代表的な種であるインパチェンス，ニューギニアインパチェンス，ポトス，サンセベリアを用いた。

写真1　サンパチェンス オレンジ

---

*　Yutaka Urano　東京大学　大学院農学生命科学研究科　生物・環境工学専攻
生物環境情報工学研究室　農学研究員

1.2　実験の方法

1.2.1　サンプルとチェンバー

サンプルとして，サンパチェンスの他に一般的な園芸植物としてインパチェンス，ニューギニアインパチェンス，ポトス，サンセベリアを準備した。実験に使用した植物はチェンバーに対して適切な大きさの鉢植えで，一律30～40 cm程度の草丈のものを複数個体準備し，繰り返し実験を行った。なお，サンパチェンスにはオレンジ，ホワイト，ラベンダー，斑入りサーモンなどがありそれぞれを実験に用いたが，特に断りがない限り実験値としてはそれらの平均値を用いている。

実験用に用いたチェンバーは約1 m^3のアクリル樹脂製で，上部には補助照明を設置した（写真2）。チェンバー内の植物位置で光合成光量子束密度（以下，PPFD : photosynthetic photon flux density）として最大約400 μmol m^{-2} s^{-1}を確保し，必要に応じて減光できるようにした。なお，日本の真夏の直射日光下でのPPFDは約2,000 μmol m^{-2} s^{-1}であるので，強光を好むサンパチェンスのような植物には少なめの光量である。

チェンバー内では内部の気体を均一にするためにファンを稼働させ，また，湿度過剰で植物葉でのガス交換が抑制されるのを防ぐため，実験毎に乾燥シリカゲルを封入し実験中の湿度を80%前後に保った。

コントロール実験では，植物入り植木鉢を除いた状態，植物なしで湿った土入りの植木鉢だけの場合の双方で行い，シリカゲルやファン，アクリルケース，架台，さらに湿った土など植物以外の物質によるNO_2とHCHOの吸収や吸着による濃度の減少がないことをあらかじめ確認した。

計測中はチェンバー内に引き込んだチューブを通じて計測機により内部の気体が随時吸引されるが，その気体の容量は1分間に数ml程度であり，数時間程度の実験時間ではチェンバー内大気の置換はほんのわずかのため，濃度低下に至るほどの影響はなかった。

写真2　実験に使用したチェンバー

チェンバー横には試薬を入れるための約10 cm四方の扉があり，実験開始直前にそこから試薬を注入し封をし，試薬濃度が一定になったところで実験を開始した。

実験後には植物の葉面積を計測し，比較する植物同士の葉面積が一定になるように数値を補正した。

1.2.2　試薬

試薬のNO_2については旧型ガソリン車の排気ガスをビニール袋に捕獲して使用した。排気ガスとしては内燃機関からの排気直後に一酸化窒素（NO）が多く含まれるが，大気中に放出された後直ちに酸化されるので，一般に排気ガスの主成分はNO_2とみなされている。

交通量の多い交差点付近などで大気汚染物質計測がNO_2を対象としているのはこのためである。なお，NO_2は直接的にはヒトの呼吸器系統へ悪影響を及ぼし，また間接的には光化学スモッグの原因物質のひとつとなる。

試薬として使用したガソリン車の排気ガスを実験開始前に計測するとNO_2はかなり高濃度であったため空気で希釈し，注入した直後の実験開始時点でチェンバー内のNO_2濃度が約2ppmとなるように設定した。なお，日本の環境基準におけるNO_2濃度は0.04〜0.06ppmの範囲以下であるので，準備した2ppmは環境基準値の約15〜25倍の濃度に相当する。

試薬のHCHOについてはホルムアルデヒド水溶液を少量用い，その揮発によってチェンバー内のHCHO濃度が実験開始時点で濃度約2ppmとなるように設定した。HCHO濃度の日本の環境基準値は0.08ppm以下であるので，準備した2ppmは環境基準値の約25倍に相当する。

なお，HCHOはシックハウス症候群の原因物質のひとつで，日本では厚生労働省により濃度指針値のある物質と指定されており使用制限が設けられているが，建築産業の活動が著しい発展途上国の中には安価という理由などで今もなお内装建材の接着剤などの溶剤として使われている国もある。

過去の研究によるとNO_2とHCHOはもともと植物葉によく吸収されるガスと認識されており，樹木（幼木）ですでに実験されている[4)]。特に成長が速い樹種が大気汚染物質吸収浄化に優れているとの結果が出ており，サンパチェンスもその成長速度の速さにより，優れた大気汚染物質吸収浄化能力があるものと推測した。

1.2.3　実験

試薬をチェンバー内に封入し，その濃度が安定したことを確認した後，計測機を用いて時間経過による濃度変化を計測した。NO_2計測機はHORIBA APNA-360，HCHO計測機は新コスモ電機XP-308Bを用いた。

NO_2のチェンバー実験では，PPFD400 μmol m^{-2} s^{-1}から200 μmol m^{-2} s^{-1}まで光量を調節することにより吸収速度の違いも調べた。

さらに，より実際的な環境での大気汚染物質の浄化能力を知るために，チェンバー実験だけでなく一般的な居室でも実験を行った。

NO_2の居室実験では，密閉した容積約60 m^3の部屋に植物を10鉢設置し，植物上部に人工照明を設置し，植物位置でチェンバー実験と同等のPPFD約400 μmol m^{-2} s^{-1}光量を確保した。その室内にNO_2試薬を投入し，NO_2濃度約1ppm（環境基準の約15〜25倍）を開始濃度として時間経過による濃度変化を測定した。

HCHOの居室実験では，約21 m^3の居室を密閉した後，植物を5鉢設置し，同じく植物位置でPPFD約400 μmol m^{-2} s^{-1}の光量を確保した。その居室にHCHO試薬を投入し，HCHO濃度約0.60ppm（環境基準の約8倍）を開始濃度として，時間経過による濃度変化を計測した。

チェンバー実験では1回につき実験時間1〜2時間程度を目安としたが，吸収速度の遅い植物については最大6時間継続して実験を行ったものもある。居室実験では1回につき3〜5時間かけた。なお，植物の光合成は光に順応して一定になるまである程度の時間が必要なので，実験開始の少なくとも30分前に実験で照射する同程度の光を植物に当て，あらかじめ光合成速度を一定にさせるようにした。

1.2.4　気孔の計測

光学顕微鏡を用いてサンパチェンスの葉における単位面積当たりの気孔数および大きさを計測した。サンパチェンスの近種であるインパチェンスについても比較のために計測した。植物におけるガス交換は葉面の気孔によるので，植物葉の単位面積あたりの気孔面積を比較する目的で行った。

1.3　結果

1.3.1　二酸化窒素（NO_2）吸収浄化実験

実験開始直後からサンパチェンスは顕著な吸収能力を見せ，約５分で当初濃度を半減させた。比較植物として用いた従来の園芸植物インパチェンス，ニューギニアインパチェンス，ポトスはほぼ同様の吸収能力をみせ，その平均半減期は約40分であり，サンパチェンスとの差は約８倍であった。また，サンセベリアはコントロールとほとんど変わらない結果を示した。その後サンパチェンスは約25分で環境基準濃度の上限値である0.06 ppmに達した。一方，従来の園芸植物は１時間以上経過しても環境基準には到達しなかった（図１）。

次に，PPFDを最小約200 μmol m^{-2} s^{-1}から最大約400 μmol m^{-2} s^{-1}まで段階的に変え，サンパチェンスのNO_2吸収速度を計測した。その結果，サンパチェンスは光が強いほど吸収速度が速くなることがわかった（図２）。サンパチェンスは直射日光に強い特性を持つ園芸植物で，この特

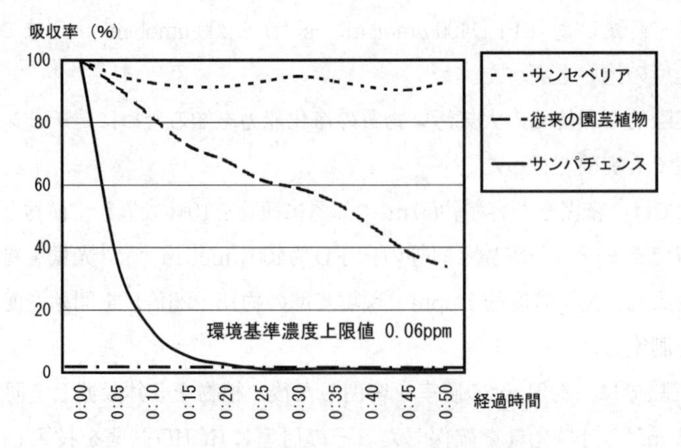

図１　NO_2吸収曲線

比較植物として，従来の園芸植物としてほぼ同様の吸収能力をみせたインパチェンス，ニューギニアインパチェンス，ポトスの平均値，そしてサンセベリアを用いた。開始濃度２ppmを100%としたときの，時間経過によるNO_2吸収曲線

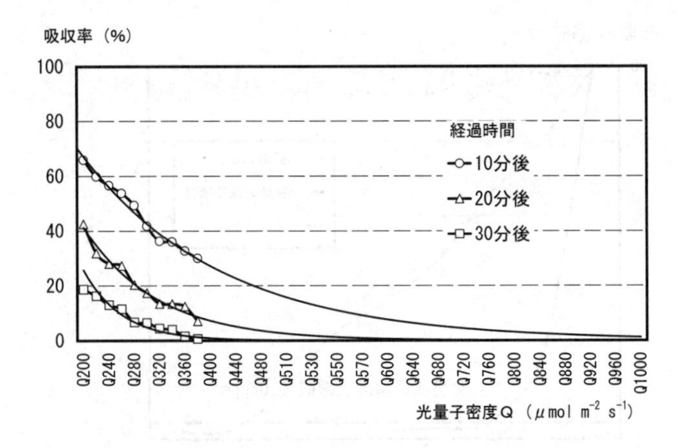

図２　サンパチェンスの経過時間別，光量子密度とNO_2吸収率の関係，およびその変化予測

性が示すように光が強いほど光合成速度が速くなると考えられる。

しかしながら本実験での最大PPFD400 μmol m^{-2} s^{-1}程度の光量は，2,000 μmol m^{-2} s^{-1}にも達する夏場の直射日光と比較すると不十分な光量である。サンパチェンスの光飽和点はかなり高いと考えられるので，さらに強い光で実験すればNO_2吸収速度もさらに速くなると考えられる。ただし，居室内にてNO_2吸収浄化を期待する場合は屋外のように強光条件が整わない場合が多いので，今回の光条件件下での吸収速度が参考になるであろう。

1.3.2　ホルムアルデヒド（HCHO）吸収浄化実験

実験開始直後からサンパチェンスは顕著な吸収能力を見せ，約30分で当初濃度を半減させた。比較植物として用いた従来の園芸植物インパチェンス，ニューギニアインパチェンス，ポトスはほぼ同等の吸収能力をみせ，その平均半減期は約２時間であったので，その差は約４倍である。その後サンパチェンスは約１時間40分で環境基準濃度である0.08 ppmに達した。一方，従来の園芸植物の平均値としては約５時間経過後にようやく環境基準に達した（図３）。

1.3.3　一般居室における吸収浄化実験

容積が約60 m^{3}の居室でNO_2吸収浄化実験を行った結果，約３時間で環境基準の0.04～0.06 ppmの範囲以下に達した（図４）。また，ニューギニアインパチェンスを比較植物として容積約21 m^{3}の居室でHCHO吸収浄化実験を行った結果，５時間足らずで環境基準に達した（図５）。使用したサンパチェンスの鉢数は容積が約60 m^{3}の居室で10鉢，容積が約21 m^{3}の居室で５鉢とやや多かったものの，日常的に使用する居室内でも時間をかければ環境基準以下にまで大気を浄化できることがわかった。

1.3.4　気孔の計測

インパチェンスと比較すると，サンパチェンスの気孔は単位面積あたりの気孔数が多く，大きさも上回っていた（写真３）。また。指標値（長径×短径×気孔数）としての気孔面積も，約1.5

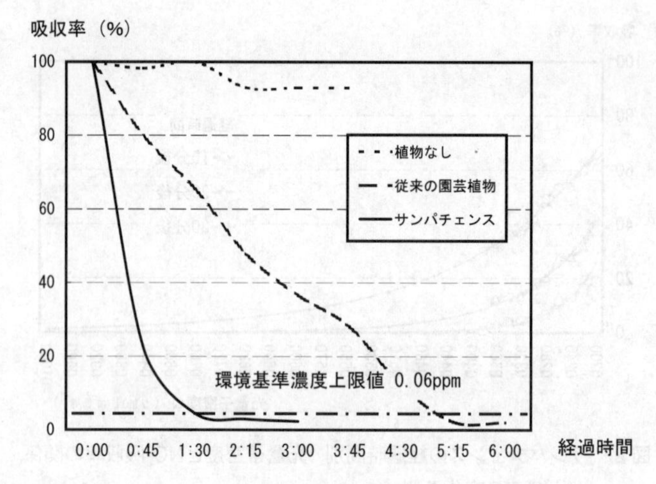

図３　HCHO吸収曲線
従来の園芸植物としてはインパチェンス，ニューギニアインパチェンス，ポトスの平均値を用いた。開始濃度２ppmを100%としたときの，時間経過によるHCHO吸収曲線

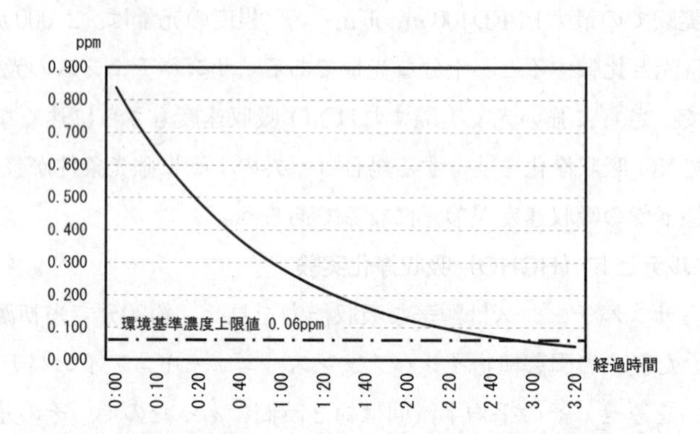

図４　容積約60 m^{3}の居室でのサンパチェンスのNO_2吸収曲線

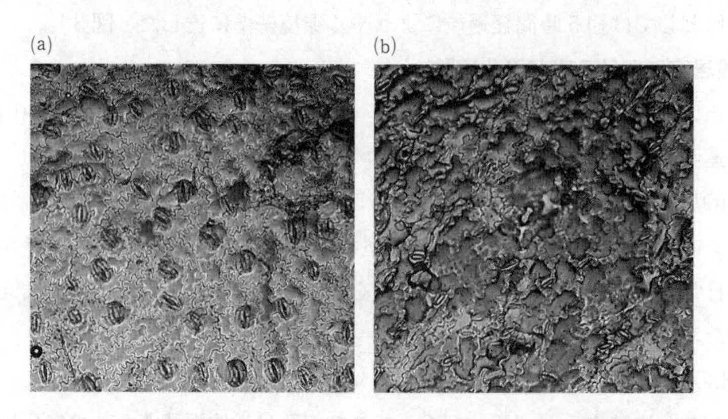

写真３　サンパチェンス(a)とインパチェンス(b)の気孔の光学顕微鏡写真
左右各写真サイズ正方形の１辺は約0.5 mm

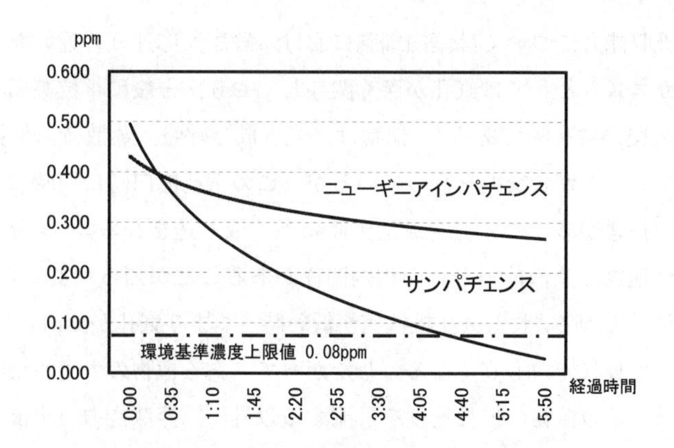

図５　容積約21 m^3の居室でのサンパチェンスのHCHO吸収曲線
（ニューギニアインパチェンスとの比較）

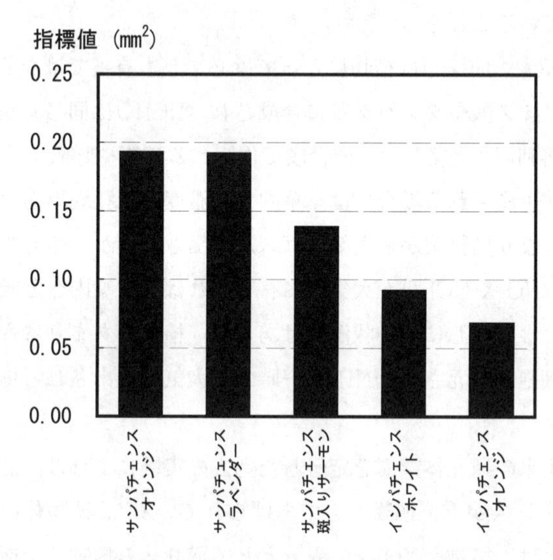

図６　１ mm^2あたりの気孔面積（指標値mm^2として）指標値＝長径×短径×気孔数

～3.0倍大きいことがわかった（図６）。気孔はガス交換が行われる器官であるので，一般に単位面積あたりの気孔面積が大きいほど大気汚染物質の吸収に有利である。

1.4　まとめ

サンパチェンスは園芸植物の代表的な種であるインパチェンス，ニューギニアインパチェンス，ポトスの平均値と比較してNO_2で５～８倍，HCHOで３～４倍吸収浄化能力が高かった。また，光学顕微鏡によるインパチェンスとの気孔の比較計測では，サンパチェンスの気孔数と面積が単位面積あたりの指標値として約1.5～3.0倍上回っていた。

大気汚染物質の吸収能力については葉内細胞における酵素反応速度の違いなどの要因も考えられるが，吸収のメカニズムとしては気孔が深く関与しており，一般に単位葉面積あたりの気孔面積が大きいほどガス交換に有利である[9]。植物は，光合成，呼吸，蒸散時に気孔を通じて二酸化炭素，酸素，水蒸気などのガス交換を行っているが，この気孔開口時に同時に大気汚染物質が吸収され，特にガス交換量が多くなる光合成活動時に多く取り込まれる[5]。また，NO_2やHCHOのガス吸収能力の差は植物の蒸散能力と正の相関関係があることが知られており[4]，植物の蒸散能力は気孔コンダクタンスと呼ばれる気孔抵抗値が低い時，つまり気孔が開口している時ほど高く，この時大気汚染物質の吸収能力も高くなる。したがって，ある植物の大気汚染物質の吸収能力の目安を知るためには，その植物の成長速度を計測する以外に，蒸散能力（単位時間当たりに根から吸収する水分量＝蒸散量）を調べるのもひとつの方法である[1]。

NO_2やHCHOなどの大気汚染物質の植物による吸収は，その汚染物質の水への溶解度に依存しないことがわかっており，このことはガス吸収が葉内細胞の水への溶解ではなく葉内細胞での酵素反応や分解に依存していることを示す[4,6,7]。

人間にとって有害なNO_2やHCHOは植物にとっては必ずしも有害ではなく，NO_2は葉内細胞における酵素反応によりアミノ酸やタンパク質に合成され，HCHOは同じく葉内細胞でCO_2に酸化された後に植物体内で再利用される[4,6,7]。光合成で作られる酸素や呼吸で作られる二酸化炭素のように葉内細胞でガスが生産される場合には，葉内ガス濃度（気孔底界面でのガス濃度）が大気中のガス濃度よりも高くなり植物葉から大気へガスが放出されるが，NO_2やHCHOは葉内で生産されることはないため，NO_2やHCHOが大気中に存在すれば必ず葉内へと吸収される一方向性を示す。ちなみに自然界では発生しにくい状況ではあるが，植物があまりにも高濃度のNO_2に遭遇し吸収した場合，葉内細胞で還元されたNH_3が一時的に大気に放出される場合があるとの実験報告もある[4]。

植物体におけるNO_2由来の還元体窒素を定量した過去の実験によれば，園芸植物の窒素吸収固定能力としてインパチェンスが上位植物としてあげられている[8]。植物体にNO_2由来の還元体窒素が存在するということは，植物がNO_2を栄養分として取り込み植物体を構成する窒素化合物として固定していることを意味する。したがって，本研究の結果により，サンパチェンスのNO_2由来の還元体窒素固定量は，過去の研究では上位であったインパチェンスをはるかに上回ることが予測できる。

以上のような考察と実験結果により，サンパチェンスは強光を必要とする園芸植物のため居室内ではある程度光条件を整える必要があるものの，居室内と屋外の双方でファイトレメディエーション（植物による環境浄化技術）として大気汚染物質を浄化する能力があると判断できる。

サンパチェンスはもとよりその花の美しさ，開花期間の長さ，高温耐性の特徴を有し，園芸品種としての価値が高い植物で，それらの特徴に加え大気汚染物質の浄化能力が高いとなれば今後さらに有用な園芸植物として位置づけられることになるだろう[1,2,9]。しかしながら，サンパチェンス以外の植物でも成長が速く代謝が旺盛な植物であれば，サンパチェンスと同等かそれ以上の機能を持ちあわせる可能性がある。今後植物を大気汚染物質浄化目的で扱うならば，今回のような園芸植物に限らず，成長速度や蒸散能力が高いと思われるあらゆる植物に対して同様の実験を行いあらかじめスクリーニングしておくことが有意義かもしれない。そして今後，サンパチェンスのような大気汚染物質の浄化能力が高い植物を「環境浄化植物」と位置付け，屋外ではたとえば交通量の多い交差点付近や駐車場などで，また居室内ではオフィスルームや一般リビングルームなどでNO_2やHCHOの吸収浄化に活用することが期待できるであろう。

文　　献

1) Y. Urano *et al.*, Proceedings of APGC Symposium 'Plant Functioning in a Changing Global Environment', P.47 (2008)
2) 浦野豊，サカタのタネ会報誌「園芸通信」，2008年6月号，㈱サカタのタネ，18-19 (2008)
3) W. H. Smith, Pollutant uptake by plants, In: Air pollution and plant life, 417-450, Wiley Chichester (1984)
4) 長野敏英，大政謙次編，新農業気象・環境学，朝倉書店，192-195 (2005)
5) E. Zeiger *et al.*, *Stomatal function,* **503**, Stanford University Press (1987)
6) K. Omasa *et al.*, Air Pollution and Plant Biotechnology, Springer-Verlag (2002)
7) K. Omasa *et al.*, Special Issue Global Change, *Phyton,* **42**(3), 135-148 (2002)
8) 今中忠行ら，植物による環境負荷低減技術―ファイトレメディエーション―，エヌ・ティー・エス (2000)
9) 浦野豊，サカタのタネ会報誌「園芸通信」，2008年5月号，㈱サカタのタネ，20-21 (2008)

2　植物による大気汚染物質の浄化と植物育成への応用 ―ファイトレメディエーションの実用化に向けて―

早川信一*

2.1　はじめに

これまで人間の便利さの追求により，地球の環境は大きく変化し様々な問題を抱えるようになった。国の規制や企業努力によって一見改善しているように見える環境問題も，地球規模の温暖化や異常気象，エネルギー問題や放射能汚染など，その深刻さは目に見て実感することができる。

ここでは，大気汚染問題を引き起こす原因の1つである排気ガスに焦点を当て，ファイトレメディエーションと呼ばれる植物を利用した環境浄化の方法と，排気ガスの有効活用による大気浄化研究について報告したい。

なお，この研究は2001年5月～2009年3月までに行われた研究を基に整理したものである。

2.2　研究の目的

植物に排気ガスを与えた場合，植物は排気ガスを吸収できるか。それは環境浄化に繋がるのか。またその場合，排気ガス中の窒素化合物を栄養源として有効に利用することができるかを検証する。さらに，排気ガスを街路樹・プランター植物へ吸収させ，その実用化について提案する。

2.3　ファイトレメディエーションとの関係について

ファイトレメディエーションとは，植物の根から水分や養分を吸収する能力を利用し，土壌や地下水に含まれる有害物質の除去を行うことなどを言う。本研究は，一般に用いられる土壌浄化の方法としてのファイトレメディエーションを，大気浄化へと応用したことから研究が始まった。

排気ガスに含まれ，酸性雨などの原因とされているものに窒素酸化物がある。一方，植物の生長に必要なものに窒素がある。そのことに注目し，植物に排気ガスを与えることで窒素酸化物が有効に利用され，同時に大気浄化が図れるのではないかと考えた。

自然界では窒素循環が行われることによって生態系が維持されている。この循環における「窒素」を「窒素化合物」に置き換えたとき，同様に栄養源として吸収させることで大気浄化にも結びつくと仮説を立てた。

2.4　排気ガスの封入実験

排気ガスの影響により植物が枯死しないか，植物に排気ガスを吸収する能力があるのかを確かめるために屋内の密閉空間において排気ガスの封入実験を行った。

ガスの封入方法は次の二つの方法で行った。植物が光合成を行う際に気孔から空気中の二酸化炭素を吸収する。この時同時に窒素化合物を吸収させる経路（方法①）の，水分や他の養分を根

---

*　Shinichi Hayakawa　東京都立多摩科学技術高等学校　副校長

から吸収する際，窒素化合物も土壌中に溶け込んだイオンなどの形で吸収する経路（方法②）の二つを考えた。

2.4.1　実験方法

①　空気中にガスを封入し，吸収させる場合

全面をアクリル板で覆った密閉できる箱に穴を開け，ガスを送り込めるようにした。そこに，小鉢に植えた各種植物を置き，育成した（図１）。

②　土壌中にガスを封入し，根から吸収させる場合

①と同様の箱に，土壌を入れ，植物を直接植え込んだ。土壌中には多数の穴があいたパイプを通し，そこから排気ガスを封入した。

どちらの場合も，封入用の排気ガスは４サイクルガソリンエンジンより排出されるものをゴミ袋に捕集し，金魚ポンプを用いて装置内に送り込んだ。

2.4.2　分析手順

植物の葉を乳鉢で潰し，25 ml純水で抽出後，遠心分離機で試料を分離し，吸引ろ過を行う。ろ液を100倍希釈して，0.45 μmメンブランフィルターでろ過後，イオンクロマトグラフ（IC：島津製作所製LC-10 A）分析装置で分析した。

2.4.3　結果・考察

排気ガスを土壌に封入させることで，実験前の化学物質含有量に比べ，サルビア，ジャノヒゲ，スズランなどは効果的に窒素化合物を吸収していた（図２）。表１に各植物の分析結果を示す。また，空気中から排気ガスを封入した植物の窒素含有量は，土壌中から封入した場合よりも劣っていた。気孔から取り込む量が少量で，効率よく吸収されなかったようである。

空気中の窒素は，一度土壌に吸収されてから利用されている可能性も考えられるが，今後の研究が必要である。

サルビアの排気ガス封入の経過結果では，封入２日後に葉が垂れ，一時的にしおれる状態になった。しかし，屋外で日光に当てることで葉の状態が良くなり，ガスの封入を繰り返すことにより，

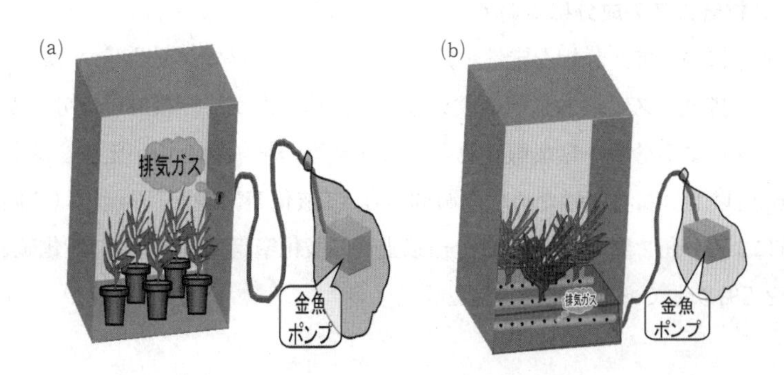

図１　排気ガス封入装置
(a)空気中装置，(b)土壌中装置

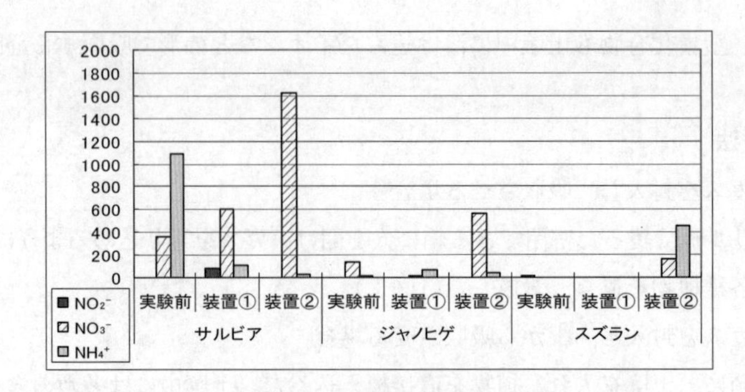

図2　化学物質含有量比較

表1　装置Ⅱへの排気ガスの封入結果（装置Ⅱ・土壌へ）

植物・化学物質	NO_2^- (ppb)	NO_3^- (ppb)	NH_4^+ (ppb)	K^+ (ppb)	PO_4^{3-} (ppb)
キク	0.00	853.11	15.38	6024.71	511.09
サルビア	0.00	1628.03	30.09	6639.92	501.89
ジャノヒゲ	0.00	559.19	43.02	4851.38	726.15
スズラン	0.00	161.90	456.70	10417.87	10891.42
パンジー	0.00	777.89	14.02	5993.61	1898.80
ハイビスカス	0.00	18.07	5.76	2840.08	2399.78
アジアンタム	0.00	88.63	25.45	7553.53	1517.93
ポトス	0.00	24.20	2.01	3783.10	285.27
土壌	2225.75	79.44	12.08	175.83	0.00

しおれるような様子もみられなくなり，逆に緑が濃くなった。また，葉も大きくなるなどの影響が見られた。これらの結果から，排気ガスを土壌に封入することによって植物の窒素化合物の含有量が増加するだけでなく，生育状態も見た目で分かるほどの好影響が見られることがわかった。

2.5　使用した排気ガスの成分について

排気ガスの成分について，詳細な定性・定量分析は行っていない。以下，「ガステック」「IC分析装置」を用いて排気ガスのおおよその成分分析を実施したが，今後詳細な分析が必要である。

① ガステックによる分析：窒素酸化物，二酸化窒素の検知管を用い定量。結果：窒素酸化物濃度5.0 ppm以上（高濃度のため検出範囲外）。二酸化窒素濃度7.0 ppm（3回の平均値）

② IC装置による分析：窒素酸化物10 ppm以上（二酸化窒素10 ppm），二酸化硫黄0.5 ppm，二酸化炭素2.5%以上であることを確認した。

2.6　屋外実験

これまでの実験の結果，植物の窒素化合物含有量が増加したことに加え，開花の状況などにも好影響が見られた。このことから，植物は排気ガスを栄養源として吸収できると考えられる。そこで，実用化を想定した屋外での実験を行うことにした。

実験用の樹木は，高校の敷地内にある街路樹とし，その根本の土壌に排気ガスの封入を行い経過を観察した。

実験は，ガソリンエンジンに耐熱性に優れたシリコンチューブと塩ビパイプを連結して使用した。排気ガスの導入管のパイプにはそれぞれ多数の穴があいており，土壌中にガスが出るようにした（図3）。また，プランター栽培植物も同様にガスを封入し，育成実験を行った。プランター栽培の実験では，商品価値の高い植物の生長を促進できれば排気ガスの有効利用に繋がると考え，おもに園芸花や野菜，果実のなる樹木を実験対象とした。なお，排気ガスの封入は，街路樹実験が1回30分，プランター実験が1回10分をそれぞれ週3回行い，前者は2004年4月，後者は2005年4月より2007年2月まで排気ガスの封入及び観察を行った。その他，元素分析装置（住化NC-22分析装置）による植物体の窒素含有量の測定，及び排気ガスによる土壌環境の変化を調査する目的で，土壌中の窒素を測定した。

2.6.1　結果・考察

NC分析の結果は省略するが，実験土壌において，窒素含有量の連続的な上昇が見られた。ま

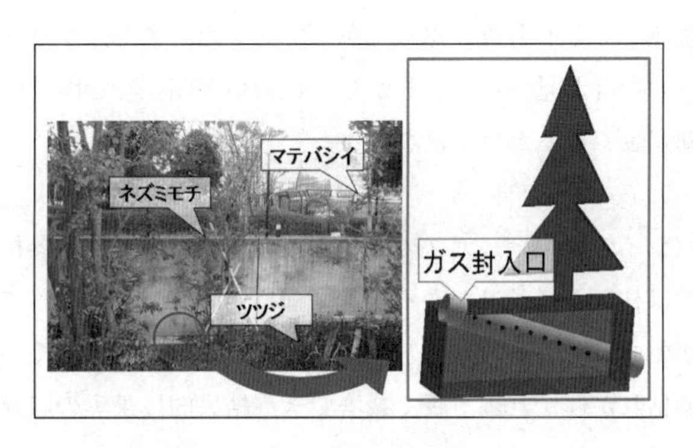

図3　街路樹実験

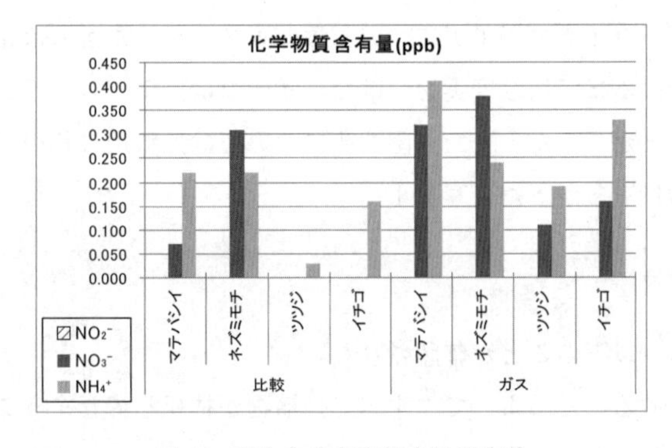

図4　植物内の窒素化合物量変化

写真1　園芸花
(a)ガス入れ，(b)比較用

た，図4は2006年12月26日に行ったIC分析装置による分析結果である。

結果から，排気ガスの封入を行った植物は，窒素化合物の含有量が大幅に増加した。次に，とりわけ顕著に影響の見られたものを示す。

(1)　開花の早期化

ツツジについて，紙幅の都合上写真は示せないが，2005年3月31日の実験から，排気ガスを吸収させることで開花が早まったことが確認できた。比較用ツツジの開花が確認されたのは，ガス封入付近のツツジが開花して1ヶ月以上過ぎてからであった。また，プランター栽培の園芸花キク科についても，同様の影響が見られた。しかし，比較用が開花した頃にはガス封入のものは落花しており，開花期間が長くなるわけではなかった。

(2)　冬枯れの遅れ

街路樹の一つマテバシイの結果は，ガスの影響のない比較用のものの冬枯れが始まった時期でもガスを封入したものは枯れる様子はなかった。同様に，プランターで育てたトマトの苗は，比較用トマトの冬枯れが始まっているのに対し，ガス封入トマトの葉は青く，冬枯れしている様子は見られなかった。冬枯れが遅ければ，長く栽培でき，結果的に果実の収穫量が増すと考えられる。

(3)　果実・花の増加

プランター栽培を行ったイチゴの果実については，ガスを与えたものは結実が早くなり，比較用が1度目の果実をつけるまでに3度実をつけた。イチゴは排気ガスを与えたもののみ，ランナーの発生を確認することができた。また，園芸花については比較用に比べ，ガスを与えた物の方がつぼみの量も，花の量も多かった（写真1）。

2.7　まとめ

今回の実験結果から，以下のことが確認された。

①　排気ガスを封入することによって，すべての植物が枯死してしまうことはなく，植物体・土壌中の窒素化合物含有量を増すことができる。

② 路地上の樹木の土壌に排気ガスを封入するだけで，植物の種類によっては生育に良好な効果をもたらすことが期待できる。

③ 商品価値の高い花や実をつける植物においても，開花や実をつける時期などが早くなり，収穫量が増すものもある。

これらの点から，排気ガスは養分として植物に吸収され，とくに花や果実に影響を与えていた。植物の生長に必要な窒素・リン酸・カリウムはそれぞれ“葉の生長・花や結実・根の生長”に必要であるが，今回の結果から葉の生長や実をつける回数など植物にとって窒素酸化物が有効に利用されていた。また，花や実の量が増えたことから，排気ガス中のリンも有効に使用されたとみられる。総合的に考え，植物は排気ガスを利用し生長に役立てているのではないかと考えられる。

さらに，植物と土壌中に窒素化合物が吸収されることで，大気に放出される量を減らせることにつながり，排気ガスを有効に利用し，かつ無害化することができれば，環境問題に貢献できると考えられる。これらを踏まえて，ファイトレメディエーション実用化の方法を提案した。

2.8　実用化への構想

今回の研究から，排気ガスに負けずにそれを栄養源にできる植物の存在が明らかになり，大気の浄化だけでなく排気ガスが都市の緑化に役立つ手段にも活用できるのではないかと考えた。次にその実用化について提案したい。

① トンネル：排気ガスの溜まりやすいトンネルの上部に排気口を空け，その上部の土壌に排気ガスを封入し植物に排気ガスを吸収させる。とくに山岳部のトンネルは，上部に多くの植物が存在するため，それにも利用できる。また畑などを作ることで効率的に排気ガスを吸収させ作物の栽培を行える（図5）。

② ビニールハウス：ビニールハウスを加温する際に，ボイラーなどを用いる場合がある。ボイラーの排気ガスは一般的に外部に放出されるが，これをビニールハウス内の土壌に封入し，植物に吸収させる。今回の実験の結果から，植物の種類によって育成を促進できると考えら

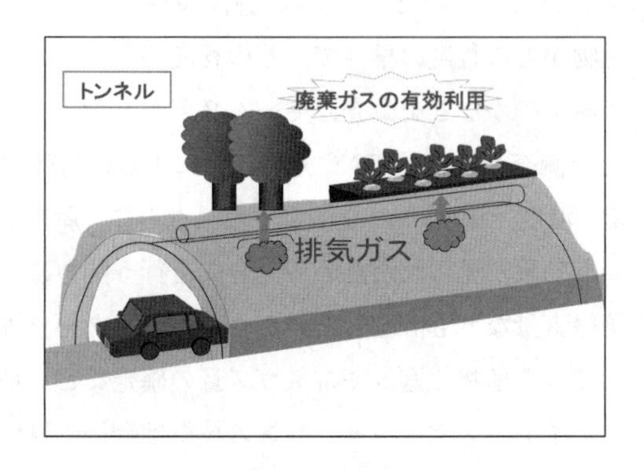

図5　トンネルに溜まるガスの利用

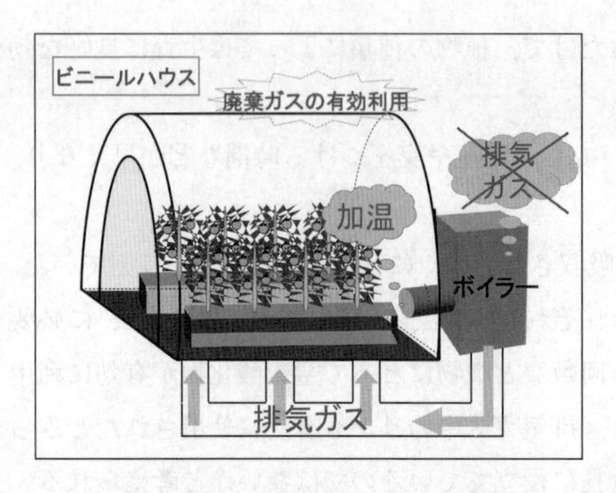

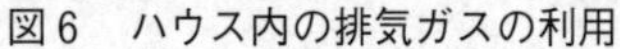
図6　ハウス内の排気ガスの利用

図7　道路上などの排気ガスの利用

れる。環境汚染の防止と同時に経済的な効果を期待できる（図6）。

③一般道：現在は都市の緑化が推進され，一般道の周辺には街路樹により整備されていることが殆どである。したがって，路面に排気ガスを取り込む装置を備え付け，排気ガスを街路樹に吸収させ無害化させるというものである。街路樹に限らず，園芸花に吸収させることで，景観の美化も期待できる（図7）。

2.9　今後の課題

今回の研究で植物による大気浄化とその利用について，新しい展開を見出すことができた。しかし，今後実用化を進めるにはいくつかの課題があることも事実である。たとえば，封入に使用した排気ガス及び，植物体の安全性に関する詳細な分析である。本研究で作られた作物などの分析が不十分であるために植物自身に有害な物質を生み出していないか。この研究は，植物の生長などが促進されているため好影響をもたらしているようにみえるが，植物にとって本当に悪影響はないか。今回，ガスクロマトグラフ（GC-MS）質量分析装置を用い，排気ガスの臭気成分の分析なども行っているが，確認できた物質の検討には至っていない。また，街路樹へのガス封入終了後においても，過去ガスを封入していたツツジは比較用のものと比べ枝の伸びが10 cm以上良く，開花の時期も早い。植物がどの程度の早さで，どの程度の量の窒素を利用することが出来るのか，その影響はいつまで続くのかなどを調査していく必要がある。

その他，土壌環境の変化を調査する目的でNC分析装置による植物体の窒素含有量の測定，排気ガスによる土壌中の窒素，温度，湿度，pHを測定した。さらに，屋内実験の排気ガスの吸収により葉の色が良くなるという効果が見られたため，光合成を行う能力に向上が見られるかを調査する目的として，植物の葉緑素量なども計測した。これらのデータを整理し，実際に大気汚染の浄化やその応用分野に対応できる植物の選択や排気ガス量の確定など，植物を活用する上で検討すべき点は多い。しかしファイトレメディエーションの技術は今後の環境問題解決のための一助になることは間違いない。今後もこの研究分野の発展に大いに期待したい。

3　微細藻類による煙道排気ガスの処理

平田収正[*1]，永瀬裕康[*2]

3.1　はじめに

光独立栄養生物（光合成生物）は，30数億年前に地球上に誕生したラン藻を起源として，緑藻のような水生の真核生物を経て，さらに陸上へ進出することにより高等植物へと進化したと考えられている。光合成生物は，こういった進化過程で様々な環境に対する優れた適応能力を獲得することにより多様な環境条件における種の存続を可能とし，今や極地から熱帯地域に至る海洋から陸上まで，非常に広範な分布を示している。このように光合成生物は，自ら生育できる環境を拡大するとともに，一次生産者として地球上の物質循環を担い，多様な生物種で構成される自然生態系の維持・繁栄に大いに貢献してきた。しかし，産業革命以来の人間活動の飛躍的な拡大は地球温暖化や酸性雨などの様々な地球規模の環境問題を生み，特に近年の発展途上国の急速な発展によって，生物種が豊富な熱帯地域を中心に，森林の減退や砂漠化の進行などの環境破壊が広がり，非常に深刻な事態に陥っている。こういった環境破壊によって引き起こされた自然界における物質循環の歪みは，もはや光合成生物の緩衝能力，自浄能力をはるかに超え，さらに他の生物と同様に物質循環を支える光合成生物自体も急速に絶滅種が増えている状況にある。したがって，こういった歪みは今後さらに加速度的に大きくなり，近い将来，人類の繁栄の拠り所である自然生態系の健全性が大きく損なわれることは間違いないであろう。

我々の研究室では，多様な環境応答機能を有する光合成生物を対象として，上記のような物質循環の歪みを食い止め，さらに是正するための人為的な環境浄化・再生への応用が期待できる優れた機能の探索・解析と，その応用技術開発の基盤となる機能強化に関する研究を行っている。ここではそれらの中から，緑藻の窒素資化能を利用した火力発電所などの煙道排ガス中の窒素酸化物処理技術の基盤研究について紹介したい。

3.2　微細藻類のバイオマス生産過程での煙道排ガス中の窒素酸化物処理

微細藻類は，一般に十分な光の供給と栄養源が存在すれば陸上の高等植物と比べて有意に高い二酸化炭素固定能（光合成能）を示す。最近盛んに行われている化石燃料代替エネルギーとして利用価値が高いバイオエタノールやバイオディーゼルの生産においても，優れたバイオマス生産性を有する微細藻類が有力な生産原料として注目を集めている[1,2]。微細藻類をバイオ燃料の原料として用いることの大きな利点は，同様に有力な生産原料である穀類の栽培と競合しない点にあり，比較的簡単な屋外施設で大量培養を行うことができる。しかし化石燃料の枯渇が予想される近未来における実用化を目指すならともかく，現時点では単純に単価が安い化石燃料の代替エネルギーへの変換のみを目的とした藻類バイオマス生産では採算が合うとは言えず，真に化石燃料

＊1　Kazumasa Hirata　大阪大学大学院　薬学研究科　応用環境生物学分野　教授
＊2　Hiroyasu Nagase　大阪大学大学院　薬学研究科　助教

の消費抑制につながる規模での実用化は難しいと考えられる。

我々は，バイオ燃料の原料生産過程としての微細藻類培養系において，相加的に採算が取れるような別の付加価値が得られるプロセスを加えることができれば実用化へ向けた足がかりとなると考え，こういった新たな付加価値を得るためのプロセスについて研究を行ってきた。その一つに，火力発電所の煙道排ガス中の窒素酸化物の処理プロセスがある。すなわち，微細藻類は光合成に際し，炭素源である二酸化炭素と同時に窒素源を必要とすることから，これを排ガス中の窒素酸化物から供給できれば，厳しい排出規制がある排ガス中の窒素酸化物を処理できるという環境浄化の効果と，栄養成分として供給が必要な相応の窒素源を削減できることによる培養コスト減という2つの付加価値を加えることができる。そこで我々は，微細藻類の中でも特に増殖能に優れ，また比較的代謝生理の研究も進んでいる緑藻を材料として，その培養過程，すなわちバイオ燃料原料となるバイオマスの生産過程におけるモデル煙道排ガス中の窒素酸化物の処理について検討を行った。

石油や天然ガス，石炭といった化石燃料の燃焼によって生じる窒素酸化物（NO_x）と硫黄酸化物（SO_x）は酸性雨の原因物質として知られ，森林や湖沼などの生態系に対して深刻な被害をもたらしている。したがって，我が国ではこれらの物質の大気中への排出に対して厳しい規制が設けられており，硫黄酸化物については化石燃料自体の脱硫技術の進歩により燃焼にともなって排ガスに高濃度含まれることはなくなっている。しかし窒素酸化物については，その多くが燃料中の窒素分からではなく燃焼中に空気中の窒素が酸化されて生じるため，排気基準を守るためには大気へ放出する前の燃焼排ガスからの除去が必要となる。窒素酸化物は大気中に放出されれば酸性雨の原因となるが，適当な条件で水中に通気すれば水に溶けて硝酸イオンあるいは亜硝酸イオンとなることから，由来は環境汚染物質ではあるものの微細藻類にとっては良好な窒素源となる。光が十分に照射され他の栄養分が十分に存在する条件では，細胞中の炭素と窒素の比（C/N比）は約100:15になるため，10%を超える二酸化炭素に対して窒素酸化物が100～300 ppmである一般的な火力発電所煙道排ガスであれば，量的には明らかに炭素に対して窒素が不足することから，両成分を十分に培地に溶解することができれば，窒素酸化物は窒素源として良好に資化されることが期待できる。

3.3　気泡塔型カラムリアクターを用いた微細藻類による窒素酸化物の処理

そこで我々は，これまで微細藻類の効率的な培養装置として実績がある気泡塔型のリアクター[3,4]を用いて，微細藻類の窒素酸化物処理能について検討を行った。リアクターは図1に示した通り，長さ250 cm，内径5.0 cmのガラス製で，これに4リットルの培地を入れて白色蛍光灯連続照射を基本条件として培養した。対象となる火力発電所の煙道排ガスとしては，100～300 ppmの一酸化窒素，15%の二酸化炭素および85%の窒素の混合ガスをモデル排ガスとして用い，これを焼結ガラスボールフィルターにより底部から150 ml/minの速度で通気した。なお，通常酸性雨の原因となる窒素酸化物は二酸化窒素であるが，燃焼直後は一酸化窒素の割合が高く，その後大気中でさ

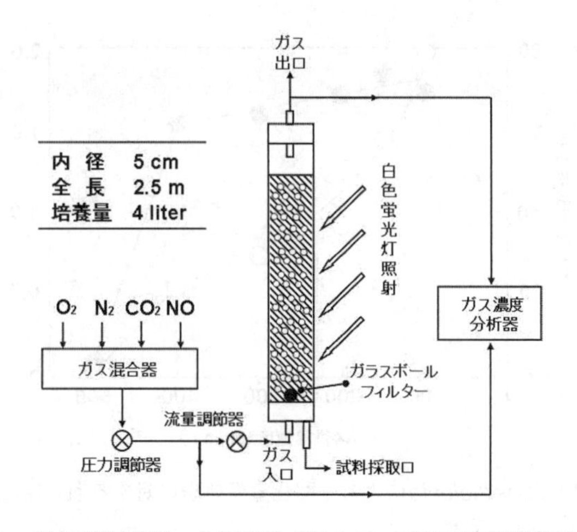

図1　微細藻類を用いた煙道排ガス中の一酸化窒素処理装置

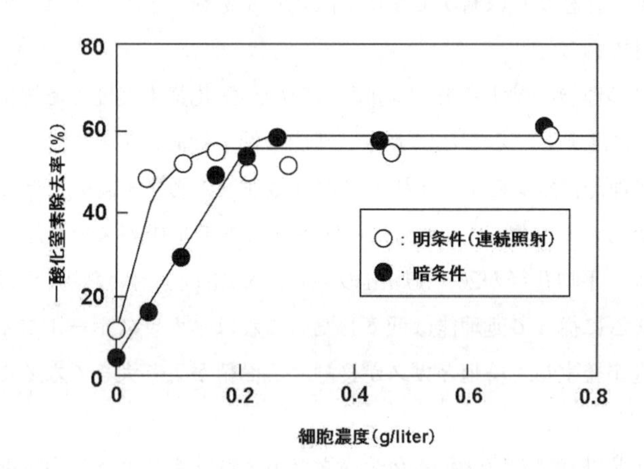

図2　*D. tertiolecta*による一酸化窒素処理に対する細胞濃度および光照射の影響

らに酸化されて二酸化窒素になることから，モデル排ガス中の窒素酸化物には一酸化窒素を用いた。研究に用いる微細藻類については，実用化を考えた場合，培養に海水を用いることができる海産性藻類が有利と考え，数種の海産性緑藻について窒素酸化物の処理能を調べた。この結果，*Dunaliella tertiolecta*において基本条件での培養によって最も高い約60%の処理能が得られた[5,6]。そこで以後この株を用いて検討を進めた。

最初に処理能に対する細胞濃度の影響について調べたところ，1リットル当たり湿重量0.2gとかなり低い細胞濃度で処理能は最高値に達した（図2）。一方，暗所において同様の実験を行った結果全く一酸化窒素の処理は認められなかったが，モデル排ガスに酸素2%を加えた場合，連続光照射条件と同様の処理能が得られた。連続光照射条件の場合は酸素を加えなくても光合成によって相当量の酸素が発生することから，本株による一酸化窒素の処理には酸素が必要であること

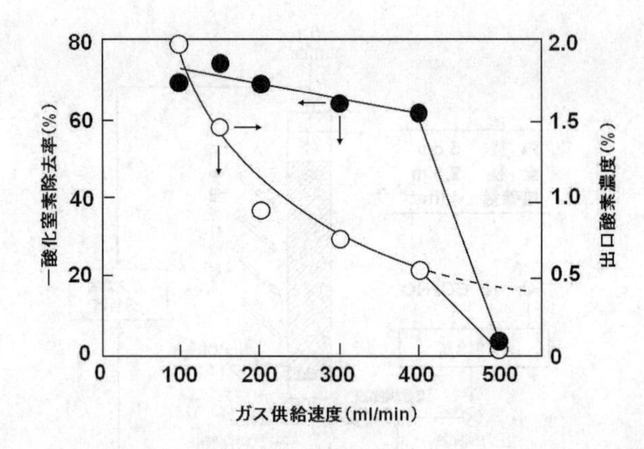

図3　*D. tertiolecta*による一酸化窒素処理に対する通気速度の影響

が示唆された。酸素が存在すれば暗所でも窒素酸化物が処理できることは，培養装置の設計を考える上で有用な知見である[6)]。

次に，一酸化窒素処理能に対するモデル排ガス中の一酸化窒素濃度の影響について調べたところ，500 ppmまでは濃度を上げることによる処理能の低下は認められず，100 ppmと同様の値が得られた。また，処理能に対するモデル排ガスの通気速度の影響を調べたところ，400 ml/minまで良好な処理が認められた[6)]（図3）。さらに，培養槽にモデル排ガスを供給するガラスボールフィルターについては，平均孔径が20～30 μmのもの（No.3）を用いた場合に最も処理能が高く，平均孔径が大きくなるに従って処理能は低下した。これは，ガラスボールフィルターの孔径が小さいほど小さな気泡が発生し，培地とガスが接触する面積がより大きくなることによるものと考えられる[7)]。

以上のように，海産性緑藻*D. tertiolecta*を高さ2 m，容量4リットルの気泡塔型バイオリアクターを用いて培養することにより，モデル煙道排ガス中の一酸化窒素の約60%を処理できることが明らかとなった。この場合，一酸化窒素処理能は細胞と排ガスの接触時間が長いほど大きくなることから，細胞増殖に必要な光照射を十分に行うためには，垂直方向に長く径が小さいカラム型リアクターを用いる必要があり，一般に多くの微細藻類の大量培養に用いられている培地層が50 cm程度のレースウェイ型のリアクターのような水平方向に広がる培養装置は適さない。しかし，上記のように一酸化窒素処理に光は必須ではないことから，例えば昼間はレースウェイ型で十分増殖させ，夜間は深い培養槽に移して排ガス処理を行う方法や，レースウェイ型に浅い部分と深い部分を交互に設け深い部分の底部から排ガスを導入する方法を取ることによって，屋外での大量培養によるバイオマス生産と排ガス処理の両方を達成することが可能と考えられる。

3.4　向流型バイオリアクターを用いた一酸化窒素の処理能の向上

次に，一酸化窒素処理能を向上するために最も有効と考えられる細胞と排ガスの接触時間を長くするための検討を行った。図4に示したように，一酸化窒素の処理能はカラムの長さに依存することから，理論上は現在2mのカラムの高さを倍の4mにすれば90%以上の一酸化窒素が処理できるはずである。しかし，実際にはカラムを高くすることによって底部に圧がかかり通気速度に影響が出ることや，装置の操作性が悪くなることから，高い処理能を得るためには別な方法によって細胞と排ガスの接触時間を長くする必要がある。

そこで，図5に示したような向流型のカラムリアクターを用いることによって，培養装置の高さを変えずに接触時間の延長が可能と考え，検討を行った[7]。本装置では，カラム型リアクターの中央部にドラフトチューブを入れ，ガラスボールフィルターによって，チューブの外側にモデル排ガス，内側に培地循環用のガスを同方向に通気するものである。この場合，ドラフトチュー

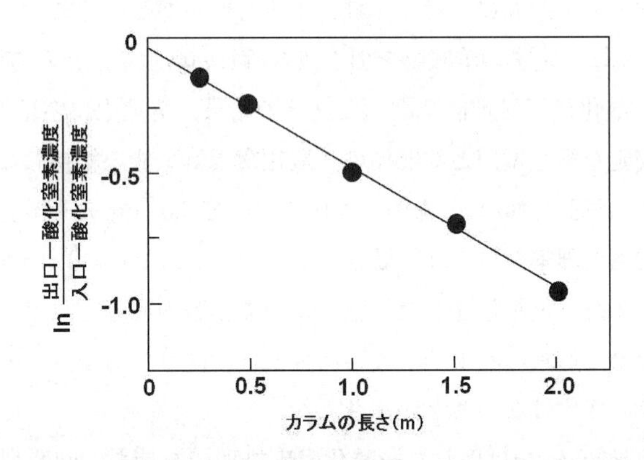

図4　*D. tertiolecta*による一酸化窒素処理に対するカラムの長さの影響

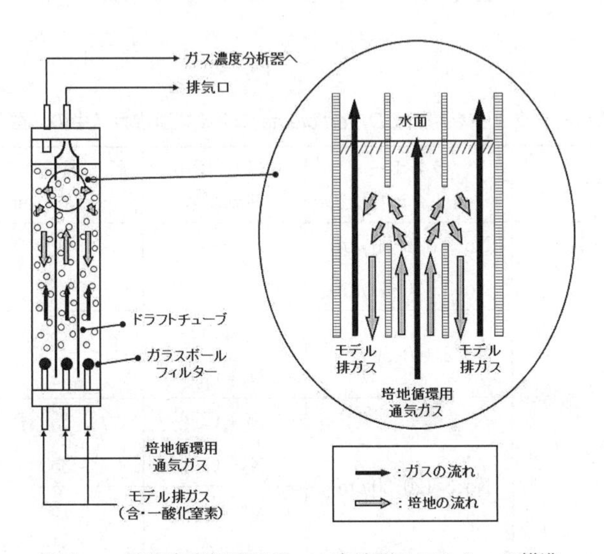

図5　一酸化窒素処理に用いた向流型リアクターの構造

ブ内の培地はガスと同様に下から上へ流れるが，ドラフトチューブの上部の培地の界面のやや下と底部に培地が通る穴を設けると，ドラフトチューブの外側の培地は上から下に流れるようになる。したがって，外側ではモデル排ガスと培地は逆方向に流れるため，排ガスの上昇速度は小さくなり，カラムの通過時間，すなわち細胞と排ガスの接触時間は長くなる。

実際にこの装置による*D. tertiolecta*の一酸化窒素除去能を気泡塔型カラムリアクターと比較すると，表1に示したように培地循環用ガスの流速が350 ml/minの場合，平均孔径が40～50 μmのガラスボールフィルターを用いた場合は22%，平均孔径が20～30 μmの場合は21%の上昇が認められ，後者では処理能は96%に達し，理論的にはカラムの長さを倍にした場合と同等以上の値が得られた。

本システムを実用的に運用するためには，連続培養を行うことによって安定なバイオマス生産性と一酸化窒素の処理能を長期間にわたって維持する必要がある。そこで，気泡塔型カラムリアクターを用いて，1日毎に一定量の培養物を引き抜き新しい培地を加える方法で連続培養を行い，バイオマス生産性と一酸化窒素処理能を調べた。その結果，培地中に窒素源を加えて2.5 mM以上に維持できれば，安定な細胞増殖と約60%の一酸化窒素処理能を維持しながら，長期間にわたる培養が可能であることが示された[8]。なお，本株によって100 ppmの一酸化窒素をガス供給速度300 ml/minで加え，60%処理率が得られた場合，1日1平米あたり約0.3 gが処理され，細胞に資化されたことになる。また，連続培養した細胞について細胞内成分を調べたところ，総脂質，デンプン，タンパク質の量は通常のバッチ培養の場合とほぼ同等であり，一酸化窒素処理後も藻体バイオマスの質としての変化はないことが示された。

以上の検討から，*D.tertiolecta*は優れた一酸化窒素処理能を持ち，向流型リアクターを用いれば，2 mの高さで，100%に近い処理が可能であることが明らかとなった。この処理によって，酸性雨の原因物質である一酸化窒素は，良好な窒素源として微細藻類に資化され細胞の増殖，すな

表1　向流型リアクターを用いた*D. tertiolecta*による煙道排ガス中の一酸化窒素処理

リアクター	ガラスボールフィルター(孔径)	培地循環用通気ガス	内部通気ガス流速(ml/min)	内部化窒素除去率(%)
通常のカラム型リアクター	No.2 (40-50 μm)	–	0	51
	No.3 (20-30 μm)	–	0	75
内流型リアクター	No.2 (40-50 μm)	$N_2 + CO_2$	150	57
		$N_2 + CO_2$	350	73
	No.3 (20-30 μm)	$N_2 + CO_2$	150	52
		$N_2 + CO_2$	350	83
		$Air + CO_2$	150	91
		$Air + CO_2$	350	96

わちバイオマス生産に用いられることから，環境汚染物質の再資源化技術としての有用性は高い。また，処理の前後で細胞成分の変化は認められないことから，バイオエタノールやバイオディーゼルといったバイオ燃料の原料として有用な微細藻類株についても，同様にバイオマスの生産系への悪影響はないと考えられる。

3.5　おわりに

今回紹介した微細藻類を用いた一酸化窒素処理システムを実際の火力発電所の煙道排ガスに応用するとして計算すると，広大な面積および容積の処理装置が必要になり現実的とは言えない。ただし，これを藻類バイオマスの生産に加えて一酸化窒素の処理を行うシステムを考えれば，火力発電所の近辺に大型の培養施設を置き培養槽に煙道排ガスを直接導入することによって，細胞増殖を促進する二酸化炭素と同時に一酸化炭素を添加し，処理することができる。我が国のような先進国においては，このようにバイオマス生産系に対して新たな付加価値を加えたとしても，単価の安いエネルギー生産と排ガス処理では培養コストを捻出するだけの利益をあげることは難しく，実用化を図るのは容易ではない。しかし，微細藻類の増殖に適し，より低コストでの培養が可能な東南アジアなどの発展途上国で運用すること，さらには排ガス中の一酸化窒素の処理とその窒素源としての利用だけではなく，第3，第4の付加価値を加えることができれば，化石燃料の代替エネルギー生産や環境汚染物質処理に貢献できる技術として実用化できる可能性もある。そのためには，こういった国々と共同して，現地でのバイオマス生産に適合した培養システムの確立や，現地の産業や経済活動を勘案した独自の付加価値を見出すことが重要である。今後の活発な共同研究による実用化につながる成果を期待したい。

文　献

1）Y. Chisti, *Trends in Biotechnol.*, **26**, 126 (2008)
2）蔵野憲秀ほか，デンソーテクニカルレビュー，**14**, 59 (2009)
3）A. Richmond *et al.*, *J. Appl. ied Phycol.*, **5**, 327 (1993)
4）A. P. Carvalho *et al.*, *Biotech. Prog.*, **22**, 1490 (2006)
5）K. Yoshihara *et al.*, *J. Ferment. Bioeng.*, **82**, 351 (1996)
6）H. Nagase *et al.*, *J. Ferment. Bioeng.*, **83**, 461 (1997)
7）H. Nagase *et al.*, *J. Ferment. Bioeng.*, **86**, 421 (1998)
8）H. Nagase *et al.*, *Biochem. Eng. J.*, **7**, 241 (2001)

4 Nitrogen-dioxide philic plantの創成と大気汚染の軽減

高橋美佐[*1]，森川弘道[*2]

4.1 はじめに

一般に，環境汚染の少ない社会（世界）の実現には，汚染物質放出の少ない社会（産業）構造・生活様式の確立，汚染物質放出の少ない科学技術の創出などが大切である。他方，環境への汚染物質の放出は，不可避であり，放出された汚染の浄化技術の開発も大切な課題である。汚染浄化技術における問題としてしばしば指摘されるのは，ある汚染の浄化が別の汚染を誘発したり，コスト高となることである。我々は，植物の環境浄化機能を活用することにより，これらの諸問題を回避した新しい汚染浄化法の開発が可能であると考えた。

我々は，都市大気の主汚染物質の１つである二酸化窒素（NO_2）を研究対象とした。植物はNO_2を吸収[1~5]，有機態窒素にまで代謝する[6~9]。我々は，NO_2を唯一の窒素源として生育する"nitrogen-dioxide philic plant"[10,11]こそ大気汚染浄化のキーテクノロジーであろうと考えた。そこで，我々は，植物によるNO_2の低減とnitrogen-dioxide philic plantの創成について研究してきた。

窒素酸化物のような気体状の汚染物質は，ひとたび放出されると瞬時に大気中に拡散する。拡散した汚染物質を集中的に処理するには多大なエネルギーとコストを要する。それに対して，植物は太陽エネルギーをエネルギー源として成長し，汚染物質を代謝分解する。また，自己増殖するという特徴ももっている。故に，植物は大気中の汚染物質浄化・低減に有効と考えられる[12]。

大気中のNO_2の人工的な生成は，化石（石油，石炭，天然ガスなど）燃料の燃焼に起因する。燃焼に伴い窒素が酸化され，一酸化窒素（NO）が生成，NOが大気中のオゾンなどにより酸化されNO_2が生成する。NO_2は，特有の刺激臭をもつ気体で，それ自体呼吸器疾患を引き起こす有害な物質である。また，大気中の揮発性炭化水素（VOC）などと反応してオゾンなど光化学オキシダントを生成するなど二次的な害を引き起こす物質でもある[9]。

世界の都市大気に含まれるNO_2濃度の平均値（141国の都市の平均）は，550.6 $\mu g/m^3$（≈27 ppb）と算出されている（http://www.nationmaster.com/index.php）。また，WHOのNO_2ガイドラインは，40 $\mu g/m^3$（≈21 ppb）（http://www.who.int/mediacentre/factsheets/fs313/en/index.html）である。日本では，都市大気に0.04~0.06 ppm（環境基準）のNO_2が含まれ，NO_2濃度とほぼ同じかそれよりも高い濃度のNOが含まれている。非メタン炭化水素濃度は，0.1 ppm程度である（http://www.env.go.jp/en/index.html）。

4.2 自然界の植物のNO_2吸収と同化

我々は，自然界の植物におけるnitrogen-dioxide philic plantの可能性を探るため，自然界の植

＊1　Misa Takahashi　広島大学　大学院理学研究科　助教
＊2　Hiromichi Morikawa　広島大学名誉教授

物のNO_2吸収・代謝能力を調査した[13,14]。NO_2曝露実験条件は，温度22±0.3℃，湿度70±4％，CO_2濃度0.035±0.005％の条件下，日中8時間（9：00-17：00），蛍光灯下（70 μmol photons $m^{-2}s^{-1}$）で実施した。$^{15}NO_2$（51.6 atom％ ^{15}N）を用い，濃度は4±0.1 ppmまたは0.1±0.01 ppmに制御した。曝露後，植物葉を採取，洗浄，凍結乾燥して葉サンプルとした。葉サンプル中の全窒素含量および安定同位体比を，元素分析計直結型同位体質量分析計を用いて分析して，植物葉中に取り込まれたNO_2由来の全窒素含量（TNNO2, mg N/g DW）を求めた。TNNO2は，植物のNO_2吸収能力を示す。また，葉サンプルの一部をケールダール分析に供し，還元態（ケールダール）窒素画分を調製[15,16]した。この画分中の全窒素含量と安定同位体比を分析して，葉サンプル中のNO_2由来の還元態窒素量（RNNO2, mg N/g DW）を求めた。RNNO2はNO_2同化能力を示す。さらに，全還元態窒素に占めるRNNO2の割合（RNNO2/RN）も算出した。これは植物の窒素代謝におけるNO_2の利用効率を示す。

4.2.1　218タクサ植物のNO_2同化の多様性

沿道から採取した野生草本植物50タクサ（15科42属），栽培草本植物60タクサ（30科55属），木本植物108タクサ（45科74属）からなる218タクサについてNO_2の吸収と同化について解析した[13]。主な結果を表1に示す。218タクサ間で，RNNO2は最大値のユーカリプタスヴィミナリス（*Eucalyptus viminalis*）と最小値のイオナンタ（*Tillandsia ionantha*）およびカプツーメディサ（*T. caput-medusa*）では657倍異なった。さらにRNNO2は種内では最大26倍，科間では60倍ばらついた。RNNO2/RNは最大値のコブシ（*Magnolia kobus*, 12.7％）と最小値のヘンヨウボク（*Codiaeum variegatum*, 0.15％）では85倍の差異がみられた。このような自然界の植物のNO_2同化能力の大きなばらつきの存在の発見は，nitrogen-dioxide philic plant開発の可能性を支持するものである。

RNNO2とRNNO2/RNの値がともに高い種が認められた。街路種のコブシ（*Magnolia kobus*: 4.92, 12.7％），ユーカリプタスヴィミナリス（6.57, 12.5％），イタリアポプラ（*Populus nigra*: 5.14, 10.7％）と草本植物のタバコ（*Nicotiana tabacum*: 5.2, 11.4％）とダンドボロギク（*Erechtites hieracifolia*: 5.72, 10.1％）である。これらの植物種はnitrogen-dioxide philic plant的であると言える。これらの植物は大気中のNO_2濃度を減少させるために道路沿いの緑地帯や公園の植栽として使用されるに適している。

4.2.2　70タクサの街路樹のNO_2同化

我々は，49タクサの常緑樹と21タクサの落葉樹からなる70タクサの街路樹のRNNO2を分析した[14]。0.1 ppm NO_2で曝露した70タクサのRNNO2を表1にまとめた。最大値（ソメイヨシノ：*Prunus yedoensis*, 0.0609 mg Ng^{-1} DW）と最小値（スギ：*Cryptomeria japonica*, 0.0005）の間で122倍の差異が観察された。この結果は，4 ppm NO_2で曝露した木本植物108タクサの間で観察された164倍という結果[13]に類似している。

4 ppm NO_2での曝露実験ではソメイヨシノは，低いRNNO2値（0.57）を示した。この値は，スギ（0.66）の値に近い。ハイビスカスの一種（*Hibiscus* sp., 0.0317），オオイタビ（*Ficus pumila*,

表1　4または0.1 ppm NO_2で曝露した218植物タクサのNO_2由来の還元態窒素（RNNO2）と全還元態窒素中のRNNO2の割合（RNNO2/RN）

Taxon	RNNO2 (mgN/g dry wt.)		RNNO2/RN (%)	Family
	4 ppm	0.1 ppm	4 ppm	
Woody plants				
1 *Eucalyptus viminalis*	6.57	0.0190	12.54	Myrtaceae
2 *Populus nigra*	5.14	0.0324	10.70	Salicaceae
3 *Magnolia kobus*	4.92	0.0114	12.68	Magnoliaceae
4 *Robinia pseudo-acacia*	4.73	0.0366	8.70	Leguminosae
5 *Eucalyptus grandis*	4.57	−	8.50	Myrtaceae
6 *Eucalyptus globulus*	4.08	−	9.36	Myrtaceae
7 *Populus* sp.	3.80	−	8.43	Salicaceae
8 *Sophora japonica*	3.26	0.0352	7.11	Leguminosae
9 *Prunus cerasoides*	3.23	−	6.67	Rosaceae
10 *Sapium sebiferum*	2.85	0.0040	10.10	Euphorbiaceae
11 *Acacia dealbata*	2.82	0.0239	6.49	Leguminosae
12 *Cytisus scoparius*	2.76	−	7.32	Leguminosae
13 *Platanus* sp.	2.75	0.0039	8.39	Platanaceae
14 *Eucalyptus camphora*	2.58	−	7.63	Myrtaceae
15 *Stewartia pseudocamellia*	2.49	0.0053	6.61	Theaceae
16 *Prunus lannesiana*	2.34	0.0288	8.16	Rosaceae
17 *Gardenia jasminoides*	2.27	0.0297	11.05	Rubiaceae
18 *Hydrangea macrophylla*	2.27	0.0243	8.16	Saxifragaceae
19 *Nerium indicum*	2.09	0.0100	7.73	Apocynaceae
20 *Eucalyptus cinerea*	2.03	0.0130	10.70	Myrtaceae
21 *Eucalyptus radiata*	1.93	−	5.56	Myrtaceae
22 *Taxodium distichum*	1.86	0.0103	7.07	Taxodiaceae
23 *Eucalyptus maidenii*	1.85	−	5.72	Myrtaceae
24 *Eucalyptus andreana*	1.70	−	4.67	Myrtaceae
25 *Gilibertia trifida*	1.62	0.0153	6.10	Araliaceae
26 *Juniperus chinensis* var. *sargentii*	1.61	0.0016	8.78	Cupressaceae
27 *Eucalyptus gunnii*	1.60	−	6.18	Myrtaceae
28 *Euonymus japonicus*	1.56	0.0037	5.38	Celastraceae
29 *Metasequoia glyptostroboides*	1.56	0.0091	4.45	Taxodiaceae
30 *Quercus crispula*	1.48	0.0077	5.50	Fagaceae
31 *Eurya emarginata*	1.46	0.0027	5.29	Theaceae
32 *Quercus serrata*	1.45	0.0118	6.45	Fagaceae
33 *Salix babylonica*	1.42	0.0181	5.07	Salicaceae
34 *Acer buergerianum*	1.38	0.0088	6.68	Aceraceae
35 *Zelkova serrata*	1.35	0.0194	5.62	Ulmaceae
36 *Eurya japonica*	1.30	0.0051	4.04	Theaceae
37 *Eucalyptus bicostata*	1.27	−	3.30	Myrtaceae
38 *Daphniphyllum macropodum*	1.22	0.0300	5.97	Euphorbiaceae
39 *Myrica rubra*	1.16	0.0021	5.60	Myricaceae
40 *Quercus acutissima*	1.12	0.0083	5.79	Fagaceae
41 *Jasminum pubigerum*	1.10	−	5.01	Oleaceae
42 *Podocarpus macrophyllus*	1.08	0.0019	2.26	Podocarpaceae
43 *Deutzia crenata*	1.02	0.0192	6.12	Saxifragaceae
44 *Euonymus alatus*	1.01	0.0108	3.77	Celastraceae
45 *Berberis amurensis*	1.00	−	3.83	Berberidaceae
46 *Quercus phillyraeoides*	0.98	0.0052	4.24	Fagaceae
47 *Quercus myrsinaefolia*	0.97	0.0072	4.08	Fagaceae
48 *Ilex crenata*	0.93	−	2.34	Aquifoliaceae
49 *Ilex pedunculosa*	0.92	0.0033	3.44	Aquifoliaceae
50 *Rhododendron mucronatum*	0.91	−	4.08	Ericaceae
51 *Ginkgo biloba*	0.88	0.0035	4.74	Ginkgoaceae

52	*Camellia* x *hiemalis*	0.88	0.0030	4.01	Theaceae
53	*Podocarpus nagi*	0.88	0.0025	3.52	Podocarpaceae
54	*Pachira macrocarpa*	0.88	–	3.03	Bombacaceae
55	*Castanopsis cuspidata*	0.85	0.0037	3.60	Fagaceae
56	*Pinus densiflora*	0.84	0.0075	3.06	Pinaceae
57	*Cercidiphyllum japonicum*	0.82	–	4.67	Cercidiphyllaceae
58	*Ficus pumila*	0.79	0.0290	2.86	Moraceae
59	*Ilex rotunda*	0.75	0.0052	3.72	Aquifoliaceae
60	*Cotoneaster horizontalis*	0.70	–	2.33	Rosaceae
61	*Rhododendron obtusum*	0.69	0.0083	2.76	Ericaceae
62	*Cinnamomum camphora*	0.67	0.0282	4.45	Lauraceae
63	*Cryptomeria japonica*	0.66	0.0005	3.87	Taxodiaceae
64	*Distylium racemosum*	0.65	0.0038	5.40	Hamamelidaceae
65	*Rhododendron oomurasaki*	0.65	0.0019	2.76	Ericaceae
66	*Pittosporum tobira*	0.64	0.0033	3.93	Pittosporaceae
67	*Camellia japonica*	0.63	0.0023	3.91	Theaceae
68	*Ligustrum lucidum*	0.59	0.0059	4.41	Oleaceae
69	*Hedera canariensis*	0.59	0.0019	3.44	Araliaceae
70	*Hibiscus* sp.	0.59	0.0317	2.02	Malvaceae
71	*Rhaphiolepis umbellata*	0.58	0.0017	3.09	Rosaceae
72	*Prunus yedoensis*	0.57	0.0609	2.05	Rosaceae
73	*Viburnum awabuki*	0.55	0.0129	3.95	Caprifoliaceae
74	*Ligustrum japonicum*	0.53	0.0050	3.73	Oleaceae
75	*Pieris japonica*	0.51	–	2.57	Ericaceae
76	*Elaeocarpus decipiens*	0.50	0.0168	5.09	Elaeocarpaceae
77	*Osmanthus asiaticus*	0.48	0.0033	2.61	Oleaceae
78	*Chamaecyparis obtusa*	0.47	0.0010	3.52	Cupressaceae
79	*Lithocarpus edulis*	0.47	0.0047	2.74	Fagaceae
80	*Ternstroemia japonica*	0.41	0.0017	4.08	Theaceae
81	*Rhaphiolepis umbellata* var. *integerrima*	0.41	0.0040	2.61	Rosaceae
82	*Ardisia crispa*	0.41	–	1.91	Myrsinaceae
83	*Pinus thunbergii*	0.40	–	4.53	Pinaceae
84	*Abelia* x *grandiflora*	0.39	–	1.58	Caprifoliaceae
85	*Juniperus chinensis*	0.37	0.0006	4.67	Cupressaceae
86	*Picea abies*	0.37	0.0023	1.79	Pinaceae
87	*Carica papaya*	0.37	–	1.03	Caricaceae
88	*Juniperus conferta*	0.36	0.0033	1.43	Cupressaceae
89	*Cupressus macrocarpa*	0.32	–	3.11	Cupressaceae
90	*Thuja orientalis*	0.28	–	2.44	Cupressaceae
91	*Taxus cuspidata*	0.27	0.0025	2.67	Taxaceae
92	*Cephalotaxus drupacea*	0.27	0.0039	2.12	Cephalotaxaceae
93	*Stauntonia hexaphylla*	0.26	–	2.04	Lardizabalaceae
94	*Dracaena sanderiana*	0.26	–	1.04	Agavaceae
95	*Rosa hybrida*	0.23	–	1.15	Rosaceae
96	*Osmanthus ilicifolius*	0.22	0.0015	3.04	Oleaceae
97	*Gordonia axillaris*	0.21	–	2.24	Theaceae
98	*Pachysandra terminalis*	0.19	–	0.77	Buxaceae
99	*Citrus tachibana*	0.18	–	1.12	Rutaceae
100	*Aucuba japonica*	0.15	–	1.36	Cornaceae
101	*Bougainvillea* x *buttiana*	0.15	–	1.00	Nyctaginaceae
102	*Schefflera arboricola*	0.14	–	1.32	Araliaceae
103	*Rhododendron simsii*	0.14	–	0.88	Ericaceae
104	*Juniperus procumbens*	0.12	0.0021	0.86	Cupressaceae
105	*Chamaedorea microcarpa*	0.10	–	0.63	Palmae
106	*Thea sinensis*	0.09	0.0126	0.49	Theaceae
107	*Camellia japonica* cultivar	0.04	–	0.32	Theaceae
108	*Codiaeum variegatum*	0.04	–	0.15	Euphorbiaceae

Cultivated herbaceous plants					
109	*Nicotiana tabacum*	5.72	–	11.44	Solanaceae
110	*Carthamus tinctorius*	3.41	–	5.91	Compositae
111	*Chrysanthemum* sp.	3.15	–	7.09	Compositae
112	*Arabidopsis thaliana*	3.03	–	5.21	Cruciferae
113	*Levisticum officinale*	3.02	–	8.89	Umbelliferae
114	*Impatiens* sp.	2.80	–	7.34	Balsaminaceae
115	*Petunia* x *hybrida*	2.72	–	5.77	Solanaceae
116	*Matthiola incana*	2.70	–	5.34	Cruciferae
117	*Cosmos bipinnatus*	2.63	–	6.24	Compositae
118	*Chamaemelum nobile*	2.26	–	6.54	Compositae
119	*Tanacetum vulgare*	2.18	–	5.91	Compositae
120	*Mentha* x *piperita*	2.17	–	7.98	Labiatae
121	*Hordeum vulgare*	2.08	–	4.66	Gramineae
122	*Oryza sativa*	1.85	–	3.35	Gramineae
123	*Senecio cruentus*	1.76	–	4.80	Compositae
124	*Cyclamen persicum*	1.67	–	5.79	Primulaceae
125	*Anethum graveolens*	1.48	–	7.98	Umbelliferae
126	*Borago officinalis*	1.45	–	10.35	Boraginaceae
127	*Zea mays*	1.45	–	2.63	Gramineae
128	*Primula juliae*	1.07	–	2.31	Primulaceae
129	*Begonia semperflorens*	1.04	–	3.90	Begoniaceae
130	*Chrysanthemum frutescens*	0.96	–	4.61	Compositae
131	*Fragaria vesca*	0.93	–	4.30	Rosaceae
132	*Melissa officinalis*	0.92	–	4.53	Labiatae
133	*Lobularia maritima*	0.81	–	3.81	Cruciferae
134	*Catharanthus roseus*	0.80	–	5.09	Apocynaceae
135	*Scindapsus aureus*	0.77	–	2.49	Araceae
136	*Pelargonium zonale*	0.77	–	2.88	Geraniaceae
137	*Chlorophytum elatum*	0.76	–	2.02	Liliaceae
138	*Lavandula angustifolia*	0.76	–	6.37	Labiatae
139	*Thymus vulgaris*	0.73	–	3.79	Labiatae
140	*Petroselinum sativum*	0.71	–	4.70	Umbelliferae
141	*Dahlia pinnata*	0.66	–	4.37	Compositae
142	*Viola* x *wittrockiana*	0.64	–	2.95	Violaceae
143	*Lampranthus spectabilis*	0.63	–	2.64	Aizoaceae
144	*Ocimum basilicum*	0.62	–	3.34	Labiatae
145	*Brassica oleracea*	0.58	–	1.67	Cruciferae
146	*Adiantum* sp.	0.41	–	0.85	Polypodiaceae
147	*Torenia fournieri*	0.40	–	3.01	Scrophulariaceae
148	*Gomphrena globosa*	0.38	–	2.61	Amaranthaceae
149	*Pharbitis nil*	0.38	–	1.04	Convolvulaceae
150	*Salvia* sp.	0.37	–	2.90	Labiatae
151	*Impatiens balsamina*	0.35	–	3.11	Balsaminaceae
152	*Nolana paradoxa*	0.34	–	4.77	Nolanaceae
153	*Nephrolepis* sp.	0.29	–	1.89	Davalliaceae
154	*Convallaria majalis*	0.28	–	0.90	Liliaceae
155	*Narcissus tazetta*	0.24	–	0.90	Amaryllidaceae
156	*Rohdea japonica*	0.22	–	2.24	Liliaceae
157	*Spathiphyllum* sp.	0.22	–	0.80	Araceae
158	*Kalanchoe blossfeldiana*	0.19	–	0.71	Crassulaceae
159	*Aspidistra elatior*	0.14	–	1.20	Liliaceae
160	*Dieffenbachia* sp.	0.13	–	0.39	Araceae
161	*Schlumbergera* x *buckleyi*	0.13	–	0.47	Cactaceae
162	*Tillandsia geminiflora*	0.12	–	4.11	Bromeliaceae
163	*Euphorbia pulcherrima*	0.07	–	0.23	Euphorbiaceae
164	*Saintpaulia confusa*	0.06	–	0.27	Gesneriaceae

165	*Cymbidium* sp.	0.04	–	0.37	Orchidaceae
166	*Tillandsia usneoides*	0.02	–	0.23	Bromeliaceae
167	*Tillandsia caput-medusae*	0.01	–	0.18	Bromeliaceae
168	*Tillandsia ionantha*	0.01	–	0.16	Bromeliaceae
Wild herbaceous plants collected from roadside					
169	*Erechtites hieracifolia*	5.72	–	10.14	Compositae
170	*Crassocephalum crepidioides*	5.07	–	9.16	Compositae
171	*Bidens frondosa*	2.98	–	7.98	Compositae
172	*Lactuca indica*	2.96	–	7.96	Compositae
173	*Oenothera biennis*	2.77	–	7.38	Onagraceae
174	*Erigeron annuus*	2.73	–	8.41	Compositae
175	*Artemisia princeps*	2.53	–	6.48	Compositae
176	*Plantago lanceolata*	2.24	–	6.00	Plantaginaceae
177	*Chenopodium centrorubru*	2.24	–	4.68	Chenopodiaceae
178	*Capsella bursa-pastoris*	2.10	–	3.72	Cruciferae
179	*Sonchus oleraceus*	2.10	–	4.26	Compositae
180	*Aster subulatus*	2.02	–	5.75	Compositae
181	*Cotula australis*	2.00	–	4.90	Compositae
182	*Eclipta prostrata*	1.95	–	4.55	Compositae
183	*Stellaria media*	1.80	–	4.30	Caryophyllaceae
184	*Sonchus asper*	1.71	–	5.10	Compositae
185	*Solidago altissima*	1.70	–	4.76	Compositae
186	*Erigeron sumatrensis*	1.64	–	7.34	Compositae
187	*Senecio vulgaris*	1.60	–	6.88	Compositae
188	*Cyperus brevifolius*	1.57	–	4.82	Cyperaceae
189	*Amaranthus lividus*	1.55	–	3.50	Amaranthaceae
190	*Rumex acetosa*	1.53	–	4.78	Polygonaceae
191	*Rumex acetosella*	1.46	–	3.85	Polygonaceae
192	*Xanthium canadense*	1.45	–	5.03	Compositae
193	*Gnaphalium multiceps*	1.36	–	2.94	Compositae
194	*Polygonum perfoliatum*	1.34	–	3.70	Polygonaceae
195	*Plantago asiatica*	1.30	–	3.63	Plantaginaceae
196	*Erigeron philadelphicus*	1.20	–	3.58	Compositae
197	*Erigeron pusillus*	1.20	–	4.10	Compositae
198	*Commelina communis*	1.17	–	3.01	Commelinaceae
199	*Imperata cylindrica*	0.94	–	3.80	Gramineae
200	*Gnaphalium pensylvanicum*	0.88	–	4.66	Compositae
201	*Trifolium repens*	0.87	–	2.70	Leguminosae
202	*Pennisetum alopecuroides*	0.86	–	4.02	Gramineae
203	*Hemerocallis fulva*	0.75	–	1.80	Liliaceae
204	*Oxalis corniculata*	0.73	–	2.39	Oxalidaceae
205	*Kummerowia striata*	0.68	–	3.11	Leguminosae
206	*Poa annua*	0.67	–	2.47	Gramineae
207	*Echinochloa crus-galli*	0.65	–	1.74	Gramineae
208	*Achyranthes fauriei*	0.63	–	1.98	Amaranthaceae
209	*Coix lacryma-jobi*	0.63	–	2.47	Gramineae
210	*Taraxacum japonicum*	0.63	–	3.52	Compositae
211	*Aster ageratoides*	0.61	–	2.35	Compositae
212	*Eragrostis ferruginea*	0.59	–	2.20	Gramineae
213	*Digitaria ciliaris*	0.46	–	1.98	Gramineae
214	*Miscanthus sinensis*	0.46	–	1.50	Gramineae
215	*Bromus unioloides*	0.33	–	1.78	Gramineae
216	*Paspalum dilatatum*	0.26	–	0.98	Gramineae
217	*Solidago virgaurea*	0.26	–	1.02	Compositae
218	*Portulaca oleracea*	0.25	–	1.60	Portulacaceae

0.0290）とクスノキ（*Cinnamomum camphora,* 0.0282）も4 ppm NO_2では低い値であったが，0.1 ppm NO_2で曝露したときには高いRNNO2値を示した（表1）。ソメイヨシノをはじめとしたこれらの4タクサの街路樹はNO_2耐性が弱く，4 ppm NO_2の高い濃度ではNO_2同化能力が抑制されると考えられる。スギはNO_2同化能力およびNO_2耐性ともに低いのであろう。それに対して，ニセアカシア（*Robinia pseudo-acacia,* 0.0366），エンジュ（*Sophora japonica,* 0.0352），イタリアポプラ（*Populus nigra,* 0.0324），クチナシ（*Gardenia jasminoides,* 0.0297），オオシマザクラ（*Prunus lannesiana,* 0.0288），フサアカシア（*Acacia dealbata,* 0.0239），アジサイ（*Hydrangea macrophylla,* 0.0243），ユーカリプタスヴィミナリス（*Eucalyptus viminalis,* 0.0190）は0.1および4 ppm NO_2どちらの曝露実験においても高いRNNO2値を示した（表1）。これらの種は，高いNO_2同化能力とNO_2耐性を有していると言える。

4.3　植物のNO_2吸収能力の遺伝的改変

4.3.1　シロイヌナズナ：NR，NiR，GSの過剰発現

植物に取り込まれたNO_2の大半は，以下に示すように，硝酸代謝系を介して，硝酸，亜硝酸を経てアンモニアに同化，アミノ酸や他の有機態窒素化合物に代謝される[3,4,8,17,18]（図1）。

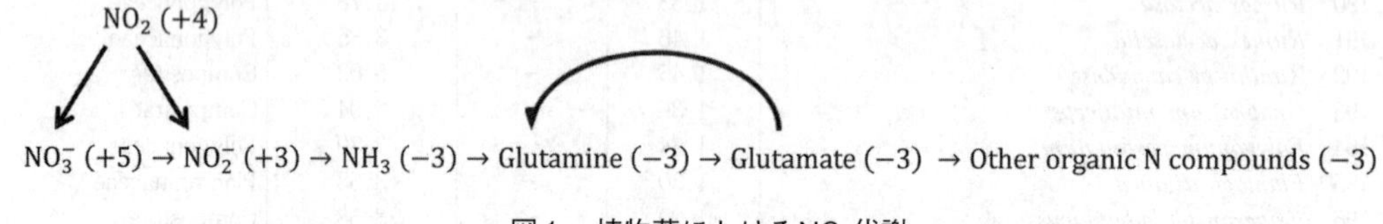

図1　植物葉におけるNO_2代謝

図1の括弧内の数値は，各化合物における窒素の酸化数を示す。硝酸還元系の3つの酵素である硝酸還元酵素（NR），亜硝酸還元酵素（NiR），グルタミン合成酵素（GS）がNO_2同化において鍵となると考えられる。

遺伝子改変によるnitrogen dioxide-philic plantの創成の可能性を探るため，これらの酵素を遺伝的に改変した形質転換植物について研究した。*Nicotiana plumbaginifolia*由来のNR cDNA[19]，ホウレンソウ由来のNiR cDNA[20]，シロイヌナズナ由来のGScDNAの発現ベクターを，パーティクルガン法によってシロイヌナズナの根に，導入，形質転換した[15]。T1からT3世代を以降の解析に用いた。

9系統のNR形質転換植物は，野生株の0.96から1.8倍であった。12系統のNiR形質転換植物で野生株の0.8から1.8倍であった。12系統の形質転換植物のうち4系統は野生株に比べて有意に高いNiR活性を示した。8系統のGS形質転換植物で野生株の1.1から1.5倍であった[15]。

形質転換植物のNO_2同化能力を解析した。野生株のRNNO2は1.18±0.08 mg N/g DWであった。NRおよびGSの形質転換体ではRNNO2の増加はみられなかったが，NiR形質転換体12系統の

うち２系統のRNNO2は1.4倍に増加していた[15]。RNNO2の40％増加は，NiRがNO_2代謝能力の改変のための鍵酵素であることを示している。

4.3.2　街路樹シャリンバイのNO_2吸収と同化能の遺伝的改変

シャリンバイ（*Rhaphiolepis umbellate* L.）は，バラ科シャリンバイ属の常緑低木で，日本において最も使用頻度が高い街路樹である。しかしながら，そのNO_2同化能力は，70タクサ中64番目であった（0.1 ppm NO_2曝露条件）[14]。そこで，我々は，シロイヌナズナ由来のNiR遺伝子を過剰発現させて，シャリンバイのNO_2吸収同化能の改変について研究した[21]。

シロイヌナズナ由来のNiR cDNA（At*nii*）の発現ベクターをシャリンバイの胚軸の茎頂にアグロバクテリウム法により導入した。ハイグロマイシン耐性を指標に胚軸に形成されたシュートを選抜，発根させた。発根した小植物（形質転換後21週間目）をPCR解析し，PCRポジティブの小植物体は馴化し，さらに７ヶ月間人工気象器で生育させた。

野生株と形質転換植物の葉からタンパク質を抽出して，２次元電気泳動（２-D）で分離し，抗タバコNiR抗体を用いてウェスタンブロット解析した。全系統がウェスタンブロットポジティブであり，形質転換植物において導入したAt*nii*の発現が確認された。

得られた９系統の形質転換植物について，20ヶ月間蛍光灯下で生育させ，さらに閉鎖系温室内で自然光下１ヶ月間生育させた。植物体（アグロバクテリウム感染後33ヶ月目）を200±50 ppb $^{15}NO_2$で１週間，自然光下で曝露実験し，TNNO2とRNNO2を解析した。結果を図２に示す。各植物体の茎頂から１番目から４番目までの葉（上部葉，U）と５番目から８番目の葉（中部葉，M）を採取，別々に分析した。

１系統（2513）において，上部葉および中部葉ともに，TNNO2およびRNNO2が野生株比1.6倍および2.0倍増加していた。すなわち，At*nii*cDNAを過剰発現させると，シャリンバイのNO_2

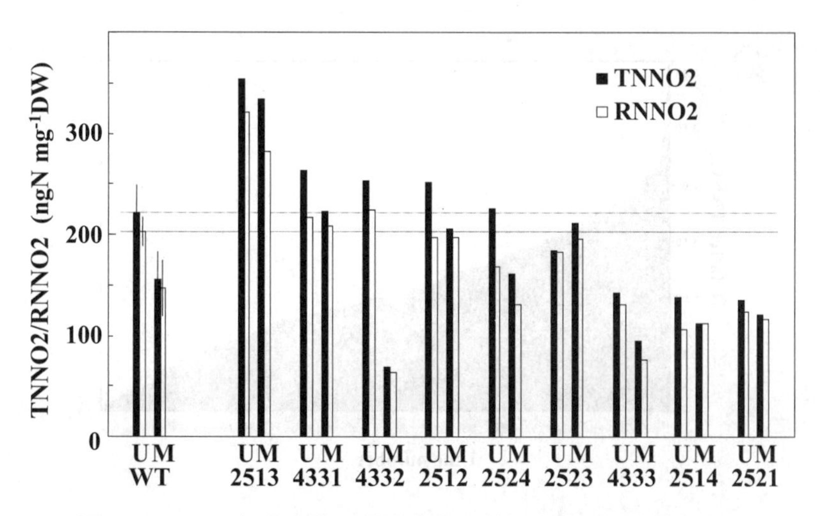

図２　シャリンバイ野生株と形質転換体９系統のTNNO2およびRNNO2
UおよびMは，上部葉および下部葉を示す。詳細は本文参照。

吸収および同化が向上することが分かった。この結果は，シロイヌナズナのNiR cDNA過剰体での結果（上述参照）と一致する。これらの結果は遺伝子改変によるnitrogen dioxide-philic plantの創成の可能性を支持するものである。

4.3.3 イオンビーム照射によるオオイタビの変異体の育成

日本をはじめとする多くの国において遺伝子組み換え植物の利用には多くの制限があり，日本において遺伝子組み換え街路樹を街路樹として栽植することには，大きな困難がある。他方，X線，γ線，イオンビーム照射による変異体育種は，パブリックアクセプタンスが得られ易い利点がある。イオンビーム育種法は，エクソン単位でのゲノムDNAの変異を誘導する新しい突然変異誘導方法として近年注目されている[22]。そこで，イオンビーム変異によるnitrogen dioxide-philic plantの創成の可能性を探るため，オオイタビを対象として，イオンビーム照射による変異体について研究した[23]。

オオイタビ（*Ficus pumila* L.）はクワ科イチジク属のつる性常緑樹で，気根を出して壁面を這い上がる性質をもっており，壁面緑化に適した植物である[24]。オオイタビのNO_2同化能力は70タクサ中4番目である[14]。

そこで，我々は，イオンビーム照射によるオオイタビの変異体の育成，NO_2吸収同化能力の改良を試みた[23]。試験管内で無菌的にシュート培養したオオイタビ・シュート外植片に原子力機構高崎量子応用研究所のAzimuthally Varying Field（AVF）サイクロトロンを用いてイオンビーム照射を行った。イオンビームとして$^{12}C^{5+}$（220 Me V），$^{4}He^{2+}$（50 Me V），$^{12}C^{6+}$（320 Me V）を用いた。照射した外植片は，新しい培地に移植，継代した。新たに形成されたシュートを切り取り，発根させ，約20 cm長の小植物体を屋外の温室に移し，約1ヶ月間栽培した。

3年間で約25,000外植片にイオンビーム照射を行い，263個の植物体（系統）を得た。それらに

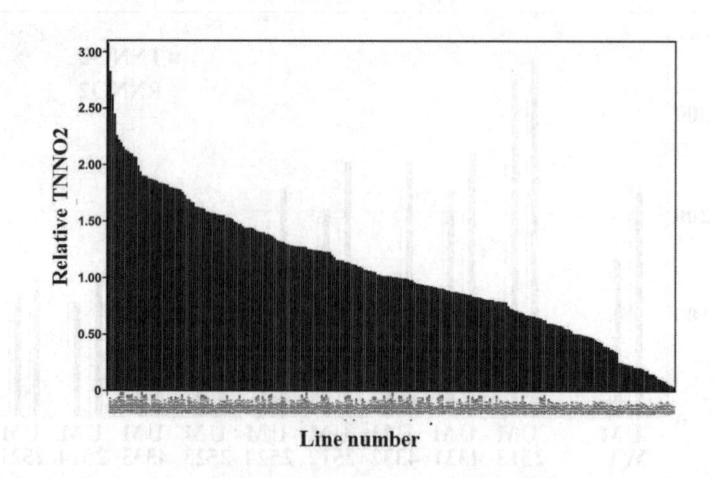

図3　イオンビーム照射したオオイタビ263系統のTNNO2
縦軸は，野生株のTNNO2平均値に対する相対値を示す。横軸は，各ライン番号を示す。

ついて，明所下1ppm NO_2で8時間曝露の条件で，TNNO2を調べた。その結果，系統間で最大約110倍の差異が観察された（図3）。TNNO2が高かった44系統を増殖して挿し木第一世代15系統（各系統当たり3～10個体）を得た。挿し木第一世代の平均TNNO2は野生株比で0.8～1.8倍であった。挿し木第一世代の2系統は野生株より顕著に高い（野生株比1.7～1.8倍）TNNO2を示した。これらの系統の挿し木後代（挿し木第二世代）は，全て（6系統）野生株より高いTNNO2値を示した（野生株比1.2～1.4倍）。このうちの2系統のRNNO2は野生株比1.5～1.8倍であり，NO_2吸収のみならず同化能力も上昇していることが分かった。このRNNO2の増加は，NiR遺伝子を過剰発現させたシロイヌナズナやシャリンバイ（上述参照）で観察された値に近い。そこで，これらの系統のNiR活性を測定したが，NiR活性の増加は認められなかった。これらオオイタビ変異体のRNNO2増加はNO_2吸収量の増加に伴うものであるのかまたは他の理由によるものであるかは，今後の課題である。さらに，random amplified polymorphic DNA（RAPD）解析により，これら2系統が変異体であることが確認された[23]。この変異体をKNOX株と命名した。KNOXは，形態的には親株と比較して変化はみられなかった。壁面緑化に適したオオイタビの特性は維持されており，本変異体は，壁面緑化に適した植物である。KNOXは，㈱みのる産業から「ノックスイタビ」という名称で販売されている。

植物によってどれくらいの量のNO_2ガスが吸収浄化されるのだろうか。KNOX株を高速自動車道路全域に3mの高さで植栽した場合を例に試算してみる。日本の高速自動車道路の全長は，8849.6kmである（http://www.mlit.go.jp/road/soudan/soudan_10b_01.html）。KNOX株が1年間に吸収浄化するNO_2量は1m^2あたり33.5g NO_2と試算される[23]。高速自動車道路全域において1年間で吸収除去できるNO_2量は 889.4t NO_2となる。平成12年度におけるNO_x総排出量は67万トンである。よってKNOX株によって約0.13%のNO_2を吸収浄化できることになる。

上述のように我々はこれまでに，nitrogen dioxide-philic plantの創成について，自然界の植物の解析，硝酸還元酵素遺伝子の改変およびイオンビーム照射育種法による変異誘導などの観点から研究してきた。nitrogen dioxide-philic plantの創成は道半ばであるが，昨今の日本およびグローバルな大気汚染の現状をみると，air-pollutant-philic plant研究の重要性は，益々高まっているように思われる。我々は，現在新しい観点からnitrogen dioxide-philic plantの研究を進めている。

文　　献

1) A. J. Zeevaart, *Acta Bot. Neerl.*, **23**, 345 (1974)
2) Y.-N. Lee *et al.*, *J. Phys. Chem.*, **85**, 840 (1981)
3) A. Rowland *et al.*, *Rev. Environ. Health*, **5**, 295 (1985)
4) P. Ramge *et al.*, *New Phytol.*, **125**, 771 (1993)

5) W. Larcher, "Physiological Plant Ecology, 3rd ed.", p.321, Springer-Verlag (1995)
6) S. V. Durmishidze *et al., Dokl. Bioch.*, **227**, 104 (1976)
7) H. H. Rogers *et al., Science*, **206**, 333 (1979)
8) T. Yoneyama *et al., Plant Cell Physiol.*, **20**, 263 (1979)
9) A. R. Wellburn, "Air Pollution and Climate Change: the Biological Impact", Longman Scientific & Technical, Harlow (1994)
10) H. Morikawa *et al.*, "Reseach in Photosyntesis vol. IV", p.79, Kluwer Academic Publishers (1992)
11) M. Kamada *et al.*, "Reseach in Photosyntesis vol. IV", p.83, Kluwer Academic Publishers (1992)
12) H. Morikawa *et al.*, "Phytoremediation: Transformation and Control of Contaminants", p.765, Wiley-Interscience (2003)
13) H. Morikawa *et al., Plant Cell Environ.*, **21**, 180 (1998)
14) M. Takahashi *et al., Chemosphere*, **61**, 633 (2005)
15) M. Takahashi *et al., Plant Physiol.*, **126**, 731 (2001)
16) H. Morikawa *et al., Planta*, **219**, 14 (2004)
17) A. R. Wellburn, *New Phytol.*, **115**, 395 (1990)
18) A. J. Zeevaart, *Environ. Pollut.*, **11**, 97 (1976)
19) M. Vincentz *et al., EMBO J.*, **10**, 1027 (1991)
20) E. Back *et al., Mol. Gen. Genet.*, **212**, 20 (1988)
21) J. Shigeto *et al., Plant Biotechnol.*, **23**, 111 (2006)
22) N. Shikazono *et al., J. Exp. Bot.*, **56**, 587 (2005)
23) M. Takahashi *et al.*, Int. J. Phytorem. (2011, in press)
24) M. Takahashi *et al., Plant Biotechnol.*, **22**, 63 (2005)

第4章　根圏における植物―微生物の相互作用と環境技術への展開

1　ウキクサ根圏における多様な化学物質分解微生物の集積と活性化

清　和成[*1]，池　道彦[*2]

1.1　はじめに

汚染された水域を，水生植物を用いて浄化する植生浄化法は，独立栄養光合成生物である植物の特徴を生かした，外部からのエネルギー投入が不要な極めて経済的な技術であると同時に，環境適合性を持った省資源・省エネルギーの21世紀型水質浄化・保全技術である。そのため，経済産業省から提示されている技術戦略マップにおいては，バイオテクノロジー活用による環境対応として，2010年から2025年にかけて一般環境中の重金属と化学物質などによる汚染に対して，植物と微生物を組み合わせたハイブリッドバイオレメディエーションシステムの確立と実用化が謳われている。

現状では，植生浄化法は主として窒素やリンなどの栄養塩類の除去を目的として，下排水二次処理水の仕上げ処理や，汚濁河川，湖沼などの直接浄化に用いられているが，近年，水環境を取り巻く新たな汚染としてクローズアップされている微量化学物質などの難分解性化学物質の分解・除去については，その適用可能性も含めて，これまでに世界でもほとんど検討されてこなかった[1)]。

筆者らのグループではこれまで，世界中で広く水質浄化に利用されてきた浮遊性植物のウキクサ（*Spirodela polyrrhiza*）を用いた研究を実施する中で，その根圏で界面活性剤や芳香族化合物の分解が促進されること[1,2)]，芳香族化合物分解能を有する微生物が選択的に集積されていること[1)]，これまでにほとんど報告例のない化学物質の分解微生物が棲息していること[3)]などを明らかにしてきた。

ここでは，これらの研究で得られた成果を交え，環境浄化に有用な，多様な微生物の生育場としてのウキクサ根圏を解説する。

1.2　ウキクサと根圏微生物の共生系による各種芳香族化合物の分解促進

植物は独立栄養生物であることから，一般にその生育に各種有機物を必要としない。そのため，水中に汚染物質として溶存する各種化学物質に対して，積極的に分解などの作用をしないものと考えられてきた。しかし，筆者らのグループで試みにフラスコに環境水を採り，ウキクサを植栽した系と非植栽の系で，フェノールの分解過程を経時的にみたところ，ウキクサを植栽した系で有意なフェノール分解促進効果が得られることが示された。そこで，このメカニズムと，どのよ

＊1　Kazunari Sei　北里大学　医療衛生学部　健康科学科　教授

＊2　Michihiko Ike　大阪大学大学院　工学研究科　環境・エネルギー工学専攻　教授

うな物質でも同様の分解促進効果が得られるのかを探るべく，さらなる実験を行った。フラスコに環境水（池の水）を採り，ウキクサ30株を植栽した系（実験系１）と非植栽の系（実験系２），無菌状態にしたウキクサを池の水に植栽した系（実験系３），ウキクサの根圏に棲息する根圏微生物のみを回収して（ウキクサ30株分）池の水に添加した系（実験系４），フィルターで滅菌した池の水に無菌状態にしたウキクサを植栽した系（実験系５）の５つの実験系を作成し，ここにフェノール（10 mg/L），アニリン（10 mg/L），2,4-ジクロロフェノール（2,4-DCP）（５mg/L）を添加して，人工気象器（28℃，8000 lux，16時間明／８時間暗）で数日間，静置培養した。すると，ウキクサ植栽系（実験系１）では有意にこれら３種の芳香族化合物の分解が促進されることが明らかとなった（図１）。フェノール分解実験では，ウキクサの根圏微生物を添加した実験系４でも実験系１とほぼ同等のフェノール分解促進効果が確認され，ウキクサの根圏微生物がフェノールの分解に大きく寄与していることが示唆された。また，大変興味深いことには，無菌ウキクサを植栽した実験系３でもフェノールの分解促進効果が確認できた。この時に実験系１の水相画分とウキクサ根圏画分のフェノール分解微生物をコロニーカウントによって定量したところ，水相画分に比べて根圏画分でフェノール分解微生物が高密度に集積されていることが明らかとなった。無菌ウキクサを用いた実験系３でもわずか３日間の培養によって，その根圏には実験系１と同等の密度でフェノール分解菌が集積されていることが明らかとなり（図２），ウキクサはその根圏に特定の微生物を選択的に集積する能力を有するものと考えられた。アニリン分解実験でも同様の傾向が認められたが，分解促進効果は根圏微生物を添加した実験系４よりも無菌ウキクサを植栽した実験系３の方が高い結果となった。このため，アニリンの分解では，ウキクサがその根圏微生物を活性化する作用が重要な因子となっているものと考えられた。一方，2,4-DCP分解実

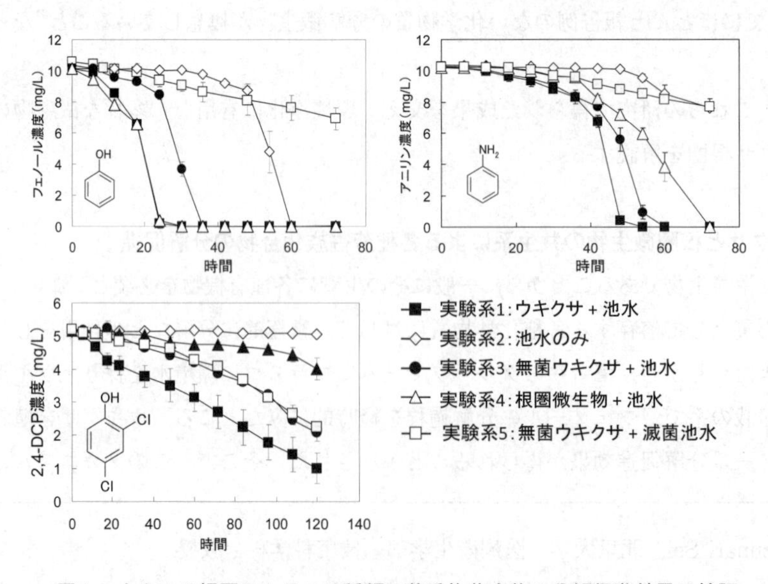

図１　ウキクサ根圏における３種類の芳香族化合物の分解促進効果の検証

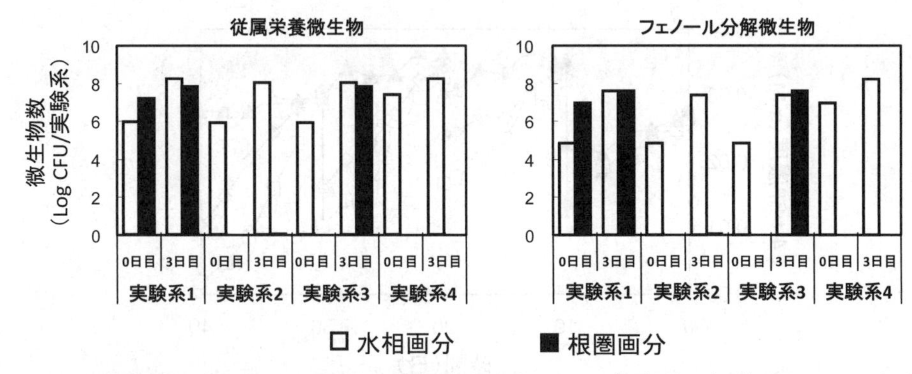

図2　ウキクサ根圏の水相画分と根圏画分における従属栄養微生物とフェノール分解微生物の存在割合

験では，実験系1で最も素早い分解が確認されたが，続いて無菌ウキクサを植栽した実験系3と無菌ウキクサを滅菌した池の水に植栽した実験系5で2,4-DCPの速やかな除去が認められた。これらの結果から，2,4-DCPは微生物の分解よりむしろウキクサ自体による除去作用を受けたものと考えられる。このようにウキクサは，そのメカニズムは多様であるが，根圏に棲息する微生物と共働しながら，各種の芳香族化合物の分解，除去促進作用を有していることが明らかとなった。

1.3　ウキクサ根圏からの4-*tert*-ブチルフェノール分解微生物の分離

ウキクサが根圏に特殊な微生物を高密度に集積し，これによって各種芳香族化合物の分解を促進していることが明らかとなったことから，その根圏にはこれまで知られていなかった新たな微生物が棲息している可能性があると考えられる。そこで，フェノール樹脂やポリカーボネート樹脂，界面活性剤の原料として各種化学工業で汎用されている一方で，急性毒性，慢性毒性，エストロゲン活性などの生体毒性を有しており，これまでに生分解についての報告が我々のグループによる1例（ヨシ根圏から分離された，*Sphingobium fuliginis* TIK株[4]）しかなく，各種水環境中から頻繁に検出されている4-*tert*-ブチルフェノール（4-*t*-BP）に着目し，ウキクサ根圏からその分解微生物の取得を試みた。まず，池の水に4-*t*-BP（5 mg/L）を加え，ここにウキクサ20株を植栽した系（実験系A），ウキクサ20株を植栽し，植物の栄養剤としてHoagland溶液を添加した系（実験系B），池の水のみの系（実験系C）を用意し，これを人工気象器（28℃，8000 lux，16時間明／8時間暗）で10日間，静置培養した。これを1サイクルとして，10日後に水相の10%とウキクサ20株を同組成の実験系に植え継ぎ，全体で4サイクルの分解実験を実施して，4-*t*-BPの濃度を経時的に測定した。すると，ウキクサを植栽した実験系AおよびBで有意な4-*t*-BP濃度の減少が確認できた（図3）。一方，ウキクサを植栽していない実験系Cでは4-*t*-BP濃度の減少は認められなかった。別途実施した滅菌した池の水に無菌ウキクサを植栽した実験系でも有意な4-*t*-BP

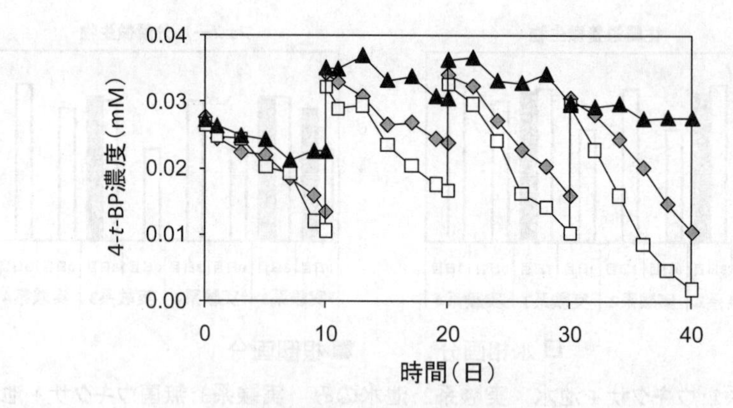

図3　ウキクサ根圏における4-*t*-BPの分解促進効果の検証

図4　4-*t*-BP分解実験中のウキクサの様子
(a)実験開始時，(b)30日後（3サイクル終了時）
写真左側のフラスコは実験系A（ウキクサ＋池水），
右側が実験系B（ウキクサ＋池水＋Hoagland溶液）

（5 mg/L）濃度の減少が認められなかったことから，ここで確認された4-*t*-BP濃度の減少は，微生物分解によるものと考えられた。ここで，有意な4-*t*-BPの分解が認められた実験系AとBのうち，Hoagland溶液を添加した実験系Bでは，終始実験系Aに比べて高い4-*t*-BP分解率を示し，4サイクル目では，実験系Aで65%，実験系Bで93%の4-*t*-BP分解率であった。実験系Aではサイクルを重ねるごとに，恐らくは4-*t*-BPの毒性による影響と考えられるが，ウキクサが徐々に弱っていったのに対し，Hoagland溶液を添加した実験系Bでは最後までウキクサが良好な状態で保たれていたことから（図4），ウキクサの状態が，その根圏に存在する微生物による4-*t*-BP分解

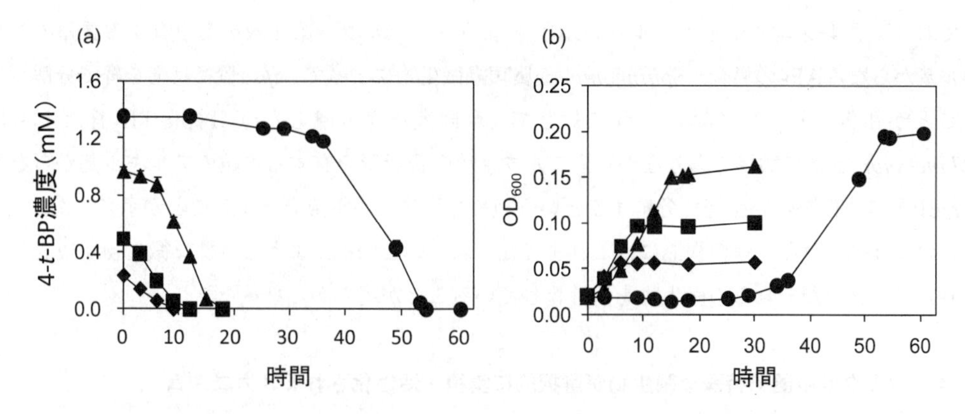

図5　*Sphingobium fuliginis* OMI株による4-*t*-BPの分解とそれに伴う菌体増殖の経時変化

活性に影響を与えたものと考えられる。

ウキクサ植栽系で4-*t*-BP分解微生物の存在が確信できたことから，ウキクサ根圏からの4-*t*-BP分解微生物の分離に着手した。上述の実験系AおよびBのウキクサの根を回収し，5 mg/Lのトリポリリン酸ナトリウム水溶液中でホモジナイズした後に，4-*t*-BPを単一炭素源として添加した無機塩平板培地に塗布した。この結果，1種類のコロニーが得られたことからこれを純化し，4-*t*-BP分解能を有することを確認した後にOMI株と命名した。OMI株は16 SrRNA遺伝子配列の相同性から，ヨシ根圏から分離された4-*t*-BP分解微生物と同じ*Sphingobium fuliginis*と同定された。OMI株は増殖を伴いながら1 mM（150 mg/L）までの4-*t*-BPであればほぼ18時間以内に検出限界以下まで分解する能力を有しており，1.5 mM（225 mg/L）の4-*t*-BPでは，36時間程度のラグ期の後，約18時間で検出限界以下まで分解できることが明らかとなった（図5）。OMI株による4-*t*-BP分解経路を確認するために，GC-MSで4-*t*-BPの中間代謝物を分析したところ，4-*t*-BPは4-*t*-ブチルカテコール（4-*t*-BC）へと酸化された後，メタ位で環開裂を受けて無機化されているものと推定された（図6）。4-*n*-BPのような，アルファ第2級炭素を有する中鎖のアルキル基からなるアルキルフェノール（APs）では，多くの場合*Pseudomonas*属微生物によって芳香環のメタ開裂経路を経て分解されることが報告さ

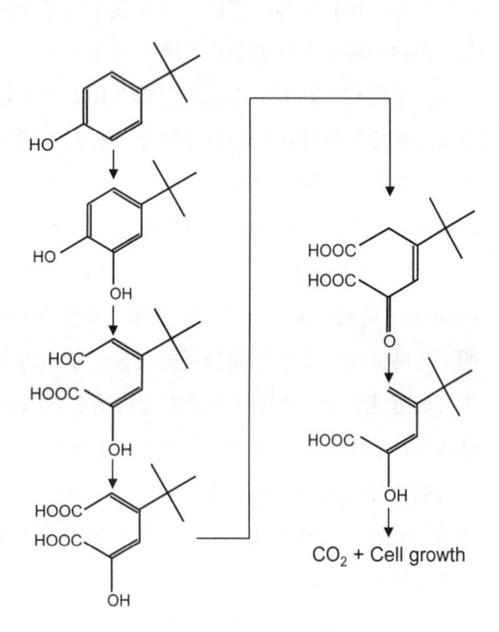

図6　*Sphingobium fuliginis* OMI株による4-*t*-BPの代謝経路（推定）

れており[5,6]，4-ノニルフェノール（4-NP）のような，アルファ第4級炭素を有する長鎖のアルキル基からなるAPsの場合，*Sphingomonas*属類縁微生物によって，*ipso*置換反応を経て分解されることが報告されている[7,8]。これに対して，今回我々が分離したOMI株はTIK株とともに*Sphingomonas* 属に類縁でありながら，アルファ第2級炭素を有する中鎖のアルキル基からなる4-*t*-BPをメタ開裂経路を経て分解するという極めて興味深い特徴を有することが示された。

このように，ウキクサの根圏にはこれまで知られていなかったような特殊な微生物が棲息しており，ウキクサがそれらの微生物を活性化していることが明らかとなった。

1.4　ウキクサ根圏で特殊な微生物が選択的に集積・活性化されるメカニズム　—根分泌物に焦点を当てて

前述のように，ウキクサはその根圏に特殊な微生物を選択的に集積し，活性化していることが示された。植物においては，一般論として植物の光合成によって生成された酸素の根圏への供給と，植物の根から分泌される糖，アミノ酸，ビタミンなどの供給により，微生物が高密度に集積され，活性化されていることが知られているものの（根圏効果）[9,10]，これらの一般的な根圏効果では，根圏で各種化学物質分解能を有する特殊な微生物を選択的に集積，活性化することを直接的に説明する根拠にはなり得ないと考えられる。我々はこれを説明する鍵がウキクサの根分泌物にあると考え，その成分の分析を試みた。ここでは，特に芳香族化合物の分解が促進されているという事実を考慮し，フェノール性物質に焦点を当てて分析を行うこととした。フラスコにHoagland溶液を入れ，ここに無菌ウキクサを20株植栽して人工気象器（28℃，8000 lux，16時間明／8時間暗）で3日間静置培養後，全てのウキクサを滅菌超純水で洗浄して，滅菌超純水中で1日間静置させ，ウキクサの根分泌物を溶出させた（水溶画分）。また，根表面に付着して滅菌超純水中に溶出しなかった成分（根付着画分）を超音波破砕とボルテックス操作によって回収した。この両画分の根分泌物を市販のカートリッジを用いてフェノール性物質を選択的に回収し，各画分の全有機炭素（TOC）とフェノール性物質を測定した。また，HPLC分析では両画分を混合して成分分析した。

ウキクサの根の分泌物は，TOCベースでは全体の90％以上が水溶画分に存在していたのに対し，フェノール性物質ベースでは95％以上が根付着画分に存在していた。特に，根付着画分のTOCのうち，約80％がフェノール性物質であった（表1）。このことから，ウキクサは高濃度のフェノール性物質を根から分泌しており，その大部分は水中に拡散することなく，根の表面に付着，蓄積していることが示唆された。植物はその体内で植物ホルモンなどを含む様々な二次代謝物質（SPME）を生産しているが，それらの中には芳香環を有し，各種環境汚染物質と類似した構造を持つものも多く報告されており，それらが植物根圏へ分泌され，根圏で微生物の増殖基質や選択圧，さらにはそれらの物質の分解酵素誘導基質として機能した結果として，根圏微生物の化学物質分解ポテンシャルを向上させるとともに，根圏微生物群集の構成と活性に大きな影響を与えているものと考えられる。根分泌物のHPLCクロマトグラムからは100種類を超える成分が検出さ

表１　ウキクサ根分泌物の画分別成分分析

TOCおよびフェノール性物質量（mg/d/g-root）					
TOC			フェノール性物質（TOCに対する割合％）		
水溶画分	根付着画分	全体	水溶画分	根付着画分	全体
126.5±12.4	12.5±3.7	139.0	0.5±0.1 (0.4%)	9.9±1.5 (78.7%)	10.4 (7.4%)

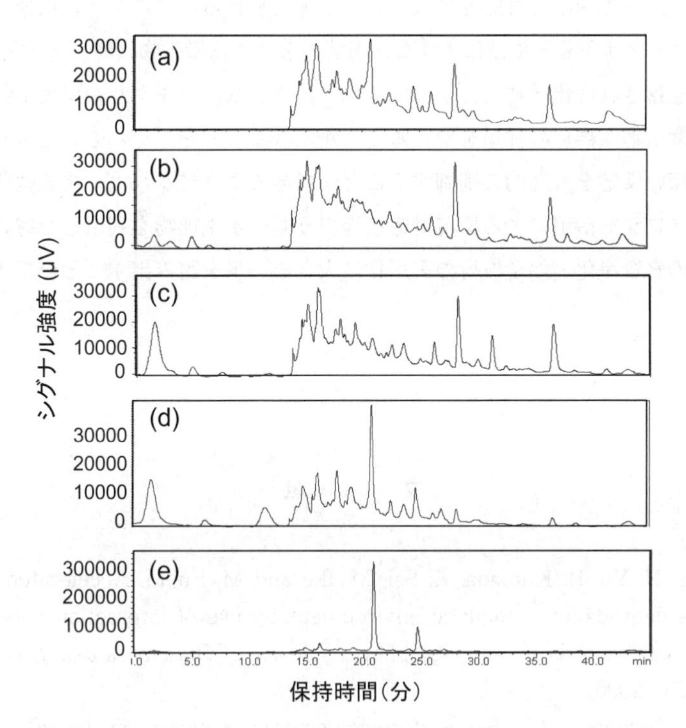

図７　ウキクサ根分泌物のHPLCクロマトグラム
(a)通常のウキクサの根分泌物，(b)フェノール曝露，(c)アニリン曝露，
(d)2,4-ジクロロフェノール曝露，(e)ビスフェノールＡ曝露

れ，いくつかの主要成分と考えられるピークも検出された（図７）。また，別途実施した各種化学物質に曝露したウキクサの根分泌物成分分析の結果からは，ウキクサが曝露される化学物質の種類によって，根分泌物成分を変化させていることも示されており，これらの成分のいずれか（あるいは複数）が，ウキクサの根圏における特殊な微生物群集構造形成と各種化学物質の分解促進に大きな役割を果たしているものと考えられ，その成分の特定が待たれるところである。

1.5　おわりに

本節では，世界中で主として水域の富栄養化対策に用いられてきたウキクサが，その根圏に棲息する微生物（根圏微生物）と共働することによって，様々な化学物質の分解にも力を発揮すること，またそのメカニズムについて，いくつかの具体例を示しながら解説した。水生植物と根圏微生物の相互作用と，これを利用した化学物質汚染水の浄化に関する研究は正に端を発したばかりであり，まだまだ分からないことが多いというのが実際のところではあるが，今回詳述した物質以外にもNPや4-*n*-BP，ナフタレン，BPAなどの物質についても同様に分解促進作用があることを確認しており，その適用の可能性は広いものと考えられる。ウキクサの根分泌物成分が多様であることは，ウキクサがその根圏に多様な代謝能力を有する微生物（群）を集積できることを，またその成分が曝露される化学物質によって変化することは，ウキクサが環境条件によってその根圏に集積する微生物（群）の種類を変えることができることを，それぞれ意味している。これらの極めて興味深い反応を人為的に制御することができるようになれば，技術戦略マップにおける，バイオテクノロジー活用による環境対応技術のうち，水生植物を利用した省資源・省エネルギー，低炭素型の水質浄化・保全技術の実用化に大きな一歩を踏み出すことができるものと考えられる。

文　　献

1）T. Toyama, N. Yu, H. Kumada, K. Sei, M. Ike and M. Fujita, Accelerated aromatic compounds degradation in aquatic environment by use of interaction between *Spirodela polyrrhiza* and bacteria in its rhizosphere., *Journal of Bioscience and Bioengineering*, **101**, 346-353（2006）

2）K. Mori, T. Toyama and K. Sei, Surfactant degrading activities in the rhizosphere of giant duckweed（*Spirodela polyrrhiza*）., *Japanese Journal of Water Treatment Biology*, **41**, 129-140（2005）

3）Y. Ogata, N. Momotani, T. Toyama, D. Inoue, K. Sei, S. Soda and M. Ike, Occurrence of 4-*tert*-butylphenol degradation in aquatic samples caused by the presence of *Spirodela polyrrhiza*., Proc. of 3rd IWA-ASPIRE Conference & Exhibition, in CD-ROM（2009）

4）T. Toyama, N. Momotani, Y. Ogata, Y. Miyamori, D. Inoue, K. Sei, K. Mori, S. Kikuchi and M. Ike, Isolation and characterization of 4-*tert*-butylphenol-utilizing *Sphingobium fuliginis* strains from *Phragmites australis* rhizosphere sediment., *Applied and Environmental Microbiology*, **76**, 6733-6740（2010）

5）J. J. Jeong, J. H. Kim, C.-K. Kim, I. Hwang and K. Lee, 3- and 4-Alkylphenol degradation pathway in *Pseudomonas* sp. strain KL28 : genetic organization of lap gene cluster and substrate specificities of phenol hydroxylase and catechol 2,3-dioxygenase., *Microbiology*,

149, 3265-3277 (2003)

6) M. Takeo, S. K. Prabu, C. Kitamura, M. Hirai, H. Takahashi, D. Kato and S. Negoro, Characterization of alkylphenol degradation gene cluster in *Pseudomonas putida* MT4 and evidence of oxidation of alhylphenols and alkylcatechols with medium-length alkyl chain., *Journal of Bioscience and Bioengineering*, **102**, 352-361 (2006)

7) P. F. X. Corvini, J. Hollender, R. Ji, S. Schumacher, J. Prell, G. Hommes, U. Priefer, R. Vinken and A. Schaffer, The degradation of α-quaternary nonylphenol isomers by *Sphingomonas* sp. strain TTNP3 involves a type II *ipso*-substitution mechanism., *Applied Microbiology and Biotechnology*, **70**, 114-122 (2006)

8) F. L. P. Gabriel, A. Heidlberger, D. Rentsch, W. Giger, K. Guenther and H. P. E. Hohler, A novel metabolic pathway for degradation of 4-nonylphenol environmental contaminants by *Sphingomonas xenophaga* Bayram., *Journal of Biological Chemistry*, **280**, 15526-15533 (2005)

9) E. A. Curl and B. Truelove, The rhizosphere., *Springer-Verlag*, Berlin (1986)

10) E. Somers, J. Vanderleyden and M. Srinivasan, Rhizosphere bacterial signaling : a love parade beneath our feet., *Critical Reviews of Microbiology*, **30**, 205-240 (2004)

2　抽水植物ヨシの根圏における内分泌攪乱化学物質の分解促進

遠山　忠＊1，森　一博＊2

2.1　はじめに

内分泌攪乱化学物質，いわゆる環境ホルモンは，極めて微量でもヒトや野生生物の体内で内分泌系を攪乱し，生殖障害などの深刻な悪影響を引き起こすことが知られている。水環境を汚染する内分泌攪乱化学物質としてビスフェノールA（BPA）やノニルフェノール（NP），オクチルフェノール（OP）などのフェノール性の物質が知られている。これらは農薬などの有害化学物質とは異なり，その生産や使用が厳しい規制を受けたものではなく，これまで特にヒトの健康に危険性のない化学物質として我々の身の回りで大量に使用されてきた物質である。これらのフェノール性内分泌攪乱化学物質は，その大量生産，大量消費と管理の欠如により下水道を含めた様々な水環境中から頻繁に検出されている。また，その多くが難分解性で，水環境中では底質粒子などに吸着しやすく，嫌気条件になりやすい底質ではほとんど生分解を受けないことから，一旦底質が内分泌攪乱化学物質により汚染されてしまうと，その汚染が長期化することが指摘されている。事実，都市河川，湖沼および海域の底質から高濃度のフェノール性内分泌攪乱化学物質が頻繁に検出されている[1)]。これらのフェノール性内分泌攪乱化学物質の生態系への被害を防止するためには，それらを汚染底質から除去する技術の確立と普及が重要である。

ところで，河川や湖沼の沿岸域に形成されているヨシなどの大型水生植物群落に窒素やリンなどの栄養塩類と易分解性有機物に対する環境浄化機能が備わっていることは広く知られている。これを活用する環境浄化法（植生浄化法）は，水環境の富栄養化対策技術の一つとして欧米を中心に広く用いられている。しかしながら，近年の水環境汚染において問題となっている内分泌攪乱化学物質をはじめとする有害有機化学物質に対する効果は調べられておらず不明であった。ところが，水生植物群落の根部の底質には根圏といわれる根を介して植物代謝の影響が強く及ぶ領域が形成されているが，その領域の植物と微生物の機能を活用することにより，従来の植生浄化法を有害有機化学物質汚染の浄化にも応用できる新しい浄化法（根圏浄化法）へとステップアップさせることが期待できるようになってきた。一般に，底質はその表面を除いて嫌気的環境となっているが，水生植物の根が存在する根圏は，植物が通気組織を通じて酸素を活発に輸送，供給するため，周辺の底質に比べて好気的環境になりやすい[2)]。このため根圏は，そこに特異的に生息する微生物（根圏微生物）による化学物質の効率的な好気分解と，そこで繰り広げられる植物と根圏微生物の協働作用を通じて有害有機化学物質により汚染された底質の修復，改善に大きく貢献する可能性を秘めている。

本節では，筆者らが行ってきた一連の研究成果をもとに，水生植物と根圏微生物の協働作用によるフェノール性内分泌攪乱化学物質の効率的な分解について，その現象とメカニズムを解説す

＊1　Tadashi Toyama　山梨大学　大学院医学工学総合研究部　助教

＊2　Kazuhiro Mori　山梨大学　大学院医学工学総合研究部　社会システム工学系　准教授

るとともに，その浄化技術への応用可能性について紹介したい。

2.2　ヨシの根圏底質におけるフェノール性内分泌撹乱化学物質の分解

フェノール性内分泌撹乱化学物質により汚染された底質の修復には，汚染底質を浚って取り除く浚渫工事や化学物質分解微生物の機能を活用したバイオレメディエーションなどの適用がある。浚渫工事により汚染原因物質をその場から取り除くことはできるものの，取り除いた汚染底質の２次処理が必要で，特殊重機の使用，莫大な費用とエネルギーの投入も不可避である。また，バイオレメディエーションにおいては汚染現場における化学物質分解微生物の定着率や分解活性の安定性の他，底質への栄養素や酸素投入によるコスト面の負担などに課題があり，現場において経済的に汚染底質を修復，改善することができる実用技術は確立されていない。光エネルギーを動力源として高い経済性と省エネルギー・省資源性，環境適合性を有する植生浄化法は，汚染底質の修復技術として有効なオプションになり得ると考えられるが，フェノール性内分泌撹乱化学物質に対する浄化能は不明であった。そこで筆者らは，まず水生植物の根圏底質においてフェノール性内分泌撹乱化学物質の分解が生じる可能性を探る検討をモデル植物にヨシを用いて行った。

ヨシ（*Phragmites australis*）は，温帯から熱帯にかけての湿地帯に広く分布する大型抽水植物であり，太く丈夫な根茎と微細なひげ根からなる根を周囲の底質にネット状に広く伸ばし，その通気組織を通じて底質へ酸素を活発に輸送，供給することから天然の酸素供給装置としての魅力がある[2)]。好気条件でのみ生分解の可能性が報告されているフェノール性内分泌撹乱化学物質の汚染浄化にとって，この意味は大きい。実際，ヨシ群落は１日当たり５~12 g-O_2/m^2の酸素を根圏底質に供給しているとの報告例がある[2)]。また，富栄養化対策や水辺生態系保全のためのヨシ植生施設が広く設置されている実績があり，植生管理のノウハウが整った植物材料ともいえる。このような利点から，汚染底質の修復，改善に活用しやすい植物材料と考え，ヨシ根圏の内分泌撹乱化学物質浄化能力とそのメカニズムを見出す研究を実施した。浄化対象には，BPA，NPと4-*tert*-ブチルフェノール（4-*tert*-BP）を選択した（図１）。BPAはポリカーボネート樹脂，エポキシ樹脂などの原料として大量に工業利用されている物質であり，身近なところでは缶詰の内部コーティング材として使われている。国内におけるその生産量は，2009年には43万トンに達している。NPは非イオン界面活性剤（ノニルフェノールポリエトキシレート）の材料として，2009年の国内において７千トンが生産されている。また，4-*tert*-BPは前２者に比べて内分泌撹乱化学物質としての馴染みが薄いものの，水生生物に対する強い急性毒性と内分泌撹乱作用が認められてお

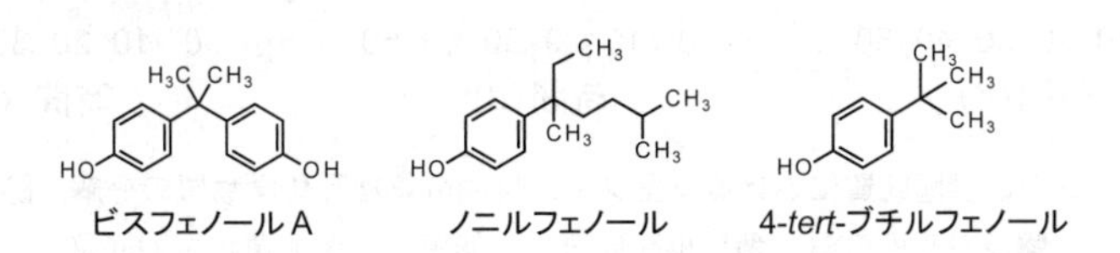

図１　BPA，NPと4-*tert*-BPの分子構造

り，ポリカーボネート樹脂，フェノール樹脂や酸化防止剤などの原料として2009年の国内において２万７千トンが生産されている。このいずれのフェノール性内分泌攪乱化学物質も水環境の底質において比較的頻繁に検出されており，特に汚染が深刻なNPについては数百mg/kgの極めて高い濃度の底質汚染サイトも確認されている[3]。

過去に内分泌攪乱化学物質による汚染歴がない自然の池に自生するヨシとその根圏底質を実験室に持ち帰ってバイアル瓶に植え付け，上記３種類の化学物質を個別に混合してから28℃，10,000 lux，16時間明条件／８時間暗条件で静置した。陸生植物では，根から数mmの範囲を根圏とする定義があるが[4]，ここではヨシの根の周囲大よそ５cmの範囲を根圏底質と定義した。この実験では，25 mg/kgとなるように３種類の化学物質を添加し，そのバイアル瓶内の全ての底質から化学物質を抽出してその濃度をモニタリングした。対照実験として，ヨシ植生から３m以上離れた同じ池の非植生帯の底質（非根圏底質）を用いた同様の実験を実施した。その結果，ヨシを植栽した根圏底質では42日間の実験期間中に，添加したBPAの90％，NPの51％，4-*tert*-BPの91％が除去された（図２）。一方，非根圏底質を用いた実験での42日間のBPA，NPおよび4-*tert*-BPの除去率は，それぞれ20％，9.7％および０％であった（図２）。このようにヨシの根圏が底質中のフェノール性内分泌攪乱化学物質に対して優れた除去能を有していることが明らかとなったことから[5,6]，ヨシを用いた根圏浄化法が，フェノール性内分泌攪乱化学物質で汚染された底質の有効な浄化手段となり得ることが確認されたものといえる。

続いて，種子から無菌的に栽培したヨシを無菌化した根圏底質に植栽して３種類のフェノール性内分泌攪乱化学物質の濃度変化を調べた結果，無菌化していない通常の根圏底質に比べて著しく低い浄化能であった（図２）ことから考えて，ヨシ自体ではなく，その根圏に存在する根圏微生物の作用，あるいはヨシと根圏微生物の協働作用が３種類のフェノール性内分泌攪乱化学物質に対して高い浄化能を有していることが判明した。

では，ヨシの根圏底質では，どのような微生物が，ヨシとどのような係わりを持ちながら底質

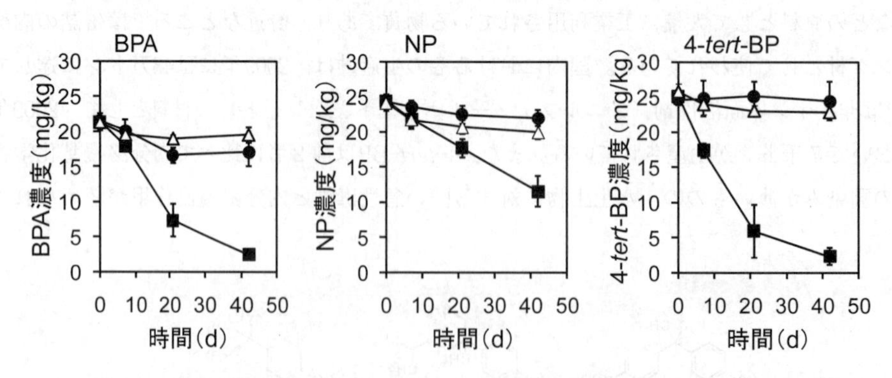

図２　ヨシの根圏底質におけるフェノール性内分泌攪乱化学物質の分解，除去[5,6]
■ヨシ根圏底質，●非根圏底質，△無菌ヨシと無菌化根圏底質
（ヨシによる吸収除去作用）

中の３種類のフェノール性内分泌攪乱化学物質を効率的に分解しているのだろうか。次項以降において，筆者らの一連の研究を通じて見出されたフェノール性内分泌攪乱化学物質分解を巡るヨシと根圏微生物の協働作用を紹介する。

2.3　ヨシの根圏底質に集積するフェノール性内分泌攪乱化学物質分解菌

図２に示すようにフェノール性内分泌攪乱化学物質の活発な分解が見られたヨシの根圏底質から，BPA分解菌（*Novosphingobium* sp. TYA-1）[5]，NP分解菌（*Stenotrophomonas* sp. IT-1, *Sphingobium* sp. IT-4と*Sphingobium* sp. IT-5；図３）[6]および4-*tert*-BP分解菌（*Sphingobium fuliginis* TIK-1；図３）[7]を分離することに成功した。なお，ここで分離されたNP分解菌（IT-1, IT-4とIT-5）は，NPと分子構造が類似する4-*tert*-OPをNPと同様に分解したことから，これ以降の実験では4-*tert*-OPをNPの代替化学物質として実験に用いている。

これまでにグラム陰性細菌MV1[8]，*Sphingomonas paucimobilis* FJ4[9]や*S. bisphenolicum* AO1[10]などのBPA分解菌が根圏以外の様々な環境から分離されているが，今回分離されたTYA-1もそれらの既報分解菌と近縁種の*Novosphingobium*属細菌であった。また，これまでに報告されているNP分解菌は*Sphingobium*属や*Sphingomonas*属のSphingomonad細菌群[11〜13]に限定されており，ヨシ根圏から分離されたIT-4とIT-5もそれらと同じ*Sphingobium*属細菌であったが，新奇な分解菌*Stenotrophomonas* sp. IT-1も根圏から分離されるという興味深い結果も得られた。一方，4-*tert*-BP分解菌については今回のヨシ根圏からの分離が世界で初めての報告となる[7]。これまで4-*tert*-BP分解菌の分離報告例が全くなかったことから，通常の環境下では4-*tert*-BP分解菌は優占種となっておらず，集積することが難しいものと考えられるが，ヨシの根圏底質から4-*tert*-BP分解菌が分離されたことは非常に興味深い。その一方で，そのヨシ根圏底質と同じ池から採取した非根圏底質では，嫌気と好気のいずれの条件でも３種類のフェノール性内分泌攪乱化学物質の有意な分解は認められず，それらの分解菌の集積培養も成功しなかったことから考えて，ヨシの根圏底質にはそれらの分解菌が特異的に集積していた可能性が考えられる。さらに，ヨシの根圏底質を採取した池はフェノール性内分泌攪乱化学物質により汚染されていたものではないことから，ヨシが根圏底質に及ぼす何らかの影響がここで得られた分解菌の集積に結びついていたもの

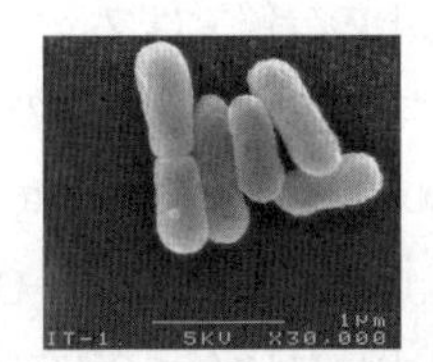

Stenotrophomonas sp. IT-1

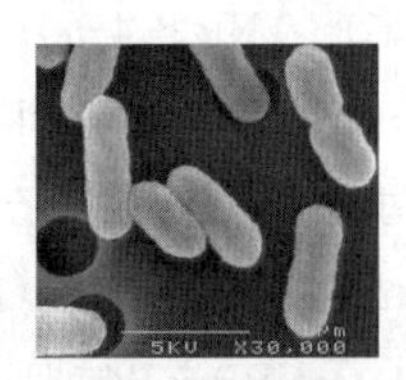
Sphingobium sp. IT-4

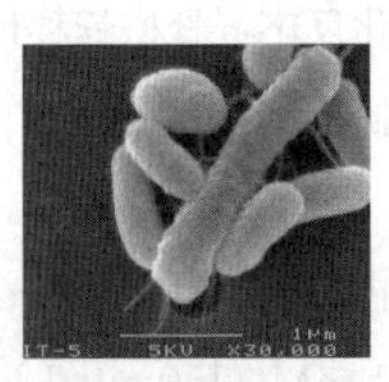
Sphingobium sp. IT-5

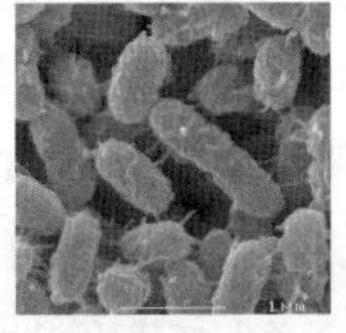
Sphingobium fuliginis TIK-1

図３　ヨシの根圏底質から分離されたNP分解菌（*Stenotrophomonas* sp. IT-1, *Sphingobium* sp. IT-4と*Sphingobium* sp. IT-5）と4-*tert*-BP分解菌（*Sphingobium fuliginis* TIK-1）

と考えられる。

根圏は植物代謝の影響を強く受ける領域であり，ここに集積する微生物はその植物代謝と何らかの係わりを持つことが多い。すなわち，多くの根圏微生物は植物作用と連動して増殖や代謝が活性化する。その植物作用は，根から根圏への酸素供給と有機物分泌であるといわれている[4,14]。植物は光合成により生産した酸素の一部と大気中の酸素を根圏に輸送していることから，その根圏は好気的な状態として保たれ[2]，根圏微生物による有機物の好気分解や窒素化合物の硝化が活発に起きていることが確かめられている[15]。ヨシ根圏においてフェノール性内分泌攪乱化学物質分解菌が集積されることについても，この酸素供給効果が寄与しているものと考えられる。すなわち，酸素供給によって，好気性微生物群が広く生育する条件が整っている根圏においては，嫌気になっている底質に比べて好気性微生物の数と多様性が豊富であり，その一部のポピュレーションが好気で分解されるフェノール性内分泌攪乱化学物質分解に対応できた可能性が高い。しかし，この酸素供給だけでは根圏にフェノール性内分泌攪乱化学物質分解菌が集積されることを説明するのが困難である。実際，好気条件においても非根圏底質ではフェノール性内分泌攪乱化学物質の分解は見られなかったことから，酸素供給以外の別の要因があると考えられる。我々はその一つがヨシの有機物分泌であると考えている。植物は光合成により有機物を生産するが，その一部は根分泌物として根圏に分泌されている[4,14]。実環境中において根から分泌される有機物の量や成分を知ることは困難であり，それらについての不明な部分は多いが，ヨシ[16]やウキクサ[17]はフェノール性物質を豊富に含む有機物を根から分泌していることが明らかとなっている。そのため，その根圏には，フェノール性物質を含む根分泌物を求めて集積する微生物も多いと予想されるが，事実，ウキクサの根圏に集積した微生物群集を調べてみたところ，培養可能な全従属栄養細菌の実に40％以上がフェノール資化性細菌であるという結果も得られている[18]。根有機物に含まれるフェノール性物質を資化して集積した根圏微生物の一部のポピュレーションが，フェノール性内分泌攪乱化学物質を分解できたことも十分に考えられる。このようなヨシによる酸素供給と有機物分泌の相乗効果として，ヨシの根圏底質にフェノール性内分泌攪乱化学物質分解菌が集積していたものと考えられる。

さて，ヨシ根圏から分離した分解菌は，図４のようにそれぞれ異なる経路で３種類のフェノール性内分泌攪乱化学物質を分解していることが分かった。すなわち，BPAの分解では２つのフェノールを繋ぐアルカンの水酸化反応（骨格転移反応）[5]，NPと4-*tert*-OPの分解ではフェノールの*ipso*位の水酸化反応（*ipso*置換反応）[6]，そして4-*tert*-BPの分解ではフェノールの２位の水酸化反応と環開裂反応[7]が重要な分解反応である。また，TYA-1はその液体培養において１mM（228 mg/L）BPAを24時間以内に[5]，IT-1，IT-4とIT-5は５mM（1,030 mg/L）4-*tert*-OPを３日以内に[6]，そしてTIK-1は１mM（150 mg/L）4-*tert*-BPを12時間以内にほぼ全て分解可能であり[7]，ヨシ根圏由来の分解菌は，既報のフェノール性内分泌攪乱化学物質分解菌と同等，あるいはそれ以上の分解活性を示す優れた浄化触媒であることも分かった。このように，ヨシの根圏底質は，光合成を通じた植物代謝の影響により，フェノール性物質に対して多様な修飾・分解活性

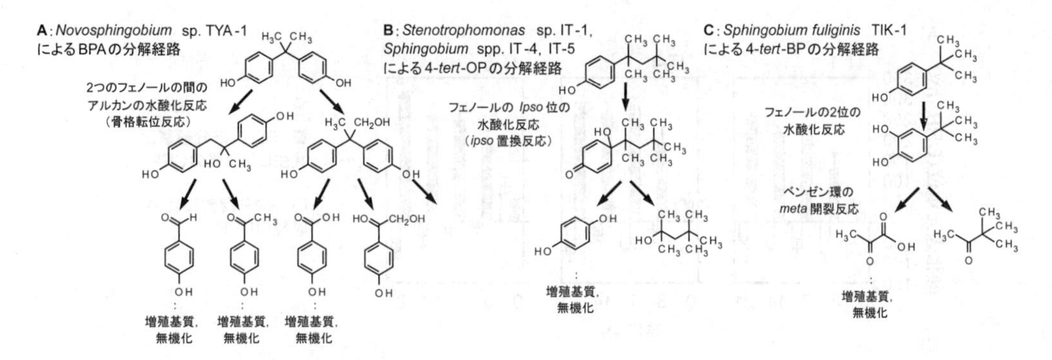

図4　ヨシ根圏から分離された各フェノール性内分泌撹乱化学物質分解菌による
BPAの分解経路，4-*tert*-OPの分解経路と4-*tert*-BPの分解経路

を有する優れた浄化触媒が集積するホットスポットであると推測される。

2.4　ヨシと根圏微生物の協働作用によるフェノール性内分泌撹乱化学物質分解のメカニズム

ヨシ根圏では前述のような特殊な根圏微生物がフェノール性内分泌撹乱化学物質の効率的分解を担っていることが明らかとなったが，それらがヨシとどのような係わりを持ちながら活発に働いているのだろうか。そのヨシと分解菌のフェノール性内分泌撹乱化学物質分解を巡る協働作用を明らかにするため，ヨシ根圏由来NP分解菌（IT-1，IT-4とIT-5）による底質中の4-*tert*-OP分解をケーススタディとして，一般に根圏効果として知られている，植物の酸素供給と有機物分泌による微生物活性化に焦点を当て，両因子の効果を検証した。その検証結果を図5にまとめた。

無菌化した底質にNP分解菌をそれぞれ植菌し，そこに無菌ヨシを植栽した場合（ヨシとNP分解菌が共生した場合）と，ヨシを植栽していない場合とで4-*tert*-OP分解を調べた。ヨシ根圏由来NP分解菌が単独で底質に存在する場合には，その十分な4-*tert*-OP分解活性と細胞増殖を発揮することができないが，ヨシとNP分解菌が共生する場合には，ヨシの根から底質層に供給された酸素が好気条件下のみで生じるNP分解菌による4-*tert*-OP分解反応を可能にしていることが分かる（図5）。

一方，植物が根圏に分泌する有機物には，微生物が炭素源，エネルギー源として利用しやすい糖質やアミノ酸などと，微生物の細胞内で生理活性物質として働くフェノール性物質，フラボノイドやテルペノイドなどが含まれているため，それらの一部は根圏微生物の増殖基質あるいは汚染物質分解酵素生産の誘導基質として働くことが知られている[14]。今回のヨシの根分泌物は，その根圏由来のNP分解菌IT-4とIT-5に対して，4-*tert*-OP分解に係わる酵素生産や反応を特異的に誘導するものではなく，細胞増殖の基質として働き（図6），増殖を促すことで間接的に4-*tert*-OP分解を促進させることが分かった。その一方で，ヨシの根有機物はIT-1の直接の増殖因子としてその4-*tert*-OP分解を促進しているわけではなく（図6），IT-1の増殖と4-*tert*-OP分解活性

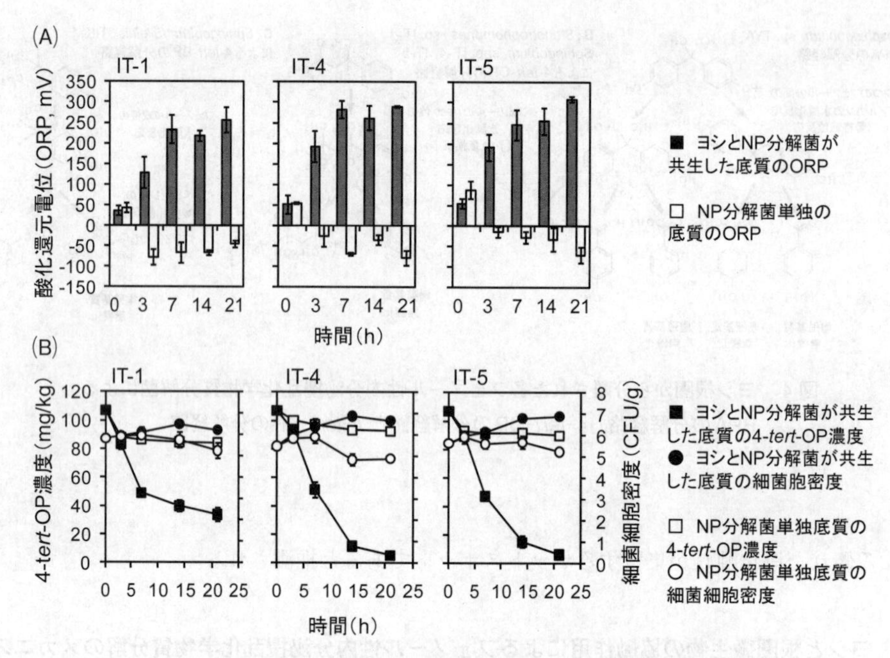

図5　ヨシとNP分解菌が共生した底質とNP分解菌単独の底質中における酸化還元電位の変化(A)と4-*tert*-OP分解(B)[6)]

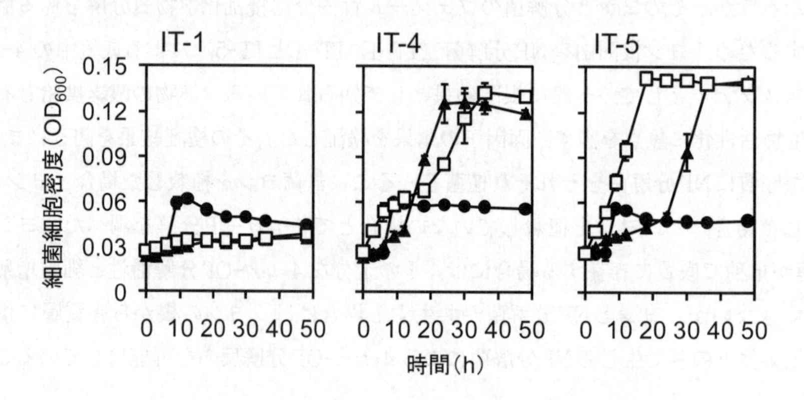

図6　ヨシの根有機物を基質としたNP分解菌の細胞増殖[6)]

●：4-*tert*-OP（205 mg/L）を利用した細胞増殖，□：根有機物（140 mg-TOC/L）を利用した細胞増殖，▲：グルコース（180 mg/L）を起用した細胞増殖

はヨシ由来の有機物よりも酸素に強く依存していることが確認された。その結果として，図5に示すように，ヨシは，根有機物を利用できないIT-1に比べてIT-4とIT-5の4-*tert*-OP分解速度をより向上させることに寄与していたものといえる。このように汚染物質を分解する微生物の種類，あるいは浄化対象とする汚染物質の種類によって，植物の酸素供給作用と有機物供給作用の

寄与の大きさは異なるが，そのいずれが大きく寄与するのかが明確になれば，根圏における植物と微生物の協働作用を制御するためのヒントとなり，合理的な根圏浄化システムのデザインと管理に繋がるものと考えている。さらに，ヨシによる底質への酸素供給は，ここで見られた4-*tert*-OP分解のみならず，他の難分解性化学物質分解においても重要な促進因子となり得る。多くの難分解性化学物質は好気反応によってのみ分解される，あるいは好気条件下では効率的に分解されることが良く知られており，ヨシは嫌気状態になりやすい底質の汚染物質浄化に広く適用可能であるといえるだろう。

2.5　おわりに

ヨシの根圏底質において，ヨシの光合成を通じた微生物集積作用と微生物活性化作用，その作用に連動した根圏微生物のフェノール性内分泌攪乱化学物質分解触媒作用により，様々なフェノール性内分泌攪乱化学物質の分解が促進されるメカニズムの一端が明らかになった。このようなメカニズムをもとにした根圏浄化法は，フェノール性内分泌攪乱化学物質により汚染された底質の有効な底質改善手段となるばかりでなく，水耕栽培型水路や人工湿地などを構築して汚染廃水処理プロセスなどに応用することも考えられる。また，自生するヨシとその根圏に棲息する根圏微生物を活用するだけでなく，根圏などから分離した有用分解菌を水生植物根圏に再導入して定着させた植物—分解菌共生システムを活用することにより，植物利用技術の欠点の一つとして指摘されている浄化速度の低さを克服し，根圏浄化システムを高速での浄化処理が可能なアクティブシステムにさらにステップアップさせることも可能だろう。

根圏で繰り広げられる複雑な植物と微生物の協働作用については未だ解明されていない部分も多いが，フェノール性内分泌攪乱化学物質をはじめとする有害有機化学物質分解に係わる植物と微生物の機能を制御して合理的な浄化システムを構築する手掛かりを見出せたものといえる。将来，このシステムが様々な有害有機化学物質汚染のリスク低減に貢献できる日が来ることを期待したい。

文　　献

1）V. K. Sharma *et al., J. Environ. Health A Tox. Hazard Subst. Environ. Eng.*, **44**, 423-442 (2009)
2）U. Stottmeister *et al., Biotecnol. Adv.*, **22**, 93-117 (2003)
3）A. Soares *et al., Environ. Int.*, **34**, 1033-1049 (2008)
4）L. J. Shaw and R. G. Burns, *Adv. Appl. Microbiol.*, **53**, 1-60 (2003)
5）T. Toyama *et al., J. Biosci. Bioeng.*, **108**, 147-150 (2009)

6) T. Toyama *et al., Environ. Sci. Technol.,* **45**, 6524-6530 (2011)
7) T. Toyama *et al., Appl. Environ. Microbiol.,* **76**, 6733-6740 (2010)
8) J. H. Lobos *et al., Appl. Environ. Microbiol.,* **58**, 1823-1831 (1992)
9) M. Ike *et al., J. Water Treat. Biol.,* **31**, 203-212 (1995)
10) K. Oshiman *et al., Biodegradation,* **18**, 247-255 (2007)
11) T. Tanghe *et al., Appl. Environ. Microbiol.,* **65**, 746-751 (1999)
12) F. L. P. Gabriel *et al., Appl. Environ. Microbiol.,* **71**, 1123-1129 (2005)
13) K. Fujii *et al., Int. J. Syst. Evol. Microbiol.,* **51**, 603-610 (2001)
14) Q. Chaudhry *et al., Environ. Sci. Pollut. Res.,* **12**, 34-48 (2005)
15) P. L. E. Bodelier *et al., Appl. Environ. Microbiol.,* **62**, 4100-4107 (1996)
16) T. Toyama *et al., Water Res.,* **45**, 1629-1638 (2011)
17) T. Toyama *et al., Water Res.,* **43**, 3765-3776 (2009)
18) T. Toyama *et al., J. Biosci. Bioeng.,* **101**, 346-353 (2006)

3　PGPR(Plant Growth Promoting Rhizobacteria)の環境保全・修復への利用

森川正章*

3.1　はじめに

微生物を活用した環境保全・修復技術（狭義のバイオレメディエーション技術）は環境負荷の少ない技術であるが，汚染現場で有効な微生物をいかに定着させてその活性を持続させるかが実用の鍵である。実験室で検証された有効な微生物活性を野外の現場で発揮するためには，自然環境中で不足しがちな窒素化合物やリン酸塩，さらに有機汚染物質を好気的に分解する場合には電子受容体として酸素を大量に供給することが必要となる。ところがこれらの投入は，コストや二酸化炭素発生量を高める要因となるばかりでなく，過剰な栄養塩類によるお呼びでない土着微生物の異常増殖や生態系の撹乱といった新たな二次汚染を引き起こすことが危惧される。また，原生動物などによる捕食を含めた土着微生物との生存競争による有効な汚染物質分解微生物の定着性の低さも無視することのできない問題である。つまり栄養分や酸素を投入することなく，有効な微生物を汚染現場に定着させてその活性を持続的に発揮させることができれば，より低コストで地球に優しく安全なバイオレメディエーション技術として広く普及することが期待される[1)]。

こうした，微生物を利用した技術以外に植物を用いたバイオレメディエーション技術は特にファイトレメディエーション技術と呼ばれる[2)]。この技術はファイトケラチンやメタロチオネインといった植物固有のタンパク質，および発達した管系作用による重金属などの有害物質の植物体への吸着固定あるいは蒸散除去において有効な方法である[3,4)]。特にアブラナ科やキク科あるいはポプラ科植物のある種はハイパーアキュムレーター植物と呼ばれ，鉛やカドミウムなどの重金属を高濃度に蓄積することができるので汚染地への適用が検討されている[5)]。しかし植物体（特に陸生植物）を利用する環境修復法は，適用範囲が植物体周辺に限られることと，その効果が認められるまでに長期間を要するため，微生物を利用した浄化法に比べて効率的とはいえない。その一方で，植物を利用する最大のメリットは太陽エネルギーを利用する経済性および環境適合性という点であり，食糧や各種素材としての利用さらにはバイオマスエネルギー資源の増産技術というコベネフィット的な側面まで含めると，そのポテンシャルは21世紀の人類に課せられた最重要課題のひとつである低炭素化技術開発という視点からも非常に魅力的である。

3.2　根圏浄化技術の可能性

近年，微生物と植物双方のメリットを生かした技術，すなわち植物の根周囲に生息する微生物（根圏微生物）と植物の共生的関係を利用した浄化法が注目されている。この方法はバイオレメディエーションおよびファイトレメディエーションに対して，根圏浄化（リゾレメディエーション）技術と呼ばれている[6,7)]。例えばファイトレメディエーションのうちトリクロロエチレンや原油など有害有機物や窒素化合物の分解除去による環境浄化法の多くが植物の作用ではなく，根圏微生

*　Masaaki Morikawa　北海道大学　大学院地球環境科学研究院　環境生物科学部門　教授

物の活性を利用したものである[8)]。

根圏とは1904年ドイツ人科学者Lorenz Hiltnerにより「植物の根から影響を受ける土壌領域」と定義された。根圏は，根浸出液が微生物を活性化し，またこれら微生物も植物の栄養分摂取および健全性へ多大な影響を及ぼすなど興味深い相互作用が存在する領域である。具体的にいうと根圏とは，根の周囲0.1mm程度の領域であり，この領域では，植物体から微生物にアミノ酸，糖，有機酸といった二次代謝産物が供給され，これらは根圏微生物にとって豊富な栄養源となる。また，植物は根圏への酸素輸送能も有していることから，根圏には酸素も豊富に存在し，微生物の付着と生育および好気的代謝反応が促進されやすい[9~11)]。さらに，ウキクサなどの水生植物の場合では根でも光合成が起こっているため，根圏の酸素濃度は極めて高い。一方，微生物から植物への作用として代表的なものとしては，第一に，根圏微生物によるオーキシンやジベレリンなど植物成長ホルモンの分泌や植物の利用できないかたちで土壌粒子に結合しているリン，窒素などを可溶化または固定することで植物へ栄養物質を供給する直接作用である[12~14)]。また第二に，根圏微生物が分泌する抗生物質などの作用により，植物を病害微生物から防御することが知られている[15~17)]。このような，植物の成長促進や病害の防除に関係する根圏微生物はPGPR（Plant Growth Promoting Rhizobacteria）と呼ばれ，植物との共生関係についてこれまでに多くの研究がなされている[18,19)]。

つまり，このような植物と根圏微生物の相互活性化作用を積極的にバイオレメディエーションへ適用し，より効率的な環境保全・修復を目指す技術が根圏浄化である。クウェートの原油汚染砂漠で生育している土着植物の根圏を調べたところ1グラム当たり数億個もの原油分解細菌細胞が付着していることが報告されている[20)]。また陸生植物と特定の根圏細菌の組み合わせを用いてクロロニトロベンゼンやナフタレンといった有害有機化合物を効率的に除去することに成功した報告例がある[21~23)]。芳香族化合物汚染浄化に関して，植物根圏ではポリフェノール類やフラボノイド類など多種の芳香族化合物が根から分泌されていることから，根圏はこれらの分解細菌を集積しておりそれらの働きにより類似構造を持つ芳香族化合物の分解が効率よく行えると考えられている[24)]。さらに，植物根に強く付着し依存して生育する微生物であれば外部から栄養塩や酸素を投入しなくても植物表面で生育が可能であり，汚染修復後に植物体を根こそぎ除去すれば同時に微生物も除去されるので残留微生物による二次汚染のリスクも低減できる。このように根圏における植物と微生物の相利共生的な相互作用を最大限に活用することで，微生物や植物単独では解決できない課題を克服し，より持続的で二次汚染リスクの低い安全な環境修復技術が開発できると考えられる。以下にその取り組みの一例を紹介する。

3.3 アオウキクサ表面からの炭化水素分解細菌の単離

まず水生植物個体表面に生息する炭化水素分解細菌の多様性を調べるために，代表的な環境汚染炭化水素類であるフェノール，ナフタレン，およびアルカン分解細菌の集積とその単離を試みた。ここで取り扱いの容易なモデル水生植物として北海道大学植物園に自生しているアオウキクサ（*Lemna aoukikusa*）を採取し実験に用いた。このアオウキクサが属するウキクサ科植物は，その分布性，増殖の速さから環境指標水生植物として広く利用されている[25,26]。植物用無機塩培地（Hoagland培地[27]）にそれぞれの炭化水素類（10～100 mg L^{-1}）を単一炭素源として添加し，アオウキクサを25℃，照度4500～6500 lux，16 h明/8 h暗条件で約一ヶ月間培養することによって，それぞれの分解細菌をアオウキクサ表面に集積した。続いて，トリポリリン酸ナトリウム／超音波処理によってアオウキクサ表面から付着細菌を回収し，同寒天平板培地で安定に生育した細菌コロニーから形態の異なるものあわせて約200株を候補株とした。

これらの候補株について，フェノール20 mg L^{-1}，ナフタレン30 mg L^{-1}，標準ガスオイル（アルカン混合物）1,000 mg L^{-1}の濃度で分解実験を行った結果，80％以上の分解活性を示すものがそれぞれ，フェノール分解細菌 5 菌株，ナフタレン分解細菌 6 菌株，アルカン分解細菌 5 菌株得られた。フェノール分解細菌 5 菌株はいずれも20 mg L^{-1}のフェノールを数時間で速やかに分解したが，ナフタレンと標準ガスオイル分解細菌については80％以上の分解に 3 ～ 7 日間を要した。

3.4　フェノール分解細菌のアオウキクサへの付着活性評価

次にフェノール分解細菌 5 株のうち，特に活性の高かった*Pseudomonas* sp. P2 株，*Rhodococcus* sp. P11c株，および*Acinetobacter calcoaceticus* P23株について，アオウキクサへの付着能を評価した。各細菌の前培養液を終濁度$OD_{600}=0.3$となるよう調製し，あらかじめトリポリリン酸ナトリウム水溶液中での超音波処理によって洗浄滅菌したアオウキクサ10個体とともにそれぞれHoagland培地フラスコ内で静置培養した。その結果，図 1 に示したようにP2 株およびP23株をそれぞれにアオウキクサを加えたフラスコにおいて，72時間後の濁度が 1 ％以下（$OD_{600}=0.02$）まで減少する様子が観察された。P11c株を加えたフラスコではこのような顕著な濁度変化は見られなかった。また，72時間後のアオウキクサから超音波処理によって付着細菌を遊離させ，コロニーカウント法により計数したところ，アオウキクサ 1 個体当たり 1×10^8～1×10^9 CFUsの付着細

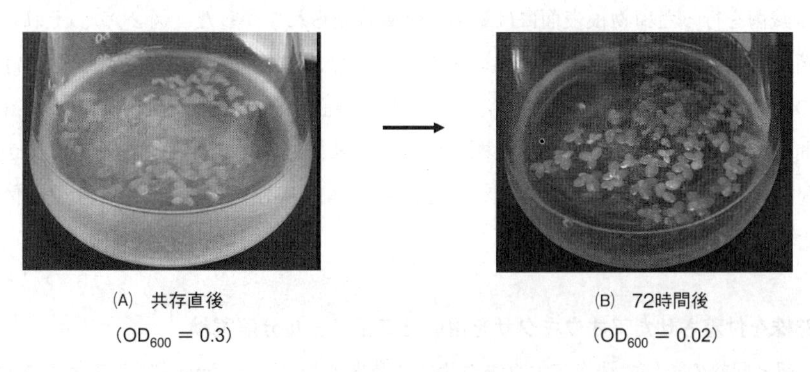

図 1　P23株細胞のアオウキクサへの付着の様子
(A)P23株とアオウキクサ共存直後（$OD_{600}=0.3$），(B)P23株とアオウキクサ共存72時間後（$OD_{600}=0.02$）

(A)

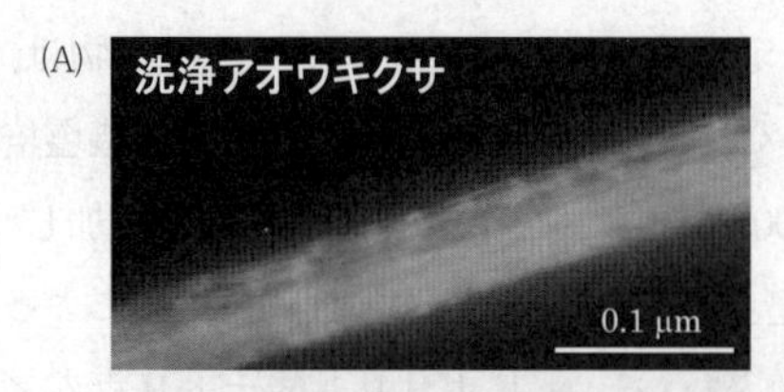

(B)

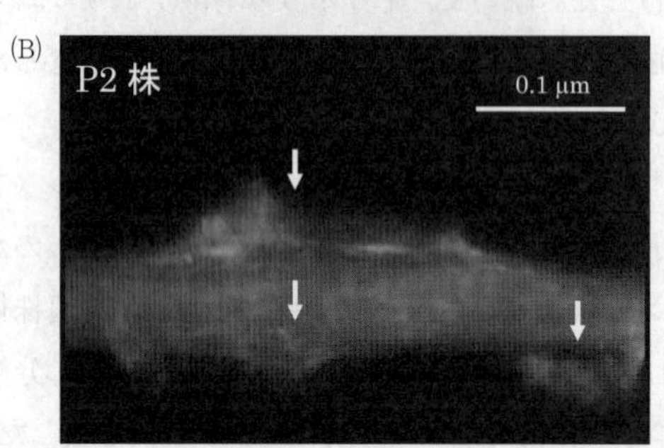

(C)

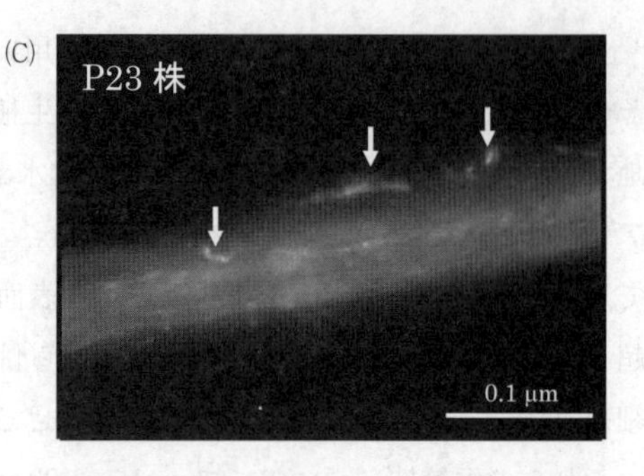

図２　蛍光顕微鏡を用いたアオウキクサ根表面への細菌付着の観察

(A)トリポリリン酸処理後の洗浄アオウキクサ，(B)アオウキクサ/P2共存48時間後，(C)アオウキクサ/P23共存48時間後。細菌が付着して形成されるマイクロコロニーや付着構造体（バイオフィルム）を矢印で示した。

菌数が確認された。また，各菌株ともにアオウキクサへの付着量は24時間後に比べ，48時間後にはおよそ２倍に増加（増殖）していた。

次に，根表面への強い付着特性を示した*Pseudomonas* sp. P2株，*A. calcoaceticus* P23株のアオウキクサへ付着する様子をLIVE/DEAD® BacLight蛍光染色キット（Invitrogen社製）を使いBZ-9000（キーエンス社製）で観察した（図２）。植物根細胞は，クロロフィルの自家蛍光あるいは緑色蛍光色素（propidium iodide）と赤色色素（SYTO9）の両方を取んだためか，オレンジ蛍光色で観察された。

表面洗浄滅菌を行った植物根表面には細菌の付着は見られなかった（図２(A)）。それに比べ，滅菌後に細菌を付着させたアオウキクサ根の表面には，緑色に蛍光染色される生細菌の付着構造体や斑点状のマイクロコロニーと推定されるものが多数確認された（図２(B)，(C)）。また，付着細胞数は72時間まで時間とともに増加し，両株を比較した場合P2株に比べてP23株のほうが根表面全体に広く付着する傾向が見られた。以上のことからこれらの細菌はアオウキクサ根に付着して増殖することが確認された。

３.５　P23株を付着させたアオウキクサを用いたフェノール分解実験

まず，上記と同様の条件で洗浄アオウキクサに72時間*A. calcoaceticus* P23株を付着させた（○）。また対照区として，細菌を付着させずに72時間培養した洗浄アオウキクサ（■），洗浄処理をしないすなわち根に常在細菌を保有する野生アオウキクサ（□），さらに（○）と同程度（5×10^8，◎）

および約10倍量（5×10^9 CFUs, ●）のP23株浮遊細胞を含む培地（アオウキクサなし）を準備した。それぞれのフラスコに40 mg L^{-1}のフェノールを加えて（実験開始0，40，96時間後），その減少量をHPLCにより経時的に測定した（図3）。フェノールを添加した時間（培養開始0，40，96時間後）を矢印で示した。アオウキクサのみでは，各サイクルにおいてフェノールの減少は少なかった（■）。1サイクル目においてはP23株を付着させた場合（○）と常在細菌を保有する野生アオウキクサ（□）はフェノールを速やかに減少させた。しかし，2サイクル目で野生アオウキクサのフェノール減少速度は低下したが，アオウキクサ/P23の系においてはその活性は維持された。さらに3サイクル目に入るとその差はさらに顕著となり，後者のみにおいてフェノールの減少が観察された。またP23株浮遊細胞のみのフェノール浄化（分解）活性はアオウキクサと共存する場合に比べて顕著に低かった（●，●）。これはHoagland培地でP23株が生育できないことによる。またアオウキクサ/P23を40時間後および96時間後に新しい培地を含むフラスコに移植してフェノール浄化実験を行ったところ，3サイクル目においても1サイクル目とほぼ同等の分解活性が持続することも別途確認している。以上の結果から，P23株をアオウキクサ根に優先的に付着させることによって，野生アオウキクサやP23株単独に比べてはるかに高効率で持続的なフェノール根圏浄化システムを構築できることが明らかとなった。

続いて，*A. calcoaceticus* P23株の付着がアオウキクサへどのような影響を及ぼすかについて調べるために，フェノール分解実験期間中のアオウキクサ/P23個体数の変化（増殖率），および根

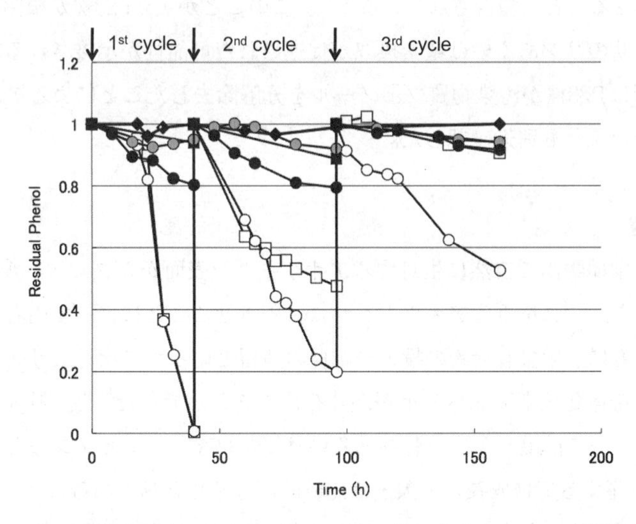

図3　アオウキクサと*A. calcoaceticus* P23株によるフェノール分解活性
いずれのアオウキクサもそれぞれフラスコに10個体ずつ入れた。40 mg l^{-1}フェノールを0，40，96時間後に添加した（矢印）。添加した時点におけるフェノール残存量を1として相対値で分解活性を示した。グラフ各点は異なるフラスコで3回行った実験の平均値。洗浄アオウキクサ（■），洗浄アオウキクサ/P23（○），野生アオウキクサ（□），P23のみ（5×10^8, ●；5×10^9CFUs, ●），培地のみ（◆）。

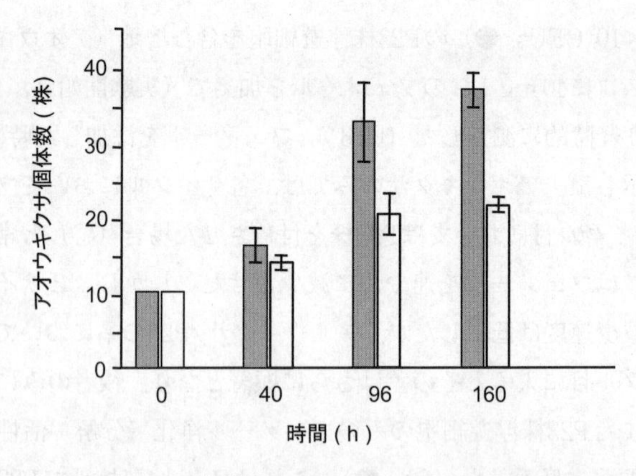

図4 *A. calcoaceticus* P23株の付着がアオウキクサ個体数の増加に及ぼす影響
洗浄アオウキクサ（□），アオウキクサ/P23（■）いずれも10個体から実験を開始した。

の様子について洗浄アオウキクサ個体と比較した。その結果，驚いたことにP23株を付着させたアオウキクサ/P23個体は，洗浄アオウキクサ個体に比べて160時間後に1.7倍の増殖率を示した（図4）。その原因についてはまだ明らかではないが，P23株はアオウキクサにとってPGPRの一種であるといえる。さらに，160時間後の根の長さを比較したところ，野生アオウキクサ個体（常在細菌あり），アオウキクサ/P23個体，および洗浄アオウキクサ個体の根の平均長さはそれぞれ4.2, 3.8, 6.5 cmであった（図5）。これまでにウキクサはリン，窒素の欠乏状態になると栄養確保のために根を伸長させることが報告されている[28,29]。このことから，P23株が根圏に存在することによってアオウキクサのリンあるいは窒素摂取が促進された可能性が示唆される。また，これらの植物への正の影響はP23株が汚染物質フェノールを分解除去したことによるアオウキクサの生育阻害の解除ではないことも別途確認した。

3.6 総括と展望

今回，北海道大学植物園で自然に生息するアオウキクサ表面からフェノール分解性PGPR P23株を発見した。また，これを再度アオウキクサに付着させることによって両者の相利共生関係を明らかにするとともに，栄養有機物の投入や細菌の残留といった二次汚染リスクが少ない持続的な光駆動型水質汚染浄化技術開発への足がかりを得ることができた[30,31]。最近，根圏微生物の作用物質としてインドール酢酸やシアン化物あるいはピロロキノリンキノンなどが報告されているが[32,33]，P23株が生産する植物成長促進因子は比較的高分子化合物であることを確認しており，新規物質である可能性が高いと考えている。一方，今回取得した根圏細菌の中には，根の長さには影響せずにアオウキクサの成長を促進するものや，アオウキクサに付着したときに限って特定の有害炭化水素化合物を分解できるという興味深い特性も確認している。このように，根圏にはまだまだ私達の知らない植物と微生物の未知の相互作用が数多く隠されているに違いない。根圏微生物群をさらに開拓して，これらを合理的にデザイン化することにより，高効率で適用範囲の広

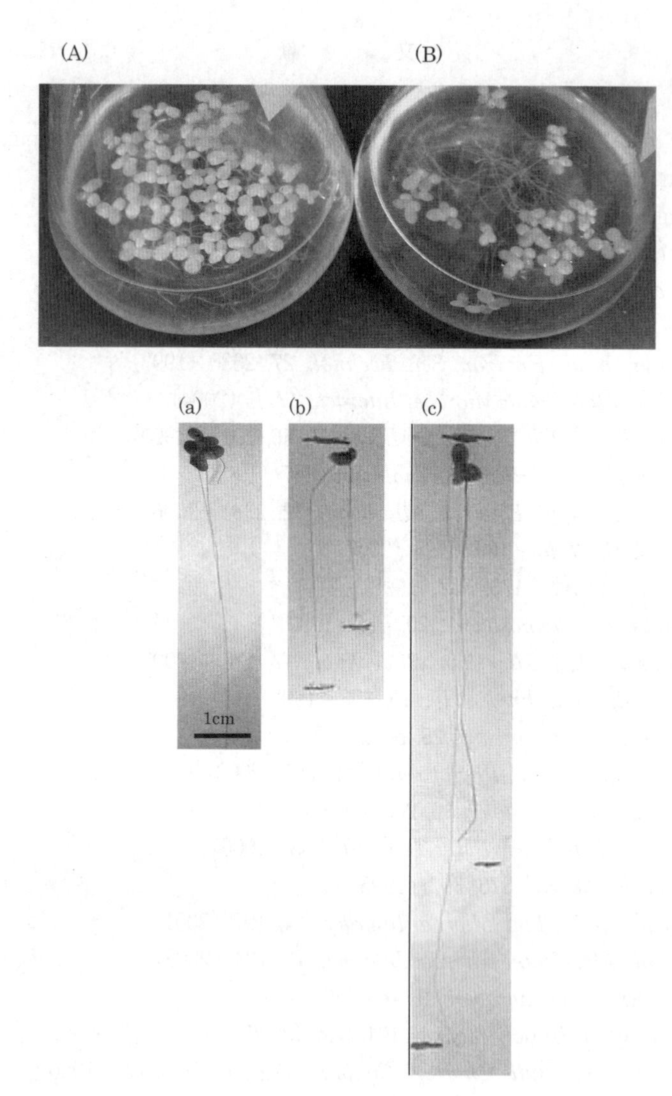

図５　*A. calcoaceticus* P23株の付着の有無によるアオウキクサの根長の比較
滅菌アオウキクサ/P23（(A)，(b)），滅菌アオウキクサ（(B)，(c)），未滅菌アオウキクサ(a)。
培養開始96時間後の様子（(A)，(B)），培養開始160時間後の様子（(a)，(b)，(c)）。
それぞれ10個体の各平均根長(a)4.2 cm，(b)3.8 cm，(c)6.5 cm。

い次世代の根圏浄化システムを開発していきたいと考えている。

謝辞

共同研究者の山賀文子氏（現　カゴメ㈱），鈴木和也氏（現　日本水産㈱）と鷲尾健司助教に感謝いたします。
なお，本研究は㈶発酵研究所（IFO）研究助成金，科学研究費補助金基盤研究（B）19380186，NEDOプロジェクト「微生物群のデザイン化による高効率型環境バイオ処理技術開発」の一部，および第８回農芸化学研究企画賞の援助を受けて実施したものです。

文　　献

1) V. Sasek *et al.*, "The Utilization of Bioremediation to reduce soil contamination: Problems and solutions", Kluwer Academic Publishers, The Netherlands (2003)
2) E. Pilon-Smits, *Annu. Rev. Plant. Biol.*, **56**, 15 (2005)
3) B. Suresh *et al.*, *Crit. Rev. Biotechnol.*, **24**, 97 (2004)
4) L. C. Marr *et al.*, *Environ. Sci. Technol.*, **40**, 5560 (2006)
5) M. J. Milner *et al.*, *Ann. Bot. (Lond)*., **102**, 3 (2008)
6) T. A. Anderson *et al.*, *Environ. Sci. Technol.*, **27**, 2630 (1993)
7) I. Kuiper *et al.*, *Mol. Plant-Microbe. Interact.*, **17**, 6 (2004)
8) B. T. Walton *et al.*, *Appl. Environ. Microbiol.*, **56**, 1012 (1990)
9) P. B. Christensen *et al.*, *Plant Physiol.*, **105**, 847 (1994)
10) M. B. Leigh *et al.*, *Appl. Environ. Microbiol.*, **72**, 2331 (2006)
11) J. Yao *et al.*, *J. Bacteriol.*, **189**, 6415 (2007)
12) R. Atzorn *et al.*, *Planta*, **175**, 532 (1998)
13) V. Salmeron *et al.*, *Chemosphere*, **20**, 417 (1990)
14) B. Shaharoona *et al.*, *J. Microbiol. Biotechnol.*, **17**, 1300 (2007)
15) B. R. Glick *et al.*, *Biotechnol. Adv.*, **15**, 353 (1997)
16) J. S. Buyer *et al.*, *Biochemistry*, **25**, 5492 (1986)
17) D. Haas *et al.*, *Annu. Rev. Phytopathol.*, **41**, 117 (2003)
18) E. Somers *et al.*, *Microbiology*, **30**, 205 (2004)
19) H. P. Bais *et al.*, *Ann. Rev. Plant Biol.*, **57**, 233 (2006)
20) S. Radwan *et al.*, *Nature*, **376**, 302 (1995)
21) I. Kuiper *et al.*, *Mol. Plant-Microb. Interact.*, **14**,1197 (2001)
22) I. Kuiper *et al.*, *Mol. Plant-Microb. Interact.*, **15**, 734 (2002)
23) L. Liu *et al.*, *Environ. Microbiol.*, **9**, 465 (2007)
24) T. Toyama *et al.*, *J. Biosci. Bioeng.*, **101**, 346 (2006)
25) M. G. Miranda *et al.*, *Bull. Environ. Contam. Toxicol.*, **56**, 1000 (1996)
26) W. Wang, *Environ. Research*, **52**, 7 (1990)
27) D. R. Hoagland *et al.*, *Crit. Rev. Plant Sci.*, **347**, 1 (1938)
28) M. S. Reid *et al.*, *Aquatic. Botany*, **59**, 127 (1995)
29) A. Lüönd, "*Biosystematic Investigations in the Family of Duckweeds (Lemnaceae)*", p.118, Institut ETH in Zürich (1990)
30) 森川正章ほか，特願2008-099213「新規水草根圏微生物」
31) F. Yamaga *et al.*, *Environ. Sci. Technol.*, **44**(16), 6470-6474 (2010)
32) T. Rudrappa *et al.*, *PLoS. ONE.*, **30**, e2073 (2008)
33) O. Choi *et al.*, *Plant Physiol.*, **146**, 657 (2008)

4　水生植物根圏に生息する多様な未知微生物の探索と環境保全技術への活用

田中靖浩[*1]，玉木秀幸[*2]，鎌形洋一[*3]

4.1　はじめに

陸生の植物において，“根圏”とは「植物の根の表面（根面）と根から滲出する様々な物質によって影響を受ける土壌領域」と定義されている[1)]。非根圏土壌と比較して，根圏には多くの微生物が高活性な状態で存在することが知られており，根を介して植物と化学的，物理的な相互作用を行っている。このような“根圏微生物”の中には，古くから研究されている根粒菌をはじめ，植物の生育を促進あるいは阻害する微生物も含まれており，農産物の収穫量向上などの観点から，これまでに様々な陸生植物を対象とした根圏微生物の研究が行われてきた[2~4)]。また近年では，根圏微生物の持つ難分解性有機化合物分解能や不溶性重金属の可溶化能などに着目し，植物とその根圏微生物の相互作用を活用した環境修復技術（リゾレメディエーション）の開発に関する研究も活発に行われている[5,6)]。

一方，水生植物に関しては，根の滲出物が水中に容易に拡散するため，陸生植物における“根圏”の定義をそのまま適用するのは難しい。しかしながら，水生植物にも陸生植物と同様に，根の周辺環境の影響を受ける領域（根圏）があり，例えば，この領域では，酸素濃度がその周囲の環境とは明らかに異なることが知られている[7)]。また近年，水生植物の根圏にも陸生植物と同様に様々な難分解性有機化合物に対する分解能や不溶性重金属の可溶化能などの環境浄化に有効な能力が存在し，それらの能力が根圏に生息する微生物との相互作用によるものであることが明らかとなってきた[8~11)]。これまで，水生植物の環境保全・浄化への利用に関しては，富栄養化の原因となるリンや窒素の吸収・除去に焦点があてられてきたが，このような背景から，最近では環境ホルモンなどの難分解性有機化合物を対象とした水環境保全・浄化技術としての利用が期待されている。

植物と根圏微生物を利用した環境保全・浄化技術の開発においては，陸生，水生のいずれにおいても根圏機能を強化した植物の作出が有効であると考えられるが，そのためには，汚染対象物質を高効率で分解できる①根圏微生物（群集）の取得，②遺伝子工学的手法による根圏微生物の高機能化（遺伝子組換え微生物の作出；必要に応じて実施），③分解微生物の根圏への再導入・定着化という3つのステップが必要となる。①②に関しては，対象とする汚染物質によってその難易度が変わる。③に関しては，水生植物ではその対象環境が“微生物が拡散しやすい”水中であることから，これをクリアするのは陸生植物よりも困難であると言える。そのためか，これまでに報告されているリゾレメディエーションに関する研究は陸生植物を対象としたものがほとんどである。

＊1　Yasuhiro Tanaka　山梨大学　大学院医学工学総合研究部　助教
＊2　Hideyuki Tamaki　㈱産業技術総合研究所　生物プロセス研究部門　研究員
＊3　Yoichi Kamagata　㈱産業技術総合研究所　生物プロセス研究部門　研究部門長

植物の根圏に導入・定着させやすい微生物種を予想・把握する上で必要な情報の一つとして，根圏に生息する微生物群集構造（根圏にどのような微生物種が優占・定着化しているか?）に関する知見が挙げられる。陸生植物ではこれまでに多種多様な植物の根圏を対象に微生物群集構造の解析が行われており[5,12~16]，植物の種類によって根圏微生物群集の構造が大きく異なることや，一般的には*Pseudomonas*属細菌に代表されるグラム陰性桿菌が優占化することなどが明らかとなっている[5,16]。しかしながら，水生植物に関しては，その根圏微生物の群集構造に関する報告例は極めて少ない状況であった。そこで，我々の研究グループではここ数年にわたり，様々な水生植物種を対象に，それらの根圏に生息する微生物の群集構造を明らかにしてきた。さらに，水生植物根圏環境に生息する未知微生物の分離培養化を図るとともに，取得した微生物について環境保全・浄化技術への利用に関する検討を進めてきた。本節では，その過程で得たいくつかの重要かつ基盤的な知見について，抽水植物のヨシ，ミソハギ，浮遊植物のウキクサでの研究を例に紹介する。

4.2　ヨシ，ミソハギ根圏に生息する微生物群集の解析[17]

まず，抽水植物であるヨシ，ミソハギの根圏微生物群集構造解析の研究事例について紹介する。ヨシ，ミソハギの根圏試料は，山梨県森林公園内の人工池から採取し，16S rRNA遺伝子に基づく非培養法（クローン解析）に供試した。また，比較実験として，上記の人工池の水試料（以後，環境水とする）についても同様の解析を行った。各試料から抽出したDNAをもとに構築したクローンライブラリーより85個のクローンをランダムに選択し，PCR-RFLP（PCR-Restriction Fragment Length Polymorphism）解析に供した。その結果，環境水，ヨシ根圏，ミソハギ根圏由来のクローンはそれぞれ36，66，74グループ（以後，RFLPグループとする）に分けられ，水生植物根圏環境においてより多くのRFLPグループが検出された。図1(A)には各試料由来のクローンについて，塩基配列をもとに門レベル（*Proteobacteria*門に関して綱レベルで分類）で分類した結果を示したが，環境水由来のクローンは6つの細菌系統群に分類されたのに対して，ヨシ根圏およびミソハギ根圏由来のクローンの場合には11および10細菌群に分類された。以上の結果は，水生植物根圏環境は，非根圏環境（環境水）に比べて微生物の多様性が高いことを示している。一般に，陸生植物の根圏では，分布する微生物の生育や活性は非根圏領域（土壌）よりも活発であるものの，多様性に関しては非根圏領域より低いか同程度であることが知られている[13,14]。しかし，水生植物根圏の場合には陸生植物根圏とは異なり，非根圏領域よりも多様な微生物種が分布していることが明らかとなった。これは，水生植物根圏が常に流動的な水環境にさらされており，根圏に供給されうる微生物も多様であることに起因するのではないかと考えられる。また，今回の解析に供したヨシとミソハギは同じ環境下で生育したものであったが，図1(A)に示すように，それぞれの根圏に生息する微生物群集の構造が全く異なっていた。例えば，ヨシでは*Betaproteobacteria*が，ミソハギでは*Alphaproteobacteria*が最も優占していた。これは陸生植物のケース[13]と同じであり，水生植物においても植物種によって異なる根圏微生物群集を保持してい

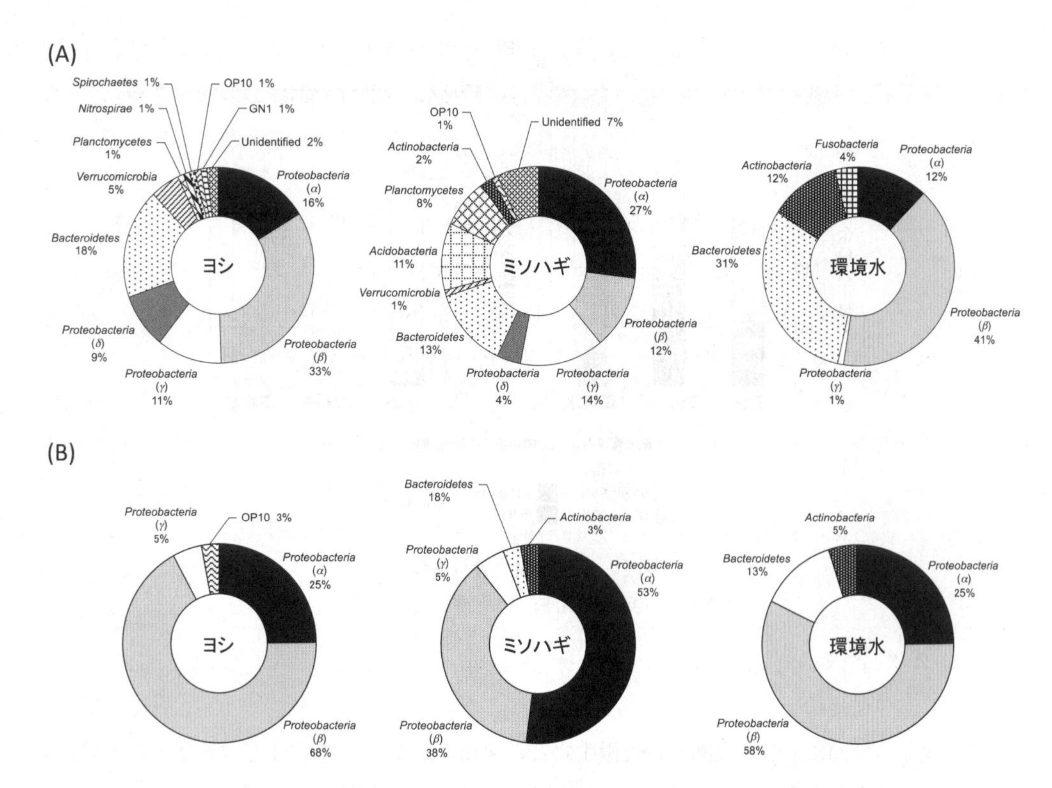

図1　16S rRNA遺伝子に基づいたクローンおよび分離株の系統分類学的解析結果
(A)クローンの系統分類，(B)分離株の系統分類

ることが示唆された。

次に，ヨシ，ミソハギ根圏環境にはどの程度系統的に新規な微生物が存在しているかについて明らかにするため，各試料由来のクローンの系統学的新規性について調べた。NCBI BLASTによる塩基配列相同性解析において，既知菌種の16S rRNA遺伝子との相同性が95％以下の配列を示すクローンを新規微生物に由来するとした。その結果，新規微生物由来のクローンが環境水では全体の40％（34/85クローン；16RFLPグループ）であったのに対し，ヨシ根圏では59％（50/85クローン；40RFLPグループ），ミソハギ根圏では76％（65/85クローン；57RFLPグループ）と，環境水よりも高い割合を示した（図2）。また，水生植物根圏から得られたクローンの中には難培養性の細菌系統群として知られる*Verrucomicrobia*門，*Acidobacteria*門や，門レベルの未培養系統群であるOP10候補門やGN1候補門に属するもの，あるいはどの系統分類群にも属さないものが含まれていたが，これらは環境水からは全く見出されなかった。以上の結果は，水生植物の根圏には環境水よりも多様かつ多くの新規微生物が生息していることを示唆している。この理由については今後，水生植物と根圏微生物の相互作用メカニズムの解明なども含めて検討する予定であるが，筆者らは，①水生植物根圏が流動的な環境水中の微生物群集の中から新規な微生物を選

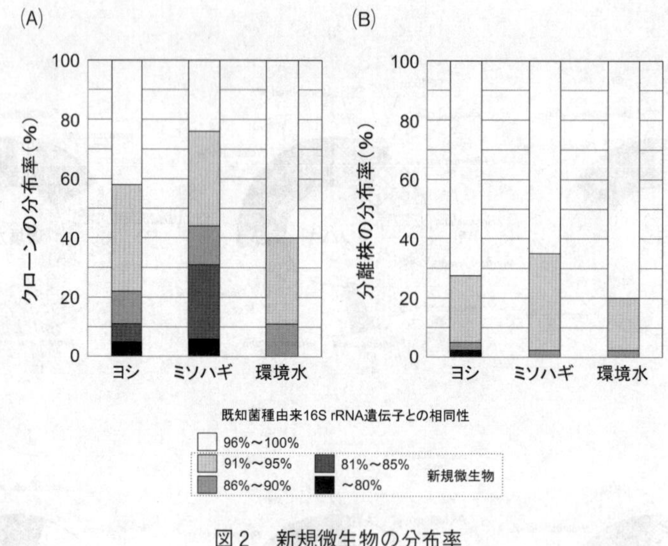

図２　新規微生物の分布率
(A)クローンの解析結果，(B)分離株の解析結果

択的に補集する傾向にある（根圏と新規微生物との親和性が高い），②水生植物根圏そのものが従来までに分離培養されていない菌群のニッチである，などの可能性を考えている。

4.3　ヨシ，ミソハギ根圏からの多様な未知微生物の分離培養[17]

上述のように，水生植物の根圏には多様な新規微生物，すなわち，これまでに分離培養されていない未知微生物が高頻度で生息していることが明らかとなった。水生植物を用いたリゾレメディエーション技術の開発に際しては，根圏で定着優占化する微生物種の取得が不可欠であり，そのためには，これらの未知微生物を分離・培養できるか否かが鍵となる。また，未知微生物の中には優れた環境浄化能などの有用機能を持つものも数多く含まれていると考えられ，未開拓の生物資源として期待されている。そこで，ヨシ，ミソハギの根圏からどのような微生物が分離・培養化されるかについて検討することとした。ヨシ，ミソハギの根のホモジナイズ物と環境水を平板培地に塗抹し，25℃で１ヶ月間培養したところ，それぞれ$4.0\times10^{8}\pm2.3\times10^{6}$ CFU/g（湿重量），$1.1\times10^{8}\pm1.7\times10^{7}$ CFU/g（湿重量），$9.7\times10^{5}\pm1.9\times10^{5}$ CFU/mlのコロニー形成が確認された。これらのコロニーの中からランダムに40個を選択し，16S rRNA遺伝子をPCRによって取得した。RFLP解析の結果，ヨシ，ミソハギ根圏から分離した菌株は22および25のRFLPグループに分類されたのに対し，環境水由来の分離株は11RFLPグループと半数程度であった。また，各試料から得られた菌株の種類（RFLPグループ）はヨシ，ミソハギ間で全く異なっており，これらの結果は，水生植物根圏には環境水よりも多様な微生物が生息し，その群集構造は植物の種類によって異なるというクローン解析の結果と一致していた。なお，各RFLPグループの代表株について，

16S rRNA遺伝子の塩基配列を決定し，門レベル（*Proteobacteria*門に関しては綱レベル）で分類したところ，いずれの試料についても，クローン解析の結果よりも検出された細菌系統群の数は減っていたが，最も優占していた分類群は同じであった（ヨシと環境水が*Betaproteobacteria*，ミソハギが*Alphaproteobacteria*；図1(B)）。

次に，分離株の系統的な新規性について，クローン解析と同じ基準（既知種由来16S rRNA遺伝子との相同性が95％以下を示す分離菌株を新規微生物とする）で評価したところ，ヨシ，ミソハギ根圏由来菌株は28％（11/40株；5RFLPグループ），35％（14/40株；10RFLPグループ）が，環境水の分離株では20％（8/40株；11RFLPグループ）が系統的に新規な微生物であり，クローン解析での結果を反映し，水生植物根圏からは非根圏領域試料（環境水）よりも多様な新規微生物が分離されることが示された（図2(B)）。さらに，特筆すべきこととして，ヨシ根圏から得られ

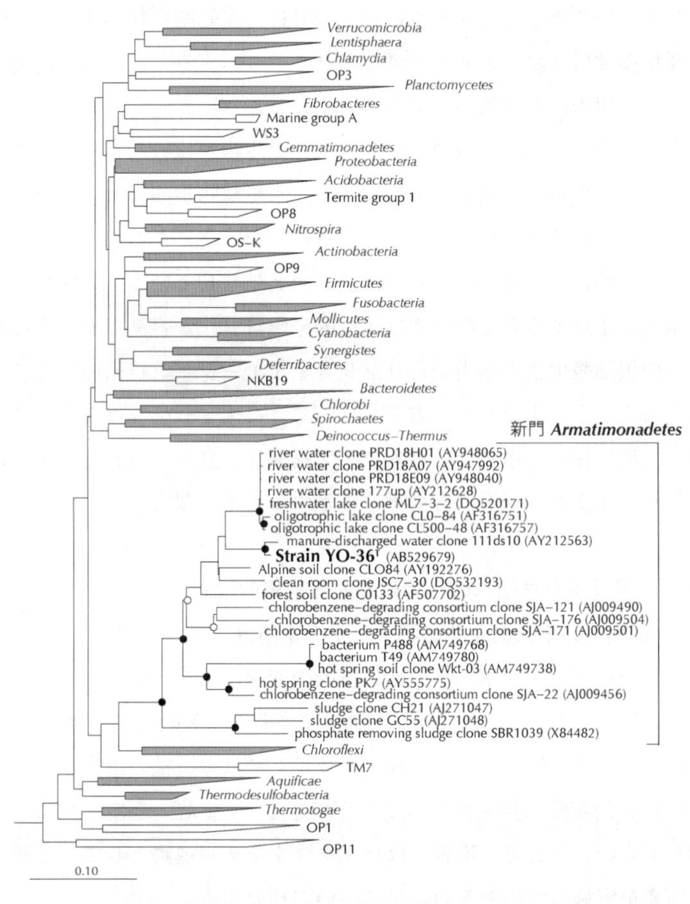

図3　YO-36株と近縁菌種の16S rRNA遺伝子に基づく分子進化系統樹
●…Bootstrap値：＞90％，○…Bootstrap値：＞80％
（Neighbor-joining法およびMaximum likelihood法による）

た新規微生物の中に既知の細菌分類群（門）のいずれにも属さず（既知菌種由来の16S rRNA遺伝子との相同性が78%と極めて低い），門レベルの未培養系統群OP10候補門に属する新規細菌株（YO-36株）が含まれていたことが挙げられる（図3）。OP10候補門は，これまでに，土壌，河川，湖沼，海洋，底泥，植物根圏，温泉，腸内環境，堆肥，廃水処理場など多種多様な環境に分布することが遺伝子レベルで示されていたものの，実際に分離培養されて学名が記載されている細菌種が存在しない系統群であった。そこで，筆者らは，今回得られたYO-36株について，形態学的，生理・生化学的解析に加え，詳細な分子系統学的解析を実施し，OP10候補門に正式な学名，新門アルマティモナデテス（*Armatimonadetes* phyl. nov.）を命名するとともに，YO-36株を，本門を代表する標準細菌株として，新属新種*Armatimonas rosea*の命名提案を行い，現在では細菌を含む原核生物の系統分類名を統括する国際委員会（International Committee on Systematic of Prokaryotes：ICSP）によって正式に認定されている[18]。

以上のように，水生植物根圏からは新門細菌を含む数多くの新規微生物（未知微生物）が平板培養法によって分離可能であることが示された。一般に，未知微生物の多くは，従来の手法では培養が困難な「難培養性微生物」であると考えられており，実際に，通常の培養方法で未知微生物を多く含む土壌や河川の試料を培養してみても，いっこうに生育してこない場合がほとんどである。今回のように，水生植物の根圏環境からは未知微生物が比較的容易に分離培養できた理由として，クローン解析で得られた結果が示すように，水生植物根圏には多様な未知微生物が高頻度で分布すること，さらに植物の根から供給される様々な物質によって，根圏に生息する微生物群集が活性化されたために，培養できたのではないかと推察している。いずれにせよ，本研究を通して水生植物根圏に生息する未知微生物は比較的分離培養化が容易であることが示されたことは，水生植物とその根圏微生物を活用したリゾレメディエーション技術の開発に向けて非常に有用な知見であると言えよう。またその一方で，このような未知微生物はこれまで未利用の生物資源であることから，環境保全・浄化分野のみならず医薬品，食品，酵素などのバイオ製品開発のシーズともなり，バイオ産業の発展にも大きく貢献するものと期待している。

4.4 未知微生物の環境保全技術への活用に関する基礎的検討 —ウキクサ根圏への未知微生物の導入とその定着性

水生植物を利用したリゾレメディエーション技術の開発にあたっては，根圏への有用微生物の導入と定着化が不可欠であることは先に述べた通りであるが，その際に必要な材料の一つとして，根圏に微生物を持たない無菌植物が挙げられる。ウキクサは浮遊性の水生植物であるが，遠山らが報告したように比較的容易に無菌化することができる[8]。また，その生育は非常に早く，小型でハンドリングしやすい。そこで，筆者らはウキクサをモデル植物として，根圏への微生物導入に関する基盤的研究を実施したのでその結果について紹介する。

4.4.1 ウキクサ根圏からの微生物分離[19]

まず，抽水植物のヨシ，ミソハギ根圏と同様に浮遊性のウキクサ根圏からも多様な未知微生物

表1　ウキクサ根圏から分離した菌株と既知菌種の比較（16S rRNA遺伝子の比較）

RFLPグループ	菌株数	既知菌種	相同性(%)	分類群(門または綱)*
A	11	*Haloferula rosea*	84	*Verrucomicrobia*
B	3	*Sphingomonas wittichii*	99	*Alphaproteobacteria*
C	20	*Zoogloea oryzae*	99	*Betaproteobacteria*
D	3	*Zoogloea caeni*	99	*Betaproteobacteria*
E	1	*Methyloversatilis universalis*	99	*Betaproteobacteria*
F	1	*Rhodoferax ferrireducens*	98	*Betaproteobacteria*
G	12	*Methylibium aquaticum*	97	*Betaproteobacteria*
H	5	*Methylibium aquaticum*	97	*Betaproteobacteria*
I	1	*Verrucomicrobium spinosum*	87	*Verrucomicrobia*
J	1	*Devosia insulae*	97	*Alphaproteobacteria*
K	1	*Algoriphagus mannitolivorans*	86	*Bacteroidetes*
L	1	*Runella zeae*	97	*Bacteroidetes*
M	3	*Niastella koreensis*	95	*Bacteroidetes*
N	1	*Rhodoplanes elegans*	88	*Alphaproteobacteria*
O	5	*Mesorhizobium chacoense*	98	*Alphaproteobacteria*
P	5	*Opitutus terrae*	95	*Verrucomicrobia*
Q	2	*Opitutus terrae*	93	*Verrucomicrobia*
R	2	*Asticcacaulis excentricus*	99	*Alphaproteobacteria*
S	1	*Blastomonas ursincola*	100	*Alphaproteobacteria*
T	1	*Lacibacter cauensis*	99	*Bacteroidetes*

* *Proteobacteria*門に関しては綱レベルまで表記

が分離されるか否かについて検討した。その結果，分離した20種（RFLPグループ）80株の中で系統的に新規な微生物は7種24株（分離株の30%）であり，これらの中には難培養性の細菌系統群として知られる*Verrucomicrobia*門に属する新規微生物が4種19株含まれていた（表1）。*Verrucomicrobia*門細菌はこれまでに，土壌や水田などから分離培養された例があるが，それらは環境中で優占しているにもかかわらず，その分離頻度は1,000株分離してようやく数株程度得られるかどうかという低いレベルであり[20]，極めて培養頻度の低い細菌系統群である。したがって，今回のウキクサ根圏環境からの分離頻度（24%）は非常に高いものであると言え，ヨシやミソハギと同じく，ウキクサ根圏も未知微生物の分離源として有効であることが明らかとなった。

4.4.2　*Verrucomicrobia*門細菌のウキクサ根圏への導入と定着性の評価[21]

ウキクサ根圏から分離された*Verrucomicrobia*門細菌4種について，環境保全・浄化への利用

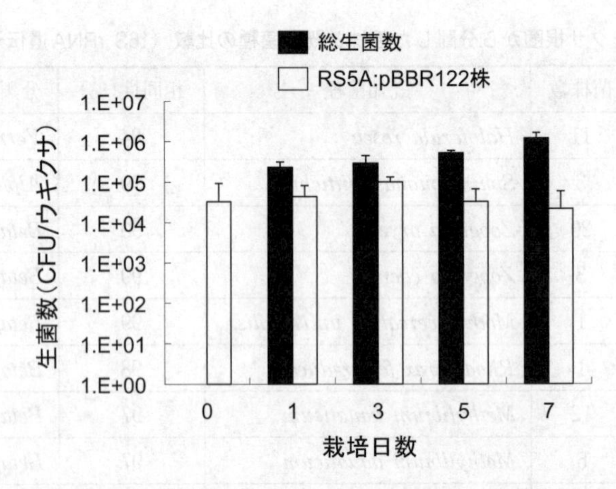

図４　ウキクサ根圏におけるRS5A : pBBR122株の残存性

が可能か否かを検討することを目的として，ウキクサ根圏への導入・定着能を指標にそれらの有用性を評価することとした。具体的には，無菌ウキクサに*Verrucomicrobia*門細菌を接種・共培養後，様々な微生物が分布する環境水中に暴露し，１週間にわたって根圏での残存性をモニタリングした。この評価にあたっては，複合微生物系における当該微生物の特異的検出が不可欠であったため，まずは，広宿主域ベクターpBBR122をマーカー遺伝子として用い，上記４種の代表菌株へのエレクトロポレーション法による導入を試みた。その結果，*Opitutus*属と近縁なRFLPグループPに属するRS5A株への導入に成功した。そこで，この組換え菌株（以後，RS5A : pBBR122株とする）の培養液を無菌ウキクサに接種し，25℃で７日間の共培養を行い，根圏における生菌数を測定した結果，ウキクサ１株あたり10^4CFUレベルの菌体を導入することが可能であった。次に，このウキクサを環境水に投入・栽培し，複合微生物系でのRS5A : pBBR122株の残存性について，pBBR122に由来するカナマイシン耐性を指標にモニタリングした。図４には経時的に総生菌数とRS5A : pBBR122株数を測定した結果を示したが，栽培７日後でも10^4 CFUレベルのRS5A : pBBR122株が根圏で維持されており，本菌株がウキクサ根圏における定着性という点で有用であることが示された。また今回，RS5A株にpBBR122を導入できたが，これは*Verrucomicrobia*門細菌における初めての遺伝子導入例である。今後は，このベクターを汚染有機化合物の分解に関わる酵素遺伝子などの組込みのためのツールとして用いることで，根圏定着能に加え，優れた水環境浄化能を有する遺伝子組換え*Verrucomicrobia*門細菌の創出が期待できる。

4.5　おわりに

以上のように，水生植物根圏には①非根圏領域（環境水）よりも多様な微生物が生息し，②それらの微生物群集構造は植物種によって異なること，③系統的に新規な微生物（未知微生物）の存在率が高いことが明らかとなった。また，水生植物根圏試料は土壌や河川といった一般の環境試料とは違い，④そこに生息する数多くの未知微生物の分離培養が比較的容易であり，⑤得られた未知微生物の中には環境保全・浄化技術開発に利用可能なものが含まれていたことから，新たな有用微生物資源としての価値も高い可能性が示された。しかしながら，優れた環境保全・浄化技術を開発するには，上記の知見を踏まえ，さらに検討すべき項目・課題が残されている。まず１つめは①〜④と関連するが，各種水生植物の根と微生物間でどのような相互作用メカニズムが働き，それぞれの植物に固有の根圏微生物群集構造が形成されてゆくのかを解明することである。これを明らかにすることによって，各水生植物種に適した根圏微生物の選択，当該微生物の根圏における定着性の向上と活性化につながる成果が得られると考えられる。さらに，水生植物根圏に生息する未知微生物が比較的培養されやすい理由の解明につながり，根圏以外の環境試料に分布する未知微生物資源の開拓技術の開発への応用も可能になるかもしれない。２つめは⑤に関するものである。すなわち，本節では，水生植物（ウキクサ）根圏での定着性を指標として，取得した未知微生物の有用性を評価したが，その他の有用機能，例えば，種々の汚染有機化合物に対する分解能を指標とした有用性評価が必要となるであろう。もちろん，これは未知微生物のみならず，既知の微生物種に近縁なものも含めて行うべきであるが，今後，多種多様な水生植物をターゲットとした根圏微生物の網羅的な分離・収集・保存を図ることで，“水生植物根圏微生物ライブラリー”を構築するとともに，各分離株の有用機能（根圏への導入・定着性や汚染物質分解能力）について網羅的に調べてデータベース化し，様々な汚染環境に対応したリゾレメディエーション技術を効率よく開発するための知的基盤として活用したいと考えている。

文　　献

1) L. Hiltner, *Arb. Dtsch. Landwirt. Ges.*, **98**, 59 (1904)
2) J. M. Whipps, *J. Exp. Bot.*, **52**, 478 (2001)
3) A. D. Kent and E. W. Triplett, *Annu. Rev. Microbiol.*, **56**, 211 (2002)
4) S. Diallo, A. Crépin, C. Barbey, N. Orange, J.-F. Burini and X. Latour, *FEMS Microbiol. Ecol.*, **75**, 351 (2011)
5) I. Kuiper, E. L. Lagendijk, G. V. Bloemberg and B. J. J. Lugtenberg, *Mol. Plant Microb. Interact.*, **17**, 6 (2004)
6) K. E. Gerhardt, X.-D. Huang, B. R. Glick and B. M. Greenberg, *Plant Sci.*, **176**, 20 (2009)
7) P. B. Christensen, N. P. Revsbech and K. Sand-Jensen, *Plant Physiol.*, **105**, 847 (1994)
8) T. Toyama, N. Yu, H. Kumada, K. Sei, M. Ike and M. Fujita, *J. Biosci. Bioeng.*, **101**, 346 (2006)
9) T. Toyama, Y. Sato, D. Inoue, K. Sei, Y. C. Chang, S. Kikuchi and M. Ike, *J. Biosci. Bioeng.*, **108**, 147 (2009)

10） L. Stout and K. Nüsslein, *Curr. Opin. Biotechnol.*, **21**, 339（2010）
11） T. Toyama, M. Murashita, K. Kobayashi, S. Kikuchi, K. Sei, Y. Tanaka, M. Ike and K. Mori, *Environ. Sci. Technol.*, **45**, 6524（2011）
12） O. Kaiser, A. Pühler and W. Selbitschka, *Microb. Ecol.*, **42**, 136（2001）
13） G. Wieland, R. Neumann and H. Backhaus, *Appl. Environ. Microbiol.*, **67**, 5849（2001）
14） A. Graff and R. Conrad, *FEMS Microbiol. Ecol.*, **53**, 401（2005）
15） W. H. L. Stafford, G. C. Baker, S. A. Brown, S. G. Burton and D. A. Cowan, *Environ. Microbiol.*, **7**, 1755（2005）
16） S. J. Grayston, S. Wang, C. D. Campbell and A. C. Edwards, *Soil. Biol. Biochem.*, **30**, 369（1998）
17） Y. Tanaka, H. Tamaki, H. Matsuzawa, M. Nigaya, K. Mori and Y. Kamagata, *Microbes Environ.* Submitted for publication.
18） H. Tamaki, Y. Tanaka, H. Matsuzawa, M. Muramatsu, X. Y. Meng, S. Hanada, K. Mori and Y. Kamagata, *Int. J. Syst. Evol. Microbiol.*, **61**, 1442（2011）
19） H. Matsuzawa, Y. Tanaka, H. Tamaki, Y. Kamagata and K. Mori, *Microbes Environ.*, **25**, 302（2010）
20） B. S. Stevenson, S. A. Eichorst, J. T. Wertz, T. M. Schmidt and J. A. Breznak, *Appl. Environ. Microbiol.*, **70**, 4748（2004）
21） 松澤宏朗，田中靖浩，森一博，日本水処理生物学会誌，**46**, 129（2010）

5　土壌の有機物汚染浄化における植物—根圏微生物系の活用—

橋床泰之*

5.1　背景

5.1.1　根面着生微生物の特徴

植物の根につく微生物を根面着生微生物と呼ぶ。これらは根圏微生物の範疇に入れられているが，根と強固な関係性をつくりあげているところから，根圏土壌に棲む根圏微生物群とは異なる，際だった特徴をもつ。その一つが，根への接着性である。走査型電子顕微鏡では多くの根面着生微生物，特に着生バクテリアの，自身の細胞から分泌するポリマーや鞭毛を介した植物根表皮への接着をしばしば観察することができる[1]。さらに根面細菌の宿主根組織表皮への接着は，もう一つ重要な機能を果たす。根組織表面でのバイオフィル形成である。当然のことながら，植物の根に付着した細菌類は根圏土壌よりも高濃度の根由来二次代謝産物に晒されることになる。

植物の根には，植物の科や属によってそれぞれ特徴的な二次代謝産物が大量に含まれている。特にポリフェノール類の含有・蓄積はバラ科植物，フウロソウ科植物，スゲ科植物，フタバガキ科植物などをはじめとする，広範な科にまたがっており，根新鮮重当たり５～10%もの特定化合物群を含んでいる植物種も少なくない。それら二次代謝産物を大量に蓄積する植物と根面着生細菌との関連性，例えばケイヒ酸や没食子（もっしょくし）酸の脱炭酸反応について精査すると，このようなポリフェノールが大量に蓄積する植物根表面にニッチを獲得した定着細菌群集の中には，それらのポリフェノールに対する高い応答性をもつものが高頻度で見いだされる[2]。

ポリフェノール分解能を発達させた根面着生細菌では，その多くが基質誘導性を示す傾向がある。これは，自身にとっての生体異物を分解する必要があるとき，特に細胞の生体異物への感受性が増す状態（例えば細胞分裂時など）で，必要な分解酵素を基質誘導的に産生することで資源やエネルギーの投資を必要最小限に抑えていると理由づけることができる。

5.1.2　根面環境と生体異物分解・ファイトレメディエーション

植物根圏は土壌とは異なった空間である。土壌では，粘土鉱物の結晶が腐植酸や土壌微生物残渣と結合して適当な粒団を形成し，これが植物の根や密度差によって団粒状構造をとっている。周辺は薄い自由水と空間（粒子間隙）に包まれ，内部は絶対嫌気状態になっている場合が多い。ある意味，土壌粒子一つ一つが小宇宙のような隔離された空間をかたどっているとの見方もできる。ところが根圏あるいは根面は，一つの面としてつながった二次元の面であり，かつ，非常に複雑な立体構造をもった三次元空間である。三次元に展開する根はフラクタル構造をもち，効率的に空間を占拠できる。また，根面という面を通して全てが連続しているため，比較的広大な総面積をもった構造体である[3]。しかもこの構造体は，常に新しい組織が発達しており，これに伴って古い細根や根毛は脱落して土壌有機物として根圏微生物に利用される。根面はまた，光合成

---

*　Yasuyuki Hashidoko　北海道大学　大学院農学研究院　応用生命科学部門
生命有機化学分野　教授

産物を根面から直接，根圏へ供給することでも知られている[4]。根面から供給される有機物は無機態の窒素やミネラルを可溶化する根圏微生物の栄養となり，根に共生する菌根菌は地中深くから必須元素であるリンや水分を集めてくる。

植物根圏では，宿主植物に主要な二次代謝産物として大量に含まれる化学成分に特異的な応答を示す微生物が，しばしば見いだされる。これは集積培養と同じく，一種の選択圧効果（その二次代謝産物の存在が選択圧となり，分解能をもつものが生き残る）であると考えられる。一方，根圏では微生物の活動も極めて活発である。エネルギー源や細胞壁など体構成成分の資材となる炭素源は，根の活発な有機物供給と物質代謝によって供給されている。また，窒素源は根圏の微生物群集による窒素固定や有機態窒素の無機化を介して供給される。これらの窒素は，微生物の死滅によって分解され，最終的には無機化されたものが植物に吸収される。根面に集積した細菌は，根圏に豊富な根の化学防御物質であるテルペン類やポリフェノール類を生体異物として認識し，チトクロームP450系オキシダーゼや細菌ペルオキシダーゼ，デヒドロゲナーゼなど，酸化分解の鍵となる酵素の遺伝子群を活性化し，分解を促進しているらしい[5]。また，これらの根面細菌はその分解能力によって，ポリフェノールに対して高い感受性を有する他の根圏微生物よりも優位に根面ニッチを得ることができる。

近年の植物を使った土壌や水質の浄化技術（ファイトレメディエーション）のうち，Pb, Hg, Cd, Mnなどの重金属，非金属ながら有毒元素として土壌に蓄積しやすいAsやSe，水質汚濁を引き起こす無機栄養塩（N, P, S, K）などは，直接植物の根から吸収させ，地上部に蓄積させる方法がとられている。これらの元素や化合物については，ハイパーアキュムレーター（高集積植物）と呼ばれる植物がいくつか存在しており，根からの選択的吸収や地上部での標的元素の集積メカニズムが詳細に調べられているものが多い[6]。これらの遺伝子情報をもとに，より効率的な遺伝子改変植物の作出が可能になっている[7]。

これに対し，生体異物としての難分解性含塩素化合物では少し状況が異なる。難分解性含塩素化合物の中でも，ヘプタクロル，アルドリン，クロルデン，ディルドリン，エンドリン，ヘキサクロロベンゼン，マイレックス，トキサフェン，DDTの９化合物は特に土壌残留性が高い有機塩素系農薬としてリストアップされている。これらに難分解性かつ毒性の高い有機塩素系化合物であるポリ塩化ビフェニル（PCB），ポリ塩化ジベンゾパラジオキシン，ポリ塩化ジベンゾフランを加えた計12化合物は，2004年に発効した残留性有機汚染物質に関するストックホルム条約（Stockholm Convention on Persistent Organic Pollutants）で適切な管理を必要とする規制対象物質に指定され，POPsと総称されている。このうち，ヘプタクロルやディルドリンのような有機塩素系農薬は，特にウリ科植物によって効率的に吸収され，地上部に移行することが知られている[8,9]。このケースでは，数十年もの間，畑地土壌に残留していたこれら禁止農薬がウリ科植物のカボチャやキュウリに基準値を超える濃度で見いだされることから，これらの化合物は土壌粒子へ安定なかたちで吸着・保持され，残留していた有機塩素系農薬がウリ科作物の根周辺で土壌粒子から脱着され，根による選択的な吸収を受けるものと考えられている。これら有機塩素系農薬の土壌からの脱着にどの程度，根圏微生物が寄与しているかについては研究の進展が待たれるところである。

世界保健機関（WHO）の報告書によれば，ヘプタクロルについては分解菌がいないとの結論が下されている[10]。しかしながら，土壌中のヘプタクロルを濃縮して選択的に取り込むウリ科植物根圏の性質を効率良く利用できれば，極めて有効な除染技術への発展が見込める。従って，植物の二次代謝産物分解と連動したヘプタクロル分解能力を発揮できる根面微生物を見つける努力を放棄するべきではないであろう。思いがけない機能性が魅力でもある根面微生物あるいは根面微生物群集の検索によって，新たなヘプタクロル分解系の取得が待たれる。

5.1.3　根面着生細菌を用いたレメディエーションの利点

植物が多量の一次代謝産物や二次代謝産物を根から分泌することによって，根圏の微生物群集を特徴のあるものとして維持し[11]，それらが植物根圏で物質循環や病原菌排除に重要な役割を果たしている事象[12]については，文献に譲る。植物を用いたファイトレメディエーションは，単純に土壌に分解微生物を撒く場合よりも除染効率が高いことが早くから指摘されていた[13]。Singerらの執筆による2003年の総説[5]では，その現象が根圏に供給される有機物，特にフェノール類を中心とした二次代謝産物による分解系の賦活化に起因することを指摘している[5]。この二次代謝産物による分解系賦活化の重要性はLeeらによる主要な生体異物酵素活性の測定など[14]で実証されてきた。しかしながら，実際に二次代謝産物に注目して植物を選定し，その根についた微生物の活発な生体異物分解能をレメディエーション技術に導入する試みは，これまでのところほとんどなされていない。

根面着生微生物にとっては，植物が産生する二次代謝産物も人間が人工的に作りだした環境汚染有機物も，ともに生体異物であることには変わりがない。植物ポリフェノールの代謝分解に使われる酸化分解系酵素（例えばチトクロームP450やペルオキシダーゼ）は比較的広い基質受容性をもち，オールマイティな活性を示すものが多いようである。しかも，本来の基質である植物の二次代謝産物であるポリフェノールやテルペノイド，アルカロイドなどに晒されると，多くの場合，分解酵素が基質誘導性であるため，人工の難分解性化合物（例えば合成染料や可塑剤，ハロゲン化芳香族など）の総代謝活性力価が大きく増大する。従って，植物の根で二次代謝産物の分解活性が高い根面着生微生物は，それらの多くがこのような化合物の存在下で，人工の難分解性化合物を分解する能力を発揮できるようになるらしい[4]。また，熱帯木質泥炭土壌のように腐植酸を大量に含む土壌に棲む土壌細菌も，同じ理由でこれらの酸化分解酵素生成能が高く，生体異物を容易に代謝できるではないかと考えられる。

5.1.4　菌株の分離源としての熱帯泥炭土壌適応植物の根面環境

インドネシア・カリマンタン島の熱帯泥炭林では，中強酸性を示す木質泥炭が湿地に蓄積する。熱帯泥炭林とは，水位の高い熱帯低地に形成された木質泥炭土壌に成立する森林生態系で，主な高木樹種はフタバガキやカロフィラムのような貧栄養・酸性有機質の木質泥炭土壌に高度に適応したものである。木質泥炭土壌はこれら樹木の遺骸が酸性と湛水によって完全には分解せず蓄積したものであり，乾燥や鉱物質土壌を好む樹種の侵入を許さない。その意味からいえば適応という言葉は厳密には間違っており，より正確には，樹木自身が自身の生育に有利な熱帯泥炭土壌を造り上げたという方が正しい。

この土地を無秩序に皆伐し，排水して農地化しても，灰分の供給がなければ作物はほとんど収穫できず，森林を再生するために現地生樹種の苗を植林してもほとんど定着しない。強い日差しによって地表面は乾き，土壌水分の保持は困難になり，乾いた裸地表面がむき出しになる。強烈な日射と溶脱しきった熱帯泥炭土壌に耐えることができるシダや一部の草本類のみが純群落を形成するようになる。

熱帯泥炭林は世界で有数の有機炭素貯蔵庫であり，ユニークな生態系を保ちながら生物多様性に富んだエコシステムである。それゆえ，過剰な開発と泥炭火災によって破壊された森林の再生には大きな注目が集まっている。泥炭土壌は中強酸性であり，ポリフェノールやフミン質に富んでおり，幼植物の生育阻害が必須微量金属元素の欠乏というかたちで現れやすい。従って灰分のピンポイント施肥が，最も有効な対処方法として現地で実践されている。一方，熱帯泥炭林を形成する樹種につく植物生育促進根面細菌についても研究がなされており，その促進メカニズムを含めて関心を集めている。

5.2　植物由来ポリフェノールによる生体異物分解の亢進

5.2.1　熱帯泥炭林生フタバガキ幼木根面に着生する根面細菌群の特性

熱帯木質泥炭土壌はpH３～５の中強酸性を示し，タンニンなどのポリフェノールやフミン質などに富み，その窒素はほとんどがタンナイズされた有機態窒素として存在するため，植物は熱帯泥炭中の豊富な窒素を可給態無機窒素として吸収できず，窒素飢餓に近い状況が生じる。*Shorea balangeran*をはじめとするいくつかのフタバガキ科植物はこのような熱帯泥炭土壌に適応した樹種として知られているが，その適応要因の一つとして，幼木根につく根面微生物の機能性が指摘されている。実際，当研究室で現地自生フタバガキの芽生え根やそれらの幼木根から分離した根面細菌の中からは，泥炭ポットで発芽させた*S.balangeran*実生に接種すると著しい成長促進効果を示すものが多数見つかった[15)]。

これらの中には自身が根に定着するものがあれば，他の細菌の増殖を促すという「つなぎ的役割」を示すものもあり，結果的には根系の発達を促し，地上部バイオマスを増加させていた。そこでL-トリプトファン（L-Trp）から根系の発達に重要な役割を果たす植物ホルモン，インドール-3-酢酸（IAA）を産生する根面細菌を検索した。ここで紹介する細菌は，L-Trp代謝とポリフェノールへの特徴的な応答を示す*Burkholderia* sp. CK43株（*B. unamae*近縁）で，インドネシア中央カリマンタン，熱帯泥炭林で自然の子実から生育したフタバガキ幼木の根面から分離したものである。この細菌を例に，植物と根面微生物との組み合わせによる残留性土壌汚染有機化合物の効率的除去法のアプローチについて述べてみたい。

5.2.2　分離した根面細菌群のトリプトファン分解とその代謝特性検索

現地野生フタバガキ芽生えから分離した根面細菌69株を，L-Trpをほぼ単独の窒素源とした代謝試験に供し，得られる代謝産物に特徴があるか否かを検討した。一連の実験には低窒素培地（modified Winogradsky's medium）を用い，窒素源として終濃度0.5 mMのL-Trpを添加した。単純にL-Trpを添加した培地では，多くの菌株がL-Trpからα-アミノ基を奪い，トリプトフォールやインドール-3-乳酸，IAAへと代謝した。しかしながら，若干数の菌株はインドール環部分をも開裂分解し，その窒素原子をも利用することがわかった[16]。

一方，試薬として入手可能なポリフェノール類をこの培養系に添加し，L-Trp代謝活性にどのような影響が及ぶかについても検証した。泥炭土壌環境の再現モデルとしてタンニン酸を終濃度1 mMになるよう培地に添加したとき，*Burkholderia* sp. CK43B株によるL-Trp代謝で生成する代謝産物にはインドール環が残存した化合物はほとんど見られず，カテコールが主たる代謝産物として集積した。カテコールの遊離生成はL-Trp添加時のみに認められ，カテコールがタンニン酸ではなく，L-Trpから生じていることを確認した。これによって，タンニン酸添加によるインドール環分解促進ならびにカテコールの酸化的開裂分解の抑制が強く示唆された。

また，1 mMタンニン酸を添加した培地では，多くの細菌株で強力なタンナーゼ活性が認められ，また没食子酸脱炭酸活性の上昇に伴う生成物として，ピロガロールの蓄積が確認された。没食子酸脱炭酸酵素は単純な非酸化的脱炭酸反応を触媒するが，インドール環の分解によるカテコール生成には酸化的脱炭酸を伴わねばならない。タンニン酸添加がL-Trpのインドール環開裂と，その結果生じたアントラニル酸へ開裂代謝されたインドール環由来のアミノ基の酸化的はぎ取り，さらにはインドール環の酸化的分解を強く活性化していることが明らかになった。

5.2.3　タンニン酸添加によるインドール分解の亢進

悪臭原因物質として知られるインドールは，最近，抗生物質耐性に関与するシグナル物質であることがわかり，注目を集めている[14]。L-Trp分解において，1 mM（1.7 gmL^{-1}）のタンニン酸添加がインドール環の開裂とそれに伴うカテコールの蓄積を誘導したため，*Burkholderia* sp. CK43株のインドール骨格を分解する能力は，インドールそのものの分解においても発揮されると考えた。そこで，同じ培養系でL-Trpの代わりにインドールそのものを基質として*Burkholderia* sp. CK43株に与えてみた（図1）。

窒素源を100 mgL^{-1}のインドールに限定した貧栄養培地（インドール添加modified Winogradsky's medium）で*Burkholderia* sp. CK43株を培養し，その培養上澄を固相抽出にかけて分析すると，インドールはイサチンや3-ヒドロキシインドキシル，イサチン2量体のインジルビンに変換され，インドール環の開裂を示す痕跡量のアントラニル酸も与えた。しかしながらカテコールには変換されなかった。一方，終濃度1 mMになるようにタンニン酸を添加した培地（0.5 mMインドール）で培養した場合，*Burkholderia* sp. CK43B株によるインドール分解のうちデアミネーションが大きく亢進され，カテコールが生成した。このパスウェイでは，ピロール環部分の酸化的開裂により生じたアントラニル酸のアミノ基が酸化的にはぎ取られ，サリチル酸が生成する。この

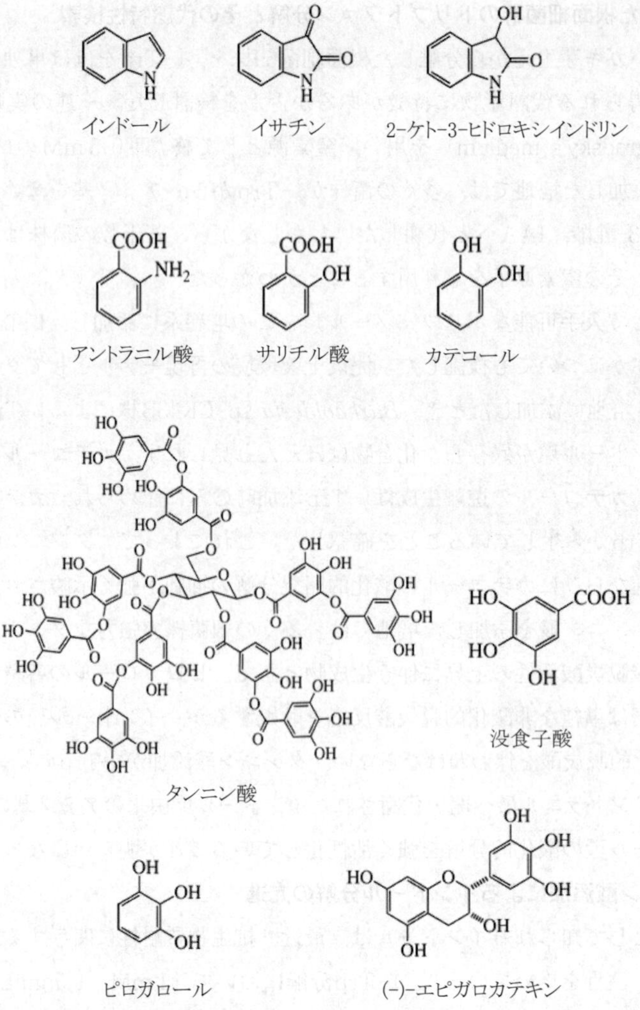

インドール　イサチン　2-ケト-3-ヒドロキシインドリン

アントラニル酸　サリチル酸　カテコール

タンニン酸　没食子酸

ピロガロール　(−)-エピガロカテキン

図1　化合物構造

サリチル酸が速やかな酸化的脱炭酸を受けてカテコールが生成し，主要な代謝産物として培養液上清に蓄積するとの報告がある[17]。

Burkholderia sp. CK43株の代謝経路について検証するために，タンニン酸存在下で起こるインドールからカテコールに代謝されるまでの代謝中間体を得た。*Burkholderia* sp. CK43株は，タンニン酸終濃度を0.2 mMにした場合ではほとんどインドール分解の亢進を示さないものの，1.0 mMではインドールのカテコールへの酸化開裂分解が活性化されることがわかった。カテコール分解は逆に阻害されている可能性を排除できないものの，タンニン酸添加でイサチンと3-ヒドロキシインドキシルの蓄積は大きく低下した。しかしながら2 mM以上の濃度では，菌体生育そのものが強い阻害を受け，インドール分解もほとんど認められなかった。また実際に，CK43株のインド

ールからカテコールへの変換系における代謝中間体として，アントラニル酸ならびにサリチル酸を確認することができた。この結果，根にタンニン酸をもつとされる植物（例えばカシワ）では，ある種の根圏微生物による生体異物代謝が進行しやすい条件が整っていることが強く示唆された。

5.2.4　没食子酸およびピロガロール基をもつポリフェノール類によるインドール分解亢進

タンニン酸は*Burkholderia* sp. CK43のタンナーゼによって没食子酸（gallic acid）へと加水分解され，さらにこの細菌による脱炭酸反応を受けてピロガロールに変換され，蓄積する。構造が複雑なタンニン酸は含有される植物が限られるが，その構成分子である没食子酸は構造が単純であるため，単体で，あるいは単純な誘導体としてこれを高濃度に含有する植物が広く分布する。従って，適当な濃度の没食子酸によって*Burkholderia* sp. CK43の生体異物分解促進効果が認められれば，植物の根に含まれるポリフェノールによる植物根圏微生物の生体異物分解微生物の活性化は，根圏で普遍的なものである可能性が高まる。そこで，タンニン酸添加実験で用いたものと同じく低窒素培地にインドールを窒素源（分解基質）として加えた培養系を用い，*Burkholderia* sp. CK43によるインドール分解が0.5～5mM没食子酸によって加速されるか否かを検定した。

48時間培養後の菌体培養液上澄について残留インドール，インドール分解物中間体，カテコール，ならびにピロガロールを逆相HPLCで一斉分析にかけた。その結果，0.5～3.0mM没食子酸添加区（0.5，0.75，1.0，1.5および2.0mM）では，1mMタンニン酸添加区同様，著しいインドール分解促進効果を認めた。特に0.5mMから2.0mMの没食子酸添加では，その添加量とインドールからのカテコール生成量が正比例の関係を示した（図2）。また，培養液中に蓄積するカテコールは全てインドール環のベンゼン環部分に由来することを確認した。

植物の根に含まれるポリフェノールでは，(－)-エピカテキンや（＋)-カテキンなどがバラ科植

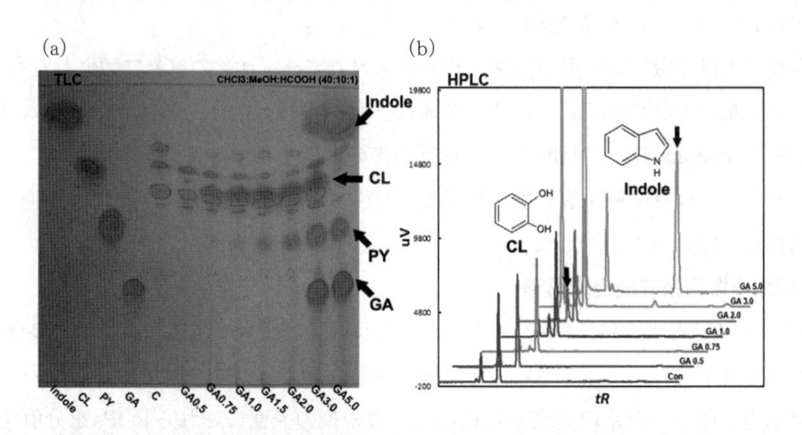

図2　没食子酸添加によるインドール分解の活性化
(a)培養48時間後の培養液上澄から回収した酢酸エチル抽出物のTLCプロフィール。
(b)没食子酸終濃度の違いによる培地抽出物のHPLCプロフィール。Controlのピークは保持時間の短い方がインドルビン，長い方がイサチンである。カテコールはこれらの中間に現れるピークとして確認された。

物を中心に多く見られる。そのため，(+)-カテキンについて，*Burkholderia* sp. CK43によるインドールからのカテコール生成を指標に生体異物分解促進活性を調べてみたが，その活性はほとんど認められなかった。また，プロトカテキュ酸にも活性は認められなかった。これに対し，緑茶からSephadex LH-20カラムで調製した(−)-エピガロカテキン[18]では，0.5 mM濃度で*Burkholderia* sp. CK43のインドール分解が活性化され，インドールならびにカテコールが培養液中に検出された。0.25 mM濃度でも相当量のカテコールが得られ，このカテコール生成は0.5 mM没食子酸添加区よりも高かった。以上の結果から，生体異物分解を加速させるポリフェノールとして，ガロイル基あるいはピロガロール基を有する化合物が有望であることがわかった[17]。これらの例に違わず，根に適量の代謝促進効果をもった二次代謝産物を含む植物と適切な根面微生物との組み合わせでは，より効果的なファイトレメディエーションが期待できそうである。

5.3　実用性に関連した根圏微生物を用いたファイトレメディエーション

5.3.1　湿地・水田

イネをはじめとする水生イネ科植物は生産性が高く，その根のヒゲ状根と気道がよく発達し，特に細胞分裂の活発な根端や健全な主根表面につく根圏微生物は好気的・微好気的なものがほとんどである。イネの根は，その成長期には酸素が行き届きにくい水田土壌に酸素を運搬し，光合成産物も供給する。従って，イネの根圏についた微生物は，イネ根表面を足場としているだけでなく，群集維持に必要な炭素源や酸素をイネ根から供給されており，田植えから出穂，登熟に至る過程で比較的安定した菌叢と機能性を維持することができる。水田のような湛水した農地ではアーバスキュラー菌根菌の感染は非常に希であるため，パイライトが形成されているような潜在的硫酸酸性水田では，中強酸性（〜pH 3.0）下で不溶化するリン酸塩の可給化に，イネの根につく細菌群が重要な働きを示す場合が知られている[19]。

このようなイネ根圏微生物を用いたファイトレメディエーションの試みに類似したものとして，インドネシア・東ジャワの水田における重金属のイネへの移行阻害，特にカドミウムで成功が収められている（Santosa DA，私信）。この移行阻害の機構を科学的に分析できれば，ファイトレメディエーションと根圏制御を裏と表の関係として，より厳密な根面微生物による物質移動や異物除去の制御が可能になるかもしれない。

5.3.2　畑地の塩素系有機合成農薬

5.1.2項でも触れたように，POPsに含まれる有機塩素系農薬のうちダイオキシン類は，ウリ科植物によって効率的に根に吸収され，地上部に移行することが知られている。従ってウリ科植物の根の吸水力の強さや根系の規模から見れば，この根の表面にこれらPOPsを分解する根面定着微生物を付着させ，土壌粒子から可溶化したPOPs分子を分解する試みは，純粋なファイトレメディエーションよりも効率が良いかもしれない。また，土壌粒子へ安定なかたちで吸着・保持されていたPOPs分子を土壌粒子から効率良く脱着させる根面微生物を探索することも，重要なアプローチであろう。

実際，いくつかの研究グループがウリ科植物を用いておこなっているPOPs，特にダイオキシン類の除去研究に関連して，このような根面微生物との組み合わせによって土壌からの除去効率が格段に上昇する系を見いだすことができるかもしれない。

5.4　おわりに

植物根に着生する微生物を活用する土壌浄化は，厳密にいえばファイトレメディエーションとは呼べないかもしれない。しかしながら，根を生体異物分解微生物定着の足場とし，しかもそのような根面着生微生物を植物地上部での光合成で産生した糖の根への降下によって維持でき（厳密には植物がこれを維持する），さらには植物根に含まれる二次代謝産物によって根面微生物の生体異物分解能を最大限に引き上げるこのような方法は，植物があって初めて成立する方法論であることは明らかである。従って，根面微生物を使った土壌のバイオレメディエーションは，広義のファイトレメディエーションと呼ぶことができよう。

修復すべき土壌の規模と土壌そのものが物質を吸着保持する性質，さらには土壌それぞれの物理化学的特性の違いがあまりにも大きいこと，さらには微生物や植物の定着性の問題が，人工有機物汚染土壌のバイオレメディエーション（微生物を使った除染）やファイトレメディエーション（植物による汚染土壌修復）技術の実用化を難しいものにしてきた。その壁を破るためにも，これからの土壌環境修復は根面に定着する微生物を組み込んだ，より高度なリゾバイオコンプレックスレメディエーション（Rhizobiocomplex-remediation, RBCR：根圏生物複合系による汚染土壌修復）技術の確立が待望されている。

文　　献

1) M. T. Islam, Y. Hashidoko, A. Deora, T. Ito, S. Tahara, Suppression of damping-off disease in host plants by rhizoplane bacterium *Lysobacter* sp. strain SB-K88 is linked to plant colonization and antibiosis against soilborne Peronosporomycetes., *Applied and Environmental Microbiology*, **71** (8), 3786-3796 (2005)

2) A. Asante, S. Tahara, Y. Hashidoko, Screening of rhizobacteria possessing phenolic acid-decarboxylation abilities from several plant families., Hokkaido University, *Journal of Research Faculty of Agriculture*, **72**, 1-19 (2008)

3) A. トラウトン（広田秀憲 訳），作物の根・その生活史を探る，学会出版センター（1987）

4) E. K. Dzantor, Phytoremediation: the state of rhizospher 'engineering' for accelerated rhizodegradation of xenobiotic contaminants., *Journal of Chemical Technology and Biotechnology*, **82**, 228-232 (2007)

5) A. C. Singer, D. E. Crowley, I. P. Thompson, Secondary plant metabolites in phytoremediation

and biotransformation., *TREND in Biotechnology*, **21**, 123-130 (2003)
6) A. J. M. Baker, S. P. McGrath, C. M. D. Sidoli, R. D. Reeves, The possibility of in situ heavy metals decontamination of polluter soils using crops of metal accumulating plants., *Resources Conservation and Recycling*, **11**, 41-49 (1994)
7) K. Shah, J. M. Nongkynrih, Metal hyperaccumulation and bioremediation., *Biologia Plantarum*, **51**, 618-634 (2007)
8) T. Otani, N. Seike, Y. Sakata, Differential uptake of dieldrin and endrin from soil by several plant families and *Cucurbita genera.*, *Soil Science and Plant Nutrition*, **53**, 86-94 (2007)
9) H. Inui, T. Wakai, K. Gion, K. Yamazaki, Y.-S. Kim, H. Eun, Congener specificity in the accumulation of dioxins and dioxin-like compounds in zucchini plants grown hydroponically., *Bioscience, Biotechnology, and Biochemistry*, **75**, 705-710 (2011)
10) 国際化学物質簡潔評価文書ヘプタクロル (Concise International Chemical Assessment Document, No.70 Heptachlor 2006). 世界保健機関国際化学物質安全性計画国立医薬品食品衛生研究所安全情報部2008 (訳) http://www.nihs.go.jp/hse/cicad/full/no70/full70.pdf
11) A. Hertmann, M. Schmid, D. van Tuinen, G. Berg, Plant-driven selection of microbes., *Plant and Soil*, **321**, 235-257 (2009)
12) 小林達治，根の活力と根圏微生物（自然と科学技術シリーズ）(1983)
13) W. Aprill, R. C. Sims, Evaluation of the use of prairie grasses for stimulating polycyclic aromatic hydrocarbon treatment in soils., *Chemosphere*, **20**, 253-263 (1990)
14) H. H. Lee, M. N. Molla, C. R. Cantor, J. J. Collins, Bacterial charity work leads to population-wide resistance., *Nature*, **467**, 82-85 (2010)
15) I. R. Sitepu, Y. Hashidoko, E. Santoso, S. Tahara, Growth-promoting properties of bacteria isolated from dipterocarp plants of acidic lowland tropical peat forest in Central Kalimantan, Indonesia., *Journal of Forest Research*, **6**, 96-118 (2009)
16) A. Rahman, I. R. Sitepu, S.-Y. Tang, Y. Hashidoko, Salkowski's reagent test as a primary screening index for functionalities of rhizobacteria isolated from wild dipterocarp saplings naturally growing on medium-strongly acidic tropical peat soil., *Bioscience, Biotechnology and Biochemistry*, **74**, 2202-2208 (2010)
17) Kim *et al.*, 投稿準備中
18) 西條了康，茶の渋みに関与する新カテキン一既知カテキンと同レベルで渋味・苦味に寄与か，化学と生物，**21**(7), 426-428 (1983)
19) 橋床泰之，高度負荷土壌での植物の生存戦略一根圏複合系の中で根面細菌が果たす機能一，化学と生物，**41**(7), 434-441 (2003)

6　レンゲソウと根粒菌の共生による重金属ファイトレメディエーション

山下光雄*

6.1　はじめに

環境省は平成23年３月，土壌汚染対策法の施工状況及び都道府県と政令市が把握している土壌汚染調査・対策事例などに関する平成21年度の調査結果を公表した[1]。土壌汚染調査事例は平成21年度までの累計で10215件あり，このうち5281件については超過事例としている。平成21年度の調査事例1253件中の超過事例は575件である。平成15年の土壌汚染対策法を契機に調査事例が多くなったが，平成21年度では前年度より１割ほど減少した。超過事例のうち揮発性有機化合物（VOC）（第一種特定有害物質）のみの超過は89件（15.5%），重金属など（第二種特定有害物質）のみの超過は423件（73.6%），複合汚染（第一種特定有害物質，第二種特定有害物質双方とも基準超過）は60件（10.4%），農薬など（第三種特定有害物質）のみの超過は３件（0.5%）であった。超過事例の最も多い重金属などの個別の汚染物質項目では，鉛及びその化合物，砒素及びその化合物，ふっ素及びその化合物の順に事例が多かった。土壌環境センターの調査によると，平成21年度の土壌汚染調査・対策事業受注件数は8858件（前年度比24%減），受注高は1146億円（前年度比15%減）と報告されている[2]。

6.2　重金属汚染と処理技術

超過事例の半数以上は重金属によるものである。そのため，カドミウム（Cd），六価クロム（Cr），シアン（CN），水銀（Hg），セレン（Se），鉛（Pb），ヒ素（As），フッ素（F），ほう素（B）の９種が土壌汚染対策法で取り扱う指定有害物質とされている。これらの元素は，イオン（Cd^{2+}，Hg^{2+}，Pb^{2+}），オキソ酸化物（CrO_4^-，$H_2AsO_2^-$），有機化合物など多様な形態で存在している。硝酸塩や硫酸塩は容易に地盤中に浸透しやすく，水酸化物や硫化物は比較的安定しており長期的汚染源となりうる。高濃度の場合は密度流として地中深くまで浸透しやすい傾向がある。Cd，Hg，Pbなどは土壌に吸着しやすく，局所的に存在しているが，Cr，Asなどは土壌に吸着しにくく，広域的に拡散している場合が多くある。

重金属は自然界に広く存在すること，化学形態によって移動形態も千差万別であること，一般的に固相として多く存在していることなどのために浄化対策が難しい。また新規技術開発も難しい。重金属汚染対策技術は，基本的に掘削除去と非掘削除去に大別される。有機系物質対策では原位置無害技術を積極的に導入しているにも関わらず，重金属対策では地盤中での移動性が低いことから掘削除去や揚水水処理が依然として一般的に用いられている。原位置浄化処理についても費用の面から搬出後処理に比べて，必ずしも費用対効果があるといえず，外部に搬出されて処理される場合が多い。何れにせよ汚染土壌を，固定・不溶化して溶出を防止するか，水（酸）洗浄する方法しかなく，電気浸透法，熱処理法，生物処理法も研究レベルである。固化剤としては

＊　Mitsuo Yamashita　芝浦工業大学　工学部　応用化学部　教授

セメント系，マグネシウム系，鉄系など様々な不溶化剤がキログラム当たり100円以内で入手可能である。微生物機能を使用した不溶化や土壌中のpHにも対応できる新たな視点からの不溶化剤が求められている。土壌洗浄する方法は，各種抽出剤（酸，有機酸，Biosurfactantなど）も検討されたが，やはり水抽出法が良いとされている。分級と洗浄により，健全な粗粒分と汚染が濃縮した細粒分あるいは脱水ケーキに分別する工法が取られており，洗浄された土壌は再利用される。揚水対策の代替として1990年代後半より透過性地下水浄化壁（Permeable Reactive Barrier; PRB）工法が，メンテナンスフリーの漏洩防止対策として実用化されている。しかし，環境保全対策として，汚染地下水拡散防止対策の観点からバリア位置での浄化剤の代替の問題や汚染源の原位置不溶化の問題が指摘されている。全ての汚染現場に適用できる優れた修復技術は存在していない。

土壌浄化は恒常的な事業でなく離散的な事業であり，浄化プロジェクトで濃縮物が発生するケースもあり，汚染形態などの面から抽出操作が大きなネックになることもある。負の投資である土壌浄化に対する一つのポジティブな意味づけを与える新規技術の試みをここに紹介する。

6.3　ファイトレメディエーション

重金属による土壌の汚染問題について関心が高まり，特に汚染された水田や圃場において収穫された農作物中に含まれる重金属の人体内への摂取が問題視されている。重金属に汚染された土壌を浄化するためには，対象汚染地の汚染土壌を汚染されていない土壌と交換する客土という手法が用いられているが，取り除かれた土壌の処理の点や地味が痩せるなどの問題がある上，膨大な労力がかかり，費用も高く経済的に不利な点が多い。そこで，微生物の機能を活用するバイオレメディエーションは，多様な汚染物質への適応可能性を有し，投入エネルギーが少なく，一般的には浄化費用も安価にすむ可能性があり，将来に向けての技術の一つと考えられている。微生物や植物を用いて土壌中の有害物を吸収，除去あるいは分解することで汚染土壌を浄化しようと試みがなされており，殊に重金属については微生物による分解が不可能なため，植物体内に重金属を吸収させ植物体を収穫することにより土壌中から重金属を除去，浄化する検討がなされている[3]。植物を利用して有害物質を浄化することはファイトレメディエーションと呼ばれている（第2章参考）。すでに重金属蓄積能力の高い植物としてキク科，オシロイバナ科，シソ科，マメ科，アカザ科など多くの植物が報告されている。特に重金属を特異的に蓄積する植物はハイパーアキュムレーターと呼ばれる。Cdに対してはグンバイナズナ，カラシナ，ヘビノネゴザなどが挙げられる。しかし，植物体だけでは浄化時間が長いこと，処理可能な汚染物質に制限があること，汚染物質が根圏範囲でしか処理できないこと，浄化対象が吸収しやすい形態で存在する必要があるなどの問題点がある[4]。これらの問題点を克服するために，植物と微生物の利点を相乗効果的に組み合わせた共生体での重金属汚染浄化を紹介する。

6.4　マメ科植物と根粒菌による共生工学

植物と微生物の共生機構の研究は，主としてマメ科植物と根粒菌での研究が進んでいる。植物

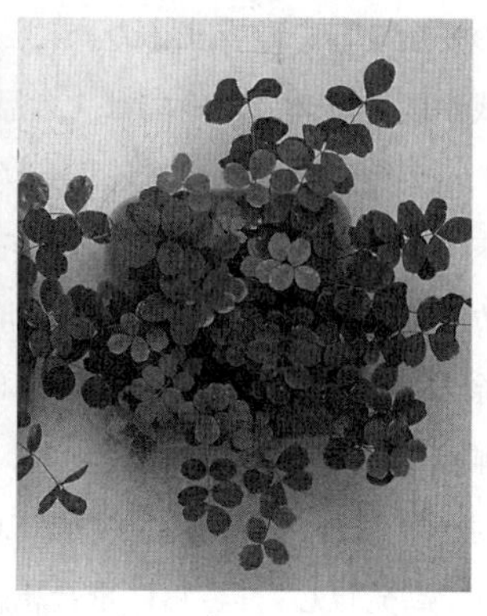

図1　レンゲソウ

側の根毛からフラボノイドが分泌され，根粒菌はこれらを菌内のNodDタンパク質が認識して根粒形成遺伝子（*nod*）群を発現誘導する。その結果，根粒菌は根粒形成因子（Nod factors）と呼ばれるキチンオリゴ糖誘導体を生合成して細胞外に分泌する。宿主植物はこれらの因子を認識して結合し，根粒菌を取り込む。取り込まれた根粒菌は，増殖しながら感染糸を形成して根毛組織に入っていき，バクテロイド（共生時に特異的に分化した根粒菌）を形成する。その結果，根の細胞分化が起こり，根粒を形成する。植物側はエネルギー源としての糖や有機酸をバクテロイドに供給し，微生物側は窒素源を供給して共生関係が成立している[5]。

マメ科植物のある属は重金属を吸収する能力が高いと報告されているものもある。レンゲソウは根粒菌と共生して窒素固定を行う代表的なマメ科植物である（図1）。古くから田んぼの肥沃化に用いられ，花はミツバチによる糖蜜源として知られ，レンゲソウ蜂蜜として市販されている。日本のレンゲソウ根粒菌は中国のものと系統学的に異なり，*Mesorhizobium huakuii* subsp. *rengei* と命名された[6]。根粒菌は好気条件下で増殖できるにも関わらず，根粒バクテロイド内は，極端な嫌気条件に保たれている。根粒菌はグラム陰性細菌なので，大腸菌の遺伝子発現系と同様である。根粒菌は根粒バクテロイドの中で複数の窒素固定遺伝子群をポリシストロニックに転写していることから，多重遺伝子発現は可能である。このような経緯からレンゲソウ根粒菌に有用遺伝子を導入するため，広宿主ベクターを用いた形質転換系が開発された[7]。

植物は光エネルギーを利用して大気中の炭酸ガスを固定し，種子や果実や根塊に炭水化物やタンパク質などを蓄積でき，環境調和型の生物とされている。土壌からは栄養分や水を吸収でき，根圏の拡大に依存して，水溶性物質を吸収できる。レンゲソウと根粒菌との共生関係を例とし，生物種間の共生関係を解明し，共生系をデザイン，応用することを「共生工学」と命名した[8]。このような共生関係を積極的に応用することを試みた。

6.5　共生工学による重金属浄化

Cdは原子番号48の重金属で，体内に入ると嘔吐，呼吸困難，肺気腫，肝機能障害などが生じる。そのため食の安全安心を確保するために，世界規模で食品中に含まれるCd濃度の上限値を取り決めている。我が国のコメにおいては，食品衛生法に基づくコメ（玄米及び精米）のCd基準値が，従来の「1.0 mg/kg未満」から「0.4 mg/kg以下」に改正された（平成23年2月28日施工)。清涼飲料水や粉末清涼飲料も「検出してはならない」とされている。Cdの浄化方法は，客土か硫黄を用いて硫化カドミウムとして不溶化し，溶出を防止するか，吸着効果のある化学物質を用いて土壌を洗浄・除去する化学的処理が主流である。このような処理方法は高価で，土壌の地味がやせ細るなどの難点がある。

筆者らはCd，亜鉛（Zn)，銅（Cu）などの重金属を特異的に結合するヒトメタロチオネイン（*hMT*）を大腸菌で高発現し[9]，さらに重金属結合能を向上させるために4量体メタロチオネイン遺伝子（*MTL4*）をデザインした[10]。組換え4量体MTL4はタンパク質分子当たり28原子のCd, Znを結合した[10]。

レンゲソウ根粒菌は窒素固定反応に関わる酵素とその制御遺伝子（*nif, fix*)，根粒形成因子の生合成遺伝子（*nod, nol*）をプラスミド上にコードしている[11]。少なくとも*nif, nol*遺伝子群は酸素制限下の根粒バクテロイド内で発現しているので，これらの遺伝子制御領域（プロモーター）下流に目的遺伝子を組換え発現できれば，有用な機能を付加できると思われる。そこで，*nifH, nolB*プロモーターを単離し，その下流に*MTL4*を挿入し，レンゲソウ根粒菌に導入した[12]（図2）。組

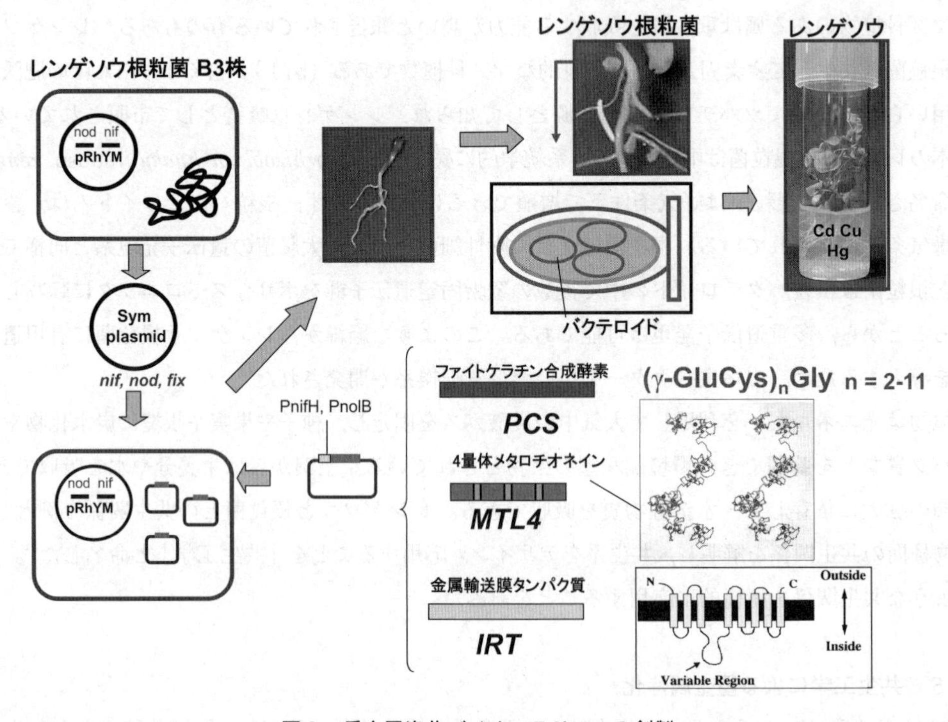

図2　重金属浄化バイオマテリアルの創製

換え根粒菌を用いて，根粒形成させたところ，根粒バクテロイド内でMTL4が合成された。*MTL4*が発現した根粒は野生株の約2倍のCdを蓄積した。hMTはヒ素も結合できるので[13]，ヒ素の浄化にも応用できると思われる。根粒内での金属蓄積量を向上させるために，主として藻類や植物に存在している金属結合ペプチドであるファイトケラチン（PCS）を合成するファイトケラチン合成酵素遺伝子（*AtPCS*）をアラビドプシスからクローニングし，*nifH*プロモーター下流に挿入し，レンゲソウ根粒菌を組換えた。その結果，2-7量体のPCSが組換え合成された。*AtPCS*組換え根粒菌は，*AtPCS*を保有しない根粒菌に比べ10～20倍量多くのCdを蓄積した[14]。この組換え根粒菌を持つレンゲソウの根粒では，野生型根粒に比べ約1.5倍量多くのCdを蓄積した。*MTL4*と*AtPCS*両遺伝子を発現する組換え根粒菌をレンゲソウに感染させ，その組換えレンゲソウを水栽培したところ，根粒内ではCdを2倍量多く蓄積した[15]。次にCdで汚染された水田土壌にレンゲソウ―組換え根粒菌共生体を植えると，根粒を含む根全体でCdを3倍量多く蓄積した。2ヶ月間培養することにより汚染土壌（1 mg Cd/kg）の9％のCdを除去し[15]，共生体は重金属浄化に貢献できると思われる。根粒菌よりは根粒内でのCd蓄積量が多くないことから，根粒内への重金属の取り込み能を向上させることを検討した。そこで，アラビドプシスの鉄制御トランスポーター遺伝子（*AtIRT1*）を*nifH*プロモーター下流に挿入し，レンゲソウ根粒菌で融合タンパク質として組換え合成させた。*MTL4*と*AtPCS*とを同時に発現させた組換え根粒菌よりは，Cdを約1.6倍量多く蓄積した[16]。これらの遺伝子を発現する根粒菌をレンゲソウに感染させ，水栽培したところCuやAsに対して効果が見られた[16]。

6.6　ファイトレメディエーションの促進技術

筆者らが試みている植物微生物共生体による浄化効率を向上するための戦略を以下に示す（図3）。①腐植物質や植物活性化剤などを投与してバイオマスを増産させることにより金属蓄積量を増加させる技術開発，②バイオキレート剤や有機酸（クエン酸，シュウ酸）を合成する微生物を投入することにより重金属を可溶化させて金属吸収能を促進させる技術開発，③根圏浄化範囲を拡大させることにより金属吸収能を促進させる技術開発，④金属を吸収・輸送・結合する特異的なタンパク質をコードする遺伝子を組換えることにより技術開発を行うことが挙げられる。①については，植物の生育や光合成を促進する肥料としてリコフミンとペンタキープVを投与してみたところ，両方ともバイオマスの増加やCd蓄積量に良い結果を与え，約1.2～1.4倍向上した。②については，有機酸を生成する糸状菌を土壌に接種し，土壌粒子からのCdの可溶化を図った。その結果，バイオマスは1.4倍，Cd蓄積量は1.8倍増加した。有機酸はバイオマスの生長にも，Cdの可溶化にも貢献したと考えられる。③については，レンゲソウにAVG(L-α-(2-aminoethoxyvinyl) glycine）を投与しエチレンガスの生合成を阻害することを試みた。エチレンは植物ホルモンの一種であり，植物体内において生長を調節する機能を持っている。ストレス環境下では，植物体内で合成されるエチレンにより植物自身の生長が抑制されると報告されている[17]。そこでエチレンの合成を阻害すれば，Cdが植物に与えるストレス存在下においても植物は生長が抑制されずに生

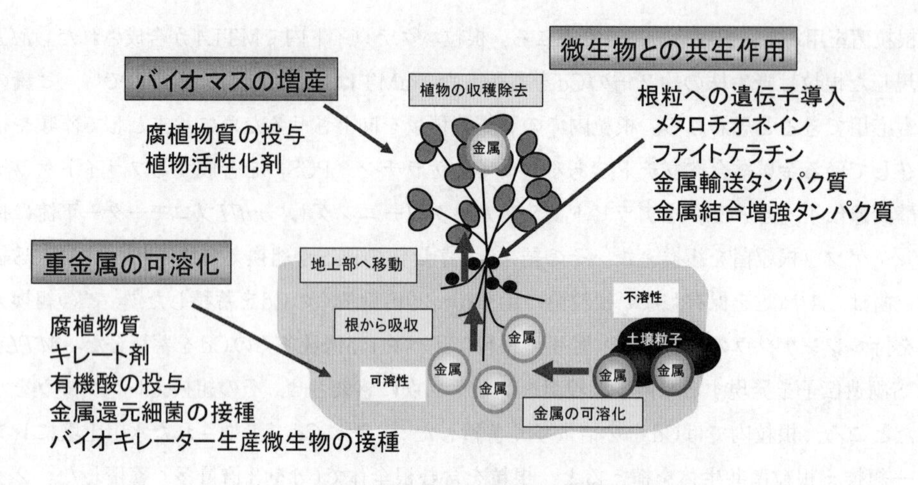

図3　重金属浄化促進技術戦略

長を続けると考えられた。その結果，Cdストレス下でAVG 1 μMの投与によりレンゲソウ根圏が1.3倍増加した。④については，前述したhMTタンパク質中の2つのアミノ酸をシステインに置換した改変hMTは，Cdに対しての金属結合能と親和性が向上した[18]。オリゴマー化して結合能を向上した組換え共生体を創製することができる。

植物が蓄積する金属含量を向上すれば，資源価値は上がる。除去された植物は焼却され，植物由来の有機物は炭化し，焼却物中に濃縮された重金属成分を分離回収する。回収した金属は有価資源として再利用できる。硫酸や塩酸を用いて焼却灰を酸洗浄して重金属を溶出させ，これを固液分離して得た液分をアルカリ処理して重金属を高純度の化合物として析出させる。これを繰り返せば汚染土壌は浄化され，資源は回収される。汚染原位置で固化するよりは長期的に安全であり，客土するより差益コスト分だけ経済的だと思われる。

6.7　メタルバイオテクノロジーの将来

土壌汚染対策法で取り扱う指定有害物質は重金属が多く，基準値を順守して浄化している。資源・エネルギー不足がいわれている今日では，貴金属や希少金属を積極的に回収する必要が生じている。有価金属を代謝する植物や微生物のスクリーニングを行い，結合・蓄積機能を解析する。それらに関与するタンパク質を遺伝子組換え生産すれば，デンプン粒，貯蔵タンパク質や根粒などの貯蔵組織に有価金属を集積できるかもしれない。バイオマス増産技術手法によるバイオマスの増産と，それに伴う金属蓄積量も向上する。増産したバイオマスはアルコールなどの有用物質に変換させる（第5章参照）。浄化処理コストの低減と資源回収をカップリングさせた理想的な技術開発も夢ではない。環境低負荷型のメタルバイオテクノロジーを開発できると思われる。

文　　献

1)　環境省（水・大気環境局），http://www.env.go.jp/water/dojo/chosa.html
2)　土壌環境センター，http://www.gepc.or.jp/
3)　D. E. Salt *et al.*, *Bio/Technology*, **13**, 468 (1995)
4)　藤田正憲，池道彦，バイオ環境工学，シーエムシー出版 (2006)
5)　A. M. Hirsch *et al.*, *Plant Physiol.*, **127**, 1484 (2001)
6)　Y. Murooka *et al.*, *J. Ferment. Bioeng.*, **79**, 38 (1993)
7)　M. Hayashi *et al.*, *J. Biosci. Bioeng.*, **89**, 550 (2000)
8)　室岡義勝，生物工学，**82**，2 (2004)
9)　M. Yamashita *et al.*, *J. Ferment. Bioeng.*, **77**, 113 (1994)
10)　S.-H. Hong *et al.*, *Appl. Microbiol. Biotechnol.*, **54**, 84 (2000)
11)　Y. Xu and Y. Murooka, *J. Ferment. Bioeng.*, **80**, 276 (1995)
12)　R. Sriprang *et al.*, *J. Biotechnol.*, **99**, 279 (2002)
13)　M. Toyoma *et al.*, *J. Biochem.*, **132**, 217 (2002)
14)　R. Sriprang *et al.*, *Appl. Environ. Microbiol.*, **69**, 1791 (2003)
15)　A. Ike *et al.*, *Chemosphere*, **66**, 1670 (2007)
16)　A. Ike *et al.*, *J. Biosci. Bioeng.*, **105**, 642 (2008)
17)　B. R. Glick., *FEMS Microbiol. Lett.*, **252**, 1 (2005)
18)　M. Toyoma *et al.*, *J. Biosci. Bioeng.*, **101**, 354 (2006)

7　根圏土壌における重金属の化学形態と生物可給性

橋本洋平*

7.1　はじめに

土壌汚染対策法によって定められている対策は，原則として不溶化処理のように現場内において汚染のリスクを低減することを目的とした措置である。不溶化処理のメカニズムは，土壌中の有害金属を投入した資材と反応させて沈殿および吸着させることによって，その金属の溶出を抑制するという原理に基づく。この方法の目的は，汚染を除去することではなく，汚染による環境リスクを低減することであるため，不溶化処理の前後で土壌中の有害金属の存在量は変化しない。したがって，不溶化処理によって土壌中の有害金属の化学形態がどのように変化したのかを正確に把握することが，この技術の実用化において重要である。

筆者は，鉱山跡地のように金属汚染と植生荒廃が問題となっている現場の対策として，不溶化処理と緑化技術を組合せた「不溶化ファイトレメディエーション」について研究している[1,2)]。不溶化ファイトレメディエーションにおける植物の役割は，不溶化後の地盤および土壌水浸透の安定化や植生修復への寄与であり，土壌からの重金属の吸収・除去を目的としていない。したがって，この技術はファイトレメディエーションという枠組みの中のPhytostabilizationに分類される[3)]。Phytostabilizationの関連研究には，松古らの成果[4)]がある。不溶化ファイトレメディエーション技術の確立には，植物の根圏土壌における重金属の溶解性と化学形態を明らかにすることが必要になる。根圏土壌は，植物根から放出される物質の影響を受けて酸性化する。そのため，根圏土壌に存在する重金属は，溶解促進や化学形態変化の影響を受けることが推測されるが，根圏土壌中の重金属挙動を研究した事例は少ない。

本節では，土壌コロイドと金属元素の収着様式について鉛を例にして示し，それぞれの収着状態を区別して分析するためのX線吸収分光法について概説する。不溶化ファイトレメディエーションとの関連研究については，根圏と非根圏土壌における鉛散弾の侵食挙動と，射撃場汚染土壌中に含まれる鉛の存在形態についてまとめた。

7.2　土壌の収着現象

土壌中の重金属や有害有機物などの物質移動や生物可給性を理解するためには，これらの物質が土壌の粘土鉱物や腐植（両者をまとめて土壌コロイド）とどのように関わって存在しているかを明らかにする必要がある。土壌コロイドの表面では，元素が吸着・沈殿・共沈といった形態で蓄積されているが，一般にこれらをまとめて収着（sorption）という用語で総称される。詳しい土壌の収着現象については，文献5, 6）を参照されたい。それぞれの収着様式の特徴と生物可給性についてまとめ，対応する分子モデルを示した[7)]（図１）。

①　外圏錯体（outer-sphere surface complex）：土壌コロイドなどの表面荷電に対して異なる

＊　Yohey Hashimoto　三重大学　大学院生物資源学研究科　准教授

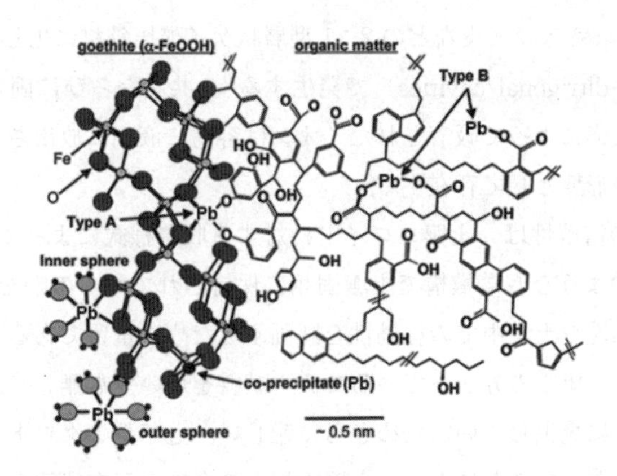

図1　土壌コロイドと鉛の内圏錯体（inner-sphere complex），外圏錯体（outer-sphere complex），共沈（coprecipitate）のモデル
（Reprinted from Hashimoto and Takaoka, 2011）

荷電をもった分子は，水和したままの状態でも静電気的に吸着される。吸着された分子と吸着担体との間には水分子が介在している。このような吸着様式は外圏錯体と呼ばれる。外圏錯体形成による吸着反応は，可逆的なイオン交換反応の一種であり，分子は吸着担体にクーロン力の弱い結合によって吸着される。したがって，この反応によって吸着されたイオンは，植物に吸収されやすい状態にある。

② 内圏錯体（inner-sphere surface complex）：内圏錯体は，土壌溶液中のイオンや分子が，土壌コロイド表面の単一あるいは複数の配位子を共有することによって起こる吸着様式である。共有元素は一般に酸素である。内圏錯体は吸着担体と吸着された分子の間に水を含まず，互いが直接結合するため，外圏錯体よりも強い結合形態をとる。内圏錯体反応によって土壌に吸着された分子は，容易に液相に放出されず，植物に利用されにくい形態として存在する。

③ 表面沈殿（surface precipitation）：土壌液相中に存在する金属陽イオンあるいは陰イオンが，土壌コロイドの表面に吸着し占有面積が増加すると，これらが表面上で析出し立体的に沈殿を形成する。析出した金属が土壌コロイド表面の全体を覆う現象を，表面沈殿と呼ぶ。沈殿形成は表面錯体形成との一連の反応過程で起こる。土壌中の鉛などの重金属は，土壌溶液中のリン濃度が高い場合に，土壌コロイドの表面（あるいは溶液中）でリン化合物として沈殿形成し，溶解性と生物毒性が低下する[1)]。

④ 共沈・固定（coprecipitation or fixation）：共沈は，表面吸着している元素が土壌鉱物の内部に拡散移動し，構造内に存在する隙間に入る，あるいは別の原子を置換してその一部に取り込まれ，再結晶化される反応である。図1には，酸化鉄鉱物の一部が鉛と置換して共沈する現象が示されている。また，特定の層状ケイ酸塩鉱物の層間に存在する空間は，K^+やCs^+とほぼ同じ大きさを有しているため，これらのイオンを固定することが知られている。この

固定反応は，バーミキュライトなどの2：1型層状ケイ酸塩鉱物に生じる高電荷のシロキサン六員環（siloxane ditrigonal cavities）で発生する[6]。共沈ならびに固定反応は不可逆的に起こり，これらの反応によって吸着されたイオンは容易に液相に放出されず，土壌中では植物に利用されにくい形態として存在する。

土壌液相への金属の溶解性は，土壌コロイドに対する収着様式によって異なる。したがって，対象とする金属がどのような収着機構で土壌固相に保持されているのかを明らかにすることは，元素の生物可給性・毒性や土壌中での移動性を評価するために重要である。しかし，金属の収着機構を同定することは，組成の分かっているモデル試料を用いても難しく，土壌試料の場合には多様な収着機構が同時に発生しているためさらに難しい。近年シンクロトロン放射光源のX線分光分析の利用が可能になったことにより，土壌固相中の金属の存在状態の解明が進みつつある。

7.3　X線吸収分光法を用いた土壌元素の状態分析

土壌コロイド表面での金属の収着機構ならびに存在状態を解明するための手法としては，シンクロトロン放射光から発生するX線を土壌に照射し，得られたX線吸収スペクトル微細構造（X-ray absorption fine structure, XAFS）を解析する方法が用いられている。XAFS法には，土壌固相中の元素を抽出することなく，固相に存在している状態で元素の化学状態を分析できるという特徴がある。ここでは，概要と土壌分析における特徴を述べるに留め，XAFS法の詳細な原理については文献8）を参照されたい。

エネルギーを変化させながらX線を試料に入射し，このときの吸光度を入射したX線のエネルギーの関数で示すと図2のようなXAFSスペクトルが得られる。XAFS法によって得られたスペクトルは，X線吸収スペクトル近傍構造（X-ray absorption near edge structure, XANES）と，広域X線吸収スペクトル微細構造（Extended X-ray absorption fine structure, EXAFS）の2領域に分けられる。低エネルギー領域のXANESスペクトル構造は，X線を吸収した原子の電子配置や吸収原子に配位する原子配置の対象性に対応するため，吸収原子の酸化数に関する情報がピーク（吸収端）の位置によって現れる。高エネルギー領域のEXAFSスペクトル構造は，対象原

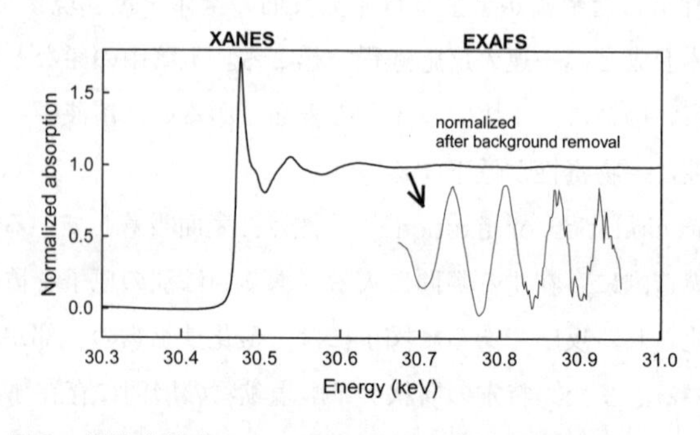

図2　汚染土壌中のアンチモンのK吸収端X線吸収スペクトル

子が配位している原子の種類，原子間距離，配位数などの情報を反映している。平坦に見えるEXAFS領域は，バックグラウンドを除去し規格化すると，原子状態に特有の振動をもつスペクトルが得られる。

分析対象とする元素の構造や化学状態は，組成や構造が分かっている標準物質とXAFSスペクトルを比較することによって判別する。一例として，汚染土壌中のアンチモン（Sb）のXANESスペクトルを示す（図3）。環境中でのSbは3価あるいは5価の酸化数で存在し，酸化数の違いによって土壌コロイドに対しての吸着挙動や生物毒性が異なる。測定した汚染土壌中のSbは，標準試料として供試したSb（V）と吸収端の位置が一致しており，5価の酸化数で存在していることが確認された。このようにXANES分析は，土壌の酸化還元によって異なる酸化数を呈す元素の場合に特に有効である。EXAFSの解析については，鉱山跡地から採取した土壌のSbの存在状態（収着様式，原子間距離）を明らかにした研究がある[9]。その土壌中のSbは5価で存在し，酸化鉄鉱物（ferrihydrite）と内圏錯体を形成するよりも，共沈して存在する方が支配的であることが確認されている。

土壌元素分析におけるXAFS法の利点は，分析対象とする元素が結晶性の低い物質（腐植，一部の酸化鉄鉱物）と結合していても対応可能であり，試料中に水が存在していてもよく，試料をほとんど乱すことなく分析ができることである。これらの分析上の特徴は，土壌中における元素の化学状態（酸化数，結合元素）を明らかにする上で不可欠な条件であるといえる。一方，土壌元素分析におけるXAFSの欠点は，低濃度試料の分析は困難（特にEXAFS）であること，土壌中に含まれている対象金属の化学種を厳密に定量することは困難であることや，分析に放射光施設が必要であることが挙げられる[10]。

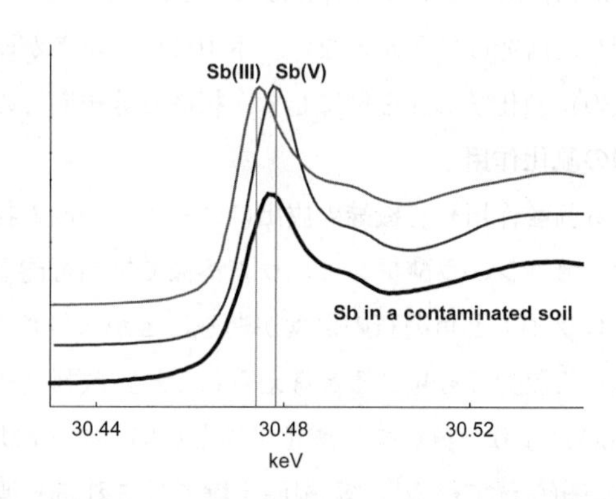

図3　汚染土壌中のアンチモンと標準試料Sb_2O_3，Sb_2O_5のK吸収端XANESスペクトル（unpublished data）

7.4 根圏土壌における重金属の化学形態と可給性

7.4.1 根圏土壌の特徴

土壌中の金属の化学状態は，植物の生育する根圏域（rhizosphere）と非根圏域とでは大きく異なる。これは根の生育によって土壌の物理・化学・生物的特性が根圏で改変されるためである。根圏の定義は，広義的に植物の根の生長による影響を受けた土壌であるとされる。したがって，根圏の領域は対象とする物質や研究内容によって設定が異なる[11]。例えば，根の物質放出により化学性が改変された土壌中での金属挙動を評価する場合には，根圏を根表面から1，2 mm以内にある土壌とするのが妥当であろう。

根圏土壌には根から放出される多種の炭素化合物が存在し，それらは一般にRhizodepositionと呼ばれる。Rhizodepositionは次のように4分類される。①比較的低分子の水溶性化合物（クエン酸などの有機酸やグルコース），②比較的高分子の化合物（多糖類，酵素など），③根細胞の死滅に伴って放出される物質（lysates），④ガス（CO_2，エチレンなど）。根から放出される有機化合物の種類については，文献12）にまとめられている。

Rhizodepositionによって生じる根圏の土壌特性の変化において最も顕著に金属元素の挙動に影響するのが，土壌pHに対する作用である。一般に植物根表面から1～2 mm以内の土壌pHは，非根圏よりも0.5から1程度低いことが報告されている[11]。例えば，ルーピン（*Lupinus albus* L.）は，根からの有機酸（主としてクエン酸，リンゴ酸）の放出量が多い植物であることが知られており，これらの有機酸の作用によって，土壌中で鉄，アルミニウム，カルシウムと結合して存在しているリンを溶解し吸収している。このように，植物は根から炭素化合物を放出することによって，根の近傍にある土壌の化学性を変化させ，栄養元素の獲得に利用している。

7.4.2 根圏土壌における鉛の溶解挙動と化学形態

根圏土壌における元素挙動に関する既往の研究は，主として植物の栄養元素を対象としており，重金属の存在状態を評価した研究はほとんどない。本項では，筆者が研究している鉛散弾によって汚染された射撃場土壌の鉛の化学形態を例にして，根圏と非根圏での違いについて比較する。

(1) 根圏土壌の鉛散弾の風化作用

根圏土壌では，根による剥離作用や有機酸の放出によって，一次鉱物は物理化学的な風化作用を受ける。根圏土壌では，酸性シュウ酸アンモニウム溶液で抽出可能な非晶質の鉄およびマンガン鉱物の量が増加し，クロライトと角閃石の侵食が進むことが報告されている[13]。同様の風化作用は，根の近傍に埋没した鉛散弾でも起こると考えられる。鉛散弾（$Pb_{(s)}$）は射撃されて土壌に落ちると，酸化されてPbOになり，続いて二酸化炭素と反応して炭酸塩形態の$PbCO_3$および$Pb_3(CO_3)_2(OH)_2$となることが知られている[14,15]。根圏土壌ではこれら一連の反応が促進され，土壌中の鉛濃度の増加につながることが推測された。そこで，非汚染土に未使用の鉛散弾を50000 mg kg^{-1}の濃度になるように加え，ライグラスを100日間生育させた後，土壌からの鉛溶出量を試験した。土壌鉛の溶出試験をTCLP溶液（USEPA 1311）で行ったところ，土壌が酸性（pH 4.5）でもアルカリ性（pH 7.5）であっても，根圏土壌での鉛の溶出量は非根圏よりも2倍から3倍程度高く，鉛散弾の侵食が進み鉛の生物可給性が高い状態にあることが確認された（図4）。鉛散弾の表面で観察された剥離や白色のクラスター形成（炭酸鉛）は，根圏土壌で顕著であることが認められた。根圏土壌で確認された鉛溶出と炭酸鉛の生成は，次の反応が関わっている。すなわち，鉛散弾（Pb_s）の溶解促進は，根から土壌への有機酸供与によるプロトン解離が関係し（(1)式），炭酸鉛（$PbCO_3$）の生成は，根圏での二酸化炭素の濃度増加によるHCO_3^-の生成（(2)式）によって説明できる。

$$Pb_{(s)} + 1/2O_{2(g)} + 2H^+ \rightarrow Pb^{2+} + H_2O \quad (1)$$

$$PbO_{(s)} + HCO_3^- \rightarrow PbCO_{3(s)} + OH^- \quad (2)$$

(2)　根圏土壌における鉛の存在形態

土壌中に放出されて風化作用を受けた鉛散弾は細粒化し，土壌のシルトおよび粘土鉱物と同等の粒径で存在している。細粒化した鉛は，土壌コロイドの収着作用を受けていると考えられるが，

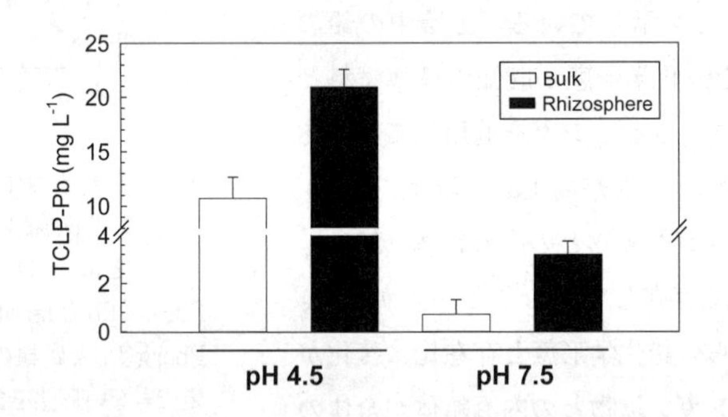

図4　鉛散弾を添加したpHの異なる根圏および非根圏土壌からの鉛溶出量（unpublished data）

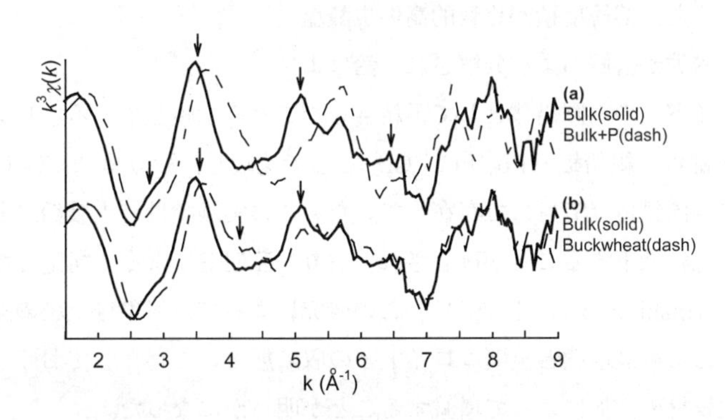

図5　汚染土壌中の鉛のL吸収端EXAFSスペクトル
(a)リン資材添加（点線）と無添加（実線）の比較，(b)根圏土壌（点線）と非根圏土壌（実線）の比較（Reprinted from Hashimoto and Takaoka, 2011, adapted from Hashimoto et al., 2011）

これまで日本の射撃場土壌では鉛がどのような化学状態で存在しているのかが明らかにされていなかった。さらに，汚染土壌中の鉛が植物の根圏作用によってどのように変化するのかについても未知であった。これらのことを明らかにするため，射撃場の鉛汚染土壌に植物を生育させ，その後採取した根圏土壌をXAFS法によって分析し，鉛の存在形態を解析した。同様にリンを含む鉛不溶化資材を添加し，鉛ーリン化合物の生成割合を検討した[16]。

その結果，射撃場土壌に含まれる鉛のEXAFSスペクトルの形状は，無処理とリン添加土壌ならびに根圏土壌とでは明らかな違いが見られた（図５）。この結果は，リン添加ならびに根圏作用によって土壌の鉛の化学状態が変化したことを示している。土壌中の鉛のEXAFSスペクトルを，化学形態が既知の標準試料と比較し，最小二乗法フィッティングを適用して鉛の化学形態を定性した（図６）。射撃場土壌の鉛は，$PbCO_3$（37％），酸化鉄・マンガン鉱物との内圏錯体（36％），腐植収着態（15％）で存在していることが分かった。根圏土壌中ではこれらの鉛化学形態と存在比に変化が見られ，酸化鉄・マンガン鉱物との内圏錯体が全体の51％まで増加し，$PbCO_3$（25％）と腐植収着態（９％）は減少した。この結果は，根圏作用によって元来存在していた鉛形態のうち，溶解度積が比較的高い炭酸塩や有機態の腐植収着態が溶解および分解され，鉛はより安定な土壌コロイドとの内圏錯体として再結合したことを示唆している。リン資材を添加した根圏土壌の鉛の一部は，緑鉛鉱（$Pb_5(PO_4)_3Cl$）として沈殿し，残りは$PbCO_3$（９％），酸化鉄・マンガン鉱物との内圏錯体（57％）で存在していた。この実験では，土壌鉛の弱酸への溶解性がリン添加土壌で有意に低下することが確認されており，XAFSによって同定した鉛化学形態の結果に矛盾しない[15]（Hashimoto et al., 2011）。この研究によって，射撃場土壌の鉛は主として散弾の風化に伴って生じる炭酸塩態と土壌コロイドとの収着態として存在しており，これらの形態が根圏作用や不溶化資材の添加によって増減することが明らかになった。

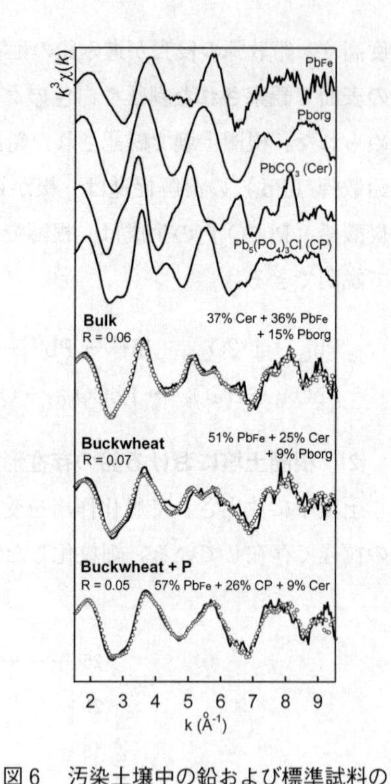

図６　汚染土壌中の鉛および標準試料のL吸収端EXAFSスペクトル（実線）と最小二乗法フィッティング（○）

PbFe（Pbとferrihydriteの内圏錯体），Pborg（Pbと腐植の収着態）。計算では同定できない形態を含んでいるため，各鉛形態の総和は100％にならない。（Reprinted from Hashimoto and Takaoka, 2011, adapted from Hashimoto et al., 2011）

7.5　まとめ

土壌コロイドと重金属の収着形態を明らかにすることは，土壌中での移動性や生物可給性を評価するために重要である。これまで土壌固相における元素の存在状態は，熱力学平衡モデルや抽出試験によって間接的に推測されてきた。XAFS法を用いた直接的な分析によって，根圏土壌における鉛の存在状態が具体的な化合物および収着形態によって示され，植物根が鉛の形態変化に及ぼす影響が明らかにされた。重金属汚染の対策技術としての不溶化ファイトレメディエーションを確立するためには，汚染金属・不溶化資材・根圏生理の相互作用を解明し，最終的に生成される金属の化学状態に基づいた不溶化の評価が必要である。

謝辞

本研究の一部は文部科学省科学研究費若手A（課題番号23681013），ならびに同研究費若手B（課題番号19710064, 21710077）によって実施された。土壌元素のX線吸収分光分析は，高輝度光科学研究センターSPring-8のBL01B1で実施された（課題番号2007B1315, 2008A1265, 2009A1255）。

文　　献

1) Y. Hashimoto, H. Matsufuru and T. Sato, Attenuation of lead leachability in shooting range soils using poultry waste amendments in combination with indigenous plant species., *Chemosphere*, **73**, 643-649（2008）
2) Y. Hashimoto, H. Matsufuru, M. Takaoka, H. Tanida and T. Sato, Impacts of chemical amendment and plant growth on Pb speciation and enzyme activities in a shooting range soil : an X-ray absorption fine structure（XAFS）investigation., *J. Environ. Qual*, **38**, 1420-1428（2009）
3) D. E. Salt, M. Blaylock, N. P. B. A. Kumar, V. Dushenkov, B. D. Ensley, I. Chet and I. Raskin, Phytoremediation : A novel strategy for the removal of toxic metals from the environment using plants., *Nat. Biotech.*, **13**, 468-474（1995）
4) 松古浩樹，橋本洋平，佐藤健，室内実験による植物の排水抑制効果と土中水移動との関係，土木学会論文集，**63**，120-127（2007）
5) 平舘俊太郎，足立泰久，土壌の収着現象と化学物質の挙動，土のコロイド現象，学会出版センター，p.375-407（2003）
6) D. L. Sparks, Environmental soil chemistry, Academic Press, San Diego, CA（1995）
7) Y. Hashimoto and M. Takaoka, Transformations of soil Pb species by plant growth and phosphorus amendment : Phytoremediation and metal immobilization technologies SPring-8 Research Frontiers, 124-125（2011）
8) 太田俊明編，X線吸収分光法—XAFSとその応用—，アイピーシー（2002）
9) S. Mitsunobu, Y. Takahashi, Y. Terada and M. Sakata, Antimony（V）incorporation into synthetic ferrihydrite, goethite, and natural iron oxyhydroxides., *Environ. Sci. Technol.*, **44**, 3712-3718（2010）
10) 山口紀子，土壌の酸化還元にともなう無機元素の形態変化を追跡するツール—X線吸収ス

ペクトル近傍構造（XANES），日本土壌肥料学会誌，**82**，323-329（2011）
11） P. J. Gregory, Plant roots : growth, acitivity and interaction with soils Blackwell Publishing Ltd., Oxford, UK（2006）
12） C. Uren, Types, amounts and possible functions of compounds released into the rhizosphere by soil-grown plants, p.1-22, In R. Pinton, *et al.*, eds. The rhizosphere, 2nd ed. CRC Press（2007）
13） V. Seguin, F. Courchesne, C. Gagnon, R. R. Matrtin, S. J. Naftel and W. Skinner, Mineral weathering in the rhizosphere of forested soils, In P. M. Huang and G. R. Gobran, eds., Biogeochemistry of trace elements in the rhizosphere, Elsevier B. V., Amsterdam（2005）
14） Y. Hashimoto, T. Taki and T. Sato, Sorption of dissolved lead from shooting range soils using hydroxyapatite amendments synthesized from industrial byproducts as affected by varying pH conditions., *J. Environ. Manage.*, **90**, 1782-1789（2009）
15） C. P. Rooney, R. G. McLaren and L. M. Condron, Control of lead solubility in soil contaminated with lead shot : Effect of soil pH., *Environ. Pollut.*, **149**, 149-157（2007）
16） Y. Hashimoto, M. Takaoka and K. Shiota, Enhanced transformation of lead speciation in rhizosphere soils using phosphorus amendments and phytostabilization : XAFS spectroscopy investigation, *J. Environ. Qual.*, **40**, 696-703（2011）

第5章　植物による環境浄化と資源生産の Co-benefit実現を目指して

1　水生植物による水質浄化とバイオエタノール生産のCo-benefit

池　道彦[*1]，井上大介[*2]

1.1　はじめに

植生浄化法（水生植物を利用した排水処理・水質浄化技術）は，栄養塩類（窒素，リン）の除去だけでなく，金属類の吸収や，根部に生息する根圏微生物との相互作用による微量有害化学物質の分解・除去にも大きなポテンシャルを有する，非常に有望な水質浄化技術である。植物は太陽光をエネルギー源，大気中の二酸化炭素を炭素源に用いて生長するため，植生浄化法は水質汚濁問題を新たな環境負荷をかけずに解決していく手段として理想的であり，今世紀の水資源保全を担うキーテクノロジーの一つである。

一方で，植生浄化法の実用化には制約も少なからずあり，最大のハードルの一つが，浄化に伴って生じる余剰植物体の処理・処分である。植生浄化法による水質浄化は，基本的には植物の生長に伴って行われるが，生長した植物を放置したままにしておくと，やがて枯死して吸収した栄養塩類や固定した炭素（有機物）を水域に再放出することになり，結果として浄化が行われたことにならないため，余剰植物バイオマスを刈り取り搬出する管理が必要である。しかし現状では，余剰植物バイオマスは廃棄物とみなされ，付加的なコストや環境負荷をかけて処分されていることが重要な問題である。一方，視点を変えれば，植物バイオマスは光合成によって永続的に生産される更新性資源でもあることから，余剰植物バイオマスを資源として捉えることができる。すなわち，植生浄化法を水質浄化法としてのみならず，植物バイオマス資源の生産法でもあると捉えれば，余剰植物体の生成は本法のマイナス面ではなく，プラス面に転じさせることも可能である。ここでは，植生浄化法を，水質浄化機能およびバイオマス資源生産機能の両者を併せ持つCo-benefitプロセスへと進化させていく試みとして，植生浄化で生じた水生植物バイオマスをエタノールへと転換する例を示し，そのCo-benefitプロセスとしてのポテンシャルを評価した。

1.2　余剰水生植物バイオマス資源化の可能性

植生浄化に利用される水生植物の余剰バイオマスを資源として有効利用する試みは，従来から様々な用途を対象として行われてきた（表1）[1,2]。これらの試みは，観賞用の花卉，野菜などの食糧，薬用植物，工芸作物など，元々資源価値の高い植物を植生浄化法に適用するケースと，特に利用価値のない植物を容易に転換可能なコンポストなどへ資源化するなどの，いわば無理に用

＊1　Michihiko Ike　大阪大学大学院　工学研究科　環境・エネルギー工学専攻　教授

＊2　Daisuke Inoue　大阪大学大学院　工学研究科　環境・エネルギー工学専攻　特任助教

表1　余剰植物バイオマスの資源化の例

- 観賞用植物としての利用
- 飼料・食糧・薬用
- 工芸品など（よしず，麻袋，紙製造など）
- 肥料（コンポスト化）
- エネルギー（メタン発酵，水素発酵など）

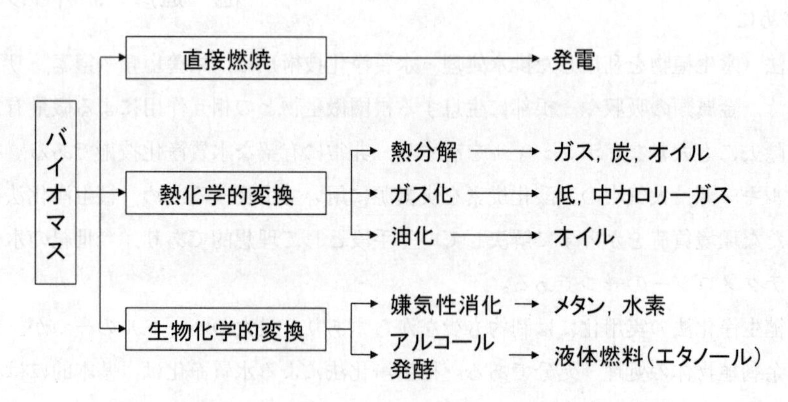

図1　植物バイオマスからのエネルギー資源生産のオプション

途開発を行ったケースに分けられる。しかし現状では，いずれのケースでも生産される資源にあまり高い需要がないため，ごく一部を除いては実用的ではないといえよう。また，食糧や飼料，薬用，肥料のように，直接的あるいは間接的に人が摂取する可能性のある用途では，浄化対象の汚染水の組成によっては有害化学物質が含まれている可能性もあるため，安全性が懸念されるなど，高付加価値資源の生産ほど問題が多い。

そこで近年では，直接・間接の人体への摂取を伴わない，エネルギー資源への転換が注目を集めている。バイオリファイナリーによる資源・エネルギー生産は持続社会を支える重要な基盤技術であり，今後の飛躍的な需要拡大が見込まれる。一般に，植物バイオマスを用いたエネルギー生産では，直接燃焼による熱エネルギーの回収，熱化学的変換による炭やオイル，可燃性ガスへの変換，生物化学的変換によるメタンや水素の生産などが可能であるが（図1）[1]，植生浄化法に利用される植物は一般的に草本植物であり，バイオマス中の水分含量が高いため，含水率50%以下のバイオマスにしか適用できない燃焼熱回収には，天日乾燥などの乾燥工程の導入が必要であり，実現性に欠ける。また，生物化学的変換では，少なくとも40%以上の含水率が必要であり，草本植物バイオマスには有効であると考えられるが，現状ではメタンや水素への変換効率は必ずしも高いとはいえず，比較的高コストであるために需要の確保に問題がある上，今後の技術革新の余地も少ないことから，積極的に実用化されるには至っていない。

このように，これまでに検討されてきた資源化のオプションには，植生浄化で生じる余剰バイオマスには真に有効といえるものはないのが現状であるが，この状況から脱却させ，植生浄化法に積極的な資源生産機能を付与し，明確なCo-benefitに転換する一つの切り札として，バイオエタノールなどのバイオ燃料の生産が挙げられる。地球温暖化対策としての政治的施策のサポートや石油価格高騰による代替液体燃料に対する強いニーズにより，特にバイオエタノールへの価値付けや評価が急上昇し，農産系廃棄物やエネルギー作物からのエタノール生産技術は飛躍的に向上している。植生浄化法に利用される水生植物は，現在バイオエタノール生産に用いられているバイオマスと同様にセルロース，ヘミセルロールに富んでおり（図２）[1]，ホテイアオイやボタンウキクサ，ヨシなどの水生植物の収穫量（バイオマス生産速度）は，既存のエネルギー・資源作物に比べても見劣りしない（表２）[3~5]。つまり，水生植物は，バイオエタノール生産の原料とし

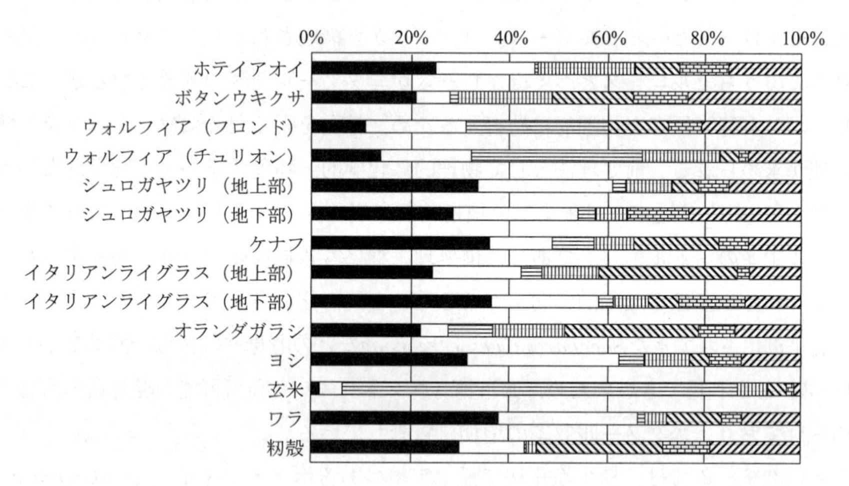

図２　植生浄化法に用いられる主な水生植物バイオマスの組成（作物との比較）

表２　水生植物のバイオマス生産速度（主な作物との比較）[3~5]

	植物種	栽培地	バイオマス生産速度（t/ha/年）
作物など	ネピアグラス	プエルトリコ	85.9
	サトウキビ	ハワイ	67.3
	トウモロコシ	イタリア	34.0
	テンサイ	カリフォルニア	42.4
	アルファルファ	カリフォルニア	29.7
水生植物	ホテイアオイ	フロリダ	106.0
	ボタンウキクサ	フロリダ	76.0
	ヨシ	インド	93.0

て見た場合，純粋にエネルギー作物として評価しても十分な資源ポテンシャルを有しているといえる。しかも，バイオマス生産の場は基本的に汚染水域であり，既存のエネルギー・資源作物のように農地と競合することがないことから，食糧の市場価格を上昇させることもなく，CO_2吸収の場である森林などを新たに耕作地に転用する必要もないというメリットも持ち合わせている。これらの点から，植生浄化法は，本来の目的である汚染水域の浄化だけでなく，バイオエタノール製造のための資源生産という点でも極めて魅力的である。

1.3　水生植物バイオマスからのバイオエタノール生産

生物変換によるバイオマスからのエタノール生産では，乾燥・粉砕後のバイオマスから主成分であるセルロース成分を加水分解酵素で糖に変換し（糖化），酵母などの微生物を用いた発酵により糖からエタノールとCO_2を生成するのが基本プロセスとなる。植生浄化法に利用される水生植物は，主にセルロースとヘミセルロース，リグニンから構成されるリグノセルロース系バイオマスであり，このうちセルロースとヘミセルロースがエタノール発酵の基質となるが，これらと結合するリグニンが酵素反応を物理的に妨害するため，糖質を得るためにはリグニンを分解・除去する前処理が求められる。前処理法として物理的，化学的，物理化学的，生物学的な様々な処理法が考案されており[6]，近年の目覚ましい技術革新により，リグノセルロース系バイオマスからのエタノール生産のボトルネックであった前処理工程にも多様なオプションが提案されるようになり，エタノール生産性を飛躍的に向上させるものも鋭意開発されてきている。また，エタノール発酵に従来汎用されてきた*Saccharomyces cerevisiae*などの酵母や細菌は発酵基質として六単糖（ヘキソース）しか利用できないため，五単糖（ペントース）も利用可能な発酵菌の育種や新規分離が進められており，エタノール収率の増加に貢献している。

筆者らの研究チームでは，植生浄化法で最も実績のあるホテイアオイ（*Eichhornia crassipes*）やボタンウキクサ（*Pistia stratiotes* L.）からのバイオエタノール生産について検討し，最適化されたとはいえないが，実験室レベルの基礎的なスキームとして図３の手順を確立した[7,8]。この条

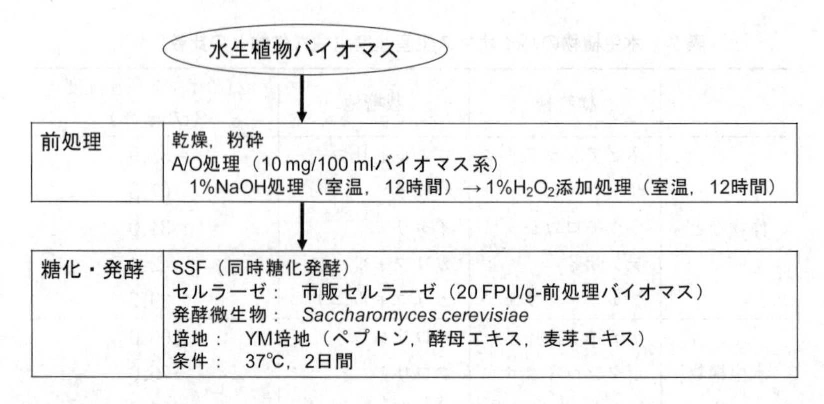

図３　水生植物（ホテイアオイ・ボタンウキクサ）バイオマスからのエタノール生産スキームの例

表３　水生植物バイオマスからのエタノール生産量の試算（主な作物との比較）[10]

	植物種	エタノール生産量試算（L/ha/年）
作物など	サトウキビ	7,000
	トウモロコシ	4,000
	小麦	1,150
	テンサイ	4,200
水生植物	ホテイアオイ	6,000（筆者らの研究成果）
	ボタンウキクサ	10,000（筆者らの研究成果）

※ホテイアオイ，ボタンウキクサは図３のスキームのエタノール生産工程を想定

件で，前処理後のホテイアオイおよびボタンウキクサのバイオマス当たり，それぞれ0.14 g/gおよび0.15 g/gのエタノールが生産できることを実証した。また，発酵菌を*S. cerevisiae*から*Escherichia coli* KO11（本来ペントースを代謝に利用できる大腸菌に*Zymomonas mobilis*のピルビン酸デカルボキシラーゼとアルコールデヒドロゲナーゼⅡをコードする遺伝子を組み込んだ遺伝子組換え体）[9]に変更することにより，エタノール生産量はそれぞれ0.17 g/gおよび0.16 g/gと，わずかながらさらに向上し得ることを確認した。ここで，前処理段階でホテイアオイでは約半量，ボタンウキクサでは20%のバイオマスが失われたため，エタノールの生産性ではボタンウキクサが勝るとの評価となっている。エタノールの収率は，グルコースベースでは100%となっており，前処理におけるバイオマス損失量の低減など最適化していかねばならない部分はあるものの，単純に実績値から試算してみても，サトウキビやトウモロコシなどと比べて遜色ないエタノール生産性を有していることから（表３）[10]，植生浄化法に用いられる水生植物は有望なエタノール生産原料であることが確認されたものといえる。

1.4　植生浄化法のCo-benefitプロセスとしての有効性の評価

ここでは，植生浄化法の下水の高度処理，および水域の富栄養化対策のための下水二次処理水からの栄養塩類除去への活用を想定し，植生浄化法のCo-benefitプロセスとしてのポテンシャルを評価してみる。これまでの検討の範囲で，水面積当たりのバイオエタノールの生産性が最も高かったボタンウキクサを用いた植生浄化を例としている。

①　水質浄化プロセスとしてのメリット

まず，植生浄化法を下水の高度処理に活用する場合を想定し，標準活性汚泥（CAS）法に植生浄化法を付加したハイブリッド処理（CAS法による通常の70%の処理の後に植生浄化を行うものと仮定；CAS＋植生浄化法）と，代表的な生物学的リン除去プロセスの一つである嫌気好気活性汚泥（AO）法を比較評価し，水質浄化プロセスとしてのメリットを明確化してみる（図４）[11~13]。BOD 195 mg/L，全窒素（T-N）36 mg/L，全リン（T-P）4.6 mg/Lの下水を1,100 m^3/日の流量

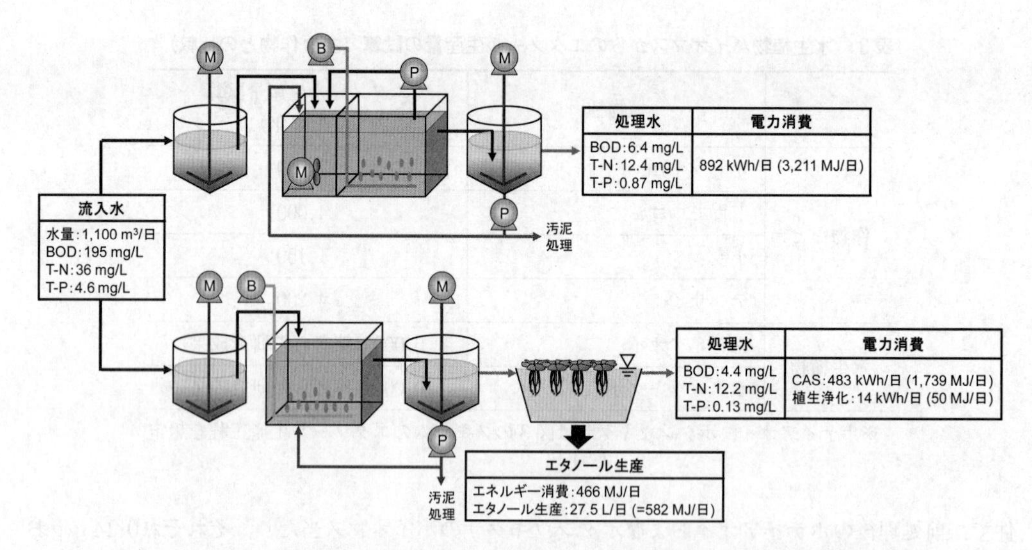

図4　AO法（上）とCAS法と植生浄化法のハイブリッド処理（CAS＋植生浄化法）（下）における下水処理能力とエネルギー消費量の比較

仮定：①流入水水質，CAS法およびAO法の処理能力と電力使用量は『平成16年度版下水道統計』[11]に記載された値の平均値，②CAS＋植生浄化法では，CAS法で通常の70％の処理を行った後に植生浄化法で処理，③植生浄化法の処理槽は1 ha，④植生浄化法におけるBOD除去率には既報[12]の値を代用，④植生浄化法ではポンプにのみ電力を使用すると想定し，CAS法でのポンプにかかる電力使用量の10％を割当，⑤エタノール生産におけるエネルギー収支は（獲得エネルギー）/（消費エネルギー）＝1.25[13]，⑥汚泥処理における電力消費・エネルギー回収は考慮しない

で流入させ，処理する場合を考えた場合，AO法では，処理水のBOD，T-N，T-Pはそれぞれ6.4 mg/L，12.4 mg/L，0.87 mg/Lとなり，処理の間に892 kWh/日（3,211 MJ/日）の電力を使用する。他方，CAS＋植生浄化法では，処理水のBOD，T-N，T-Pはそれぞれ4.4 mg/L，12.2 mg/L，0.13 mg/Lとなり，AO法と同等の良好な処理が達成されるが，その処理に必要な電力は497 kWh/日（1,789 MJ/日）であり，AO法に比べて44％（395 kWh/日（1,422 MJ/日））も少なくなると試算される。すなわち，現在の下水処理では，窒素やリンを除去するために下水処理に高エネルギー消費型の高度処理が導入されているが，有機物除去プロセスとして汎用されているCAS法の後段に植生浄化法を組み込むことにより，極めて低いエネルギー消費で，現在汎用されている高度処理と同等の下水処理（有機物，窒素，リンの除去）を達成することが可能になる。さらに，後述するように，CAS＋植生浄化法で発生する余剰植物バイオマスからのエタノール生産を考慮に入れれば，プロセス全体としての省エネルギー（＋創エネルギー）性はさらに高くなる。結論として，処理の安定性には欠けるかもしれないが，植生浄化法を活用した下水処理システムは，既存の高度処理に比べて省エネルギー性やCO_2発生抑制という点では，明確な優位性を有していることが確認された。

②　資源生産系としてのメリット

一般的なエネルギー・資源作物からエタノールを生産する場合，図5に概念的に示しているように，作物の栽培に大量のエネルギーが必要となる。例えば，サトウキビでは，栽培（肥料，農薬，灌漑・耕作など）に必要なエネルギーがエタノール生産に要する全投入エネルギーの約65%を占めている[14]。一方，植生浄化を利用したエタノール生産プロセスでは，陸域での作物栽培のような農地の耕作や灌漑を行うことがなく，また，富栄養化した汚水を流して水質浄化を行う過程でバイオマスが生産されるため，外部から肥料や農薬を投入する必要もないことから，エネルギー作物の栽培で費やされていたこれらのエネルギーは植生浄化システムでは必要ないのが自明である。浄化対象の水を循環などする場合には，送水ポンプ稼働のエネルギーが必要となるが，水質浄化に要するエネルギーと捉える方が妥当であり，必ずしもここで計上しなくてもよい。また，収穫については，バイオマス生産場所が水上であるため，陸生作物よりもやや大きなエネルギーが必要になる可能性もあるが，大差はないと推測されることから，栽培（バイオマス生産）にかかるエネルギーは，一般的な陸生のエネルギー作物に比べると大幅に削減されることになる（図5）。さらに，エタノール製造や輸送などにかかるエネルギーが一般的なエネルギー・資源作物とほぼ同等であるとみなせば，エタノール生産プロセス全体で使用するエネルギーは，エネルギー・資源作物に比べて，約4割は削減できると見積もられる。植生浄化に用いる水生植物と一

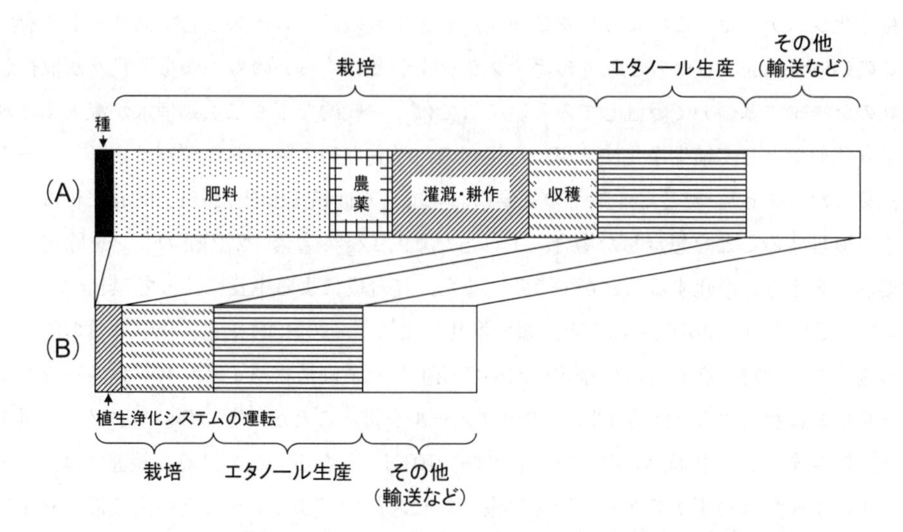

図5　エネルギー・資源作物を用いたエタノール生産(A)と植生浄化を利用したエタノール生産(B)における使用エネルギーの比較の一例

(A)は，サトウキビからのエタノール生産のデータ[14]などを参考にして消費エネルギーの内訳を推定したもの。(B)では，栽培において，植生浄化システムの運転にかかるポンプ動力を除いて投入エネルギーはかからない。エタノール生産，その他に要するエネルギーは，用いる水生植物種によって大きく異なるため，ここでは(A)の値と同等として図化している。

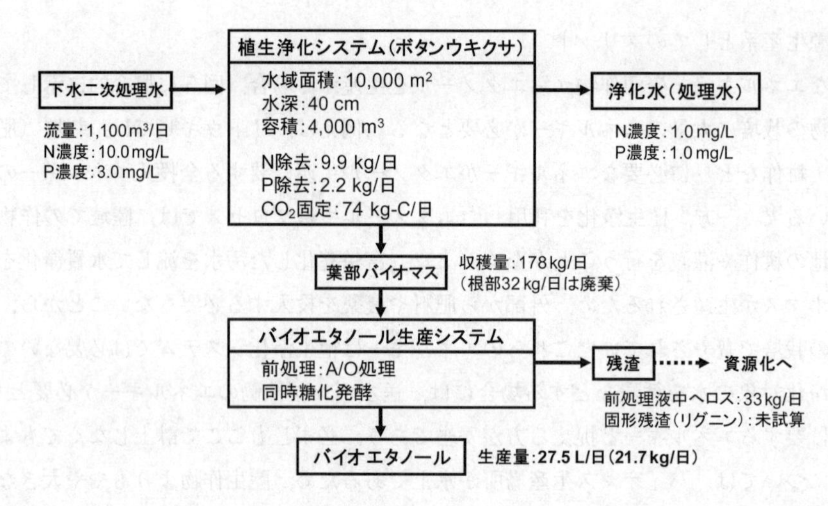

図6　ボタンウキクサを用いた植生浄化法による水質浄化およびエタノール生産の試算

般的なエネルギー・資源作物を同等のものとして単純比較することはできないが，植生浄化法は，水質浄化を考慮せずに純粋にエタノール生産プロセス（資源生産系）として見た場合にも，非常に高いポテンシャルを有しており，魅力的な技術と評価することができる。

③　植生浄化システムによる水質浄化とエネルギー生産ポテンシャルの試算

植生浄化システムは，このように水質浄化，資源生産の両プロセスとしてメリットを有している。このCo-benefitプロセスとしてのポテンシャルがどれくらいのものかを，我々が取得している現状のデータに基づいて評価してみる。ここでは，一般的な下水二次処理水が流入する水域での富栄養化対策として植生浄化法を用いた場合の，栄養塩類の除去およびバイオエタノール生産量を試算した（図6）。熱帯／亜熱帯の気候において，水面積1 ha当たり1,100 m^3/日の下水二次処理水を処理することを想定した場合，1日当たり9.9 kgの窒素，2.2 kgのリンを除去し，下水二次処理水を十分に浄化することができる。また，光合成による生長に伴って74 kg-C/日（年間では約27 t-C）のCO_2が吸収される上，根圏浄化による水中のBODや有害化学物質の除去という効果も副次的に期待できる。この浄化において発生した余剰植物バイオマス（葉部）をバイオエタノール生産に利用すると，約28 L/日のエタノールを得ることができ，このエタノール量をエネルギーに換算すると，約580 MJ/日（年間では約210 GJ）となる。この試算の範囲では，バイオエタノールの生産量はわずかであり，資源生産プロセスとしては必ずしも高い生産性を有するものとはいえないが，先に論じたように，下水処理の主工程（CASなど）において既に相当な省エネルギー効果が得られていることを考慮に入れれば，水質保全という根源的な目的を達成しつつ，温暖化対策としても大いに貢献するというCo-benefitは十分に実現されているものといえる。

1.5　おわりに

余剰植物バイオマスの発生は植生浄化法の適用を妨げる重大な足枷となってきたが，ここに示したように，余剰植物バイオマスをエタノール生産原料として捉えるという発想の転換により，植生浄化法を水質浄化・保全と資源生産の両者を同時に達成するCo-benefit型環境浄化技術へと進化させることも可能であると結論付けることができる。水質浄化・保全，資源生産の両工程における省エネルギー・CO_2発生削減効果も踏まえて考えれば，植生浄化法はTriple-benefitプロセスということもできるだろう。また，浄化植物バイオマスから，エタノールのみならず，バイオディーゼルや石油代替の工業原料を生産するという技術の水平展開も可能である。今後の技術開発により残された課題が克服され，植生浄化法が真に環境に適合したCo-benefitプロセスとして発展し，低炭素・持続社会の構築に大いに貢献していくことを期待したい。

文　　献

1)　藤田正憲，池道彦，バイオ環境工学，シーエムシー出版，pp.52-72（2006）
2)　藤田正憲ほか，環境科学会誌，**14**(1)，1-13（2001）
3)　柴田和雄，木谷収，バイオマス―生産と変換（上），学会出版センター，pp.20-21（1981）
4)　B. Gopal, K. P. Sharma, *Aquat. Bot.*, **12**, 81-91（1982）
5)　K. R. Reddy, W. F. DeBusk, *Econ. Bot.*, **38**(2), 229-239（1984）
6)　N. Mosier *et al.*, *Bioresour. Technol.*, **96**(6), 673-686（2005）
7)　D. Mishima *et al.*, *Bioresour. Technol.*, **97**(16), 2166-2172（2006）
8)　D. Mishima *et al.*, *Bioresour. Technol.*, **99**(7), 2495-2500（2008）
9)　K. Ohta *et al.*, *Appl. Environ. Microbiol.*, **57**(4), 893-900（1991）
10)　掛林誠，バイオサイエンスとインダストリー，**65**(7)，370-373（2007）
11)　㈳日本下水道協会，平成16年度版　下水道統計　行政編，㈳日本下水道協会（2004）
12)　E. Awuah *et al.*, *J. Toxicol. Environ. Health A*, **67**(20-22), 1727-1739（2004）
13)　J. Hill *et al.*, *Proc. Natl. Acad. Sci. USA*, **103**(30), 11206-11210（2006）
14)　㈳アルコール協会，図解バイオエタノール製造技術，工業調査会（2007）

2　ヨシバイオマスからの糖生産の最適化

清　和成*

2.1　はじめに

地球温暖化対策として，二酸化炭素の排出を抑え，化石燃料に依存しない代替エネルギー源としてバイオマスエネルギーの開発と利用が進められている。植物はバイオマスエネルギー源としての代表的なものであり，特に光合成を介した炭素循環によって容易に再生されることから，カーボンニュートラルな再生可能エネルギー源として注目されている。バイオマスエネルギーとしては，既にメタンなどのバイオガスの他，直接燃焼による熱エネルギーへの変換などによる利用が行われているが，昨今，我が国をはじめ世界中で問題となっているエネルギーセキュリティの観点からは，ガソリンなどの化石燃料の代替液体燃料，中でもバイオエタノールへの転換が注目されている。

バイオエタノールの生産量は，近年の石油価格の高騰などを背景として年々増加の一途をたどっており，2006年の段階で，全世界で約5000万kLが生産されている[1)]。その主要な生産国はアメリカ，ブラジルであり，そこでは容易に糖化できる，あるいは直接発酵に利用できるトウモロコシやサトウキビなどの糖質，デンプン系バイオマスが原料として利用されている。しかし，これらの植物は食糧でもあることから，バイオエタノール生産急増の裏で穀物価格の上昇を招き，食糧とエネルギーとの競合が引き起こされている[2)]。また，直接食糧とはならない植物でも，エネルギー作物として，食糧生産のために用いられてきた農地で栽培されることにより，結果的に食糧との競合を引き起こす他，新たにエネルギー作物栽培のための開墾により，土地改変，森林の過剰伐採などによる生態系破壊と二酸化炭素固定源の消失などの問題も生じうる[3)]。一方，バイオエタノール原料として水生植物を利用すれば，上述のような食糧生産や農地の競合，生態系の破壊などの問題を引き起こすことなく，安定的かつ持続的にバイオエタノール生産が可能になると考えられる。水生植物は，その栽培に灌漑が不要である上，水中の窒素やリンなどの栄養塩を吸収することから施肥の必要もなく，水環境の浄化，保全効果も期待できる。

実際，ボタンウキクサやホテイアオイ，ヨシなどを用いた植生浄化法は，主として水環境中の窒素やリンなどの栄養塩類の除去能を利用した富栄養化対策として，下排水二次処理水の仕上げ処理や汚濁河川，湖沼などの直接浄化に用いられてきた。近年では，第4章にもあるように，植物とその根圏で各種化学物質や金属類の浄化を目指した環境技術としての活用も期待されているが，浄化後に生じる余剰バイオマスの処分が課題となっていた。しかし，ここで取り上げるように余剰バイオマスが有効に活用できれば，バイオマスの生産はむしろメリットとなり，植物による環境浄化技術の普及にもつながることが期待される。

筆者らのグループでは，数ある水生植物の中でも成長速度が速く[4)]，単位面積当たりの収穫量が多い上[5)]，世界各地に自生していて[6)]乾燥や塩分などの各種環境ストレスに耐性があるなど[7,8)]，

＊　Kazunari Sei　北里大学　医療衛生学部　健康科学科　教授

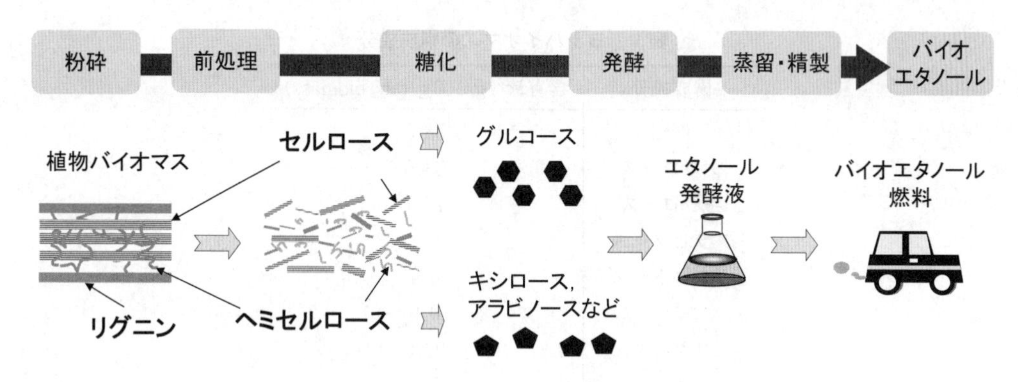

図1　植物バイオマスからのバイオエタノール生産フロー

バイオエタノール生産原料としての魅力を多く備えるヨシ（*Phragmites australis*）に注目し，そのバイオマスからのバイオエタノール生産に向けた検討を行ってきた。ここでは，実際にヨシバイオマスからのバイオエタノール発酵を行う上で最初の関門となる前処理と糖生産に焦点をあてて，その最適化のために試行錯誤した結果を示しながら解説する。

2.2　植物バイオマスからのエタノール生産の流れ

本項ではエタノール生産までは扱わないが，全体の流れを把握する意味で，簡単に植物バイオマスからのごく一般的なエタノール生産のフローを示す（図1）。

まず，前処理工程でバイオマスを乾燥，粉砕した後，構成成分のうち，エタノール生産で不要あるいは阻害効果をもたらす成分（主としてリグニン）を除去する。得られた前処理後の原料成分のうち，セルロースやヘミセルロースなどの多糖類を主として糖化酵素により単糖にまで分解する糖化工程，得られた糖を原料として酵母などによってエタノール発酵させる発酵工程を経て，得られたエタノールを蒸留，精製して製品としてのエタノールを得る蒸留・精製工程という，多岐にわたる工程からなっている。

2.3　ヨシバイオマスの特徴

ヨシは，いわゆる水生植物の中でも比較的含水率が低く，セルロースやヘミセルロースとリグニンの含有量の多い，いわゆる“硬い”バイオマスに分類される。その構成成分は，セルロース：32.7～39.5%，ヘミセルロース：19.9～29.8%，リグニン：22.0～24.9%と報告されている[5,9,10]。筆者らが試みに分析した結果（表1）もほぼ同様となった。水生植物の中には，セルロースやリグニン含有量の低い“柔らかい”バイオマスもあるが，ヨシの場合，その構成成分中，特にリグニンについては後の糖化や発酵工程を阻害するため，前処理工程で除去しておく必要がある。

2.4　ヨシバイオマスの前処理条件の最適化

前述の通り，ヨシバイオマスではリグニンが比較的高い割合で存在しており，その除去が後の

表1　ヨシバイオマスの構成成分

構成成分	含有量（g/100 g-dry biomass）
糖類	53.5
グルコース	33.5
キシロース	16.1
アラビノース	2.7
ガラクトース	0.4
マンノース	0.9
リグニン	22.0
灰分	5.5
その他	19.0
含水率	27.8%

表2　各種条件による前処理後のヨシバイオマスからの糖回収率とリグニン除去率

前処理条件			糖回収率（%）				除去率（%）
NaOH（w/v）	H_2O_2（w/v）	温度（℃）	グルコース	キシロース	アラビノース	全糖	リグニン
1%	0%	30	90.6	89.7	80.4	89.8	33.9
		60	90.7	87.2	83.6	89.2	44.6
2%		30	90.8	77.4	62.8	85.2	51.6
		60	87.8	72.9	56.6	81.6	69.5
1%	1%	30	94.3	92.5	71.0	92.5	34.1
		60	90.9	87.7	87.0	89.7	37.8
2%		30	91.3	70.1	70.2	83.7	60.2
		60	87.9	68.5	55.9	80.3	74.7
1%	2%	30	90.0	90.5	74.8	89.4	31.8
		60	89.3	86.4	74.5	87.6	37.8
2%		30	89.0	68.8	59.2	81.3	62.8
		60	88.3	70.6	61.5	81.5	75.3

糖化や発酵工程の効率を左右することになる。これまでリグニンを多く含むバイオマス（リグノセルロース系バイオマス）の前処理では，高温条件下における酸処理，水蒸気やアンモニアを用いた爆砕処理などが行われてきた[11)]。しかし，エネルギー生産を目的としてバイオエタノール生産を行うことを考慮すると，できる限りエネルギーを消費せず，また，環境負荷の低い技術の適用が望ましいといえる。そこで，筆者らはアルカリ酸化処理に注目し，ここで用いるNaOH，過

酸化水素（H_2O_2）の濃度，反応温度の最適化を試みた。

あらかじめ乾燥，粉末化したヨシバイオマスにNaOHを1あるいは2％となるよう添加し，さらにH_2O_2を0，1，2％の濃度で添加して，反応温度を30あるいは60℃で24時間保持した。得られた前処理後原料のリグニン含有量をクラソンリグニン法で求め，構成糖は72％硫酸で完全に糖化した上でHPLCによる定量分析を行った。各種条件での前処理後のリグニン除去率と糖類回収率は表2に示した通りとなり，前処理によって30～75％のリグニンが除去されていることが明らかとなった。NaOHやH_2O_2の濃度が高いほど，また反応温度が高いほど，リグニン除去率は高くなる傾向が認められた。一方で，前処理によって構成糖の溶出も認められた。グルコースでは前処理後も88～94％の回収率が得られたのに対し，キシロースやアラビノースでは，特にNaOH濃度が高いと溶出も顕著となり，今回試した中で最も高負荷の前処理条件である，NaOH　2％，H_2O_2　2％，60℃処理ではキシロースの約29％，アラビノースの約38％が溶出により失われたものと考えられた。ただ，糖類全体としての回収率は約80％であり，特にセルロース成分の割合の高いバイオマスではそれほど問題にはならないものといえる。続いて，上述の各条件で前処理したバイオマスに対してCellulase SSを用いた72時間の酵素糖化を行い，糖回収率を評価した。グルコース，キシロース，アラビノースの糖化率はそれぞれ27～63％，27～56％，21～41％となり，全糖類の糖化率は26～60％となった。乾燥，粉砕しただけのバイオマスでは，グルコース，キシロース，アラビノース，全糖類の糖化率はそれぞれ16％，2.2％，3.6％，11％であったことから，前処理によって糖化率が向上したことは間違いないものの，前処理条件によって糖化効率が大きく異なった。そのため，前処理におけるNaOH濃度，H_2O_2濃度，反応温度の各条件がどの程度糖化に影響を与えるかを個別に評価したところ，反応温度が60℃の場合，30℃の場合に比べて糖化率が約5～10％向上すること，NaOH濃度が2％の場合，1％の場合に比べて約13～23％向上することが明らかとなった。H_2O_2の効果はNaOH濃度によって異なり，NaOH濃度が2％の場合はH_2O_2を添加することで糖化率が約5～9％向上したが，NaOH濃度が1％の場合では，H_2O_2の添加によって糖化率が減少した。H_2O_2は低温下では比較的安定で，リグニン分解に効果を発揮しない上，バイオマスの表面を疎水化することで糖化率が低下する可能性も指摘されていることから[12]，その効果的な適用に際しては，NaOH濃度や反応温度など，他の条件も考慮する必要があるといえる。なお，前処理後のリグニン残存率と糖化率の関係を見てみると，概ねリグニンの除去が進むにつれて糖化率が向上するものの，その効果はリグニン残存率が約15％となったあたりで頭打ちとなる傾向が認められ，リグニン以外にも糖化を阻害する要因が存在していることが示唆される結果となった。

前処理工程における糖類の溶出（損失）を考慮に入れた糖類回収量をベースに，最適条件を検討すると，NaOH　2％，60℃の場合に，原料100g当たり約25gの糖類回収量を得られることが明らかとなった（表3）。ここでは，添加H_2O_2濃度が1％と2％でほぼ同等の回収量となったことから，コストや環境負荷などを考慮するとH_2O_2濃度は1％が最適であるといえる。この場合のリグニン除去率は約75％であり，前処理としては十分なものと考えられる。ただし，元々ヨシバイ

表3　各種前処理条件ごとのヨシバイオマスからの糖回収量

前処理条件			糖収量（g/100 g-生バイオマス）			
NaOH（w/v）	H_2O_2（w/v）	温度（℃）	グルコース	キシロース	アラビノース	全糖
2％	2％	60	18.6	6.1	0.6	25.3
	1％	60	18.4	6.2	0.6	25.2
	1％	30	17.2	5.8	0.6	23.6
	2％	30	16.7	5.6	0.6	22.9
	0％	60	16.4	5.7	0.7	22.7
	0％	30	14.5	5.6	0.7	20.8
1％	0％	60	12.8	5.8	0.8	19.3
	1％	60	10.9	5.4	0.7	17.0
	2％	60	10.2	5.0	0.5	15.7
	0％	30	10.0	5.1	0.6	15.6
	1％	30	8.7	4.9	0.6	14.2
	2％	30	8.1	3.8	0.4	12.3
前処理なし			5.4	0.4	0.1	5.8

オマスには全糖分として53.5 g（/100 g-biomass）が含有されていたことから，ここでの糖回収率は約47％にとどまっている。同様の処理を行った他の研究ではより高い糖化率が報告されていることから（コーンストーバー：約93％，スイッチグラス：約70％など）[12]，糖化工程での工夫が必要となることが示唆されたものといえる。

2.5　ヨシバイオマスの糖化条件の最適化

前述の通り，ヨシバイオマスの最適前処理条件を，NaOH 2％，H_2O_2 1％，60℃と定めることができた。この条件では，リグニンを約75％除去でき，前処理中の糖類の損失を20％以下に抑えることができたことから，前処理としては十分なものと考えられた。ただし，糖回収率は必ずしも高くなかったことから，糖化条件最適化の必要性が示唆された。そのため，最適前処理条件下で処理されたヨシバイオマスに対して，セルラーゼの種類と濃度を変化させることによって糖類回収率の向上を試みた。

セルラーゼとして，Cellulase SS（ナガセケムテックス），Celluclast 1.5 L（Sigma Aldrich），Accellerase 1500（Genencor）を，それぞれ0～150 FPU/g-dry material（DM）となるようにpH4.8の50 mMクエン酸緩衝液に溶解，20 mLの酵素溶液に調整し，1 gの前処理後ヨシバイオマスを添加混合した上で，50℃，100 rpmで72時間反応させた。得られた結果を酵素濃度に対する

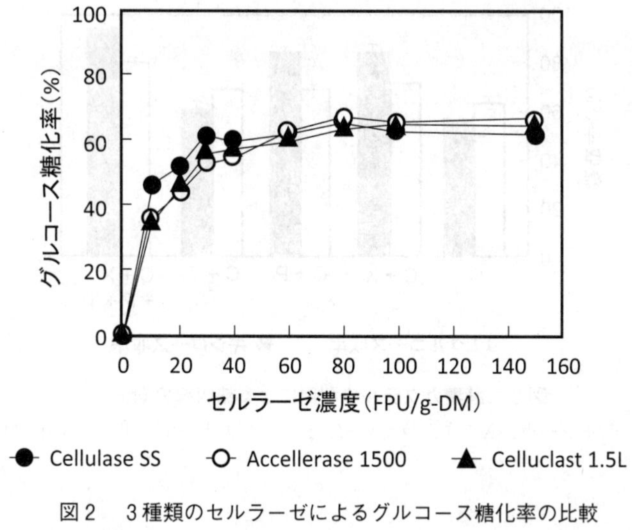

図2　3種類のセルラーゼによるグルコース糖化率の比較

グルコースベースの糖化率で表してみると（図2），酵素の種類に関わらず，濃度が高くなるほどグルコース糖化率が高くなる傾向が認められたが，いずれも80 FPU/g-DM以上では，糖化率が約65％で一定となった。ここで，酵素濃度が比較的低い場合，特に50 FPU/g-DM以下では，Cellulase SSで高い糖化率が得られた。Cellulase SSは30 FPU/g-DWでも約60％の糖化率を与えており，バイオエタノール生産では，糖化酵素のコスト削減が大きな課題となっていることを考慮すると，その利用は費用対効果を大きくする上で有用であるといえる。ただし，それでも最大の糖化率は65％にとどまったことから，Cellulase SSをベースとして，これにキシラナーゼ，ペクチナーゼ，界面活性剤などを添加した酵素カクテルの利用によって，さらなる糖化率向上を目指した。キシラナーゼやペクチナーゼは，ヘミセルロースの糖化に効果があるが，それに加えてグルコースの糖化促進にも一定の効果があることが報告されている[13,14]。また，界面活性剤の中でも有害性が低いといわれており，糖化促進効果も報告されているTween 20[15]を酵素カクテルに利用することとした。酵素カクテルには，キシラナーゼ，ペクチナーゼ，Tween 20がそれぞれ0.25％（vol/vol），0.15％（vol/vol），0.05（g/g-DM）となるように組み合わせて添加し，糖化促進効果をみた。

その結果，図3に示すように，酵素カクテルとすることにより，糖収率が向上することが確認できた。キシラナーゼ，ペクチナーゼ，Tween 20の全てを添加した場合，グルコース糖化率はセルラーゼ単独の場合の64％から81％まで向上し，キシロース糖化率は同様に58％から96％にまで向上した。糖収量にすると，Cellulase SS単独の場合の25（g/100 g-DM）から35（g/100 g-DM）と約40％の増収に成功したことから，酵素カクテルの有用性が示されたものといえる。

キシラナーゼ，ペクチナーゼ，Tween 20のそれぞれの効果を評価するため，図3に加え，グルコースとキシロースの収量をプロットして図4として示した。両図から，キシラナーゼとペク

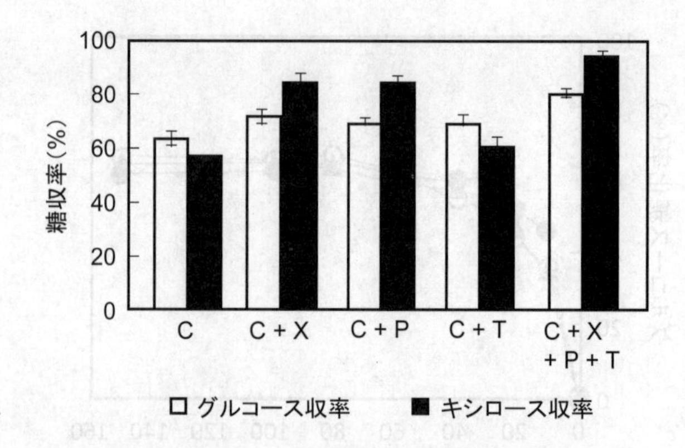

図3　酵素カクテルの利用による糖収率の向上
C：セルラーゼ，X：キシラナーゼ，P：ペクチナーゼ，T：Tween 20

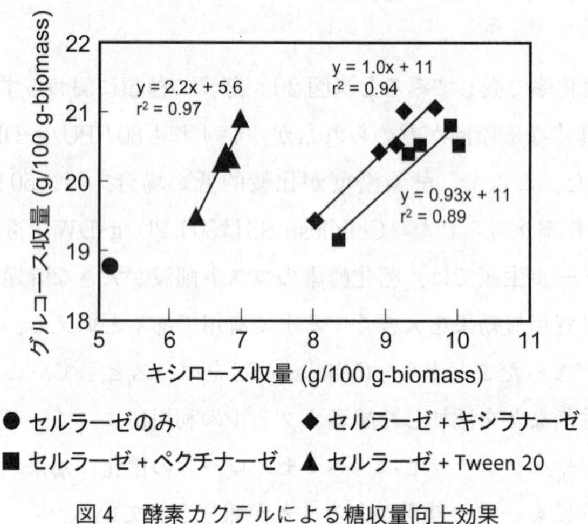

図4　酵素カクテルによる糖収量向上効果

チナーゼはグルコースとキシロースの両糖化率を向上させていること，Tween 20はグルコース糖化率に特化して効果があることが示された。キシラナーゼとペクチナーゼについては，特にセルロース表面を覆っているヘミセルロースやペクチンを糖化する酵素であることから，これらのはたらきによってセルロース表面の露出割合が高くなり，結果としてセルラーゼによる糖化を受けやすくなった可能性がある。また，Tween 20などの界面活性剤の効果については，セルロースとセルラーゼの反応性を高める，セルラーゼの熱安定性を高める，残存するリグニンなどの表面に吸着され，糖化に寄与していないセルラーゼを脱着し，反応性を高めるなどの諸説があるが[15,16]，詳細はよく分かっていない。また，別途実施した同時糖化発酵試験の結果では，Tween 20の添加の有無で最終的なエタノール収率に違いがないことも示されており[17]，バイオエタノール生産を最終目的とする場合には，Tween 20は必ずしも必要ではないともいえる。いずれにしても酵素カクテルの利用によりヨシバイオマスの糖化を促進し，最終的な糖収量を増加できることが明らかとなった。ここでは，糖化率と糖収量を最大とするための検討にとどまっているため，本当の意味での糖生産の最適化とまではいかないものの，最適化をするための知見を集積できたものと考えられる。

2.6　おわりに

本節では，石油などの化石燃料に替わるカーボンニュートラルな代替液体燃料として近年注目を集めているバイオエタノール生産を念頭において，ヨシバイオマスの前処理，糖化条件の最適化を試みた例を紹介した。2.1項でも述べたように，ヨシに限らず水生植物はバイオマスエネルギー原料として魅力的な特性を備えており，その実際的な利用が期待できるエネルギー資源であるといえる。ただし，エネルギー資源として捉えた場合には，当然ながら投入エネルギーに比して得られるエネルギーが大きくなければ意味がないことを意識する必要がある。今回の例では，リグニン除去率と糖収量が限りなく最大となることが望ましいものの，これを与える前処理，糖化条件が必ずしも全体のエネルギー効率を最大化するとは限らないことを念頭におき，さらなる最適化を進めていく必要があるといえる。なお，糖類は，ここで示したバイオエタノール生産原料となる以外に，各種発酵工程を経て様々な製品を製造するための重要な出発原料にもなる。関連技術のさらなる発展によって，バイオマスエネルギーに加え，石油化学工業によって製造されてきた我々人類の生活に必要な様々な物質や製品が，水生植物のバイオマスから製造されるようになることを期待したい。これが実現すれば，低炭素の環境適合性を有した21世紀型の技術として，植物を利用した環境浄化技術がより広く世界に普及することにもつながるものと考えられる。

文　　献

1)　F. O. Licht, F. O. Licht's world ethanol biofuels report, **4**, 102-108 (2006)

2)　塩津文隆，服部太一朗，森田茂紀，日本におけるイネのバイオエタノール化，農業および園芸，**64**，604-613（2009）

3)　J. Fargione, J. Hill, D. Tilman, S. Polasky and P. Hawthorne, Land cleaning and the biofuel carbon debt, *Science*, **319**, 1235-1238 (2008)

4)　藤田正憲，森本和花，河野宏樹，P. Silvana，森一博，池道彦，山口克人，惣田訓，水質浄化に利用可能な水生植物データベースの構築，環境科学誌，**14**，1-13（2000）

5)　N. Sathitsuksanoh, Z. Zhu, N. Templeton, J. A. Rollin, S. P. Harvey and Y. H. P. Zhang, Saccharification of a potential bioenergy crop, *Phragmites australis* (common reed), by lignocellulose fractionation followed by enzymatic hydrolysis at decreased cellulase

loadings, *Industrial and Engineering Chemistry Research*, **48**, 6441-6447 (2009)
6) 吉良竜夫，ヨシの生態おぼえがき〈特集・水辺の保全のあり方を探る〉，滋賀県琵琶湖研究所所報，29-37 (1991)
7) M. Pagter, C. Bragato and H. Brix, Tolerance and physiological responses of Phragmites australis to water deficit, *Aquatic Botany*, **81**, 285-299 (2005)
8) 藤井滋穂，湖沼沿岸域におけるヨシ帯群落の機能ならびに成長要因に関する研究，平成9年度～平成11年度科学研究費補助金基盤研究 (B) (2) 研究成果報告書，1-145 (2000)
9) H. Li, N. Kim, J. Jiang, K. J. Wong and C. H. Nam, Simultaneous saccharification and fermentation of lignocellulosic residues pretreated with phosphoric acid-acetone for bioethanol production, *Bioresource Technology*, **100**, 3245-3251 (2009)
10) N. Szijártó, Z. Kádár, E. Varga, A. B. Thomsen, M. Costa-Ferreira and K. Réczey, Pretreatment of reed by wet oxidation and subsequent utilization of the pretreated fibers for ethanol production, *Applied Biochemistry and Biotechnology*, **155**, 83-93 (2009)
11) P. Kumar, D. M. Barrett, M. J. Delwiche and P. Stroeve, Methods for pretreatment of lignocellulosic biomass for efficient hydrolysis and biofuel production, *Industrial and Engineering Chemistry Research*, **48**, 3713-3729 (2009)
12) R. Gupta and Y. Y. Lee, Pretreatment of corn stover and hybrid poplar by sodium hydroxide and hydrogen peroxide, *Biotechnology Progress*, **26**, 1180-1186 (2010)
13) R. Gupta, T. H. Kim and Y. Y. Lee, Substrate dependency and effect of xylanase supplementation on enzymatic hydrolysis of ammonia-treated biomass, *Applied Biochemistry and Biotechnology*, **148**, 59-70 (2007)
14) M. J. Selig, T. B. Vinzant, M. E. Himmel and S. R. Decker, The effect of lignin removal by alkaline peroxide pretreatment on the susceptibility of corn stover to purified cellulolytic and xylanolytic enzymes, *Applied Biochemistry and Biotechnology*, **155**, 397-406 (2009)
15) T. Eriksson, J. Borjesson and F. Tjerneld, Mechanism of surfactant effect in enzymatic hydrolysis of lignocellulose, *Enzyme and Microbial Technology*, **31**, 353-364 (2002)
16) W. E. Kaar and M. T. Holtzapple, Benefits from Tween during enzymatic hydrolysis of corn stover, *Biotechnology and Bioengineering*, **59**, 419-427 (1998)
17) 三宅佐和，八木圭輔，S. Souksavart，清和成，惣田訓，池道彦，水生植物ヨシからのバイオエタノール生産に向けた酵素糖化の効率化に関する検討，第11回環境技術学会研究発表大会予稿集 (2011)

3　ミジンコウキクサによる水質浄化とデンプン生産

森　一博[*1]，惣田　訓[*2]

3.1　はじめに

ミジンコウキクサ（写真1）は，ウキクサ科（*Lemnaceae*）の*Wolffia*属に分類される浮遊性の水生植物である。日本の本州以南を含めて広く熱帯から亜熱帯に生息し，和名の通り体長が1mm程度と非常に小さく，根を持たないことから他のウキクサ類と容易に見分けることができる。温暖で栄養に富む条件では水面を覆うほどの非常に旺盛な増殖を示す一方，冬季など環境条件が生育に適さなくなるとデンプンを蓄積して水底に沈んで越冬するなどおもしろい特徴を有している。ここでは，水面に浮遊する増殖期の植物体を葉状体，水底に沈降している休眠期の植物体をチュリオンと呼ぶことにする。筆者らはミジンコウキクサ葉状体の増殖能力とチュリオンによるデンプン生産能力に着目し，栄養塩除去を兼ねたデンプン資源生産への本植物の応用を検討している[1~3]。ここでは，筆者らの検討結果を交えながらミジンコウキクサの資源価値について紹介する。

写真1　ミジンコウキクサの水耕栽培と拡大写真

(a)葉状体（水面に浮遊している植物体），(b)チュリオン（水底に沈降している植物体）

3.2　ミジンコウキクサの生育特性

ミジンコウキクサは種子植物ではあるが，通常は水面で出芽により分裂し，好適な条件では瞬く間に水面を覆うほどの高い増殖能力を有している。最初に，植物の生育における主要な制限要因であるpH，栄養塩，温度の各条件に対する供試株（*W. arrhiza*）葉状体の生育応答をHutner培養液[4]を用いて検討した結果から紹介しよう。ミジンコウキクサは広くpH中性域（pH5～9）

＊1　Kazuhiro Mori　山梨大学　大学院医学工学総合研究部　社会システム工学系　准教授

＊2　Satoshi Soda　大阪大学大学院　工学研究科　環境・エネルギー工学専攻　准教授

で豊富な栄養塩に恵まれると（窒素 5 mg l^{-1}以上，リン 3 mg l^{-1}以上）安定した生育を示した。一方，温度の影響（図１）を検討した結果，野外では広く熱帯から亜熱帯に分布しているように20～30℃で高い生育速度を示したが，15℃以下および35℃を超える条件では生育の阻害が顕著であった。続いて，生育密度との関係（図２）を見ると，ミジンコウキクサが水面を覆い密度が高まると個体あたりの生育速度は低下する。しかし，密度が低いと得られるバイオマス量も減少するため，適切な栽培密度を保つように管理することで高いバイオマス量が継続的に得られる。我々が用いた供試株では，栄養塩濃度と栽培密度を最適化した際には2.4 g-乾燥重量 m^{-2} 日$^{-1}$のバイオマス生産速度が得られている。

栽培液中の窒素とリン濃度を変化させた際の葉状体中の両元素の含有量を調べた結果を図３に示した。これよりミジンコウキクサには窒素が乾燥重量あたり４～７％，リンが同じく１～２％含まれており，これは他の水生植物の含有量[5]に比べてかなり高い値といえる。続いて，葉状体と水底に沈降したチュリオンのそれぞれについて，デンプンとタンパク質含有量を調べたところ，乾燥重量あたり葉状体ではタンパク質43％，デンプン24％，チュリオンではタンパク質８％，デンプン50％が確認された。このように葉状体ではタンパク質含有量が高い一方，チュリオンには

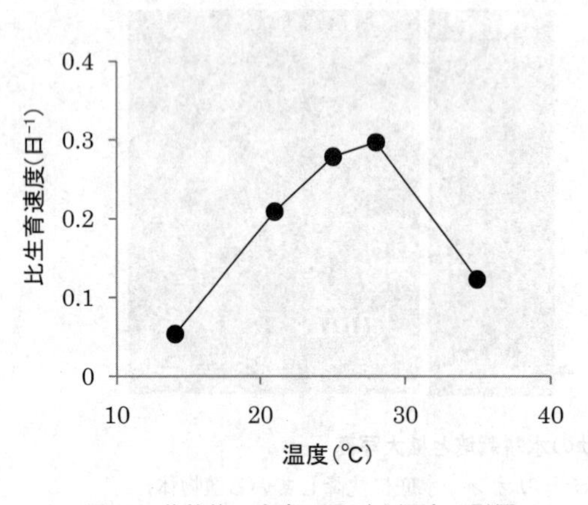

図１　葉状体の生育に及ぼす温度の影響

図２　葉状体の生育に及ぼす生育密度の影響

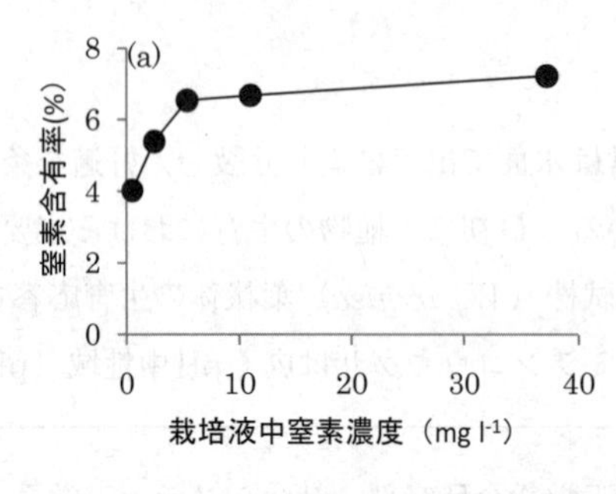

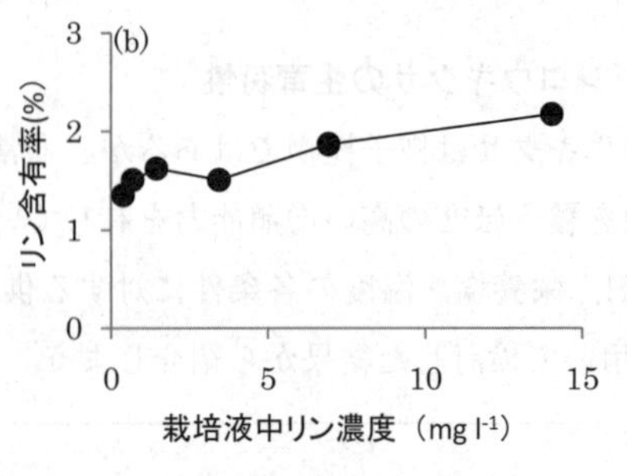

図３　植物の窒素・リン含有量に及ぼす栽培液中濃度の影響
(a)窒素，(b)リン

デンプンが非常に豊富に含まれている。これら基礎検討の結果から，四季の気候変化の大きな日本においても春から秋にかけて栄養塩を豊富に含む湖沼水や排水を利用して適切な栽培密度を保つようにすれば容易に栄養塩を固定しながら高いバイオマス収量が得られ，得られた葉状体からチュリオンを誘導することで，安価かつ安定的にデンプン資源の生産が可能であることが理解できる。これは各種の環境水とその水面を利用するため，食料生産と競合せずデンプン資源生産に向けての大きな利点の一つといえよう。

3.3　ミジンコウキクサによる栄養塩除去能力

ミジンコウキクサは上述のように高い増殖能力と窒素やリンの含有量を示し，比較的広い環境条件下で生育することができる。そこで，様々な排水や環境水中で栽培すれば生育に伴い水中の栄養塩が吸収され植物体内に固定化されることから富栄養化対策としての利用が期待できる。この原理は広く植生浄化法と呼ばれる太陽光を利用した安価で維持管理が簡便な水質浄化法として知られるものである。欧米を中心に中小規模の排水処理施設で広く利用されているが，下水道普及率の高い日本での利用は限られている。これまでに少なくとも80種類以上の植物についてその効果が報告されており，主要な植物については浄化機能をデータベース化する試みもなされている[6)]。浄化に伴い生じる余剰植物のバイオマス資源としての有効利用が広がると共に本浄化手法の利用範囲はさらに拡大すると考えられる。

そこで筆者らは，ミジンコウキクサについても栄養塩吸収除去能力を明らかにするための検討を行った。植物体（25 g-湿重量）をHutner培養液（窒素13 mg l^{-1}，リン 7 mg l^{-1}となるように希釈したもの 31）に植え付けてバッチ栽培したところ，栽培水から7日間で窒素72％，リン82％の除去率が得られた。同様に，下水二次処理水（全窒素16 mg l^{-1}，全リン 2 mg l^{-1}）で検討した場合にも，同じく7日間で窒素，リン共に各々86％が効果的に除去された。そこで，図4のような多段式の連続栽培槽を用いてミジンコウキクサを栽培し，滞留時間を変化させて詳細な検討を行った。Hutner培養液を用いて，流入水と処理水の水質分析結果から栄養塩除去能力を算出した結果を図5に示した。滞留時間を4.5日とした場合に70％を超える窒素およびリン除去率が得られている。滞留時間を10日とした場合には藻類の増殖によりミジンコウキクサの生育が阻害され窒素の除去率が低下したが，これを除けば，ここでの運転条件であればミジンコウキクサは旺盛な

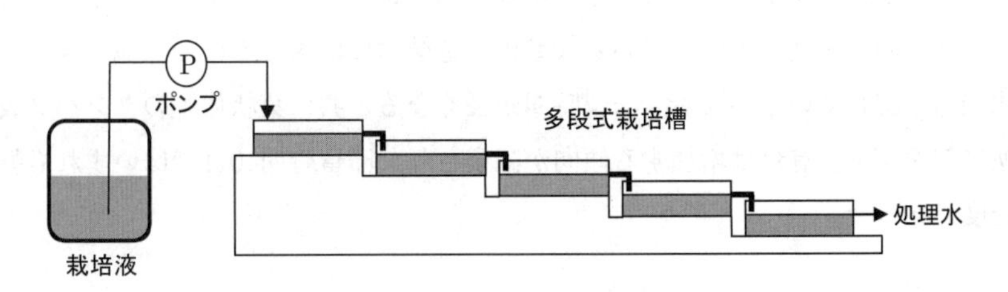

図4　実験に用いた多段式栽培槽の模式図

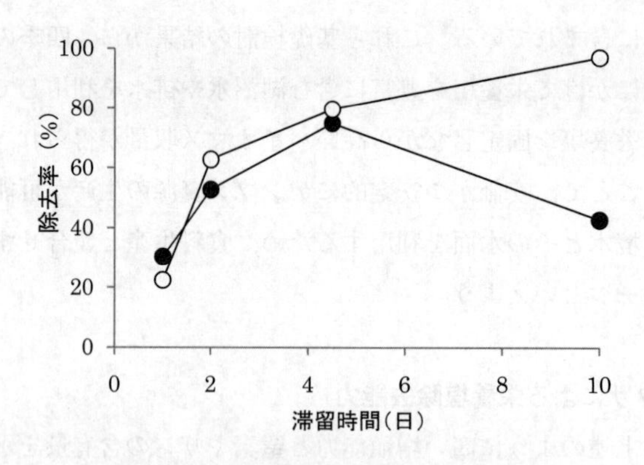

図5　滞留時間が除去率に及ぼす影響

●：窒素，○：リン

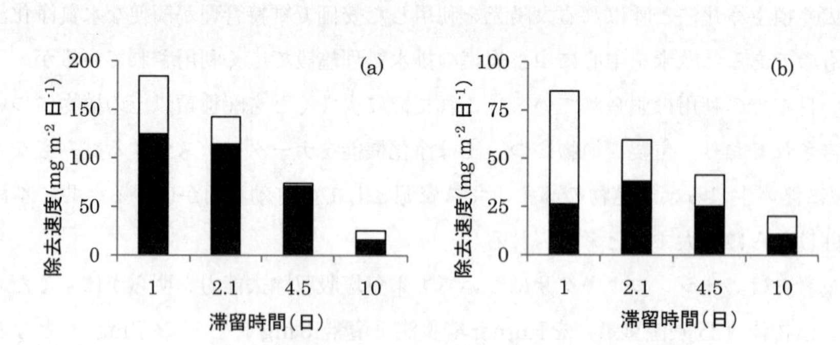

図6　各滞留時間で得られた窒素・リン除去速度

(a)窒素，(b)リン，■：ミジンコウキクサの栄養塩吸収固定による除去，

□：その他の機構による除去

生育を示し，滞留時間を適正に保つことで高い除去率が得られることが分かる。このときの窒素とリンの除去量と植物体に固定された量との比較を基に，ミジンコウキクサによる吸収固定速度を求めると図6の結果が得られた。このとき得られた最も高い速度は126 mg–窒素・m^{-2}・日$^{-1}$，38 mg–リン・m^{-2}・日$^{-1}$であった。なお，栽培槽における除去速度がこれより高いのは，ミジンコウキクサによる吸収以外に，硝化脱窒，藻類による吸収，リン酸イオンの沈殿などが生じたためと考えられる。表1に示すように，これらの値は，ボタンウキクサやホテイアオイなど生育速度が高く窒素やリンの除去速度に優れている大型の浮遊植物には劣るものの，他のウキクサ類と同程度の浄化能力を有している。なお，滞留時間が長くなると共に葉状体中のタンパク質含有量は低下し，逆にデンプン含有量は増加する傾向が観察され，滞留時間10日ではいずれも乾燥重量あたり20%程度であった。

表１　様々な水生植物の窒素・リン除去速度[7]

植物名	窒素除去速度（$mg \cdot m^{-2} \cdot$ 日$^{-1}$）	リン除去速度（$mg \cdot m^{-2} \cdot$ 日$^{-1}$）
ボタンウキクサ	985	218
ホテイアオイ	1278	243
サンショウモ	406	105
ゼニグサ	365	86
アカウキクサ	108	33
ウキクサ	151	34
コウキクサ	292	87
ミジンコウキクサ	126*	38*

＊筆者らの実験値

3.4　ミジンコウキクサによるデンプン生産能力とその資源価値

上述の通り，葉状体を用いた栄養塩除去に伴い発生する余剰植物体においても，運転条件によっては比較的高いデンプン含有量が観察され，これを直接デンプン資源として利用することも可能である。しかし，葉状体から誘導される休眠体のチュリオンは乾燥重量あたり50％を超えるデンプン含有量を示す。このため，安価にエネルギー消費を伴わずに効果的に余剰植物からチュリオンが誘導できれば，資源価値を高めることができ有利である。日本などの野外では秋から冬にかけて気温の低下と共にチュリオンが誘導されるが，デンプン資源生産システムとして実用化するためには葉状体の生育と同時に安定的にチュリオンを誘導することが重要な課題といえる。そのためには温度以外の誘導条件を明らかにしなければならない。筆者らは，先の連続栽培試験において滞留時間の増加と共にデンプン含有量の増加が観察されたことから，栄養塩濃度がミジンコウキクサのデンプン含有量に影響しており，濃度の低下によってもデンプンを高濃度に蓄積するチュリオンが誘導できるのではないかと考えた。

そこで，希釈率を変えて栄養塩濃度を適宜調整したHutner培養液に葉状体を植え付けた後，２日ごとに新鮮なものと取り替えて，なるべく栽培液の濃度が変化しない条件で葉状体とチュリオンの収量を比較した。図７にその結果を示した。栄養塩濃度が十分に高い１/10希釈の条件では葉状体の生育が旺盛である一方，チュリオンの生産速度が低く，わずかな収量しか得られていない。しかし，1/20さらに1/50希釈と栄養塩濃度が低下すると葉状体の生育が抑制され収量が低下したが，これと対照的にチュリオンの生産は活発となり，葉状体増殖の制限の程度が大きいほどチュリオンの生産速度が高まり大きな収量が得られた。これを分かりやすく比較するために試験終了時の葉状体数に対するチュリオン数の比を見ると，栄養塩濃度の低下と共にチュリオン数は葉状体数の0.2倍，３倍，５倍と増加しており，栄養塩濃度の低下がチュリオン形成に非常に有効に作用していることが分かる。そこで，一般的に水環境中での植物の主要な制限要因とされる窒素お

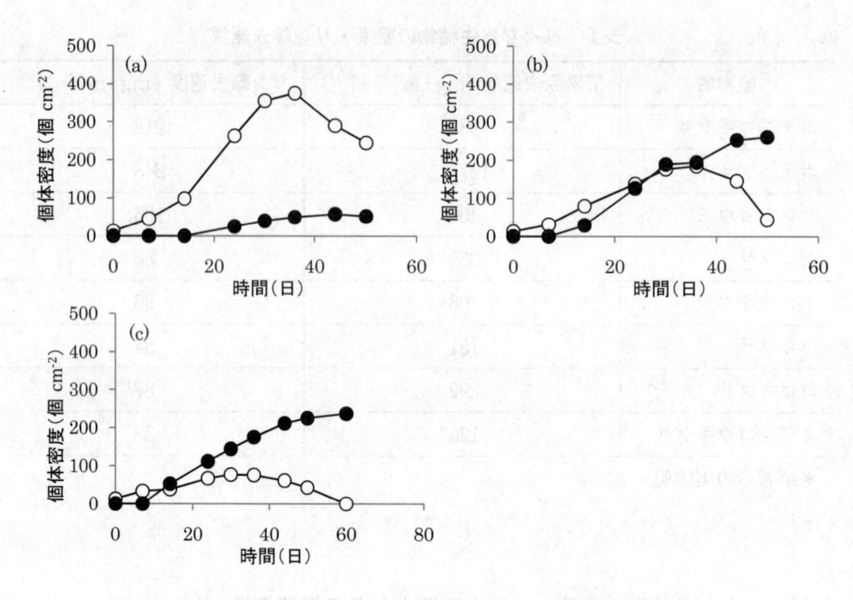

図7　葉状体の生育とチュリオン生産に及ぼす栄養塩濃度の影響

(a) 1/10 Hutner, (b) 1/20 Hutner, (c) 1/50 Hutner, ○：葉状体, ●：チュリオン

よびリンの濃度がチュリオン生産に与える影響を検討した。この結果を図8に示した。窒素またはリン濃度のみを調整した栽培液での葉状体とチュリオンの収量を比べると，葉状体の生育が制限栄養基質としての窒素あるいはリン濃度の減少と共に低下していることが分かる。これにあわせてチュリオンの形成が確認でき，葉状体の生育に対する制限効果が大きいほどチュリオンの収量が大きくなっている。このように，栽培液の希釈率の調整と同じ効果を，窒素またはリンのいずれについても確認することができた。別途行った，葉状体の生育には適さないがチュリオン生産が活発な1/50倍に希釈したHutner無機培養液3lに200 g-湿重量・m^{-2}（0.6 g-乾燥重量・m^{-2}）の葉状体を植え付けてバッチ式並びに滞留時間0.5日の連続式の条件で24日間行った栽培試験では，チュリオン収量から算出したデンプン生産速度はいずれも0.7 g・m^{-2}・日$^{-1}$であった。葉状体に含まれるデンプン量も加えれば，0.8 g・m^{-2}・日$^{-1}$のデンプン生産速度が得られたことになる。これを，葉状体生産槽で得られた葉状体からなる余剰バイオマスを別に設けたチュリオン生産槽に導入してデンプン含有バイオマスを生産するシステムで考察する。先の3.2項で紹介した，2.4 g-乾燥重量・m^{-2}・day^{-1}のバイオマス生産速度で得られる葉状体を全てチュリオン生産に用いると，チュリオン生産槽では葉状体からチュリオンを生産するのに時間を要するため葉状体生産槽の8倍ほどの面積が必要となるが，デンプン5.3 gに変換できるバイオマスが1 m^2の葉状体生産槽から1日あたりに得られ，両槽の面積を含めれば0.6 g-デンプン・m^{-2}・日$^{-1}$（2 t-デンプン・ha^{-1}・年$^{-1}$）の生産効率となる。主要な穀物のデンプン生産速度[8]が3～5 t-デンプン・ha^{-1}・年$^{-1}$であることから，ミジンコウキクサが，非食料競合型の資源植物として高い価値を有していることが分かる。

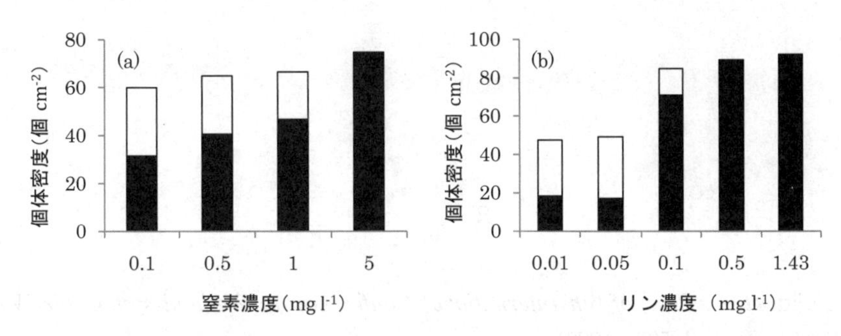

図8　葉状体の生育とチュリオン生産に及ぼす窒素・リン濃度の影響
(a)窒素，(b)リン，■：葉状体，□：チュリオン

以上のように，ミジンコウキクサ葉状体を生育に制限が見られる程度の窒素やリンなどの栄養塩濃度条件に置くことで，極めて高いデンプン含有量を示すチュリオンを容易にまた効果的に誘導できることが明らかとなった。先の3.3項で述べたような水質浄化系を想定すると，連続的に処理対象水が流入する栽培槽の場合，流入側で栄養塩除去が進み，濃度が減少した流出側でチュリオン誘導を促進させるシステムが可能であろう。もちろん，栄養塩除去を目的にした葉状体栽培槽と，余剰植物体からのデンプン含有バイオマス生産を目的にしたチュリオン生産槽を別に設ければ槽内の条件制御が容易になるだろう。また，バッチ式の栽培槽において葉状体の増殖後に，継続してチュリオンを誘導し，デンプン資源を回収することも可能である。

3.5　おわりに

2020年代に世界の産油量はピークを迎えると予想され[9]，いわゆるカーボンニュートラルなエネルギーとして，バイオエタノールは二酸化炭素の排出抑制に向けた重要な取り組みの一つとされる。しかし，デンプン含有量の高い穀物類を中心とした食糧向けの農業作物との競合が大きな課題となっている。特に，耕地面積が限られ，かつ，食糧の海外依存度の高い我が国では，バイオエタノール向けの植物バイオマスを生産する際に耕地を利用するのは困難である。現在，生ゴミや木質系バイオマスからのエタノール生産技術が開発されつつあるが，下水処理水を含めた環境水中の栄養塩は，植物栽培の高い潜在性を有しながらバイオエタノール生産には未だ十分に利用が検討されてはいない。ここで紹介したミジンコウキクサは，出芽・分裂による高い増殖能と穀物類に匹敵する極めて高いデンプン含有量（乾燥重量あたり50%）を示す。この特異な特徴は，水利用に伴う物質フローの末端である下水などの排水の処理水や富栄養化状態の湖沼水などからの栄養塩除去と共に，バイオエタノールへの利用が可能なデンプン資源の生産に寄与するはずである。食糧生産との競合を回避でき，栽培にあたって肥料や農薬も不要で温暖な環境下であれば年間通して連続栽培が可能である上に，デンプン含有バイオマス（チュリオン）の回収には自然沈降を利用できることは，エネルギー利益率[10]にも有利に働くだろう。ミジンコウキクサはこのように他の資源植物にはない特徴を有している。今後，優れた株を探索し実用化に向けた検討が望まれる。

文　　献

1) M. Fujita *et al.*, *Proc. of 6th International Conference on Wetland system for Water Pollution Control*, **569** (1998)
2) M. Fujita *et al.*, *J. Bios. Bioeng.*, **87**(2), 194 (1999)
3) 藤田正憲ほか，富栄養化の防止，植物代謝工学ハンドブック（第6章第5節），エヌ・ティー・エス，713-727 (2002)
4) S. H. Hutner, In Loomis, W. E. (ed.), Growth and differentiation in plants, Iowa State College. Press, 417-446 (1953)
5) 須藤隆一，生物処理の管理164，水，36-1 (501), 82-83 (1994)
6) 藤田正憲ほか，環境科学会誌，**14**(1)，1-13 (2001)
7) K. R. Reddy *et al.*, *J. Environ. Qual.*, **14**, 459-462 (1985)
8) ㈱農業生物資源研究所編，バイオマス植物研究のビジョン―農業生物資源研究所バイオマス植物研究検討会中間とりまとめ― (2008)
9) 柏木孝夫，日本エネルギー学会第１回バイオマス科学会議発表論文集，p.1 (2006)
10) 五十嵐泰夫，平成20年度日本農学会シンポジウム講演要旨，23-26 (2008)

4　光合成微生物を用いたバイオマスの有用物質への変換

原田和生[*1]，平田収正[*2]

4.1　はじめに

産業革命以来，大量生産，大量廃棄型の社会が形成され，地球温暖化や水質汚染などの様々な環境問題が顕在化し，人類の生存基盤が脅かされている。今後，人類は環境保全と経済発展に一定のバランスを保つ，持続可能な発展を実現していかなければならない。持続可能な発展を実現する手段として，リサイクルを取り入れた産業体系の確立が挙げられる。筆者らは光合成微生物を用いた藻類バイオマスおよび廃バイオマスの有効利用技術開発に取り組んできたので，それらについて紹介する。

4.2　藻類バイオマスを原料とした水素生産

緑藻や藍藻などの微細藻類は，高等植物と同様，光エネルギーを利用して大気中の二酸化炭素を固定し，化学エネルギーとして貯蔵する。また，微細藻類を有効利用すれば，本書籍にも記述があるように，重金属（第1章5節），煙道排気ガス（第3章3節）などのような環境汚染物質を環境中から除去することも可能であり，バイオレメディエーションのツールとしても非常に有用である。環境浄化に用いた藻類バイオマスを回収し，バイオマスを有用物質に変換することができれば，物質生産と環境浄化を同時に達成する極めて有用なシステムが構築可能である。

微細藻類などのバイオマスに含まれる有機物を水素に変換できる微生物はいくつか知られているが，その変換率を考えれば，有機酸や糖などを完全に二酸化炭素と水素まで分解できる光合成細菌が最も有利である。例えば，微細藻類バイオマスの主光合成産物であるデンプンについては，理論的には構成糖であるグルコース1 molから12 molの水素を得ることができる。しかし，光合成細菌はデンプンを直接水素生産の基質として利用できないため，バイオマスの水素への効率的な変換を達成するためには，予めデンプンを光合成細菌の良好な水素生産基質となる特定の有機酸に変換する必要がある。そこで我々は，デンプンを有機酸に変換できる発酵細菌と光合成細菌を組み合わせた水素生産システムの構築を目指し基礎検討を行った。

まず最初に，自然界から上記のようなデンプンの有機酸発酵が可能な細菌と有機酸を基質とした水素生産が可能な光合成細菌の共生系を獲得し，これを用いて微細藻類バイオマスを原料とする水素生産を試みた。共生系は，光合成細菌の探索源としてよく用いられるし尿処理場の活性汚泥から選抜した。その結果，表1に示したように，デンプンを原料とした水素生産が可能な共生系が得られた。この共生系の構成細菌については，16S rRNA配列に基づく相同性検索から，通性嫌気性菌*Vibrio fluvialis*，光合成細菌*Rhodobium marinum*および遊走菌*Proteun vulgaris*であることが明らかになった。そこで，上記共生系から単離した*V. fluvialis* T-522と*R. marinum*

＊1　Kazuo Harada　大阪大学大学院　薬学研究科　応用環境生物学分野　助教
＊2　Kazumasa Hirata　大阪大学大学院　薬学研究科　応用環境生物学分野　教授

表1　微生物共生体による様々な有機物を基質とする水素生産
（文献1）の表を改変して掲載）

基質	水素生産（mmol/L）	
	微生物共生体	光合成細菌単体
デンプン	28.3	0.0
グルコース	19.9	21.6
マルトース	17.6	13.4
セロビオース	21.7	0.0
スクロース	18.3	12.3
酢酸	56.1	0.2
乳酸	82.9	37.3
リンゴ酸	26.4	23.5
グリセロール	15.9	8.3

A-501からなる共生系を用いて，代表的な淡水性緑藻*Chlamydomonas reinhardtii*および海産性緑藻*Dunaliella tertiolecta*を原料として，水素生産を行ったところ，それぞれ理論収率の52，22％に相当する水素が生成した[1]。

しかしながら，T-522株によるデンプンの主変換物である酢酸やエタノールは，水素生産の基質としては乳酸やリンゴ酸などに劣るため，A-501株の有する水素生産活性を引き出せていないことが推測された。そこで，水素への変換率と生産速度の向上を図るために，まずデンプンを光合成細菌の最も良好な水素生産基質のひとつである乳酸に変換するプロセスの構築を図った。まず，種々の乳酸菌について文献レベルで基質特異性や乳酸発酵速度について調べたところ，*Lactobacillus amylovorus*がその候補として挙げられた。そこで当該菌株による*C. reinhardtii*および*D. tertiolecta*を原料とする乳酸発酵について検討を行った。その結果，これら藻細胞を前処理することなく生細胞のまま用いた場合でも，それぞれ68および83％のデンプンを乳酸に変換することが可能であった（表2）。電子顕微鏡で観察すると，本菌は藻細胞の内部まで侵入してデンプンを活発に分解しており，このことが無処理の細胞でも高い変換率が得られた理由と考えられる（図1）。さらに，これらの細胞を予め凍結処理により破壊して*L. amylovorus*が容易にデンプンに到達できるようにすると，乳酸への変換率はさらに93および98％まで上昇し，変換速度も有意に上昇した[2]。

続いて，有機酸を水素へ変換可能な光合成細菌を用いて，微細藻類バイオマスの本菌による発酵液を原料とする水素生産を試みた。その結果，水素変換効率，生産速度ともに*R. marinum* A-501株が最も優れていた。

*L. amylovorus*による乳酸発酵とA-501株による水素生産について様々な条件検討を行った結

表2　*L. amylovorus*を用いた微細藻類バイオマスからの乳酸発酵収率
（文献2）の表を改変して掲載）

	淡水性緑藻		海産性緑藻	
	C. reinhardtii	*C. pyrenoidosa*	*D. tertiolecta*	NOA118
乾燥重量（g/L）	76.2	64.9	66.6	82.3
デンプン（g/L）	41.8	23.6	19.0	25.4
乳酸（g/L）	28.3	5.2	15.7	12.0
乳酸収率（%）	67	22	83	47

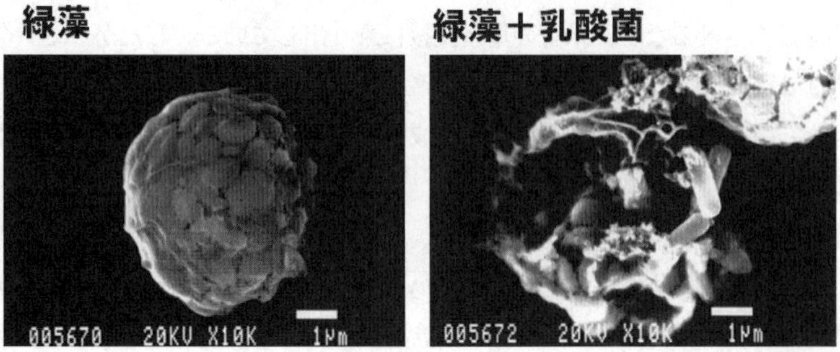

緑藻　　緑藻＋乳酸菌

005670 20KV X10K 1μm　　005672 20KV X10K 1μm

図1　*L. amylovorus*による処理前後の*C. reinhardtii*の電子顕微鏡写真
（文献2）より改変して掲載）

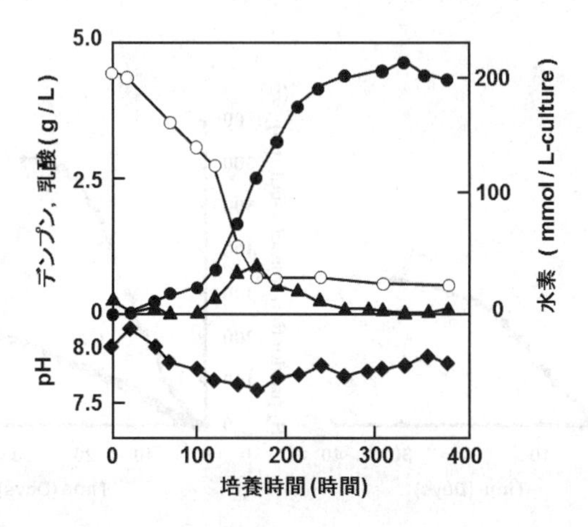

図2　乳酸菌と光合成細菌の混合培養による*D. tertiolecta*
バイオマスを原料とする水素生産
○，●，▲，◆はそれぞれデンプン，水素，乳酸，pHを示す。
（文献3）より改変して掲載）

果，両株の混合培養，すなわち人工的な共生系によって，*D. tertiolecta*バイオマス由来のデンプンから理論値の61％に相当する水素生産が達成された（図２）[3]。また，*D. tertiolecta*バイオマスを原料とした場合，同濃度の可溶性デンプン溶液に比べ，光合成細菌において水素生産を担うニトロゲナーゼ活性がより早く上昇，長時間維持されることが確認されており，本酵素の活性化物質あるいは誘導物質の存在が予想される。

4.3　食品工場排水を原料とした水素生産

米は日本国内で自給可能な数少ない農産物である。国民一人当たりの消費量は激減しているが，バイオ燃料原料としての需要増大などを背景に，穀物の国際相場は高騰しているため，小麦粉代替品として日本国産の「米粉」が脚光を浴び，農林水産省は2009年に米穀の新用途への利用促進に関する法律を成立させるなど，米粉の増産支援に乗り出している。したがって，今後，米粉の生産量が増大することが予想されるが，その生産工程で生成する廃棄物も有効利用できれば，米粉製造業者にとって新規収入源の創製となり，また周辺環境の保全，循環型社会形成に貢献することができる。

米粉製造工程からは高濃度のデンプン，窒素，リンを含有する排水が生成する。当該排水のデンプン量は，前述した人工共生系，つまり*L. amylovorus*と*R. marinum*を用いた水素生産システムにおける最適値に近い１％前後のデンプンを含んでおり，未滅菌，未希釈の排水から水素生産を行うことができる。実際に，当該人工共生系を用いて水素生産を行ったところ，排水のみで350 mmol/Lの水素生成が確認された（図３）。デンプンに対する収率は30％であった。水素生産を促進する効果のある成分を添加すると，短期間で収率60％を達成することができた。さらに，培養後排水の生物化学的酸素要求量（BOD），総炭素量（TOC），総窒素量（TN）を測定した結

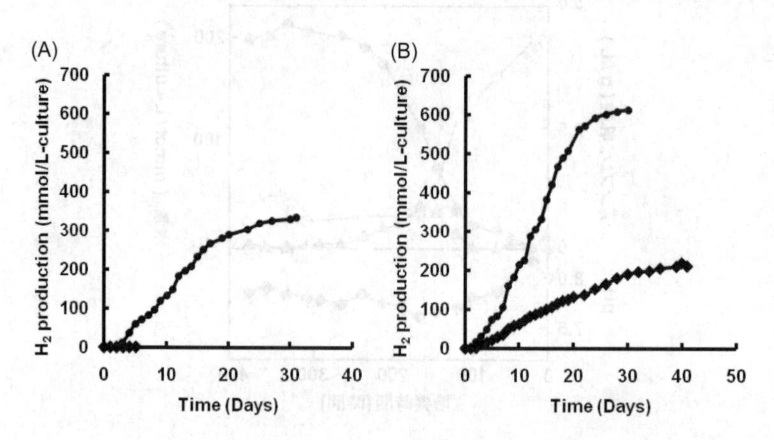

図３　*L. amylovorus*と*R. marinum*から構成される共生系による標準デンプン溶液（◆）および米粉工場排水（●）を原料とした水素生産

(A)水素生産促進因子（グルタミン酸，酵母エキス）を添加しなかった場合，

(B)水素生産促進因子を添加した場合

表3　*L. amylovorus* と *R. marinum* から構成される人工共生系を用いた米粉工場排水処理結果

	処理前（mg/L）	処理後（mg/L）	除去率（%）
BOD	17600	1325	92
TOC	7600	775	90
TN	280	27.5	90
TP	146	90	38

果，元の排水に含まれる含量の8，10，10%まで低下していた（表3）。一方，総リン量（TP）は62%残存しており，環境基準（10 mg/L以下）もクリアできていなかった。リン除去率を向上させるために，*R. marinum* を連続的に添加し，菌体を回収する連続培養系を用いたところ，水素生産はさほど大きく向上しなかったが，リン除去率は93%まで向上し，排水処理手法としては有効な手段であると捉えることができる[4)]。また，生産した水素を工場内で使用するエネルギーとして再利用すれば，消費電力削減も期待できる。しかし，現状では水素生産速度のさらなる向上を達成できなければ，完全な循環型システムの実現は困難であると思われる。

4.4　光合成細菌に蓄積する脂溶性抗酸化物質

有機酸から水素を生成する光合成細菌の多くは，光捕集系としてカロテノイドを豊富に含む。また，電子伝達に必要なキノン類，細胞膜に存在する脂質を光酸化から保護するトコフェロール類を高濃度に蓄積する菌も多数存在する。ちなみに，筆者らが微細藻類バイオマスの水素変換に用いた *R. marinum* は，サプリメントであるコエンザイム Q_{10}（CoQ_{10}）の製造原料として利用されている光合成細菌である。したがって，これらの脂溶性抗酸化物質が水素生産の副産物として培養物から得られることになる。これらの物質を有効利用することができれば，水素生産に係るコストを削減することが可能となる。

まず，有機酸から効率的に水素を生成する代表的な光合成細菌に含まれるキノン類，トコフェロール類の含量，そして，細胞抽出物の抗酸化活性を，通常の継代条件下と水素生産条件下で培養した菌体を用いて比較した。試験に供した光合成細菌は *R. marinum*, *Rhodobactor sphaeroides*, *Rhodobactor capsulatus* である。その結果を図4に示す。いずれの菌においても水素生産条件下において，CoQ_{10} 含量，α-トコフェロール含量，抗酸化活性は有意に上昇した。この結果は，水素生産条件下での脂溶性抗酸化物質生産の有用性を示している。光合成細菌が水素生産を行う生理的意義は，余剰還元力の消費と考えられているが，そのような状態にある細菌では，他の酸化ストレス耐性機構も亢進し，結果，脂溶性抗酸化物質の含量が上昇すると考えられる。

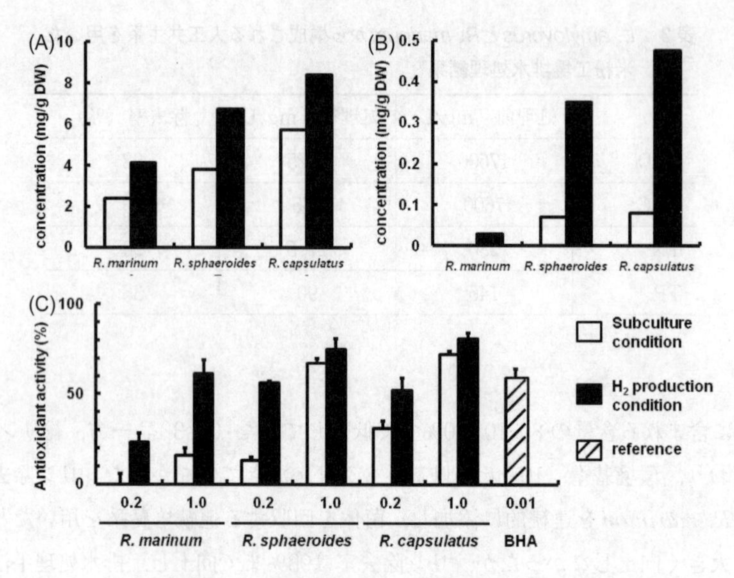

図４　水素生産条件と非生産条件の光合成細菌の脂溶性抗酸化物質含量と抗酸化活性

(A)ユビキノン含量，(B)α-トコフェロール含量，(C)β-カロテン退色法測定結果（添加したβ-カロテンが120分後全く退色しない場合を100％とした）

４．５　米粉工場排水処理と脂溶性抗酸化物質の生産

*R. marinum*は乳酸からの水素生産には適しているが，図４に示す通り，当該細菌よりCoQ_{10}，α-トコフェロール含量が高い光合成細菌が多数存在する。そこで，CoQ_{10}含量が高く，さらに増殖速度，リン除去能も高い*R. sphaeroides* NR-3を広島国際学院大学，佐々木健教授から譲渡して頂き，同様の試験を実施した。まず初めに，米粉工場排水を*L. amylovorus*により乳酸発酵させ，続いて，NR-3株を培養した。その結果，水素発生は認められなかったが，菌体量，抗酸化活性，CoQ_{10}量は非常に高い値となった（表４）。さらにBOD，TOC，TN，TPの除去率も高く，排水処理としての能力も非常に高いことが示された。また，当該システムではすべての処理を３

表４　人工共生系を用いた米粉工場排水処理で回収されるバイオマス

	R. sphaeroides NR-3	*R. marinum* A-501
菌体量（gDW/L）	2.06	1.13
CoQ_{10}（mg/gDW）	0.672	0.153
抗酸化活性（％）*	43.3	21.2

＊β-カロテン退色法により測定。添加したβ-カロテンが120分後においても全く退色しない場合を100％とした。

日で完了することができ，前述の水素生産システムに比べ，非常に短期間で排水処理，再資源化が可能であることが示された[5]。しかしながら，本菌株を*L. amylovorus*と共培養したところ，予想に反して，NR-3株はほとんど増殖せず，デンプンから乳酸への変換のみ進行した。上述の二段階培養系ではNR-3を植菌する段階で，乳酸生成により低下したpHを5付近に調整する必要があった。NR-3株の植菌量を増やせば，生成した乳酸を即座にバイオマスに変換することが可能と考えられるが，現在のところ，それは達成できていない。

4.6　今後の展開

本節では藻類バイオマス，廃バイオマスの再資源化システムについて紹介した。これらのシステムを実用化に漕ぎ着けるためには，環境浄化システムとしてのさらなる効率化，多種多様な汚染物質への対応，培養生成物の付加価値の付与，あるいは他の高付加価値物質への変換などが課題として挙げられる。

特に環境浄化システムの運用コストを賄うことが，システムの汎用化の近道であるので，高付加価値物質の変換は非常に重要なファクターとなる。本稿で述べた脂溶性抗酸化物質の他に，5-アミノレブリン酸などは農作物の生長促進作用があり，魅力的なターゲットである。さらに近年は発展途上国において，家畜，養殖魚介類への抗生物質乱用が問題となっている。特に使用する必要のない抗生物質を多用することにより，残留薬品が人体に影響を及ぼすことが懸念される他，耐性菌が出現し，家畜，魚介類，さらには人に蔓延する可能性が指摘されている。家畜，養殖魚介類の免疫活性を向上させる物質を生産する光合成細菌を育種すれば，これらの問題に貢献できる機能性飼料，餌料の開発が可能となる。飼料，餌料は環境中に放出することになるので，遺伝子工学的手法による分子育種は現状不可能であるが，今日までに収集されてきた光合成細菌のライブラリーを用いたスクリーニングなどは可能である。獣医学，農学分野との連携により，環境浄化と同時に高付加価値機能性飼料，餌料の開発が望まれる。

文　　献

1） A. Ike *et al., J. Biosci. Bioeng.*, **88**, 72（1999）
2） A. Ike *et al., J. Ferment. Bioeng.*, **84**, 428（1997）
3） H. Kawaguchi *et al., J. Biosci, Bioeng.*, **91**, 277（2001）
4） 山本庸介ほか，日本農芸化学会大会講演要旨集，p.24（2007）
5） 館下麻由美ほか，日本農芸化学会大会講演要旨集，p.329（2009）

5　海産性植物バイオマスの資源化およびその生産

三島康史[*1]，伊佐亜希子[*2]

5.1　海産性植物の分類および海域の特徴

陸域と同様に海域にも様々な植物群が生息する。本節では，分類学上の分類に基づき，植物群を論ずるのではなく，バイオマス資源として利用することを念頭においているので，植物体の大きさやその特徴を加味し，分類して論ずることとする。表1に示すように，先ず大きく分けて海草類と海藻類とに分類される。日本語では「かいそうるい」と同じ発音であるが，全く異なった分類群である。海草類は，種子植物であり顕花植物とも呼ばれ，一度上陸した種子植物が海域に回帰したものと考えられる。アマモは，海域に生息する種子植物の代表であり，沿岸域で一般的に見られる。一方，藻類は水域に生息する植物群のうち，胞子を形成して世代交代を行う植物群である。

海藻類をそのサイズで分類する場合，大きな物を大型藻類，小さな物（顕微鏡で観察可能な物）を微細藻類と呼ぶ。大型藻類は，日本人は古来より食用として利用してきたので，なじみ深い。コンブやワカメなどは「褐藻類」，アオサやアオノリは「緑藻類」，オゴノリやテングサは「紅藻類」と呼ばれ，主に「個体の色合い」によって分けられる。微細藻類は海域の主な一次生産者であり，水中で浮遊生活している種を，特に植物プランクトンと呼ぶ。

陸域の植物は土壌中の根から水と栄養を吸収し，空中の葉部で光合成を行い生長するが，海産性植物類は，全身から栄養を吸収し，水中の葉部で光合成を行い生長する。これら植物群が生長するにも，窒素（N），リン（P）などの栄養を要求するが，それらの濃度（海水中に溶けている無機態のNおよびPの濃度）は，ppbレベルである。沿岸域に比べ，栄養濃度の高い海洋深層水でさえ，無機態のN濃度は560 ppb（40 μmol/L），P濃度は93 ppb（3 μmol/L）程度である[1)]。1970年代以降，日本の沿岸域は富栄養化してきた。しかしながら，富栄養化と言っても，N，P濃度が

表1　海産性植物の分類（分類学上の分類ではない）

分類			代表種
海草類			アマモ
海藻類	大型海藻	緑藻類	アオサ，アオノリ
		褐藻類	コンブ，ワカメ
		紅藻類	オゴノリ，テングサ
	微細藻類		珪藻，鞭毛藻類など

＊1　Yasufumi Mishima　㈱産業技術総合研究所　バイオマス研究センター　バイオマスシステム技術チーム　主任研究員

＊2　Akiko Isa　㈱産業技術総合研究所　バイオマス研究センター　バイオマスシステム技術チーム　産総研特別研究員

ppbレベルで高いと言っているのであって，決して，数ppmレベルにまで上昇したことを意味していない。つまり，富栄養化した沿岸域といえども，海域の栄養濃度は非常に希薄なのである。ただし，ppbレベルだから問題無いのではなく，ppbレベルで高くなることにより，様々な問題が発生することを認識しておかなければならない。

5.2　大型藻類バイオマスの生産および利用

5.2.1　何をどこで生産すべきか

海産性の植物の中でも，大型海藻類には様々な色素類（フコキサンチンなど）が含有されており，健康食品として注目されているものも多い[2)]。生産・貯蔵物質として，褐藻類はラミラナン，マンニトール，紅藻類では，グルコースがα1-4，α1-6，α1-3結合した紅藻デンプン，グリセロールにガラクトースがα結合したフロリドシドなどである。褐藻類や紅藻類は，粘質物として，アルギン酸，フコイダン，アガロース，カラーギナンなど有用な物質を含有している[2)]。褐藻類のフコイダンや紅藻類のアガロオリゴ糖の抗ガン作用についても報告されており，一部は医薬品として既に販売されている。その他多数の有用成分が，食品添加物，医薬品，化粧品など幅広い分野で利用されている[2)]。海藻類を直接食品として利用する文化圏は限られており，世界の海藻生産の多くは，様々な工業原料として既に使われている。

これら大型藻類をバイオマス資源として利用する際，その有機物組成の詳細を把握しておく必要がある。図１に日本で得られる各種藻類の組成を示した[3)]。含有量は，灰分を除いた有機物当たりの含有量とした。種や処理方法によって若干組成は異なるが，全ての分類群で炭水化物が60～80％，粗タンパク質が20～30％，粗脂質は10％以下となる。大型海藻類は炭水化物の含有量が高いので，硫酸や酵素で加水分解し，単糖類にしてやれば，生物変換で様々な物質に変換可能なように見える。しかしながら，褐藻類や紅藻類が含有する有用多糖類は既に食品添加物，医薬品，化粧品など幅広い分野で利用されている[2)]ので，筆者らはエネルギーやその他のマテリアル生産には，向かないのではないかと考えている。一方緑葉類は工業的にほとんど利用されていない。

また，エネルギーやマテリアルなどの資源として利用するためには，バイオマスを周年にわたり，安定的に供給する必要がある。熱帯・亜熱帯域は周年にわたり，温度が高く様々なバイオマス生産が高い地域であり，安定的にバイオマス供給が可能であると考えられるが，栄養が少ない。栄養が多い中・高緯度の外洋や外洋に面した海域で生産しようとすると，台風や嵐により生産システムが簡単に破壊されてしまい，回収不能となる。これが，1970年代に開始された米国のジャイアントケルププロジェクト（大型褐藻類を生産し，エネルギーとしてメタンを回収する考え方）の最大の課題であった[4)]。

上記問題を整理すると，①外洋域や外洋に面した海域ではなく，閉鎖海域で生産する必要がある，②大型緑藻類がエネルギー，マテリアル資源として適している，③バイオマス生産の季節変動を考慮し，熱帯および亜熱帯域で生産する方が良い，との結論が得られる。

これらの条件を満たす海域の一つとして，東南アジア諸国の水産養殖場が挙げられる。東南ア

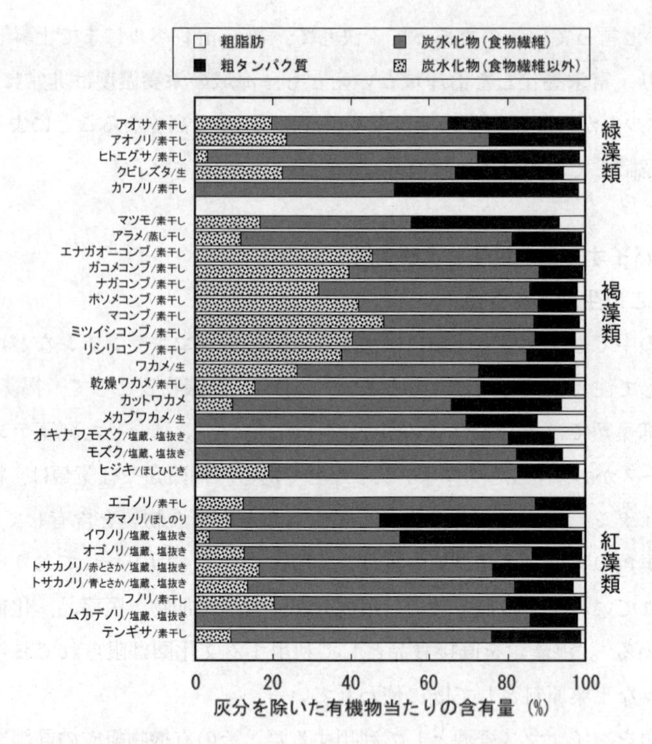

図１　各種藻類の有機物含有量（食品成分分析表[3]により算出）

ジア諸国の水産養殖場は，閉鎖系のポンド式であり，赤道域に近いため，巨大台風が上陸することはほとんど無く，養殖現場でも大型緑藻類が繁茂する現象が見られる。更に，養殖ポンドの排水中には高濃度の栄養塩類（窒素，リン）が残存し，水環境問題が深刻である。つまり，生産のために肥料を投入する必要が無いだけでなく，大型緑藻類が栄養塩類を取り込むことにより，環境浄化能力も見込める。

本項では，東南アジア諸国の水産養殖場で大型緑藻類を生産し，生産した大型緑藻類バイオマスを，エネルギーやマテリアル資源として利用するシステムについて述べる。

5.2.2　大型藻類バイオマスの生産

大型緑藻類の代表としては，沿岸域の干潟などで，干潟を覆いグリーンタイドを形成する「アナアオサ」が有名である[5]。上記のように，緑藻類は褐藻類や紅藻類のように工業的に有用な成分が少なく，貯蔵物質はデンプンであり，比較的単純な生物群集である。しかしながら，グリーンタイドを形成することからも分かるように，その成長速度は速いと予想される。能登谷[5]は，日本各地のアオサを用いた研究の結果，成長速度が速く，単位面積当たりの生産力は最大で17 g/m^2/dayであり，更に栄養塩類の吸収能力も高いと報告している。しかしながら，沿岸域でグリーンタイドを形成するアナアオサ類は，現場海域では大増殖するが，人工的に胞子を放出させ，実験系で世代交代させることに成功していない。つまり，人工的に生産（養殖）することが，困難な種である。

筆者らは，熱帯・亜熱帯域で生産可能な大型緑藻類バイオマス資源として，沖縄県石垣島において大型緑藻類*Enteromorpha* spp.を採取し，その増殖特性の一部を明らかにした。本種は実験室内で世代交代可能な種であり，我々の実験室では，世代交代させながら２年以上継続培養している。東南アジアなどの熱帯・亜熱帯域の水産養殖現場において，大型緑藻類を水処理として利用可能かどうかを把握するために，各種塩分濃度における*Enteromorpha* spp.の増殖特性を明らかにした。ポンド式水産養殖現場の塩分濃度は，非常に広範囲であり，５～30 psuである。

培養条件は以下である。

• 培養条件

培養容器：10Ｌガラスケース。簡単なアクリル製プレートで蓋をした。

培地量：７L（滅菌処理無し）

培地：IMK培地（窒素源はアンモニア態窒素（NH_4-N）として100 μMになるように加えた）

水温：25℃

光量：800 μmol/m^2/s

明暗条件：15時間（明），９時間（暗）

培養期間：４日

初期藻体量：0.1～0.2ｇ（湿重量）

塩分濃度：５，10，20，30 psu（太平洋海水は35 psu程度）

通気：通常空気でバブリング（１～２L/min.）

実験期間中の藻体重量変化を図２および表２に示す。４日間の培養実験中，全ての条件で藻体重量は指数関数的に増加していることがわかる。藻体重量変化から求めた*Enteromorpha* spp.の比増殖速度（μ）は，0.55～0.92であった。この値から生物量が２倍になる日数（倍化日数：t_d）を計算すると，0.8～1.3日であった。わかりやすいように，この値を成長速度（１日で何％生物量を増加させるか）で示すと，73～150％/日となる。微細藻類などで，１日当たり１分裂する場合の成長速度は100％/日である。本種の成長速度は，微細藻類に匹敵する大きさであることがわかる。また，沿岸海水の塩分の１/６～１/７の汽水域でも成長可能であり，非常に広範囲な塩分濃度で，非常に高い生産速度を有することが判明した。

本実験では，初期藻体量が0.1～0.2ｇ/７Lとした。初期藻体量が非常に低いように感じるかもしれないが，水分含有量90％と仮定すると，1.4～2.9 mg-DW/L（DW：乾重量）である。有機炭素量を乾重量の50％，有機炭素／クロロフィルa比（C/Chla比）を50と仮定すると[1] 0.7～1.5 mg-C/L，14～30 μg-Chla/Lとなる。最終的には，1.3～5.0ｇまで上昇しているので，9.3～36 mg-C/L，190～700 μg-Chla/Lとなっていた。微細藻類に換算すると，初期藻体量は海水の着色現象が発生する「赤潮」と同レベルであり，最終的には，天然の沿岸海域では考えられないほどの超高濃度の赤潮と同等である。

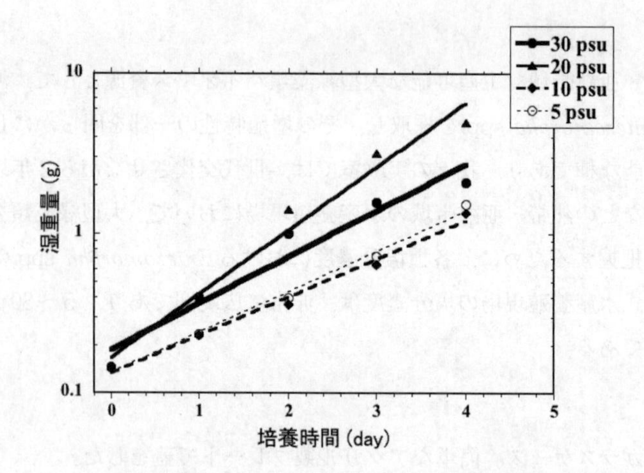

図２　大型緑藻類室内培養実験における藻体重量変化

表２　各塩分条件における大型緑藻類（*Enteromorpah* spp.）の比増殖速度，倍化時間および成長速度

塩分	初期藻体重量 W_0(g)	比増殖速度 μ	倍化時間 t_d(:day)	成長速度 (%・day^{-1})
30 psu	0.187	0.670	1.03	95
20 psu	0.167	0.917	0.76	150
10 psu	0.133	0.549	1.26	73
5 psu	0.135	0.582	1.19	79

比増殖速度は以下の式で求められる。
$W_t = W_0 \cdot e^{\mu t}$
W_0: Initial wet weight (g),
Wt: Wet weight after t days (g),
t: Time (day),
μ: Specific growth rate

また，本種を日本国内ではなく，東南アジアなどの熱帯・亜熱帯域の水処理として利用可能かどうかを把握するために，窒素源として非常に高濃度のNH_4-Nを加えた培養実験を実施した。通常数100 μMのNH_4-Nは，水生動物に対して，毒性を有し，一般の植物プランクトンに対しても増殖抑制効果を示す。

培養条件は前述と同様であるが，窒素源としてNH_4-Nを100～13,000 μMになるように加えた。

実験結果を表３に示す。３日間の培養実験中，全ての条件で藻体重量は指数関数的に増加した。全ての塩分濃度で，初期NH_4-N濃度が増加すると，比増殖速度は低下した。しかしながら，30 psuでは6,000 μM，10 psuでは2,000 μM，５psuでは1,000 μMでも成長可能であった。ここで初期藻体重量１gによる３日間のNH_4-Nの取り込み速度を見ると，30 psuでは2,000～5,000 μmol/3days/g-initial WW（initial WW：初期温重量），10 psuおよび５psuでは1,000 μmol/3days/g-initial

表３　塩分濃度，初期アンモニア態窒素濃度による，Enteromorpha spp.の増殖特性

塩分（psu）	初期NH4-N濃度（μM）	比増殖速度 μ	倍化時間 t_d（:day）	成長速度（％/day）	初期藻体重量W_0（g）
30	100	0.862	0.80	137	0.136
	570	0.911	0.76	149	0.137
	1,100	0.607	1.14	84	0.136
	1,200	0.462	1.50	58	0.132
	2,200	0.470	1.47	60	0.120
	2,400	0.348	1.99	42	0.113
	6,000	0.146	4.75	16	0.113
	13,000	-	-	-	0.119
10	200	0.360	1.93	43	0.345
	500	0.401	1.73	49	0.330
	1,000	0.275	2.52	32	0.347
	2,100	0.259	2.67	30	0.326
	5,100	0.001	-	-	0.346
5	200	0.219	3.17	24	0.300
	500	0.101	6.89	11	0.295
	1,100	0.159	4.36	17	0.308
	2,100	0.054	12.80	6	0.289
	5,500	0.098	7.06	10	0.289

WW程度であった。

これらの実験から，*Enteromorpha* spp.は非常に高いNH_4-N濃度でも，広範囲の塩分で増殖可能であり，非常に高いNH_4-N取り込み速度を有していることがわかった。数mMのNH_4-N濃度でも成長可能であることは，高濃度NH_4-Nを有する食品工場の排水などでも，水中のNH_4-Nやリンなどを取り込み，十分成長するポテンシャルを有していることを示し，工場排水（淡水）を海水に混合すれば，水処理を行う植物として非常に有望であることが明らかとなった。

5.2.3　大型藻類バイオマスの資源化

伊佐ら[6]は，東南アジアおよび日本で採取した大型緑藻類を濃硫酸法により分解し，中性糖組成の比較を行った。結果を図３に示す。全ての種でグルコースが主成分であるが，*Enteromorpha*（アオノリ類）や*Ulva*（アオサ類）では，陸上植物では見られないラムノース，*Cheatomorpha*や*Cladophora*ではアラビノースが，*Caulerpa*（ウミブドウ）ではキシロースの含有割合が高い。*Enteromorpha*や*Ulva*ではセルロースやヘミセルロースを含む全グルコースに対する貯蔵デンプンの割合は高いが，*Cheatomorpha*や*Cladophora*では，その割合が低い。ラムラナンやキシランが多い種では，それらの有効利用を考えることも必要であるが，これら緑藻類の多糖成分を資源として利用する場合，陸上植物と異なり，リグニン除去の必要がないことは，大きなメリットとなる。

シュガープラットホームによる微生物変換を行い，有用物質を生産するためには，含有する多

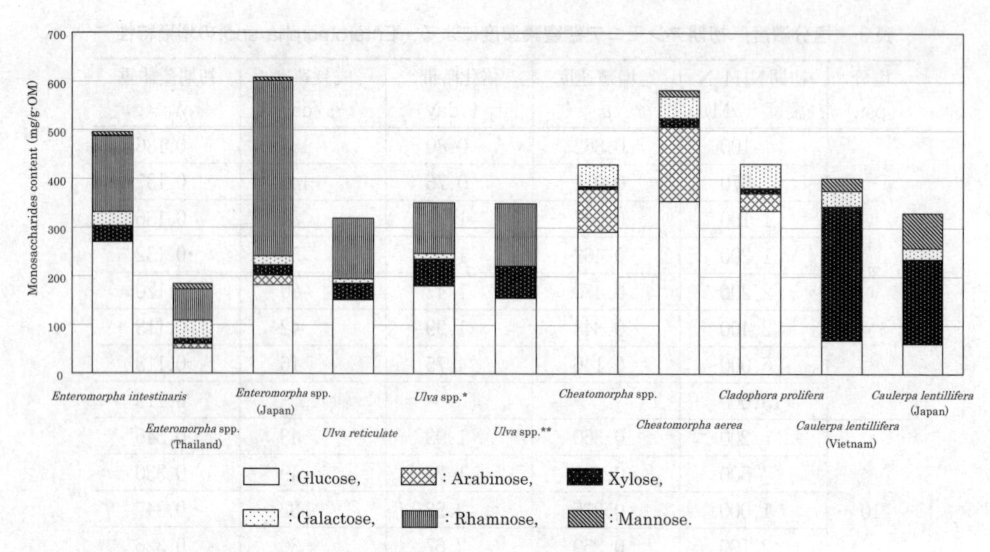

図3　日本，タイ，ベトナムで採取した10種の大型緑藻類の中性糖組成（伊佐ら2009）
縦軸は灰分を除いた有機物当たりの含有量（mg/g-OM）で示した。

糖類を単糖類に分解する必要がある。伊佐ら[6]は，日本で採取した*Ulva* spp.を用い，市販のセルラーゼ（明治製菓製，アクレモニウムセルラーゼ，酵素活性：322 FPU/g）による酵素糖化実験を行った。藻体をpH 5（0.1 M酢酸緩衝液）中で，120℃，20分の非常に簡便なオートクレーブ前処理により，セルラーゼによる酵素糖化率が95％以上であると報告している。オートクレーブによる前処理を行わない場合でも，セルラーゼによる酵素糖化率が88％程度であり，セルラーゼによる酵素糖化は非常に高効率であり，容易に微生物変換可能なグルコースへの変換が可能であった。

大型緑藻類の主要中性糖はグルコースであり，また構成するセルロースのセルラーゼによる単糖類への変換が容易であることから，エネルギーを含む様々な資源に変換可能であると考えられる。実際，伊佐ら[6]は，酵素糖化後，エタノール発酵を行った結果，エタノールへの変換効率は90％であったと報告している。

5.2.4　メコンデルタにおける生産ポテンシャル

ここで，大型緑藻類をメコンデルタの集約的エビ養殖場で生産した場合，どれくらい大型緑藻類を生産可能か試算したその結果，年間約6万トン有機物の大型緑藻類の生産が可能と計算された[7]。

図2で示したように*Enteromorpha*，*Cheatomorpha*や*Cladophora*のグルコース含有率は300 mg/g-OM程度[6]であるので，1 ton-有機物中には300 kgのグルコースを含有する。セルラーゼによる酵素糖化率を90％とすると，300 kg×0.9＝270 kgのグルコースが得られる。ここで，エネルギー物質としてバイオエタノールの生産を目指したとする。エタノール発酵では，理論的にはグルコースの約50％の重量のエタノールが得られる。エタノール発酵効率90％とすると，270 kg/2×0.9＝120 kgとなり，1 ton-有機物の緑藻類から120 kgのエタノールを製造することが可能である。つまり，6万トン有機物／年の大型緑藻類からは，たった7,200 ton/年のバイオエタノールしか生

産できないことになる。技術開発で大型緑藻類の中のラムノースをエタノールに変換できたとしても，14,000 ton/年のエタノールしか生産できない。

現在，新エネルギー・産業技術総合開発機構（NEDO）における目標は40円/L程度での製造である。エタノールの比重は約0.8であるので，50円/kgである。14,000 tonで約7億円にしかならないので，経済的に成り立つかどうか疑問である。

5.3　どのようなシステムを目指すべきか

エネルギー生産（バイオエタノール）のみを目指して，大型緑藻類を生産することは，困難であろう。大型緑藻類バイオマスをマテリアルとして利用することは不可能なのだろうか。現在の海藻の利用方法だけでなく，過去の利用方法を鑑みると，利用の可能性が見えてくる。

化学肥料が安価に入手可能になるまで，世界中で海藻（草）類は，農業用の肥料として利用されていた[8]。日本も例外ではない。昭和30年広島県の漁獲統計資料[9]から推測すると，瀬戸内海だけでも年間4,000 ton-DWのアマモを農業用肥料として使い，日本全国では少なくともその数倍程度は，利用されていた可能性がある[10]。

平塚ら[11]は，化学肥料が発達する以前の全国の淡水，汽水湖におけるモク採り（草藻類を採取し，農業用の肥料として使うことを示す）の状況を，現地聞き取り調査，統計資料から推定している。水分含有量を80%程度とすると，年間100,000～200,000 ton-DW程度の草藻類を農業用肥料として使っていたことになる。

農業生産用の窒素肥料製造は，大気中の窒素ガスからの化学合成手法が確立されている。本技術の確立により，世界の農業生産が飛躍的に向上したが，本化学合成システムは多量のエネルギーを必要とする。例えばハーバー・ボッシュ法によりアンモニアを化学合成するためには，アンモニア1kg当たり約28 MJのエネルギーが必要である。現状の窒素循環を考えると，化学合成された窒素肥料を使って農業生産などを行い，家畜や人類が消費した後水処理を行い，環境中へと放出している。日本などが実施している高度水処理では，排水中の窒素分を脱窒し窒素ガスへと変換している。つまり，窒素肥料の生産と，最終的な水処理の両方で多量のエネルギーを使っていることになる。本システムは，安価なエネルギーを大量に使うことが可能な現状では，経済的に成り立っているが，将来的には，非常に危ういシステムではないかと，筆者らは考えている。

また，リン肥料は，現在枯渇が憂慮されており，国際的な戦略物質の一つとして挙げられており，鉱物資源からの一方的な略奪システムではなく，循環させて再利用するシステムを構築する必要がある。

エネルギー問題・食料問題・水環境問題を包括して考え合わせると，現在の水処理システムに，草藻類バイオマス利用技術を組み込むことも考えられる。現在，最も低いコストで簡便な水処理システム（活性汚泥法）によるは，水中のBOD（生物化学的酸素要求量：有機物量の指標となる）を1kg減少させ，汚泥中に濃縮するために，2～3 kWhもの電気エネルギーを必要とする。日本や先進国では，当然のこととして水処理を行っているが，新興国や発展途上国では，この膨大なエネルギーを支払うことができず，ある意味「垂れ流し」状態である。今後，全ての排水を処理するとなると，エネルギー需要は更に拡大するであろう。排水中のN，Pを大型海藻に吸収させることにより水処理を行い，成長した大型海藻バイオマスからメタン発酵などによりエネルギーを取り出し，システムのエネルギーとして使う。エネルギーを取り出した残さは，農業用の肥料などとして，再利用する。その際，効率的にエネルギーを取り出すことに労力を払うのではなく，「エネルギーはラッキーボーナス」として扱う。エネルギーが余れば，地域で使う考え方である。このシステムを使う事により，純粋に取り出せるエネルギーが無くても，「水処理エネルギーの削減」に大きく貢献し，肥料生産の低エネルギー化にも貢献できるであろう。結果的には，バイオマスエネルギーを効果的に使ったことになる。見かけ上，取り出せるエネルギーを見るだけでなく，システム全体を考えれば，エネルギー的に大きなメリットが出てくるはずである。

システム工学的な効率のみを追求するエネルギー，マテリアル利用ではなく，多面的に海域の藻（草）類の機能を利用し，有効利用するシステムを構築することこそが，藻（草）類バイオマス利用のあるべき姿と考える。

文　献

1） 西村雅吉編，角皆静男，乗木新一郎著，「海洋化学一化学で海を解く」，産業図書，pp.286（1983）
2） 大野正夫，「有用海藻誌」，内田老鶴圃，pp.575（2004）
3） 文部科学省，「五訂増補日本食品標準成分表」，（http://www.mext.go.jp/）（2005）
4） M. NEUSHUL, B. W. W. HARGER and J. W. WOESSNER, “Laboratory and nearshore field studies of the giant California kelp as an energy crop plant”, 1981 Int Gas Res Conf, pp.699-708（1982）
5） 能登谷正浩，「アオサの利用と環境修復（改訂版）」，成山堂書店，pp.171（2001）
6） 伊佐亜希子，三島康史，滝村修，美濃輪智朗，「大型緑藻からのエタノール生産に関する検討」，日本エネルギー学会誌，88，p.912-917（2009）
7） Y. Mishima, A. Isa, Thom Thi Dan, HOA Thi Nguyen, T. Minowa, POTENTIAL OF BIO-ENERGY PRODUCTION FROM MACRO GREEN ALGAE, AND MITIGATION OF WATER ENVIRONMENT, Proceedings of The Renewable Energy 2010, P-Bm-47,（2010）
8） 新崎盛敏，新崎輝子，「海藻のはなし」，東海大出版会，pp.228（1978）
9） 広島県，広島県の漁獲統計資料，（1955）
10） 三島康史，藻類バイオマスの資源化と実現可能性，p.66-76，（2010），サイエンス＆テクノロジー㈱編，「未利用バイオマスの活用技術と事業性評価」，pp.387（2010）
11） 平塚純一，山室真澄，石飛裕，「里湖モク採り物語　50年前の水面下の世界」，生物研究社，pp.141（2006）

6　ミネラル輸送系強化による不良栄養土壌環境でのバイオマス増産

三輪京子*

6.1　はじめに

産業資源としての植物バイオマス生産は食糧生産と競合しないようにする必要があり，かつ低エネルギー投入で高生産させることが重要である。そのため，食糧生産に適さない肥沃度の低い問題土壌において高い生産性をもつ植物の開発・利用が重要な課題の一つである。肥沃度の低い不毛な土壌における植物の安定的な生産の実現は，土壌流出・劣化を防ぎ，耕作を通じた環境の保全に結びつくと考えられる。

植物は土壌から無機栄養（ミネラル）を自身の栄養として吸収し，炭酸固定を行う。世界の問題土壌における植物生産の主な制限要因に，必須元素の欠乏と有害元素の存在による障害が挙げられる。本節では，近年モデル植物（シロイヌナズナ・イネ）の研究をもとに急速に明らかにされてきた植物のミネラル輸送の分子機構を鉄，アルミニウム，ホウ素について述べる。さらに，ミネラル輸送系改変によって不良栄養環境に耐性を示す植物の作出の成功例を紹介する。

6.2　石灰質アルカリ土壌における鉄欠乏耐性植物の作出

鉄は全ての生物に必須な金属元素である。鉄は土壌中に多量に含まれている金属であるが，三価鉄Fe(III)の水酸化物の溶解度積は1×10^{-38}であり，溶解度が極めて低い。中性水溶液中では三価鉄Fe(III)は10^{-17}mol/L程度しか溶解しない。好気条件の土壌では鉄は酸化されFe(III)となり，Fe(III)は極めて不溶性であるため，植物が利用できない。Fe(III)の溶解度は水酸化物イオン濃度の高いアルカリ土壌でさらに低くなる。そのため世界の陸地の約３割を占める石灰質アルカリ土壌では，鉄欠乏症が植物生産の主要な制限要因である。植物の鉄欠乏症状は葉のクロロフィル含量の低下と葉緑体の発達抑制であり，特徴的な症状は若い葉の葉脈の間のクロロシス（黄色化）である。結果として光合成量は低下し，植物のバイオマス生産量が低下してしまう。

6.2.1　植物における鉄吸収の分子機構

植物は土壌中の不溶化した三価鉄を得るための戦略をもち，植物種によって，Strategy IとStrategy IIと呼ばれる二つの異なる鉄吸収機構を発達させてきた（図１）。非イネ科植物ではStrategy Iと呼ばれる機構をもっている。Strategy Iは三価鉄を還元し，生じた二価鉄を吸収するという機構である。植物根から根圏へH^+-ATPaseによってプロトンが分泌され，不溶態三価鉄Fe(III)の可溶化を促進させる。植物根の表層に存在する三価鉄還元酵素によって，二価鉄Fe(II)が生成され，根細胞膜に存在する二価鉄吸収の輸送体（IRT1）によって細胞内に取り込まれる。

一方，イネ，ムギ，トウモロコシなどが属するイネ科植物はStrategy IIと呼ばれるしくみを発達させている。Strategy IIは Fe(III)をキレートによって可溶化し鉄ーキレート錯体を直接細胞

* Kyoko Miwa　北海道大学　創成研究機構　北大基礎融合科学領域リーダー育成システム　特任助教

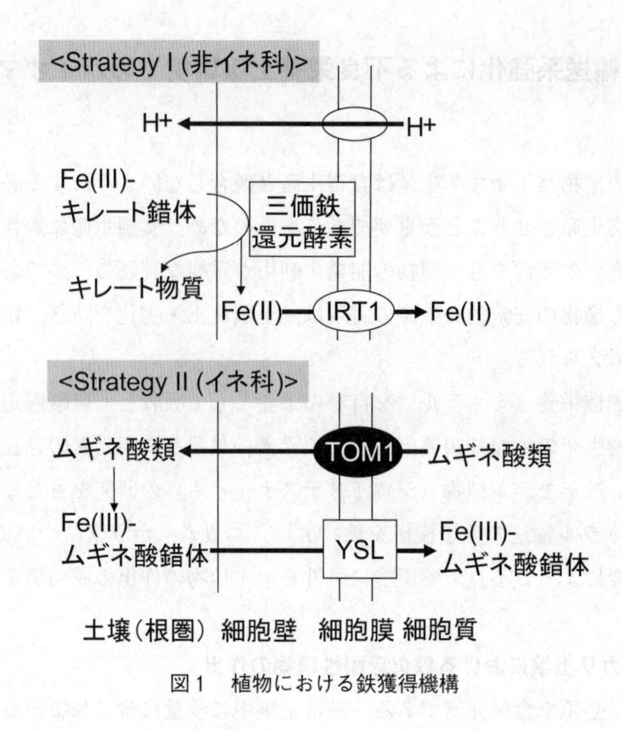

図1　植物における鉄獲得機構

内に取り込むものである。イネ科植物は鉄欠乏条件下で，ムギネ酸類と呼ばれるシデロフォアをムギネ酸排出輸送体（TOM1）を介して根圏に分泌し，Fe(III)-ムギネ酸錯体を形成させ可溶化する。植物根の細胞膜に存在する鉄ームギネ酸トランスポーター（YS1, YSL）を介して細胞内にこの錯体を取り込む。これに加えて，プロトカテク酸などフェノール類の分泌によって細胞外（アポプラスト）に沈積した三価鉄の可溶化も行う。Strategy IIの中核的な役割を担うキレーターはムギネ酸類である。ムギネ酸は岩手大学の高城博士によって発見され命名された一群のアミノ酸であり，英語でもmugineic acidsと呼ばれている。デオキシムギネ酸（DMA）などのムギネ酸類は，L-メチオニンを出発物質として，ニコチアナミン（NA）を経て合成される。NAを合成するNA合成酵素（NAS）までの経路は非イネ科以外の植物にも存在し，NAからアミノ基を転移しDMAの前駆体を合成するニコチアナミンアミノ基転移酵素（NAAT）から下流はイネ科植物特有の経路と考えられている。

6.2.2　ムギネ酸合成系酵素の発現上昇による鉄欠乏耐性植物の作出

ムギネ酸合成を担うNASとNAATの酵素活性は各種のイネ科植物の鉄欠乏耐性と正の相関をもつことが報告され，NAとNAATが担う反応がムギネ酸合成の律速段階の一つと考えられている。イネ科植物で鉄欠乏耐性に強いオオムギから単離した*HvNAAT*ゲノム断片をイネに導入した形質転換イネが作出された[1]。この*HvNAAT*導入形質転換イネでは，*HvNAAT*の発現が鉄欠乏で誘導され，高いNAAT活性とムギネ酸類の分泌の増加が観察された。結果として鉄欠乏耐性の上昇が観察され，温室内でのアルカリ土壌を用いた試験で非形質転換体に対して4.2倍の地上部乾物重の増加が見られた。この結果によりムギネ酸分泌による鉄吸収機構を強化することにより，植物に鉄欠乏耐性／アルカリ土壌耐性を付与できることが示された。

6.2.3　三価鉄還元活性の上昇による鉄欠乏耐性植物の作出

非イネ科植物であるシロイヌナズナで三価鉄還元を担う三価鉄キレート還元酵素FRO2を過剰発現する形質転換シロイヌナズナが作出された[2)]。*FRO2*のmRNAの蓄積は常時高いレベルで検出されたが，酵素活性は鉄欠乏条件下でのみ検出され，*FRO2*が転写後制御されていることが示された。そして，FRO2過剰発現体は鉄欠乏耐性が上昇していることが示され，三価鉄キレート錯体の還元の過程がStrategyIにおける律速段階であることが示された。

これに基づき，シロイヌナズナFRO2を過剰発現する形質転換ダイズが作出され，鉄欠乏条件下での鉄欠乏耐性の向上が明らかにされた[3)]。しかし，転写後制御は見られず，構成的なFRO2の発現はコントロール条件（鉄十分条件）でのバイオマス量の低下を引き起こしていた。これは，導入する遺伝子の発現・活性制御の重要性を指摘している。

石丸らは三価鉄還元活性を高めるStrategy Ⅰの強化がイネ科植物においても鉄欠乏耐性付与に有効であることを示した[4)]。高いpHでも高い酵素活性を有するよう改変された酵母Fe(III)-キレート還元酵素refre1/372を，鉄欠乏誘導性である*OsIRT1*プロモーターに連結したコンストラクトがイネに導入された。導入遺伝子の発現は鉄欠乏条件下の根で誘導され，高い鉄吸収能が確認された。石灰質アルカリ土壌を用いた温室栽培において形質転換イネは2倍の地上部生長量と7倍近い収量の増加を示した。

6.2.4　鉄欠乏応答を制御する転写因子の発現改変による鉄欠乏耐性植物の作出

小林らは，イネにおいて鉄欠乏応答シス配列IDE1に結合する転写因子IDEF1を同定した。鉄欠乏誘導性*IDS2*プロモーター制御下でIDEF1を発現する形質転換イネを作出したところ，IDEF1発現形質転換イネでは鉄欠乏条件下でのクロロシスの低減が観察され，生育の増加が観察された[5)]。IDEF1の過剰発現は鉄欠乏誘導性転写因子OsIRO2の発現上昇を引き起こし，鉄欠乏応答性遺伝子群の発現上昇が鉄欠乏耐性に結びついたと考えられる。また，この転写因子OsIRO2を過剰発現させた形質転換イネについてもpH 8.5の石灰質土壌において鉄欠乏耐性を示した。生育11週間後の地上部バイオマス量は野生型株の2倍に上昇していた[6)]。

これらの研究例は植物がもつ鉄獲得機構・鉄欠乏応答反応の強化を通じて，もともと土壌に存在する鉄をより多く利用できるようになった実証例である。これらの手法を様々な植物への応用は世界の石灰質アルカリ土壌での高生産性植物の開発につながると考えられる。その一方でダイズでの研究例からわかるように，植物種に応じた制御機構などの解明を進めていく必要もあると考えられる。

6.3　酸性土壌における植物のアルミニウム毒性に対する耐性機構

地球上の熱帯や亜熱帯地域に主に存在するpH 5以下の酸性土壌ではアルミニウム（Al）毒性が植物の生育の主要な制限要因となっている。Alは地球上に最も多く存在する金属であるが，酸性条件下に置かれるとAl^{3+}イオンとなり溶出する。このAlイオンは根の生育を抑制し，水分や栄養の吸収を阻害し，植物の成長量を低下させる。酸性土壌は全世界の耕作地の３割から４割を占めており，Al毒性は乾燥に次ぐ世界の農業生産を制限する要因である。

植物種のなかにはAl毒性から植物体を防御する機構を備えたものがある。防御機構の一つは，有機酸やフェノール化合物などのAl^{3+}イオンのキレート物質との複合体形成による体外と体内での無毒化である。よく調べられているのは根からの有機酸分泌である。Alに応答してリンゴ酸，シュウ酸，クエン酸が根から分泌されるが，有機酸の種類やAlに対する応答時間は植物種によって異なる。近年，有機酸分泌を担うアニオンチャネル／トランスポーターの分子実体が明らかにされ，これらがAl毒性耐性を決定する因子であることがわかってきた。これら輸送体を用いた酸性土壌での植物生産向上の手法が開発されてきている。Al耐性植物作出の取り組みの詳細はRyanらによる総説[7]を参照されたい。

6.3.1　Al依存的な有機酸分泌を担うリンゴ酸輸送体とクエン酸輸送体の同定

コムギのAl毒性の異なる品種を用いた解析から，細胞膜に局在するリンゴ酸輸送体ALMT1が同定された[8]。同定されたALMT1をオオムギで発現させたところ，形質転換オオムギではAl依存的なリンゴ酸分泌が起こり，水耕栽培と酸性土壌の双方の試験でAl毒性耐性の上昇が観察された。また，ALMT1を過剰発現させたコムギのAl耐性の上昇が報告された[9]。

続いて，オオムギのAl毒性耐性品種と感受性品種を用いたマイクロアレイ解析とマッピングによって，細胞膜に局在するクエン酸トランスポーターHvAACT1が同定された[10]。このトランスポーターHvACCT1はmultidrug and toxic compound extrusion（MATE）ファミリーに属しており，クエン酸を特異的に輸送する輸送体タンパクであった。また，HvACCT1を過剰発現する形質転換タバコはAl依存的なクエン酸分泌の増加とAl毒性耐性の上昇を示した。オオムギ品種間で，*HvACCT1*のRNA量とクエン酸分泌量およびAl耐性について正の相関が見られ，HvACCT1がAl毒性耐性を決定する主要な因子であることが明らかにされた。ソルガムからも Al依存的なクエン酸分泌を担う輸送体SbMATEが同定された[11]。これより，植物一般でクエン酸分泌にはMATEファミリーに属するタンパクが重要であることがわかった。

6.3.2　有機酸分泌によらないAl毒性耐性の分子機構

イネはAl毒性に強い植物種であるが，上記の有機酸分泌が主要な機構ではないと考えられている。Al毒性感受性変異株イネの解析より，Al耐性に関わる分子としてSTAR1，STAR2で構成されるUDP-グルコース排出輸送体が同定された[12]。グルコースの分泌による細胞壁の修飾がAl毒性の低減につながると考察されている。また，転写因子ART1が同定され[13]，STAR1，STAR2を含む31のAl耐性に関わる遺伝子群を制御することが示され，イネのAl耐性に関わる候補分子が明らかにされた。このうち，Nrat1は細胞膜に局在するAlイオンの吸収型輸送体であることが示された[14]。Nrat1の機能欠損株は，根の細胞中のAl濃度は野生型株と比較して低下したものの，Al毒性に対する感受性は高まっていた。これより，Nrat1は細胞内の液胞へAlを隔離するため，一度細胞内に取り込むための輸送体と考えられた。

このように有機酸分泌依存的・非依存的なAl毒性耐性機構の分子機構が明らかになってきており，実際にAl耐性を高め，酸性土壌でも高い生産性をもつ植物の開発が進められている。

6.4　植物のホウ素吸収の分子機構とホウ素栄養障害耐性植物の作出

ホウ素は植物の微量必須元素の一つである。ホウ素欠乏は農業生産における微量必須元素の欠乏のなかで最も多く報告されている。中国全土の15％にあたる中国東南部はホウ素欠乏土壌地帯にあたり，ホウ素欠乏土壌は日本を含む東アジア・東南アジアを中心に存在する。ホウ素の生理機能は植物細胞壁ペクチン質多糖のエステル架橋による細胞強度維持や細胞接着である。ホウ素欠乏障害は生長点に現れ，根の伸長阻害，葉の展開抑制，不稔を引き起こす。

一方，高濃度のホウ素は生物一般に毒性を示す。日本においては環境基準（健康項目）が1 mg/Lと設定されており，環境汚染物質として認識されている。世界ではオーストラリアやトルコなど半乾燥地を中心にホウ素過剰土壌が存在している。過剰のホウ素は植物での葉緑体の減少や枯死を引き起こし，植物の生育量を著しく低下させる。

近年になり，モデル植物のシロイヌナズナよりホウ素の輸送体が複数同定され，それらの分子を用いたホウ素栄養ストレス耐性植物の作出の道が拓かれてきている。

6.4.1　ホウ素欠乏耐性植物の作出

低ホウ素条件下のシロイヌナズナの根では，土壌から細胞内へのホウ酸の取り込みをホウ酸チャネルNIP5；1が担う。細胞に取り込まれたホウ酸は，細胞膜に局在する排出型ホウ酸輸送体BOR1によって導管へ排出され，地上部に運ばれる。

筆者らは導管へのホウ素輸送を担うBOR1を過剰発現した形質転換シロイヌナズナを作出した[15]。BOR1高発現株ではホウ素欠乏条件下で野生型株と比較して地上部バイオマス量が倍以上に上昇し，稔性が大幅に向上した。地上部へのホウ素輸送量が増加していたことから，BOR1本来の機能が強化されたものと考えられる。さらに重要なことに，BOR1の過剰発現はホウ素が十分あるいは過剰に供給された際には生育に影響しなかった。これは，BOR1タンパク質は高濃度のホウ素存在時には分解されるためと考えられた。

ホウ酸の取り込みを担うNIP5；1を発現上昇させたシロイヌナズナでは，ホウ素欠乏条件下での根の伸長の改善が認められた[16]。さらにBOR1とNIP5；1の双方の輸送体を発現上昇させたシロイヌナズナでは，低ホウ素条件での主根の長さが最大で約7倍，地上部バイオマス量が最大で約6倍増加した。二つの分子を組み合わせて発現上昇させることで，ホウ素が欠乏した不良な環境での大幅なバイオマス生産増加を実現する可能性が示された。

6.4.2　ホウ素過剰耐性植物の作出

BOR4はシロイヌナズナに存在するBOR1相同タンパクであり，細胞膜に局在する排出型ホウ酸輸送体である。BOR4を過剰発現する形質転換シロイヌナズナを作出したところ，ホウ素過剰に著しい耐性を示すことを明らかにした[17]（図2）。コムギやオオムギからも*BOR*の相同遺伝子が単離され，*BOR*相同遺伝子のRNA発現量とホウ素過剰耐性に正の相関が見いだされた[18]。これ

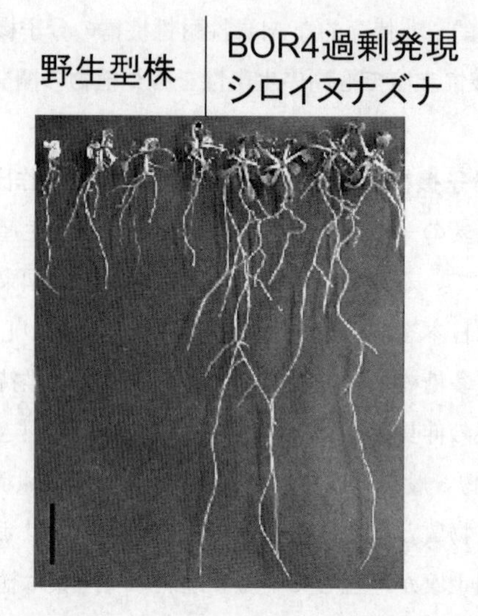

図２　ホウ酸排出輸送体BOR4の発現上昇によるホウ酸過剰耐性の改善
培地ホウ素濃度４mM，バー10mm

は他の植物においてもBORホウ酸排出輸送体がホウ素過剰耐性を決定する主要因であることを示している。ホウ素過剰耐性のしくみは，BOR4が高濃度のホウ素を根の細胞から体外へ排出して，根と地上部のホウ素含量を低下させることであると考えられる。加えて，BOR4発現体では葉が生育抑制を受けるホウ素濃度が，野生型株と比較してより高濃度のホウ素存在時であることから，ホウ酸輸送体は地上部の葉において細胞内外のホウ素の分配を変化させ，細胞内の毒性緩和に寄与していると考えられる。

最近，イネではホウ素過剰耐性品種（近代ジャポニカ）と感受性品種（インディカ）の比較から，ホウ素過剰耐性に関わるNAC型転写因子が同定され，機能欠損型がホウ素過剰耐性を付与することが明らかにされた[19]。耐性品種と感受性品種間で根や地上部の植物組織のホウ素濃度が違わないことから，上記のホウ酸排出輸送体の場合とは異なる機構で耐性を獲得している可能性がある。

ホウ素過剰土壌ではホウ素のみを特異的に除去し，土壌改良をすることは困難である。これらホウ素過剰土壌に耐性な植物の開発と利用は，ホウ素過剰土壌やホウ素汚染地域におけるファイトレメディエーションに活用できる可能性がある。

6.5　おわりに

この10年間で植物の無機栄養の輸送を担う分子の同定が精力的になされ，不良栄養環境耐性の植物の作出が報告されてきている。モデル植物を材料として同定された遺伝子は広く一般の植物種にも存在すると考えられ，他の植物への応用が可能である。これらの知見は個々の不良な環境に適した植物種や品種のより効率的な確立に寄与するだけではなく，各無機元素に対する環境浄化への応用にも貢献できると期待される。

文　　献

1) M. Takahashi *et al., Nat Biotechnol.,* **19**, 466 (2001)
2) E. L. Connolly *et al., Plant Physiol.,* **133**, 1102 (2003)
3) M. Vasconcelos *et al., Planta.,* **224**, 1116 (2006)
4) Y. Ishimaru *et al., Proc Natl Acad Sci USA.,* **104**, 7373 (2007)
5) T. Kobayashi *et al., Proc Natl Acad Sci USA.,* **104**, 19150 (2007)
6) Y. Ogo *et al., Plant Mol Biol.,* **75**, 593 (2011)
7) P. R. Ryan *et al., J Exp Bot.,* **62**, 9 (2011)
8) T. Sasaki *et al., Plant J.,* **37**, 645 (2004)
9) J.F. Pereira *et al., Ann Bot.,* **106**, 205 (2010)
10) J. Furukawa *et al., Plant Cell Physiol.,* **48**, 1081 (2007)
11) J. V. Magalhaes *et al., Nat Genet.,* **39**, 1156 (2007)
12) C. F. Huang *et al., Plant Cell.,* **21**, 655 (2009)
13) N. Yamaji *et al., Plant Cell.,* **21**, 3339 (2009)
14) J. Xia *et al., Proc Natl Acad Sci USA.,* **107**, 18381 (2010)
15) K. Miwa *et al., Plant J.,* **46**, 1084 (2006)
16) Y. Kato *et al., Plant Cell Physiol.,* **50**, 58 (2009)
17) K. Miwa *et al., Science.,* **318**, 1417 (2007)
18) R. Reid, *Plant Cell Physiol.,* **48**, 1673 (2007)
19) K. Ochiai *et al., Plant Physiol.,* **156**, 1457 (2011)

植物機能のポテンシャルを活かした環境保全・浄化技術
―地球を救う超環境適合・自然調和型システム―《普及版》 (B1243)

2011年10月31日　初　版　第1刷発行
2018年 5 月11日　普及版　第1刷発行

監　修　池　道彦，平田収正　　Printed in Japan
発行者　辻　賢司
発行所　株式会社シーエムシー出版
東京都千代田区神田錦町 1-17-1
電話 03(3293)7066
大阪市中央区内平野町 1-3-12
電話 06(4794)8234
http://www.cmcbooks.co.jp/

〔印刷　あさひ高速印刷株式会社〕

ISBN 978-4-7813-1280-4 C3045 ¥5200E